線形代数の基礎講義

Introduction to Linear Algebra

島田伸一・廣島文生［著］

共立出版

まえがき

線形代数学は微分積分学と並び理工系の学問の基礎であり，大学初年度に学ぶ数学の柱の１つである．この線形代数学の理解なしには理工系の専門的な学問の理解には到底達しえないだろう．

近年，線形代数の様々な教科書が書店に並べられている．本格的な名著もあれば，速習用にまとめられたもの，時代を反映しているのか漫画を取り入れたような教科書までも存在する．さて，大学の通年講義では行列の定義から始めて，行列の演算と階数，連立一次方程式の解法，行列式の定義と性質，逆行列，行列の固有値と対角化，最後に対称行列・エルミート行列の対角化へと進むのが一般的な流れではなかろうか．学生のレベルにもよるが，演習では 3×3 行列または 4×4 行列の具体的な計算をすることが主になるであろう．しかし，残念なことに数学を専門とする学科以外では初年度にジョルダン標準形まで進むことは難しいように思える．その理由の１つとして，べき零行列，一般化された固有空間による空間の直和分解，固有多項式などの概念がやや抽象的で数学に重きをおかない学生には負担であることが考えられる．

本書の目的は，ひとまず一般論はさておき，線形代数を使えるようにすることにある．そのため，本書は予備知識を仮定せず，行列の定義から始めて，**ハウ・ツーで解けるジョルダン標準形と実対称行列の対角化**までを通年講義で終えられるように書かれている．「ハウ・ツーで解ける」という部分がこの教科書のセールスポイントである．その代わりに線形空間，線形写像，行列式，行列の標準形（ジョルダン標準形・正規行列・実対称行列・実交代行列の標準化）などの抽象論・一般論は付録にまわしている．付録は興味のある学生，余力のある学生には是非読んでいただきたい．

本文では，幾何ベクトルや外積を詳しく解説し，行列式は幾何学的に導入した．また，固有値が２重根，３重根を持つ場合のジョルダン標準形の求め方をハウ・ツーで紹介し，その応用として，対角化可能性やベクトル値線形微分方程式の解法を紹介した．多くの場合はこれで十分であろう．さらに，例題や演習問題は類似問題も含めてできるだけ数多く取り入れて，理解に役立てた．

数学は始めが肝心である．良いスタートを切れれば本書も最後まで読破することができよう．目標をもって粘り強く勉強する学生が現れれば，筆者らの望外の喜びである．

最後になりましたが，数年にわたり忍耐強く出版に関する助言をしていただいた共立出版の寿日出男氏，及び編集の労をとられた日比野元氏に，この場で厚く御礼申し上げます．

2017 年 1 月

島田伸一
廣島文生

目　　次

第1章　行　列

本章では行列の演算（和，積，スカラー倍）を学ぶ．さらに 2×2 行列の逆行列の求め方を学ぶ．

1.1　行列の定義

1.1.1　$m \times n$ 行列

定義 1.1　$m \times n$ 個の数または式 a_{ij} を

$$A = \begin{pmatrix} a_{11} & a_{12} & \dots & a_{1n} \\ a_{21} & a_{22} & \dots & a_{2n} \\ \vdots & & & \vdots \\ a_{m1} & \dots & \dots & a_{mn} \end{pmatrix}$$

のように縦に m 個，横に n 個並べたものを **m 行 n 列の行列**または簡単に **$m \times n$ 行列**という．特に $n \times n$ 行列を **n 次正方行列**という．行列は $A, B, C, ...,$ などの大文字で表すことにする．

行列 A を簡単に

$$A = (a_{ij})$$

で表す．行列 A の横の並びを**行**，縦の並びを**列**という．上から i 番目の行を i 行，左から j 番目の列を j 列という．i 行で j 列の位置ある a_{ij} を行列 A の **(i, j) 成分**という．a_{ij} を A_{ij} と表すこともある．a_{ij} の添字 i, j や，$m \times n$ 行列の m, n は，いつも "行，列" の順に並んでいることを注意しておこう．

● **例 1.2**　$A = \begin{pmatrix} 1 & 3 & 0 & 4 \\ 2 & 0 & -1 & 2 \\ 0 & 1 & 2 & 4 \end{pmatrix}$ は 3×4 行列であり，$(2, 3)$ 成分は -1, $(1, 2)$ 成分は 3 である．

定義 1.3　$m \times n$ 行列 $A = (a_{ij})$ と $p \times q$ 行列 $B = (b_{ij})$ は，行と列の数がそれぞれ等しく $(m = p, n = q$; 以後このことを行列のタイプが等しいという$)$，かつ各成分が全て等しいとき，すなわち $a_{ij} = b_{ij} (1 \leqq i \leqq m, 1 \leqq j \leqq n)$ となるとき等しいといい，$A = B$ と表す．

● **例 1.4**　$\begin{pmatrix} 1 & x^2 + 2 \\ 2a & 5x \end{pmatrix} = \begin{pmatrix} 1 & 3x \\ 1 - a & x^2 + 6 \end{pmatrix}$ のとき $\begin{cases} x^2 + 2 = 3x \\ 2a = 1 - a \\ 5x = x^2 + 6 \end{cases}$ を解いて $x = 2$, $a = \dfrac{1}{3}$ である．

定義 1.5　(1) $1 \times n$ 行列 $\begin{pmatrix} a_1 & \ldots & a_n \end{pmatrix}$ を n **項行ベクトル**という．

(2) $n \times 1$ 行列 $\begin{pmatrix} a_1 \\ \vdots \\ a_n \end{pmatrix}$ を n **項列ベクトル**という．

以降 n 項の列ベクトルまたは行ベクトルは

$$\boldsymbol{a} = \begin{pmatrix} a_1 \\ \vdots \\ a_n \end{pmatrix}, \quad \boldsymbol{x} = \begin{pmatrix} x_1 \\ \vdots \\ x_n \end{pmatrix}, \quad \boldsymbol{a}' = \begin{pmatrix} a_1 & \cdots & a_n \end{pmatrix}, \quad \boldsymbol{x}' = \begin{pmatrix} x_1 & \cdots & x_n \end{pmatrix}$$

のように太い小文字で表す．$m \times n$ 行列 $A = \begin{pmatrix} a_{11} & \ldots & a_{1n} \\ \vdots & & \vdots \\ a_{m1} & \ldots & a_{mn} \end{pmatrix}$ の j 列を m 項列ベクトル $\boldsymbol{a}_j = \begin{pmatrix} a_{1j} \\ \vdots \\ a_{mj} \end{pmatrix}$ と考えることがある．このとき $A = \begin{pmatrix} \boldsymbol{a}_1 & \cdots & \boldsymbol{a}_n \end{pmatrix}$ のように表される．行列の成分が全て 0 の $m \times n$ 行列 $\begin{pmatrix} 0 & \ldots & 0 \\ \vdots & & \vdots \\ 0 & \ldots & 0 \end{pmatrix}$ を**零行列**といい O で表す．n 次正方行列において (i,i) 成分 $(i = 1, ..., n)$ を**対角成分**という．$\begin{pmatrix} a_{11} & & 0 \\ & \ddots & \\ 0 & & a_{nn} \end{pmatrix}$ のような対角成分以外の全ての成分が 0 である正方行列を**対角行列**といい，対角行列で対角成分が全て 1 である行列

$$E_n = \begin{pmatrix} 1 & & 0 \\ & \ddots & \\ 0 & & 1 \end{pmatrix}$$

を特に**単位行列**という．n 次単位行列を E_n で表す．文脈から添字の n が自明な場合には E_n を簡単に E で表す．記号 δ_{ij}（または $\delta_{i,j}$）を

$$\delta_{ij} = \begin{cases} 1 & (i = j) \\ 0 & (i \neq j) \end{cases}$$

と定めれば，単位行列 E の (i,j) 成分は δ_{ij} と表せる．つまり $E = (\delta_{ij})$．δ_{ij} を**クロネッカーのデルタ記号**という．

● **例 1.6**　$\begin{pmatrix} 1 & 2 & 0 \\ 2 & -1 & 0 \\ 0 & -2 & 4 \end{pmatrix}$ の対角成分は $1, -1, 4$ である．

● **例 1.7**　$E_2 = \begin{pmatrix} 1 & 0 \\ 0 & 1 \end{pmatrix}$, $E_3 = \begin{pmatrix} 1 & 0 & 0 \\ 0 & 1 & 0 \\ 0 & 0 & 1 \end{pmatrix}$ である．

● **例 1.8** 4 次正方行列で $A = (\delta_{i,j-1}) = \begin{pmatrix} \delta_{1,0} & \delta_{1,1} & \delta_{1,2} & \delta_{1,3} \\ \delta_{2,0} & \delta_{2,1} & \delta_{2,2} & \delta_{2,3} \\ \delta_{3,0} & \delta_{3,1} & \delta_{3,2} & \delta_{3,3} \\ \delta_{4,0} & \delta_{4,1} & \delta_{4,2} & \delta_{4,3} \end{pmatrix} = \begin{pmatrix} 0 & 1 & 0 & 0 \\ 0 & 0 & 1 & 0 \\ 0 & 0 & 0 & 1 \\ 0 & 0 & 0 & 0 \end{pmatrix}$ である．
また $A = (\delta_{i+1,j}) = (\delta_{j-i,1})$ と表すこともできる．

問 1.1 次式で成分が定義される 4×4 行列 $A = (a_{ij})$ を具体的にかけ．

(1) $a_{ij} = \delta_{i+j,3}$ (2) $a_{ij} = \delta_{i+j,6}$ (3) $a_{ij} = \delta_{i,2}\delta_{j,3}$
(4) $a_{ij} = \delta_{i,1}\delta_{j,3} + \delta_{i,2}\delta_{j,3}$ (5) $a_{ij} = \delta_{i+2,j}$ (6) $a_{ij} = \delta_{i,j+2}$

1.1.2 転置行列

定義 1.9 $m \times n$ 行列 $A = (a_{ij})$ に対して (i,j) 成分が a_{ji} となる $n \times m$ 行列を A の**転置行列**といい A^T で表す．

● **例 1.10** 行と列を交換した行列が転置行列である．$A = \begin{pmatrix} 1 & 4 \\ 2 & 5 \\ 6 & 0 \end{pmatrix}$ の転置行列は $A^T = \begin{pmatrix} 1 & 2 & 6 \\ 4 & 5 & 0 \end{pmatrix}$, $B = \begin{pmatrix} 1 & 0 & 1 \\ -2 & 1 & 3 \\ 4 & 2 & 1 \end{pmatrix}$ の転置行列は $B^T = \begin{pmatrix} 1 & -2 & 4 \\ 0 & 1 & 2 \\ 1 & 3 & 1 \end{pmatrix}$ である．

転置行列の定義より次の定理が導かれる．

定理 1.11 転置行列の転置行列は自分自身である．つまり $(A^T)^T = A$.

行ベクトルの転置行列は列ベクトルであり，逆に列ベクトルの転置行列は行ベクトルである．

● **例 1.12** $\boldsymbol{a} = \begin{pmatrix} 0 \\ 2 \\ 1 \end{pmatrix}$ の転置行列は $\boldsymbol{a}^T = \begin{pmatrix} 0 & 2 & 1 \end{pmatrix}$ であり，$\boldsymbol{a}' = \begin{pmatrix} 1 & 2 & 3 \end{pmatrix}$ の転置行列は $\boldsymbol{a}'^T = \begin{pmatrix} 1 \\ 2 \\ 3 \end{pmatrix}$ である．

1.2 行列の演算

行列には和，スカラー倍，積という 3 つの基本的な演算がある．これからこの 3 つの演算の定義とその性質を学ぶ．以下にみるように行列の演算には数の演算と同じ性質もあれば異なる性質もある．

1.2.1 和

定義 1.13 2 つの行列 A と B がともに同じタイプの行列であるとき A と B の**和** $A + B$ を次のように定義する．$A = (a_{ij})$, $B = (b_{ij})$ のとき $A + B = (a_{ij} + b_{ij})$.

行列の和は成分ごとに和をとることである．ただし A と B の行列のタイプが異なるときは A と B の和は定義されない．

例 1.14 $\begin{pmatrix} 1 & 3 & 4 \\ -1 & 4 & 0 \end{pmatrix}$ と $\begin{pmatrix} -1 & 0 & -4 \\ 2 & 4 & 1 \end{pmatrix}$ の和は

$$\begin{pmatrix} 1 & 3 & 4 \\ -1 & 4 & 0 \end{pmatrix} + \begin{pmatrix} -1 & 0 & -4 \\ 2 & 4 & 1 \end{pmatrix} = \begin{pmatrix} 1+(-1) & 3+0 & 4+(-4) \\ -1+2 & 4+4 & 0+1 \end{pmatrix} = \begin{pmatrix} 0 & 3 & 0 \\ 1 & 8 & 1 \end{pmatrix}$$

である．しかし $\begin{pmatrix} 1 & 3 & 4 \\ -1 & 4 & 0 \end{pmatrix} + \begin{pmatrix} -1 & 0 \\ 2 & 4 \end{pmatrix}$ や $\begin{pmatrix} 1 & 3 & 4 \\ -1 & 4 & 0 \end{pmatrix} + \begin{pmatrix} -2 & 0 \\ 1 & 4 \\ 2 & 3 \end{pmatrix}$ のように2つの行列のタイプが異なるときは和は定義されない．

1.2.2 スカラー倍

定義 1.15 λ を数とする．行列 A の各成分に λ をかけることを A の**スカラー倍**といい λA で表す．$A = (a_{ij})$ のとき $\lambda A = (\lambda a_{ij})$．特に $(-1)A$ を簡単に $-A$ で表す．

例 1.16 行列を λ 倍するとは，各成分を λ 倍することである．例えば $\begin{pmatrix} 1 & 3 & 4 \\ -1 & 4 & 0 \end{pmatrix}$ の3倍は

$$3\begin{pmatrix} 1 & 3 & 4 \\ -1 & 4 & 0 \end{pmatrix} = \begin{pmatrix} 3\cdot 1 & 3\cdot 3 & 3\cdot 4 \\ 3\cdot(-1) & 3\cdot 4 & 3\cdot 0 \end{pmatrix} = \begin{pmatrix} 3 & 9 & 12 \\ -3 & 12 & 0 \end{pmatrix}$$

である．

定理 1.17 和とスカラー倍については次式が成り立つ．

(1)（可換性）$A + B = B + A$
(2)（結合法則）$(A + B) + C = A + (B + C)$
(3)（零元の存在）$A + O = A$
(4)（逆元の存在）$A + (-A) = O$
(5)（分配法則）$\lambda(A + B) = \lambda A + \lambda B$
(6)（分配法則）$(\lambda + \mu)A = \lambda A + \mu A$
(7)（結合法則）$\lambda(\mu A) = (\lambda\mu)A$
(8) $1A = A$

証明 この和とスカラー倍の性質は複素数や式の計算では成り立つ．よって行列に対しても，和とスカラー倍は成分ごとに行うと約束しているので，当然成り立つ．ここでの零元は零行列である．■

ここまでで，行列の和とスカラー倍はベクトルのそれと同じであると気づいた人も多いと思う．行列はベクトルの一種であるともいえる（むしろベクトルとは，和とスカラー倍が定義され，上の (1)〜(8) の性質を満たす集合の元のことである）．しかし行列は積が定義できるので，ベクトル以上の複雑な構造をもつ．

例題 1.18 $A = \begin{pmatrix} 1 & 2 & 0 \\ 3 & -1 & 4 \end{pmatrix}$, $B = \begin{pmatrix} 4 & 0 & -1 \\ -3 & 2 & 1 \end{pmatrix}$ のとき $2(A - 3B) + 4(2A + B)$ を求めよ．また $3(A - X) = 2(B + X)$ を満たす 2×3 行列 X を求めよ．

解答 はじめに文字式の計算と同じように簡単な形にまとめてから，成分ごとの計算を行う．$2(A-3B)+4(2A+B)=2A-6B+8A+4B=10A-2B$ だから，

$$\begin{aligned}10A-2B &= 10\begin{pmatrix}1 & 2 & 0\\ 3 & -1 & 4\end{pmatrix} - 2\begin{pmatrix}4 & 0 & -1\\ -3 & 2 & 1\end{pmatrix}\\ &= \begin{pmatrix}10 & 20 & 0\\ 30 & -10 & 40\end{pmatrix} - \begin{pmatrix}8 & 0 & -2\\ -6 & 4 & 2\end{pmatrix} = \begin{pmatrix}2 & 20 & 2\\ 36 & -14 & 38\end{pmatrix}.\end{aligned}$$

次に

$$\begin{aligned}3(A-X) &= 2(B+X),\\ 3A-3X &= 2B+2X,\\ 5X &= 3A-2B\end{aligned}$$

より $X=\frac{1}{5}(3A-2B)$ となる．よって

$$\begin{aligned}X &= \frac{1}{5}\left\{3\begin{pmatrix}1 & 2 & 0\\ 3 & -1 & 4\end{pmatrix} - 2\begin{pmatrix}4 & 0 & -1\\ -3 & 2 & 1\end{pmatrix}\right\} = \frac{1}{5}\left\{\begin{pmatrix}3 & 6 & 0\\ 9 & -3 & 12\end{pmatrix} - \begin{pmatrix}8 & 0 & -2\\ -6 & 4 & 2\end{pmatrix}\right\}\\ &= \frac{1}{5}\begin{pmatrix}-5 & 6 & 2\\ 15 & -7 & 10\end{pmatrix} = \begin{pmatrix}-1 & 6/5 & 2/5\\ 3 & -7/5 & 2\end{pmatrix}.\end{aligned}$$

■

1.2.3 積

行列の積は和やスカラー倍と比べて少々ややこしいのでしっかりと理解すること!

定義 1.19 $m\times n$ 行列 $A=(a_{ij})$ と $k\times l$ 行列 $B=(b_{ij})$ の**積** AB は $n=k$ のときに限り次のように定義する．

$$AB = \left(\sum_{k=1}^{n} a_{ik}b_{kj}\right).$$

ここで $\displaystyle\sum_{j=1}^{n} a_j = a_1+a_2+\cdots+a_n$ と定める．

わかりやすく述べれば

$$A = \begin{pmatrix}a_{11} & \dots & a_{1n}\\ \vdots & & \vdots\\ a_{i1} & \dots & a_{in}\\ \vdots & & \vdots\\ a_{m1} & \dots & a_{mn}\end{pmatrix} i\text{ 行},\quad B = \begin{pmatrix}b_{11} & \dots & \overset{j\text{ 列}}{b_{1j}} & \dots & b_{1l}\\ \vdots & & \vdots & & \vdots\\ b_{n1} & \dots & b_{nj} & \dots & b_{nl}\end{pmatrix}$$

の積 AB の (i,j) 成分は A の i 行と B の j 列の成分を次式のように順にかけて加えたものである．例えば AB の (i,j) 成分は $a_{i1}b_{1j}+\cdots+a_{in}b_{nj}$ である．A を $m\times n$ 行列，B を $n\times p$ 行列とすれば AB は $m\times p$ 行列であることに注意しよう．

$$(m\times n\text{ 行列})\,(n\times p\text{ 行列}) = m\times p\text{ 行列}.$$

● **例 1.20**　サイズの小さな行列の積は例えば次のようになる.

$$\begin{pmatrix} a & b \\ c & d \end{pmatrix}\begin{pmatrix} x & u \\ y & v \end{pmatrix} = \begin{pmatrix} ax+by & au+bv \\ cx+dy & cu+dv \end{pmatrix},\ \begin{pmatrix} a & b \end{pmatrix}\begin{pmatrix} x \\ y \end{pmatrix} = ax+by,\ \begin{pmatrix} x \\ y \end{pmatrix}\begin{pmatrix} a & b \end{pmatrix} = \begin{pmatrix} xa & xb \\ ya & yb \end{pmatrix}.$$

1×1 行列は数または式と同一視し, 括弧をつけない習慣になっている. 上の例とあわせて, 行列の積はかける順序を変えると結果が変わる場合があることがわかる. 行列の積はかける順序に注意しなければならない.

定義 1.21　$\boldsymbol{e}_i = \begin{pmatrix} 0 \\ \vdots \\ 1 \\ \vdots \\ 0 \end{pmatrix} i$ 行 $(i = 1, 2, \cdots, n)$ を**基本ベクトル**という.

● **例 1.22**　行列の積を次のようにまとめると役に立つことがある.

[1] $A = (\boldsymbol{a}_1\ \boldsymbol{a}_2) = \begin{pmatrix} a & b \\ c & d \end{pmatrix}, \boldsymbol{f}_1 = \begin{pmatrix} x \\ y \end{pmatrix}, \boldsymbol{f}_2 = \begin{pmatrix} u \\ v \end{pmatrix}$ とする. このとき

$$A\boldsymbol{f}_1 = \begin{pmatrix} a & b \\ c & d \end{pmatrix}\begin{pmatrix} x \\ y \end{pmatrix} = \begin{pmatrix} ax+by \\ cx+dy \end{pmatrix} = x\begin{pmatrix} a \\ c \end{pmatrix} + y\begin{pmatrix} b \\ d \end{pmatrix} = x\boldsymbol{a}_1 + y\boldsymbol{a}_2$$

であり, A の列ベクトルを用いて表される. また $A(\boldsymbol{f}_1\boldsymbol{f}_2) = (A\boldsymbol{f}_1 A\boldsymbol{f}_2)$ が成り立つ.

[2] 以上の結果は容易に一般化される. まず $m \times n$ 行列 $A = (a_{ij})$ を $A = \begin{pmatrix} \boldsymbol{a}_1 & \cdots & \boldsymbol{a}_n \end{pmatrix}$ と列ベクトルで表すとき, $A\begin{pmatrix} x_1 \\ \vdots \\ x_n \end{pmatrix} = x_1\boldsymbol{a}_1 + \cdots + x_n\boldsymbol{a}_n$ が成り立つ. 特に $A\boldsymbol{e}_i = \boldsymbol{a}_i$ である. また $\boldsymbol{f}_j\ (j = 1, 2, \cdots, l)$ を n 項列ベクトルとするとき, $A(\boldsymbol{f}_1 \cdots \boldsymbol{f}_l) = (A\boldsymbol{f}_1 \cdots A\boldsymbol{f}_l)$ が成り立つ.

これは次のように証明できる. はじめに $A\begin{pmatrix} x_1 \\ \vdots \\ x_n \end{pmatrix} = \begin{pmatrix} \sum_{k=1}^n a_{1k}x_k \\ \vdots \\ \sum_{k=1}^n a_{mk}x_k \end{pmatrix} = \sum_{k=1}^n x_k \begin{pmatrix} a_{1k} \\ \vdots \\ a_{mk} \end{pmatrix} = \sum_{k=1}^n x_k\boldsymbol{a}_k$ がわかる. 次に $\boldsymbol{f}_j = \begin{pmatrix} f_{1j} \\ \vdots \\ f_{nj} \end{pmatrix} (j = 1, 2, \cdots, l)$ とする. $A(\boldsymbol{f}_1 \cdots \boldsymbol{f}_l)$ は 2 つの行列 (a_{ij}) と (f_{ij}) の積なので, その (i, j) 成分は $\sum_{k=1}^n a_{ik}f_{kj}$ である. 一方, 行列 $(A\boldsymbol{f}_1 \cdots A\boldsymbol{f}_l)$ の (i, j) 成分は, m 項列ベクトル $A\boldsymbol{f}_j$ の第 i 成分なので, $(A\boldsymbol{f}_j)_i = \sum_{k=1}^n a_{ik}f_{kj}$ となる. よって $A(\boldsymbol{f}_1 \cdots \boldsymbol{f}_l) = (A\boldsymbol{f}_1 \cdots A\boldsymbol{f}_l)$ が成り立つ.

例題 1.23　2 つの行列 $\begin{pmatrix} 1 & -1 & 2 \\ 2 & 3 & 0 \end{pmatrix}$ と $\begin{pmatrix} 4 & 0 & 2 \\ 1 & -3 & 0 \\ 1 & -2 & 1 \end{pmatrix}$ の積を求めよ.

解答　$\begin{pmatrix} 1 & -1 & 2 \\ 2 & 3 & 0 \end{pmatrix}\begin{pmatrix} 4 & 0 & 2 \\ 1 & -3 & 0 \\ 1 & -2 & 1 \end{pmatrix}$ の計算は次のようにする.

$$\begin{pmatrix}1 & -1 & 2\\ 2 & 3 & 0\end{pmatrix}\begin{pmatrix}4 & 0 & 2\\ 1 & -3 & 0\\ 1 & -2 & 1\end{pmatrix}$$
$$= \begin{pmatrix}1\cdot 4+(-1)\cdot 1+2\cdot 1 & 1\cdot 0+(-1)\cdot(-3)+2\cdot(-2) & 1\cdot 2+(-1)\cdot 0+2\cdot 1\\ 2\cdot 4+3\cdot 1+0\cdot 1 & 2\cdot 0+3\cdot(-3)+0\cdot(-2) & 2\cdot 2+3\cdot 0+0\cdot 1\end{pmatrix}$$
$$= \begin{pmatrix}5 & -1 & 4\\ 11 & -9 & 4\end{pmatrix}.$$

一方，$\begin{pmatrix}4 & 0 & 2\\ 1 & -3 & 0\\ 1 & -2 & 1\end{pmatrix}\begin{pmatrix}1 & -1 & 2\\ 2 & 3 & 0\end{pmatrix}$ は左が 3×3 行列，右が 2×3 行列なので定義されない．■

問 1.2　次の行列の積を求めよ．

(1) $\begin{pmatrix}1 & 2\\ -1 & 3\end{pmatrix}, \begin{pmatrix}4 & 0\\ 1 & 3\end{pmatrix}$　(2) $\begin{pmatrix}0 & 2 & 3\\ 1 & 0 & 2\end{pmatrix}, \begin{pmatrix}0 & 3 & 1\\ 2 & 3 & 1\\ 0 & 1 & 1\end{pmatrix}$　(3) $\begin{pmatrix}0 & 0 & 2\\ 1 & 1 & -2\\ 2 & 5 & 1\end{pmatrix}, \begin{pmatrix}3 & 1 & 1\\ -2 & 0 & 0\\ 0 & -1 & 0\end{pmatrix}$

1.3　演算の性質

x, y, z を複素数としよう．このとき

(1)　$x(y+z) = xy + xz$,　(2) $x(yz) = (xy)z$,　(3) $xy = yx$,　(4) $xy = 0 \Longrightarrow x = 0$ または $y = 0$

が成り立つことはよく知られている．果たして行列も同様の性質を満たすのだろうか？ つまり A, B, C を行列としたとき

[1] $A(B+C) = AB + AC$　　[2] $A(BC) = (AB)C$
[3] $AB = BA$　　[4] $AB = O \Longrightarrow A = O$ または $B = O$

という性質を満たすのだろうか？ 以下でみるようにその答えは [1] [2] はイエス，[3] [4] はノー！ である．一般に次式が成り立つ．

定理 1.24　次が成り立つ．

(1)（分配法則）$A(B+C) = AB + AC$　　(2)（分配法則）$(B+C)A = BA + CA$
(3)（結合法則）$(AB)C = A(BC)$　　(4)（単位元の存在）$AE = A = EA$
(5) $AO = O = OA$

上の等式は積が定義できるタイプの行列に対して成り立つ．特に全ての n 次正方行列の場合には成り立つ．

証明　以下の証明では，加える順序を変えても和は変わらない性質：$\sum_{i=1}^{m}\left(\sum_{j=1}^{n} a_{ij}\right) = \sum_{j=1}^{n}\left(\sum_{i=1}^{m} a_{ij}\right)$ を使う．これを簡単に $\displaystyle\sum_{1\leqq i\leqq m, 1\leqq j\leqq n} a_{ij}$ と表す場合もある．行列の等式 $X = Y$ の定義から，各 (i, j) に対して $X_{ij} = Y_{ij}$ 示せば十分である．

(1) A は $m\times n$ 行列，B,C は $n\times l$ 行列とする．和の定義 $(B+C)_{kj}=B_{kj}+C_{kj}$ から，

$$\begin{aligned}\{A(B+C)\}_{ij}&=\sum_{k=1}^{n}A_{ik}(B+C)_{kj}=\sum_{k=1}^{n}A_{ik}(B_{kj}+C_{kj})\\&=\sum_{k=1}^{n}A_{ik}B_{kj}+\sum_{k=1}^{n}A_{ik}C_{kj}=(AB)_{ij}+(AC)_{ij}=(AB+AC)_{ij}.\end{aligned}$$

これは $A(B+C)=AB+AC$ を意味する．

(2) (1) と同様である．

(3) A は $m\times n$ 行列，B は $n\times l$ 行列，C は $l\times p$ 行列とする．

$$\begin{aligned}\{(AB)C\}_{ij}&=\sum_{r=1}^{l}(AB)_{ir}C_{rj}=\sum_{r=1}^{l}\left(\sum_{s=1}^{n}A_{is}B_{sr}\right)C_{rj}=\sum_{r=1}^{l}\left(\sum_{s=1}^{n}A_{is}B_{sr}C_{rj}\right)\\&=\sum_{s=1}^{n}\left(\sum_{r=1}^{l}A_{is}B_{sr}C_{rj}\right)=\sum_{s=1}^{n}A_{is}\left(\sum_{r=1}^{l}B_{sr}C_{rj}\right)=\sum_{s=1}^{n}A_{is}(BC)_{sj}=\{A(BC)\}_{ij}\end{aligned}$$

から，$A(BC)=(AB)C$ が従う．

(4) A は $m\times n$ 行列，E は $n\times n$ 行列とする．$E=(\delta_{ij})$ より

$$(AE)_{ij}=\sum_{k=1}^{n}A_{ik}\delta_{kj}=A_{ij}$$

となる．ここで k は 1 から n まで動くが，δ_{kj} は $k=j$ 以外では 0, $k=j$ で 1 となることを用いた．同様に，$n\times n$ 行列 E と $n\times m$ 行列 A に対して

$$(EA)_{ij}=\sum_{k=1}^{n}\delta_{ik}A_{kj}=A_{ij}$$

もわかり，$AE=A, EA=A$ が示せた．特に $EE=E$ であることに注意しよう．

(5) A は $m\times n$ 行列，O は $n\times l$ 零行列とする．

$$(AO)_{ij}=\sum_{k=1}^{n}A_{ik}O_{kj}=\sum_{k=1}^{n}A_{ik}\times 0=0$$

となり，AO の (i,j) 成分が全て 0 なので $AO=O$ となる．$OA=O$ も同様に示せる．■

次の事実はほぼ明らかと思われるが，念のため確認しておこう．

例題 1.25　$m\times n$ 行列 A, $n\times l$ 行列 B とスカラー α,β に対して $(\alpha A)(\beta B)=(\alpha\beta)(AB)$ が成り立つことを示せ．これから特に $(\alpha A)(\beta E)=(\beta E)(\alpha A)=(\alpha\beta)A$, $(\alpha E)(\beta E)=(\alpha\beta)E$ が成り立つ．

証明　両辺の (i,j) 成分を計算すると

$$\begin{aligned}\{(\alpha A)(\beta B)\}_{ij}&=\sum_{k=1}^{n}(\alpha A)_{ik}(\beta B)_{kj}=\sum_{k=1}^{n}(\alpha A_{ik})(\beta B_{kj})\\&=\sum_{k=1}^{n}(\alpha\beta)(A_{ik}B_{kj})=(\alpha\beta)\sum_{k=1}^{n}A_{ik}B_{kj}=(\alpha\beta)(AB)_{ij}=\{(\alpha\beta)(AB)\}_{ij}\end{aligned}$$

なので $(\alpha A)(\beta B) = (\alpha\beta)(AB)$ が成り立つ. ■

3 つの行列 A, B, C の積を計算するとき積の結合法則 (3) により $(AB)C$ と計算しても $A(BC)$ と計算しても等しい. 同様にして, $(A_1A_2)(A_3A_4)A_5$, $A_1(A_2A_3)(A_4A_5)$, ... は全て等しい.

一般には次の定理が成り立つ.

定理 1.26 n 個の行列 $A_1, A_2 \cdots, A_n$ をこの順序で積を作るとき, どこに括弧を付けて計算しても同じ結果になる.

証明 n に関する数学的帰納法で証明する. $n = 3$ のときは結合法則が成り立つから正しい. そこで $n \geqq 3$ まで成り立つと仮定する. 添字の小さいものからかけていくように括弧を付けて計算したものを $A_1 * A_2 * \cdots * A_n$ と書こう. 例えば

$$A_1 * A_2 * A_3 * A_4 * A_5 = \Big(\big((A_1A_2)A_3\big)A_4\Big)A_5$$

である. さて $n+1$ 個の積を作るとき, 最後に $A_1, \cdots, A_r$ の積 B と $A_{r+1}, \cdots, A_{n+1}$ の積 C をかけ合わせて BC ができたとする. $r \leqq n$ なので帰納法の仮定から, $B = A_1 * A_2 * \cdots * A_r$ となる. $r = n$ のときは, $*$ の定義から, $BC = A_1 * A_2 * \cdots * A_{n+1}$ と表せる. $r < n$ のときも, 帰納法の仮定から $C = (A_{r+1} * \cdots * A_n)A_{n+1}$ とできるから, 分配法則と帰納法の仮定を用いて

$$\begin{aligned} BC &= B\left((A_{r+1} * \cdots * A_n)A_{n+1}\right) = \left(B(A_{r+1} * \cdots * A_n)\right)A_{n+1} \\ &= (A_1 * \cdots * A_n)A_{n+1} = A_1 * \cdots * A_{n+1} \end{aligned}$$

と変形できる. よってどのような括弧の付け方をして計算しても, $*$ のやり方での計算と一致するので, $n+1$ の場合も正しいことが示された. ■

定義 1.27 正方行列 A の k 個の積 $\underbrace{AA\cdots A}_{k\text{ 個}}$ を A^k で表す. また $A^0 = E$ と定める.

例 1.28 単位行列 E は何乗しても E である. つまり $E^k = E$. また

$$\begin{pmatrix} \alpha & 0 \\ 0 & \beta \end{pmatrix}^3 = \begin{pmatrix} \alpha & 0 \\ 0 & \beta \end{pmatrix}\begin{pmatrix} \alpha & 0 \\ 0 & \beta \end{pmatrix}\begin{pmatrix} \alpha & 0 \\ 0 & \beta \end{pmatrix} = \begin{pmatrix} \alpha & 0 \\ 0 & \beta \end{pmatrix}\begin{pmatrix} \alpha^2 & 0 \\ 0 & \beta^2 \end{pmatrix} = \begin{pmatrix} \alpha^3 & 0 \\ 0 & \beta^3 \end{pmatrix},$$

$$\begin{pmatrix} \alpha & 1 \\ 0 & \alpha \end{pmatrix}^3 = \begin{pmatrix} \alpha & 1 \\ 0 & \alpha \end{pmatrix}\begin{pmatrix} \alpha & 1 \\ 0 & \alpha \end{pmatrix}\begin{pmatrix} \alpha & 1 \\ 0 & \alpha \end{pmatrix} = \begin{pmatrix} \alpha & 1 \\ 0 & \alpha \end{pmatrix}\begin{pmatrix} \alpha^2 & 2\alpha \\ 0 & \alpha^2 \end{pmatrix} = \begin{pmatrix} \alpha^3 & 3\alpha^2 \\ 0 & \alpha^3 \end{pmatrix}.$$

問 1.3 $A = \begin{pmatrix} 1 & 0 \\ 0 & 3 \end{pmatrix}$, $B = \begin{pmatrix} 2 & 1 \\ 0 & 2 \end{pmatrix}$ に対して次の積を求めよ. ただし n は自然数とする.

(1) A^2 (2) A^3 (3) A^{100} (4) A^n (5) AB (6) BA (7) B^2
(8) B^3 (9) B^{100} (10) B^n (11) A^nB^n (12) B^nA^n (13) $(AB)^n$ (14) $(BA)^n$

問 1.4　次の行列の n 乗を求めよ．

(1) $\begin{pmatrix} a & 0 \\ 1 & a \end{pmatrix}$　(2) $\begin{pmatrix} a & b \\ 0 & c \end{pmatrix}$　(3) $\begin{pmatrix} -1 & -1 & -1 \\ 0 & 1 & 0 \\ 0 & 0 & 1 \end{pmatrix}$　(4) $\begin{pmatrix} 1 & 1 & 3 \\ 5 & 2 & 6 \\ -2 & -1 & -3 \end{pmatrix}$

例題 1.29　次の問いに答えよ．

(1) 2×2 行列 $A = \begin{pmatrix} a & b \\ c & d \end{pmatrix}$ に対して $A^2 - (a+d)A + (ad-bc)E = O$ が成り立つことを示せ（**ハミルトン・ケーリーの定理**という）．

(2) $A = \begin{pmatrix} 1 & 2 \\ 3 & -4 \end{pmatrix}$ に対して $A^2 + xA + yE = O$ が成り立つように，定数 x, y の値を定めよ．

解答　(1) 丁寧に計算を書いてみよう．

$$A^2 = \begin{pmatrix} a & b \\ c & d \end{pmatrix}\begin{pmatrix} a & b \\ c & d \end{pmatrix} = \begin{pmatrix} a^2+bc & ab+bd \\ ac+cd & bc+d^2 \end{pmatrix},$$

$$-(a+d)A = -(a+d)\begin{pmatrix} a & b \\ c & d \end{pmatrix} = \begin{pmatrix} -a^2-ad & -ab-bd \\ -ac-cd & -ad-d^2 \end{pmatrix},$$

$$(ad-bc)E = (ad-bc)\begin{pmatrix} 1 & 0 \\ 0 & 1 \end{pmatrix} = \begin{pmatrix} ad-bc & 0 \\ 0 & ad-bc \end{pmatrix}$$

から，

$$\begin{aligned} &A^2 - (a+d)A + (ad-bc)E \\ &= \begin{pmatrix} a^2+bc-a^2-ad+ad-bc & ab+bd-ab-bd \\ ac+cd-ac-cd & bc+d^2-ad-d^2+ad-bc \end{pmatrix} = O. \end{aligned}$$

(2) ハミルトン・ケーリーの定理から $A^2+3A-10E = O$ が成り立つ．この式を $A^2+xA+yE = O$ から引いて $(x-3)A + (y+10)E$. ゆえに $(x-3)A = -(y+10)E$ となる．いま $x \neq 3$ ならば，$A = -\frac{y+10}{x-3}E$ は単位行列のスカラー倍の形となり矛盾する．よって $x = 3$. このとき $O = -(y+10)E$ から $y = -10$ となる．■

例題 1.30　a, b, c, d は実数とする．2 次正方行列 $A = \begin{pmatrix} a & b \\ c & d \end{pmatrix}$ が $A^2 = -E$ を満たすとき，次の問いに答えよ．

(1) $a+d$ の値を求めよ．　(2) $ad-bc$ の値を求めよ．

(3) $A = \begin{pmatrix} a & b \\ -\frac{a^2+1}{b} & -a \end{pmatrix}$　$(b \neq 0)$ の形であることを示せ．

解答　(1), (2) ハミルトン・ケーリーの定理 $A^2 - (a+d)A + (ad-bc)E = O$ に $A^2 = -E$ を代入すると，$(a+d)A = (ad-bc-1)E$ がえられる．$a+d \neq 0$ とすれば，$A = kE$（k : 実数）の

形である．これを $A^2=-E$ に代入して $-E=A^2=(kE)^2=k^2E^2=k^2E$ より $k^2=-1$ となるが実数では起こりえない．よって $a+d=0$ である．このとき $O=(ad-bc-1)E$ となるから，$ad-bc=1$ である．

(3) $ad-bc=1$ に $d=-a$ を代入すると，$-bc=a^2+1$ がえられ，a^2+1 は0でないので $b\neq 0$ かつ $c=-\frac{a^2+1}{b}$ がわかる．よって $A=\begin{pmatrix} a & b \\ -\frac{a^2+1}{b} & -a \end{pmatrix}$ $(b\neq 0)$ の形である．逆にこのとき

$$A^2=\begin{pmatrix} a & b \\ -\frac{a^2+1}{b} & -a \end{pmatrix}\begin{pmatrix} a & b \\ -\frac{a^2+1}{b} & -a \end{pmatrix}=\begin{pmatrix} a^2-(a^2+1) & ab-ab \\ -\frac{a(a^2+1)}{b}+\frac{a(a^2+1)}{b} & -(a^2+1)+a^2 \end{pmatrix}=-E$$

と確かめることができる． ■

上の例題で $A^2=-E$ は虚数単位の性質 $i^2=-1$ を連想させる．実際に後で行列を用いて複素数を構成する．このとき虚数単位は色々にとれるが，ここで $I=\begin{pmatrix} 0 & -1 \\ 1 & 0 \end{pmatrix}$ を採用する．2×2 行列ですでに複素数を含んでいると考えることができるので，行列は数の一般化を行っているとみることができる．

問 1.5 $A=\begin{pmatrix} a & b \\ c & d \end{pmatrix}$ が $A^2=8E$ を満たすとき次の問いに答えよ．

(1) $a+d\neq 0$ のとき A を求めよ．　(2) $a+d=0$ のとき $ad-bc$ の値を求めよ．

次に [3][4] についてみてみよう．行列の積は一般に $AB=BA$ とはならず $AB\neq BA$ である．

● **例 1.31** $A=\begin{pmatrix} 0 & 1 \\ 1 & 0 \end{pmatrix}$, $B=\begin{pmatrix} 1 & 2 \\ 1 & 0 \end{pmatrix}$ であるとき $AB=\begin{pmatrix} 1 & 0 \\ 1 & 2 \end{pmatrix}$, $BA=\begin{pmatrix} 2 & 1 \\ 0 & 1 \end{pmatrix}$ となり $AB\neq BA$ である．

定義 1.32 行列 A,B が $AB=BA$ であるとき，A と B は**可換**であるという．

いまみたように行列の積は一般に $AB\neq BA$ である．これに加えてさらに厄介なことに $AB=O$ から，$A=O$ または $B=O$ は一般にはいえない．

● **例 1.33** $A=\begin{pmatrix} 0 & 1 \\ 0 & 0 \end{pmatrix}$, $B=\begin{pmatrix} 1 & 0 \\ 0 & 0 \end{pmatrix}$ のとき $A\neq O$ かつ $B\neq O$ だが $AB=O$ である．

これらの事実は行列の演算を計算するとき常に気をつけねばならない．例えば

$$(A+B)^2=(A+B)(A+B)=A^2+AB+BA+B^2$$

であり，一般には $(A+B)^2\neq A^2+2AB+B^2$ である．また $(X-A)(X-B)=O$ から $X=A$ または $X=B$ ということもいえない．

例題 1.34 2×2 行列 $A=\begin{pmatrix} 1 & a \\ a & 1 \end{pmatrix}$, $B=\begin{pmatrix} 1-a & 1 \\ 1 & a \end{pmatrix}$ に対して次の問いに答えよ．

(1) AB を求めよ．　(2) A と B が可換になる定数 a の値を求めよ．

解答　$AB = \begin{pmatrix} 1 & 1+a^2 \\ a-a^2+1 & 2a \end{pmatrix}$，$BA = \begin{pmatrix} 1 & a-a^2+1 \\ 1+a^2 & 2a \end{pmatrix}$ であるから $AB = BA$ となるように各成分を比較して，$1+a^2 = a-a^2+1$. ゆえに $a = 0,\ \frac{1}{2}$. ■

問 1.6　$A = \begin{pmatrix} 1 & a \\ b & -1 \end{pmatrix}$，$B = \begin{pmatrix} 1 & 0 \\ 1 & -1 \end{pmatrix}$ に対して A と B が可換になる定数 a, b の値を求めよ.

(p,q) 成分のみ 1 で他の成分は全て 0 の n 次正方行列を**行列単位**といい，$E(p,q) = (\delta_{i,p}\delta_{j,q})$ と表す.

例題 1.35　次の問いに答えよ.

(1) $E(p,q)E(r,s) = \delta_{q,r}E(p,s)$ を示せ.
(2) 任意の n 次正方行列 A と可換な行列 $X = (x_{ij})$ は単位行列のスカラー倍に限ることを示せ.

解答　(1) 両辺の (i,j) 成分が等しいことを示す.

$$\begin{aligned}\{E(p,q)E(r,s)\}_{ij} &= \sum_{k=1}^{n} E(p,q)_{ik}E(r,s)_{kj} = \sum_{k=1}^{n} \delta_{i,p}\delta_{k,q}\delta_{k,r}\delta_{j,s} \\ &= \delta_{q,r}\delta_{i,p}\delta_{j,s} = \delta_{q,r}E(p,s)_{ij} = \{\delta_{q,r}E(p,s)\}_{ij}.\end{aligned}$$

(2) $AX = XA$ が任意の n 次正方行列 A に対して成り立つとする. $A = E(p,q)$ にとれば

$$\{E(p,q)X\}_{ij} = \sum_{k=1}^{n} \delta_{i,p}\delta_{k,q}x_{kj} = \delta_{i,p}x_{qj}, \quad \{XE(p,q)\}_{ij} = \sum_{k=1}^{n} x_{ik}\delta_{k,p}\delta_{j,q} = \delta_{j,q}x_{ip}$$

となるので，

$$\delta_{i,p}x_{qj} = \delta_{j,q}x_{ip} \qquad \cdots \quad (*)$$

が任意の $1 \leqq i,j,p,q \leqq n$ に対して成り立たなければならない. $i \neq j$ とする. このとき $(*)$ で $p = q = i$ ととれば，$\delta_{i,p} = \delta_{i,i} = 1$, $\delta_{j,q} = \delta_{j,i} = 0$ より $x_{ij} = 0$ がえられる. つまり X は対角行列でなければならない. 今度は $(*)$ で $p = i, q = j$ ととれば，$\delta_{i,p} = \delta_{i,i} = 1$, $\delta_{j,q} = \delta_{j,j} = 1$ より $x_{ii} = x_{jj}$ が任意の $1 \leqq i,j \leqq n$ に対して成り立たなければならない. 以上から X は単位行列のスカラー倍の形でなければならないことがわかった. 逆に X が単位行列のスカラー倍であるとき，任意の正方行列と可換となるのは明らか. ■

例 1.36　上のように行列単位をかけることはいろいろな場面で出てくる. 例をいくつか挙げる.
$A = (a_{ij}) = \begin{pmatrix} \boldsymbol{a}'_1 \\ \vdots \\ \boldsymbol{a}'_n \end{pmatrix} = (\boldsymbol{a}_1 \cdots \boldsymbol{a}_m)$ は $n \times m$ 行列のとき，$E(p,q) = (\delta_{i,p}\delta_{j,q})$ より

$$(E(p,q)A)_{ij} = \sum_{k=1}^{n} \delta_{i,p}\delta_{k,q}a_{kj} = \delta_{i,p}a_{qj} = \begin{cases} 0 & (i \neq p) \\ a_{qj} & (i = p) \end{cases}$$

が成り立つでの $E(p,q)A = \begin{pmatrix} \mathbf{0} \\ \vdots \\ \boldsymbol{a}'_q \\ \vdots \\ \mathbf{0} \end{pmatrix} p$ 行 となる．同様に

$$(AE(p,q))_{ij} = \sum_{k=1}^{n} a_{ik}\delta_{k,p}\delta_{j,q} = a_{ip}\delta_{j,q} = \begin{cases} 0 & (j \neq q) \\ a_{ip} & (j = q) \end{cases}$$

が成り立つから $AE(p,q) = (\mathbf{0} \cdots \overset{q\,列}{\boldsymbol{a}_p} \cdots \mathbf{0})$.

例題 1.37　$A = \begin{pmatrix} 1 & 1 \\ 2 & 0 \end{pmatrix}$ に対して次の問いに答えよ．

(1) A^2 を A と E を用いて表せ．　(2) A^4 を A と E を用いて表せ．

(3) $A^3 + 2A^2 - 4A - 5E$ を A と E を用いて表せ．

解答　(1) ハミルトン・ケーリーの定理から

$$A^2 - A - 2E = O \qquad \cdots(*)$$

$$A^2 = A + 2E \qquad \cdots(**)$$

となる．

(2) $(**)$ の両辺を 2 乗する．A と E は可換なので，文字式の展開の公式がそのまま成り立つことに注意しよう．すなわち $(A+2E)^2 = A^2 + 4A + 4E$ がいえる．よって $(**)$ を 2 回使って

$$A^4 = (A+2E)^2 = A^2 + 4A + 4E = A + 2E + 4A + 4E = 5A + 6E$$

となる．

(3) $(*)$ に注目し，$f(x) = x^3 + 2x^2 - 4x - 5$ を $x^2 - x - 2$ で割る．このとき商 $x+3$，余り $x+1$ となるので，$f(x) = (x^2 - x - 2)(x+3) + x + 1$ がえられる．よって $A^2 - A - 2E = O$ だから，

$$f(A) = (A^2 - A - 2E)(A + 3E) + A + E = A + E$$

である．■

例えば，$f(x) = ax^2 + bx + c$ ならば，$f(A) = aA^2 + bA + cE$ である．すなわち x を A に，そして定数 c を cE に置き換える．このとき変数 x についての多項式の等式がそのまま行列の等式となる．それは多項式の等式は変数 x と数との交換法則，結合法則，分配法則を用いて示されるが，行列に対しても結合・分配法則は成り立ち，A と E は可換のため交換法則も使え，証明が全く同様に進むからである．

問 1.7 $A = \begin{pmatrix} 2 & 3 \\ -1 & 1 \end{pmatrix}$ に対して次を A と E を用いて表せ.

(1) A^2　(2) A^3　(3) A^4　(4) $2A^3 - 5A^2 + 7A + E$

転置行列と演算の関係をみておこう.

定理 1.38 A, B がともに同じタイプの行列のとき $(A+B)^T = A^T + B^T$ が成り立つ.

証明 和と転置行列の定義に従って計算すれば

$$\left((A+B)^T\right)_{ij} = (A+B)_{ji} = A_{ji} + B_{ji} = (A^T)_{ij} + (B^T)_{ij} = (A^T + B^T)_{ij}.$$

ゆえに $(A+B)^T$ と $A^T + B^T$ の (i,j) 成分が等しいので $(A+B)^T = A^T + B^T$ が成り立つ. ■

定理 1.39 A が $m \times n$ 行列, B は $n \times l$ 行列のとき $(AB)^T = B^T A^T$ が成り立つ.

証明 積と転置行列の定義に従って計算すれば

$$\left((AB)^T\right)_{ij} = (AB)_{ji} = \sum_{k=1}^{n} A_{jk} B_{ki}$$

である. ここで $A_{jk} = (A^T)_{kj}$, $B_{ki} = (B^T)_{ik}$ であることを用いると

$$\left((AB)^T\right)_{ij} = \sum_{k=1}^{n} (A^T)_{kj} (B^T)_{ik} = \sum_{k=1}^{n} (B^T)_{ik} (A^T)_{kj} = (B^T A^T)_{ij}$$

となる. ゆえに $(AB)^T$ と $B^T A^T$ の (i,j) 成分が等しいので, $(AB)^T = B^T A^T$ が成り立つ. ■

問 1.8 $A = \begin{pmatrix} 2 & -2 \\ -1 & 4 \end{pmatrix}$, $B = \begin{pmatrix} 1 & -1 \\ 2 & 3 \end{pmatrix}$ のとき次の行列を求めよ.

(1) AB　(2) A^T　(3) $(AB)^T$　(4) $(A+B)(A-B)$

1.4　正則行列と逆行列

1.4.1　正則行列

方程式

$$AX = XA = E \qquad \cdots (*)$$

を満たす正方行列 X について考えよう. 残念なことに $(*)$ を満たす X はいつでも存在するとは限らない. 例えば $A = \begin{pmatrix} 1 & 0 \\ 0 & 0 \end{pmatrix}$ とすれば任意の $X = \begin{pmatrix} a & b \\ c & d \end{pmatrix}$ に対して $AX = \begin{pmatrix} a & b \\ 0 & 0 \end{pmatrix}$ となるから

AX が決して $E = \begin{pmatrix} 1 & 0 \\ 0 & 1 \end{pmatrix}$ とはなりえない．つまり $A = \begin{pmatrix} 1 & 0 \\ 0 & 0 \end{pmatrix}$ のとき 方程式 $(*)$ の解は存在しないことがわかる．

定義 1.40　正方行列 A に対して $AX = XA = E$ を満たす正方行列 X が存在するとき A を**正則行列**または簡単に**正則**という．また X を A の**逆行列**といい A^{-1} で表す．

後に $AX = E$ または $XA = E$ の一方が成り立てば，他方が成り立つことがわかる．A が正則行列のとき

$$AA^{-1} = A^{-1}A = E$$

が成り立つ．逆行列が存在すれば唯一つであることが証明できる．

定理 1.41　A の逆行列は存在すれば唯一つである．

証明　X と Y を $(*)$ を満たす行列とすれば

$$X = XE = X(AY) = (XA)Y = EY = Y$$

となり $X = Y$ が導かれる．よって 逆行列があれば唯一つである．■

例 1.42　[1] $A = \begin{pmatrix} a & 0 \\ 0 & b \end{pmatrix}$ $(ab \neq 0)$ に対して $A^{-1} = \begin{pmatrix} \frac{1}{a} & 0 \\ 0 & \frac{1}{b} \end{pmatrix}$ である．また $abc \neq 0$ のとき，$\begin{pmatrix} a & 0 & 0 \\ 0 & b & 0 \\ 0 & 0 & c \end{pmatrix}^{-1} = \begin{pmatrix} \frac{1}{a} & 0 & 0 \\ 0 & \frac{1}{b} & 0 \\ 0 & 0 & \frac{1}{c} \end{pmatrix}$ である．

[2] $P = \begin{pmatrix} 0 & 1 \\ 1 & 0 \end{pmatrix}$ に対して $PP = E$ が成り立つ．よって逆行列の一意性から，$P^{-1} = P$ である．

[3] $P = \begin{pmatrix} 0 & 0 & 1 \\ 0 & 1 & 0 \\ 1 & 0 & 0 \end{pmatrix}, A = \begin{pmatrix} 0 & 1 & 0 \\ 0 & 0 & 1 \\ 0 & 0 & 0 \end{pmatrix}, B = \begin{pmatrix} 0 & 0 & 0 \\ 1 & 0 & 0 \\ 0 & 1 & 0 \end{pmatrix}$ とする．$PP = E$ より $P^{-1} = P$ が成り立つ．これより $P^{-1}AP = B$ がわかる．この例は n 次正方行列まで一般化できる．3 つの n 次正方行列を $A = (\delta_{j-i,1}), B = (\delta_{i-j,1}), P = (\delta_{i+j,n+1})$ とする．このとき $P^{-1} = P, P^{-1}AP = B$ が成り立つ．

a を定数とする．$p \neq q$ のとき，$E + aE(p,q)$ は正則で

$$\{E + aE(p,q)\}^{-1} = E - aE(p,q)$$

である．ここで $E(p,q)$ は行列単位である．また $a \neq -1$ のときは，

$$\{E + aE(p,p)\}^{-1} = E - \frac{a}{1+a}E(p,p)$$

である．実際 E と $E(p,q)$ は可換で，いまは $p \neq q$ としているから $E(p,q)E(p,q) = \delta_{q,p}E(p,q) = O$ となるので，

$$\{E + aE(p,q)\}\{E - aE(p,q)\} = \{E - aE(p,q)\}\{E + aE(p,q)\} = E^2 - a^2E(p,q)^2 = E$$

が成り立つからである．また $E+aE(p,p)$ は対角行列なので，この場合は明らかである．この結果を用いると，例題 1.35(2) より強い結果「任意の正則な n 次正方行列 A と可換な行列 $X=(x_{ij})$ は単位行列のスカラー倍に限る」を示すことができる．これは正則行列 $A=E+E(p,q)$ をとれば，

$$AX=\{E+E(p,q)\}X=X+E(p,q)X,$$
$$XA=X\{E+E(p,q)\}=X+XE(p,q)$$

から $E(p,q)X=XE(p,q)$ がえられ，例題 1.35(2) の証明がそのまま適用できるからである．

定義 1.43　n 次正方行列 $A=(a_{ij})$ の対角成分の和を**トレース**といい，$\mathrm{Tr}A=\sum_{i=1}^{n}a_{ii}$ と表す．

例題 1.44　次の問いに答えよ．

(1) n 次正方行列 $B=(b_{ij})$ に対して $\mathrm{Tr}(AB)=\mathrm{Tr}(BA)$ が成り立つことを示せ．
(2) B が正則であるとき，$\mathrm{Tr}(B^{-1}AB)=\mathrm{Tr}A$ が成り立つことを示せ．

解答　(1) AB の (i,j) 成分 $(AB)_{ij}$ は $(AB)_{ij}=\sum_{k=1}^{n}a_{ik}b_{kj}$ であるから，トレースは

$$\mathrm{Tr}(AB)=\sum_{i=1}^{n}(AB)_{ii}=\sum_{i=1}^{n}\sum_{k=1}^{n}a_{ik}b_{ki}=\sum_{1\leqq i,k\leqq n}a_{ik}b_{ki}$$

と表される．同様に $\mathrm{Tr}(BA)$ は上式で a_{ik} と b_{ki} を入れ替えておけばよい．ついでに添字 i,k も入れ替えて

$$\mathrm{Tr}(BA)=\sum_{1\leqq i,k\leqq n}b_{ik}a_{ki}=\sum_{1\leqq i,k\leqq n}b_{ki}a_{ik}$$

がえられる．これらを比較して $\mathrm{Tr}(AB)=\mathrm{Tr}(BA)$ がわかる．

(2) (1) の結果と積に関する結合法則を用いると

$$\mathrm{Tr}(B^{-1}AB)=\mathrm{Tr}\left(B^{-1}(AB)\right)=\mathrm{Tr}\left((AB)B^{-1}\right)=\mathrm{Tr}\left(A(BB^{-1})\right)=\mathrm{Tr}(AE)=\mathrm{Tr}(A).\quad\blacksquare$$

1.4.2　2次正方行列の逆行列

2次正方行列の場合には

[1]　どんな行列が正則なのか?

[2]　正則ならば逆行列はどのような形をしているのか?

という問いには簡単に答えることができる．はじめに行列式の定義とその性質を述べる．

定義 1.45　2×2 行列 $A=\begin{pmatrix}a & b\\ c & d\end{pmatrix}$ に対して $ad-bc$ を A の**行列式**といい，$|A|$ または $\det A$ と表す．すなわち

$$\det\begin{pmatrix}a & b\\ c & d\end{pmatrix}=\begin{vmatrix}a & b\\ c & d\end{vmatrix}=ad-bc.$$

定理 1.46 2次正方行列 A, B に対して $|AB| = |A||B|$ が成り立つ.

証明 $A = \begin{pmatrix} a & b \\ c & d \end{pmatrix}, B = \begin{pmatrix} x & u \\ y & v \end{pmatrix}$ とおく. $AB = \begin{pmatrix} ax+by & au+bv \\ cx+dy & cu+dv \end{pmatrix}$ であるから

$$\begin{aligned} |AB| &= (ax+by)(cu+dv) - (au+bv)(cx+dy) \\ &= acxu + adxv + bcyu + bdyv - acxu - adyu - bcxv - bdyv \\ &= ad(xv-yu) - bc(xv-yu) = (ad-bc)(xv-yu) = |A||B|. \end{aligned}$$

■

定理 1.47 $A = \begin{pmatrix} a & b \\ c & d \end{pmatrix}$ に対して A が正則であるための必要十分条件はその行列式 $|A|$ が零でないことである. つまり

$$|A| \neq 0 \Longleftrightarrow A \text{ は正則行列.}$$

さらに $|A| \neq 0$ のとき, A の逆行列 A^{-1} は次式で与えられる.

$$A^{-1} = \frac{1}{|A|}\begin{pmatrix} d & -b \\ -c & a \end{pmatrix}. \qquad \cdots (*)$$

証明 $(\Rightarrow)$ について: $|A| = ad - bc \neq 0$ としよう. $(*)$ の右辺を X とおけば

$$\begin{aligned} XA &= \frac{1}{ad-bc}\begin{pmatrix} d & -b \\ -c & a \end{pmatrix}\begin{pmatrix} a & b \\ c & d \end{pmatrix} = \frac{1}{ad-bc}\begin{pmatrix} ad-bc & 0 \\ 0 & ad-bc \end{pmatrix} \\ &= \begin{pmatrix} \frac{ad-bc}{ad-bc} & \frac{0}{ad-bc} \\ \frac{0}{ad-bc} & \frac{ad-bc}{ad-bc} \end{pmatrix} = \begin{pmatrix} 1 & 0 \\ 0 & 1 \end{pmatrix} \end{aligned}$$

である. 同様に $AX = \begin{pmatrix} 1 & 0 \\ 0 & 1 \end{pmatrix}$ も成り立つ. よって A は正則であり, その逆行列が $(*)$ であることがわかる.

$(\Leftarrow)$ について: A の逆行列 A^{-1} が存在するとしよう. つまり $AA^{-1} = E$ が成り立つ. このとき $|AA^{-1}| = |A||A^{-1}|, |E| = 1$ から両辺の行列式をとると $|A||A^{-1}| = 1$ となる. よって $|A| \neq 0$ である. ■

上の証明から $|A^{-1}| = \dfrac{1}{|A|}$ がわかる.

例題 1.48 $A = \begin{pmatrix} 1 & -2 \\ 3 & -4 \end{pmatrix}$ の逆行列が存在すれば求めよ.

解答 $|A| = 1 \times (-4) - (-2) \times 3 = 2 \neq 0$ より A の逆行列は $A^{-1} = \frac{1}{2}\begin{pmatrix} -4 & 2 \\ -3 & 1 \end{pmatrix}$ となる. ■

問 1.9　$A = \begin{pmatrix} 2 & -2 \\ 3 & -4 \end{pmatrix}$ のとき次の行列を求めよ.

(1) A^{-1}　(2) $(A^T)^{-1}$　(3) $(A + A^T)^{-1}$　(4) $(A - A^T)^{-1}$

問 1.10　次の行列が正則であればその逆行列を求めよ.

(1) $\begin{pmatrix} 1 & 3 \\ 2 & 4 \end{pmatrix}$　(2) $\begin{pmatrix} 2 & 3 \\ 6 & 9 \end{pmatrix}$　(3) $\begin{pmatrix} 7 & 5 \\ 4 & 3 \end{pmatrix}$　(4) $\begin{pmatrix} \cos\theta & -\sin\theta \\ \sin\theta & \cos\theta \end{pmatrix}$

(5) $\begin{pmatrix} 5 & 3 \\ -4 & 7 \end{pmatrix}$　(6) $\begin{pmatrix} 2 & -4 \\ 1 & -2 \end{pmatrix}$　(7) $\begin{pmatrix} 0 & 1 \\ 1 & 0 \end{pmatrix}$　(8) $\begin{pmatrix} 1 & -\tan\theta \\ \tan\theta & 1 \end{pmatrix}$

1.5　正則行列の性質

正則行列の性質について調べよう.

定理 1.49　A, B がともに正則行列であるとき次の等式が成り立つ.

(1) A^{-1} も正則で $(A^{-1})^{-1} = A$.　(2) AB も正則で $(AB)^{-1} = B^{-1}A^{-1}$.

(3) $\lambda \neq 0$ のとき λA も正則で $(\lambda A)^{-1} = \dfrac{1}{\lambda}A^{-1}$.　(4) A^T も正則で $(A^T)^{-1} = (A^{-1})^T$.

証明　(1) $A^{-1}A = AA^{-1} = E$ なのだから, これは A^{-1} が正則で, その逆行列 $(A^{-1})^{-1}$ が A だといっていることに他ならない.

(2) 行列の積の結合法則 より $(AB)(B^{-1}A^{-1}) = A(BB^{-1})A^{-1} = AEA^{-1} = AA^{-1} = E$ である. 同様に $(B^{-1}A^{-1})(AB) = E$ も成り立つ. ゆえに AB は正則で, その逆行列は $B^{-1}A^{-1}$ である.

(3) λA と $\frac{1}{\lambda}A^{-1}$ の積は $(\lambda A)(\frac{1}{\lambda}A^{-1}) = \lambda\frac{1}{\lambda}AA^{-1} = E$ となり, 同様に $(\frac{1}{\lambda}A^{-1})(\lambda A) = E$ となる. ゆえに λA は正則で, その逆行列は $\dfrac{1}{\lambda}A^{-1}$ である.

(4) 行列の積の転置行列の公式より $A^T(A^{-1})^T = (A^{-1}A)^T = E^T = E$ であり, 同様に $(A^{-1})^T A^T = (AA^{-1})^T = E^T = E$ である. ゆえに A^T は正則で, その逆行列は $(A^{-1})^T$ である. ■

問 1.11　2 次正方行列 $A = \begin{pmatrix} 1 & 2 \\ -1 & 1 \end{pmatrix}, B = \begin{pmatrix} 3 & 1 \\ 5 & 2 \end{pmatrix}$ について次を求めよ.

(1) $|A|$　(2) A^{-1}　(3) $(A^T)^{-1}$　(4) $A^{-1}A^4A^{-1}$

(5) B^{-1}　(6) $|AB|$　(7) $\mathrm{Tr}(\mathrm{B}^{-1}\mathrm{AB})$　(8) $\mathrm{Tr}(\mathrm{ABA}^{-1})$

例題 1.50 $E+A$ が正則行列となるような行列 A に対して $B=(E-A)(E+A)^{-1}$ とおく. 次の問いに答えよ.

(1) $(E-A)(E+A)^{-1}=(E+A)^{-1}(E-A)$ を示せ.
(2) $E+B$ が正則であることを示せ.

証明 $C=(E+A)^{-1}$ とおくと C は正則で $C^{-1}=E+A$. すなわち $A=C^{-1}-E$ であるから

$$(E-A)(E+A)^{-1}=\left\{E-(C^{-1}-E)\right\}C=(2E-C^{-1})C=2C-E,$$
$$(E+A)^{-1}(E-A)=C\left\{E-(C^{-1}-E)\right\}=C(2E-C^{-1})=2C-E.$$

よって (1) 式が示せた. 次に, $E+B=E+2C-E=2C$ であり, C が正則なので $2C$, つまり $E+B$ も正則である. ■

定義 1.51 A が正則行列のとき $A^{-k}=(A^{-1})^k$ $(k=1,2,3,\ldots)$, $A^0=E$ と定義する.

行列にも実数と同じように次の指数法則が成り立つ.

定理 1.52 A を正則行列とし k,l を整数とする. このとき $A^kA^l=A^{k+l}$, $(A^k)^l=A^{kl}$ が成り立つ.

● **例 1.53** A が正則のとき A^k も正則で $(A^k)^{-1}=A^{-k}$ である.

問 1.12 行列 A は $A^2-A+E=O$ を満たしているとする. このとき A が正則であることを示し, その逆行列を A と E で表せ.

1.6 対称行列と交代行列

定義 1.54 行列 A が $A^T=A$ を満たすとき A を**対称行列**という.

● **例 1.55** $\begin{pmatrix} 1 & 2 & -3 \\ 2 & 0 & -4 \\ -3 & -4 & 2 \end{pmatrix}$ は対称行列である.

対角行列は全て対称行列であるので, 特に単位行列も対称行列である.

定理 1.56 A を正方行列とする. このとき $A+A^T$, A^TA は対称行列である. さらに A が正則な対称行列ならば A^{-1} も対称行列である.

証明 A が正方行列であるとき $B=A+A^T$ とおけば $B^T=(A+A^T)^T=A^T+(A^T)^T=A^T+A=A+A^T=B$ なので B は対称行列である. また $C=A^TA$ とおけば $C^T=(A^TA)^T=$

$A^T(A^T)^T = A^TA = C$ なので C も対称行列である．さらに A を正則な対称行列としよう．このとき $(A^{-1})^T = (A^T)^{-1} = A^{-1}$ なので A^{-1} も対称行列である． ■

定義 1.57　行列 A が $A^T = -A$ を満たすとき A を**交代行列**という．

交代行列 $A = (a_{ij})$ は $a_{ij} = -a_{ji}$ を満たすのだから，特に $a_{ii} = -a_{ii}$ を満たす．ゆえに交代行列の対角成分は全て 0 であることがわかる．

例 1.58　$\begin{pmatrix} 0 & 1 & -2 \\ -1 & 0 & -3 \\ 2 & 3 & 0 \end{pmatrix}$ は交代行列であるが $\begin{pmatrix} 1 & 1 & -2 \\ -1 & 2 & -3 \\ 2 & 3 & 0 \end{pmatrix}$ は交代行列ではない．

定理 1.59　A を正方行列とする．このとき $A - A^T$ は交代行列である．また A が正則な交代行列ならば A^{-1} も交代行列になる．

証明　A が正方行列であるとき $B = A - A^T$ とおけば

$$B^T = (A - A^T)^T = A^T - (A^T)^T = A^T - A = -(A - A^T) = -B$$

なので B は交代行列である．また A を正則な交代行列とすれば

$$(A^{-1})^T = (A^T)^{-1} = (-A)^{-1} = (-1)^{-1}A^{-1} = -A^{-1}$$

なので A^{-1} も交代行列であることがわかる． ■

例題 1.60　対称行列かつ交代行列である行列は零行列に限ることを示せ．

証明　$A = (a_{ij})$ を対称行列かつ交代行列とすれば $a_{ij} = a_{ji} = -a_{ij}$ である．ゆえに $a_{ij} = 0$．全ての成分が 0 なので $A = O$． ■

定理 1.61　正方行列 A は対称行列と交代行列の和で一意的に表せる．

証明　$B = \frac{1}{2}(A + A^T)$, $C = \frac{1}{2}(A - A^T)$ とおく．このとき B と C はそれぞれ対称行列，交代行列である．さらに $A = B + C$ であるから定理の前半が示された．次に一意性を示す．

$$A = B' + C' \quad (B' \text{は対称行列，} C' \text{は交代行列})$$

と表せたとしよう．このとき

$$O = A - A = (B + C) - (B' + C') = (B - B') + (C - C')$$

より $B - B' = C' - C$ である．$B - B'$ は対称行列，$C' - C$ は交代行列であるからこの等式から $B - B'$ と $C' - C$ は対称行列かつ交代行列だといえる．よって例題 1.60 から

$$B - B' = O, \quad C - C' = O$$

となり $B = B'$, $C = C'$ となる. ■

例題 1.62 $A = \begin{pmatrix} 1 & 8 & 9 \\ -3 & 2 & 1 \\ 4 & 1 & 5 \end{pmatrix}$ を対称行列と交代行列の和で表せ.

解答 $A^T = \begin{pmatrix} 1 & -3 & 4 \\ 8 & 2 & 1 \\ 9 & 1 & 5 \end{pmatrix}$ なので $S = \frac{1}{2}(A + A^T) = \frac{1}{2}\begin{pmatrix} 2 & 5 & 13 \\ 5 & 4 & 2 \\ 13 & 2 & 10 \end{pmatrix}$, $T = \frac{1}{2}(A - A^T) = \frac{1}{2}\begin{pmatrix} 0 & 11 & 5 \\ -11 & 0 & 0 \\ -5 & 0 & 0 \end{pmatrix}$ とおけば S は対称行列, T は交代行列であり

$$\begin{pmatrix} 1 & 8 & 9 \\ -3 & 2 & 1 \\ 4 & 1 & 5 \end{pmatrix} = \frac{1}{2}\begin{pmatrix} 2 & 5 & 13 \\ 5 & 4 & 2 \\ 13 & 2 & 10 \end{pmatrix} + \frac{1}{2}\begin{pmatrix} 0 & 11 & 5 \\ -11 & 0 & 0 \\ -5 & 0 & 0 \end{pmatrix}$$

と表せる. ■

1.7 線形写像と行列

1.7.1 線形写像

点 $(x_1, x_2, \cdots, x_n)$ を点 $(y_1, y_2, \cdots, y_m)$ に対応させる規則が,

$$\begin{cases} y_1 & = a_{11}x_1 + a_{12}x_2 + \cdots + a_{1n}x_n \\ y_2 & = a_{21}x_1 + a_{22}x_2 + \cdots + a_{2n}x_n \\ \vdots & = \qquad\qquad \vdots \\ y_m & = a_{m1}x_1 + a_{m2}x_2 + \cdots + a_{mn}x_n \end{cases}$$

で表されるとき, この写像を**線形写像**（**1 次変換**）という[1]. これは行列を用いて,

$$\begin{pmatrix} y_1 \\ y_2 \\ \vdots \\ y_m \end{pmatrix} = \begin{pmatrix} a_{11} & a_{12} & \ldots & a_{1n} \\ a_{21} & a_{22} & \ldots & a_{2n} \\ \vdots & & & \vdots \\ a_{m1} & \ldots & \ldots & a_{mn} \end{pmatrix} \begin{pmatrix} x_1 \\ x_2 \\ \vdots \\ x_n \end{pmatrix}$$

と表すことができる. このとき行列

$$A = \begin{pmatrix} a_{11} & a_{12} & \ldots & a_{1n} \\ a_{21} & a_{22} & \ldots & a_{2n} \\ \vdots & & & \vdots \\ a_{m1} & \ldots & \ldots & a_{mn} \end{pmatrix}$$

[1] 線形写像の一般論は付録で述べる.

をこの線形写像の**表現行列**という．ここでは座標系が1つ固定されていることに注意しよう．$m=n=2$ の場合を考えよう．このとき平面上の点 (x,y) を点 (X,Y) に対応させる線形写像

$$\begin{cases} X = ax + by \\ Y = cx + dy \end{cases}$$

の表現行列は $A = \begin{pmatrix} a & b \\ c & d \end{pmatrix}$ である．点 (X,Y) がさらに点 (U,V) に，

$$\begin{cases} U = pX + qY \\ V = rX + sY \end{cases}$$

という規則で，すなわちその表現行列が $B = \begin{pmatrix} p & q \\ r & s \end{pmatrix}$ である線形写像で移ったとする．

例題 1.63　上で説明した変換を続けていったとき，点 (x,y) を点 (U,V) に対応させる規則は線形写像で，その表現行列は BA であることを示せ（かける順序に注意！）．

証明

$$U = pX + qY = p(ax+by) + q(cx+dy) = (pa+qc)x + (pb+qd)y,$$
$$V = rX + sY = r(ax+by) + s(cx+dy) = (ra+sc)x + (rb+sd)y$$

なので，線形写像の合成は線形写像であり，その表現行列は $\begin{pmatrix} pa+qc & pb+qd \\ ra+sc & rb+sd \end{pmatrix} = BA$ である．

■

この結果は一般的に成り立つので，次の定理にまとめておく．

定理 1.64　線形写像 f,g の表現行列をそれぞれ A,B とする．このとき 合成写像 $g \circ f$ は線形写像であり，その表現行列は行列の積 BA で与えられる．

1.7.2　回転と折り返し

原点を中心とする点および座標軸の回転と，原点を通る直線に関する折り返しの点の変換は線形写像であることを示し，それらの表現行列を求めよう．これから現れる平面の xy 座標系は正の向きに取られているとする．すなわち，原点を中心に x 軸を反時計回りに 90° 回転させると，向きも込めて y 軸に重なるとする．そして反時計回りを正の角とする．

定理 1.65 (原点回りの点の回転) 平面上の点 $P(x,y)$ を原点回りに θ 回転させ，点 $Q(X,Y)$ に移ったとする．このとき

$$\begin{pmatrix} X \\ Y \end{pmatrix} = \begin{pmatrix} \cos\theta & -\sin\theta \\ \sin\theta & \cos\theta \end{pmatrix} \begin{pmatrix} x \\ y \end{pmatrix}$$

の関係が成り立つ．また Q を $-\theta$ 回転すれば P となるので，

$$\begin{pmatrix} x \\ y \end{pmatrix} = \begin{pmatrix} \cos(-\theta) & -\sin(-\theta) \\ \sin(-\theta) & \cos(-\theta) \end{pmatrix} \begin{pmatrix} X \\ Y \end{pmatrix} = \begin{pmatrix} \cos\theta & \sin\theta \\ -\sin\theta & \cos\theta \end{pmatrix} \begin{pmatrix} X \\ Y \end{pmatrix}$$

の関係も成り立つ．

証明 $OP = r$, OP と x 軸の正の部分とのなす角を α とすると，

$$x = r\cos\alpha, \quad y = r\sin\alpha \qquad \cdots(*)$$

が成り立つ．このとき $OQ = r$ で，OQ と x 軸の正の部分とのなす角は $\alpha + \theta$ であるから $X = r\cos(\alpha+\theta), Y = r\sin(\alpha+\theta)$ である．よってこれらを加法定理で展開し，$(*)$ を用いると

$$X = r(\cos\alpha\cos\theta - \sin\alpha\sin\theta) = x\cos\theta - y\sin\theta,$$
$$Y = r(\sin\alpha\cos\theta + \cos\alpha\sin\theta) = x\sin\theta + y\cos\theta$$

がえられる． ■

定理 1.66 (原点回りの座標軸の回転) xy 座標系と，この座標軸を原点回りに θ 回転させた XY 座標系を考える．点 P は xy 座標系で座標 (x,y), XY 座標系では座標 (X,Y) とすると，

$$\begin{pmatrix} x \\ y \end{pmatrix} = \begin{pmatrix} \cos\theta & -\sin\theta \\ \sin\theta & \cos\theta \end{pmatrix} \begin{pmatrix} X \\ Y \end{pmatrix}$$

の関係が成り立つ．この関係式を点の回転の式とみれば，次も成り立つ．

$$\begin{pmatrix} X \\ Y \end{pmatrix} = \begin{pmatrix} \cos\theta & \sin\theta \\ -\sin\theta & \cos\theta \end{pmatrix} \begin{pmatrix} x \\ y \end{pmatrix}.$$

証明 $OP = r$, OP と X 軸の正の部分とのなす角を α とすると，$X = r\cos\alpha$, $Y = r\sin\alpha$ が成り立つ．このとき OP と x 軸の正の部分とのなす角は $\alpha+\theta$ であるから $x = r\cos(\alpha+\theta), y = r\sin(\alpha+\theta)$ がえられる．これらの式をみると，前定理の証明で (x,y) と (X,Y) を交換したものになっているから，$\begin{pmatrix} x \\ y \end{pmatrix} = \begin{pmatrix} \cos\theta & -\sin\theta \\ \sin\theta & \cos\theta \end{pmatrix} \begin{pmatrix} X \\ Y \end{pmatrix}$ が同様にえられる． ■

例題 1.67　次の問いに答えよ．

(1) 平面上の点 $(\sqrt{2}, \sqrt{6})$ を原点回りに 75° 回転させた．移った先の点の座標を求めよ．

(2) xy 座標系と，この座標軸を原点回りに 30° 回転させた XY 座標系がある．xy 座標系で座標 $(-\sqrt{3}, 4)$ である点 P は，XY 座標系ではどのようにみえるか．その座標を求めよ．

解答　(1)$75^\circ = 45^\circ + 30^\circ$ なので，定理 1.64, 1.65 より回転行列をかけていけばよい．

$$\begin{pmatrix} \cos 45^\circ & -\sin 45^\circ \\ \sin 45^\circ & \cos 45^\circ \end{pmatrix} \begin{pmatrix} \cos 30^\circ & -\sin 30^\circ \\ \sin 30^\circ & \cos 30^\circ \end{pmatrix} \begin{pmatrix} \sqrt{2} \\ \sqrt{6} \end{pmatrix}$$
$$= \begin{pmatrix} \frac{1}{\sqrt{2}} & \frac{-1}{\sqrt{2}} \\ \frac{1}{\sqrt{2}} & \frac{1}{\sqrt{2}} \end{pmatrix} \begin{pmatrix} \frac{\sqrt{3}}{2} & \frac{-1}{2} \\ \frac{1}{2} & \frac{\sqrt{3}}{2} \end{pmatrix} \begin{pmatrix} \sqrt{2} \\ \sqrt{6} \end{pmatrix} = \begin{pmatrix} \frac{1}{\sqrt{2}} & \frac{-1}{\sqrt{2}} \\ \frac{1}{\sqrt{2}} & \frac{1}{\sqrt{2}} \end{pmatrix} \begin{pmatrix} 0 \\ 2\sqrt{2} \end{pmatrix} = \begin{pmatrix} -2 \\ 2 \end{pmatrix}.$$

よって点 $(-2, 2)$ に移る．

(2) 定理 1.66 を用いて，「$AX = B \Longrightarrow X = A^{-1}B$」という計算をする．

$$\begin{pmatrix} -\sqrt{3} \\ 4 \end{pmatrix} = \begin{pmatrix} \cos 30^\circ & -\sin 30^\circ \\ \sin 30^\circ & \cos 30^\circ \end{pmatrix} \begin{pmatrix} X \\ Y \end{pmatrix} = \begin{pmatrix} \frac{\sqrt{3}}{2} & \frac{-1}{2} \\ \frac{1}{2} & \frac{\sqrt{3}}{2} \end{pmatrix} \begin{pmatrix} X \\ Y \end{pmatrix}$$

より

$$\begin{pmatrix} X \\ Y \end{pmatrix} = \begin{pmatrix} \frac{\sqrt{3}}{2} & \frac{1}{2} \\ \frac{-1}{2} & \frac{\sqrt{3}}{2} \end{pmatrix} \begin{pmatrix} -\sqrt{3} \\ 4 \end{pmatrix} = \begin{pmatrix} \frac{1}{2} \\ \frac{5\sqrt{3}}{2} \end{pmatrix}.$$

よって点 $\left(\frac{1}{2}, \frac{5\sqrt{3}}{2}\right)$ とみえる．■

例題 1.68　c, u, v は $c > 0, |u| < c, |v| < c$ を満たす定数とする．$zt, z't', z''t''$ 座標系の点 $(z,t), (z',t'), (z'',t'')$ が次の関係式を満たすとする．

$$\begin{cases} z' = \dfrac{z - ut}{\sqrt{1 - (\frac{u}{c})^2}} \\ t' = \dfrac{t - \frac{uz}{c^2}}{\sqrt{1 - (\frac{u}{c})^2}} \end{cases} \qquad \begin{cases} z'' = \dfrac{z' - vt'}{\sqrt{1 - (\frac{v}{c})^2}} \\ t'' = \dfrac{t' - \frac{vz'}{c^2}}{\sqrt{1 - (\frac{v}{c})^2}} \end{cases}$$

次の問いに答えよ．

(1) 点 (z,t) を点 (z',t') に移す線形写像の表現行列 $A(u)$ を求めよ．

(2) 点 (z',t') を点 (z,t) に移す線形写像の表現行列を求めよ．

(3) 点 (z,t) を点 (z'',t'') に移す線形写像の表現行列を求めよ．

解答　(1) 行列表示すると $\begin{pmatrix} z' \\ t' \end{pmatrix} = \dfrac{1}{\sqrt{1 - (\frac{u}{c})^2}} \begin{pmatrix} 1 & -u \\ -\frac{u}{c^2} & 1 \end{pmatrix} \begin{pmatrix} z \\ t \end{pmatrix}$ なので，

$$A(u) = \frac{1}{\sqrt{1-(\frac{u}{c})^2}} \begin{pmatrix} 1 & -u \\ -\frac{u}{c^2} & 1 \end{pmatrix}$$

である．

(2) $\begin{pmatrix} z' \\ t' \end{pmatrix} = A(u) \begin{pmatrix} z \\ t \end{pmatrix} \Longrightarrow \begin{pmatrix} z \\ t \end{pmatrix} = A(u)^{-1} \begin{pmatrix} z' \\ t' \end{pmatrix}$ より $A(u)^{-1}$ が表現行列であるが，計算すればこれは $A(-u)$ とわかる．

(3) 定理 1.64 から $A(v)A(u)$ を計算すればよい．

$$\begin{aligned} A(v)A(u) &= \frac{1}{\sqrt{1-(\frac{v}{c})^2}} \frac{1}{\sqrt{1-(\frac{u}{c})^2}} \begin{pmatrix} 1 & -v \\ -\frac{v}{c^2} & 1 \end{pmatrix} \begin{pmatrix} 1 & -u \\ -\frac{u}{c^2} & 1 \end{pmatrix} \\ &= \frac{1}{\sqrt{\{1-(\frac{v}{c})^2\}\{1-(\frac{u}{c})^2\}}} \begin{pmatrix} 1+\frac{vu}{c^2} & -(v+u) \\ -\frac{v+u}{c^2} & 1+\frac{vu}{c^2} \end{pmatrix} \\ &= \frac{1+\frac{vu}{c^2}}{\sqrt{\{1-(\frac{v}{c})^2\}\{1-(\frac{u}{c})^2\}}} \begin{pmatrix} 1 & -\frac{v+u}{1+\frac{vu}{c^2}} \\ \frac{-1}{c^2}\frac{v+u}{1+\frac{vu}{c^2}} & 1 \end{pmatrix} \end{aligned}$$

であり，

$$\begin{aligned} \left(1+\frac{vu}{c^2}\right)^2 \left\{1-\left(\frac{1}{c}\frac{v+u}{1+\frac{vu}{c^2}}\right)^2\right\} &= \left(1+\frac{vu}{c^2}\right)^2 - \left(\frac{v+u}{c}\right)^2 = 1+\frac{v^2u^2}{c^4}-\frac{v^2}{c^2}-\frac{u^2}{c^2} \\ &= \left\{1-\left(\frac{v}{c}\right)^2\right\}\left\{1-\left(\frac{u}{c}\right)^2\right\} \end{aligned}$$

がいえたので，

$$A(v)A(u) = \frac{1}{\sqrt{1-\left(\frac{1}{c}\frac{v+u}{1+\frac{vu}{c^2}}\right)^2}} \begin{pmatrix} 1 & -\frac{v+u}{1+\frac{vu}{c^2}} \\ \frac{-1}{c^2}\frac{v+u}{1+\frac{vu}{c^2}} & 1 \end{pmatrix}.$$

よって $A\left(\dfrac{v+u}{1+\frac{vu}{c^2}}\right)$ が表現行列である． ■

定理 1.69 （原点を通る直線に関する折り返し） 点 $P(x,y)$ を直線 $y=mx$ に関して折り返すと，点 $Q(X,Y)$ に移ったとする．このとき折り返しの写像は線形写像で，

$$\begin{pmatrix} X \\ Y \end{pmatrix} = \begin{pmatrix} \frac{1-m^2}{1+m^2} & \frac{2m}{1+m^2} \\ \frac{2m}{1+m^2} & -\frac{1-m^2}{1+m^2} \end{pmatrix} \begin{pmatrix} x \\ y \end{pmatrix}$$

の関係が成り立つ．

証明 θ を $m=\tan\theta\,(-\frac{\pi}{2}<\theta<\frac{\pi}{2})$ から決まる角とする．$OP=r$, OP と x 軸の正の部分とのなす角を α とすると，

$$x = r\cos\alpha, \quad y = r\sin\alpha \qquad \cdots(*)$$

が成り立つ．このとき $OQ=r$ で，OQ と x 軸の正の部分とのなす角は $\theta+(\theta-\alpha)=2\theta-\alpha$ であるから $X=r\cos(2\theta-\alpha), Y=r\sin(2\theta-\alpha)$ である．よってこれらを加法定理で展開し，$(*)$ を

用いると

$$X = r(\cos(2\theta)\cos\alpha + \sin(2\theta)\sin\alpha) = x\cos(2\theta) + y\sin(2\theta),$$
$$Y = r(\sin(2\theta)\cos\alpha - \cos(2\theta)\sin\alpha) = x\sin(2\theta) - y\cos(2\theta)$$

がえられる．これを行列表示すれば

$$\begin{pmatrix} X \\ Y \end{pmatrix} = \begin{pmatrix} \cos(2\theta) & \sin(2\theta) \\ \sin(2\theta) & -\cos(2\theta) \end{pmatrix} \begin{pmatrix} x \\ y \end{pmatrix}$$

となる．後は $\cos(2\theta), \sin(2\theta)$ を m を用いて表せばよい．

$$1 + m^2 = 1 + \tan^2\theta = \frac{1}{\cos^2\theta}, \quad \cos^2\theta = \frac{1}{1+m^2}$$

なので，

$$\cos(2\theta) = 2\cos^2\theta - 1 = \frac{1-m^2}{1+m^2}, \quad \sin(2\theta) = 2\sin\theta\cos\theta = 2\tan\theta\cdot\cos^2\theta = \frac{2m}{1+m^2}$$

がえられる． ■

例題 1.70　表現行列 A が $A\begin{pmatrix} 1 \\ 1 \end{pmatrix} = \begin{pmatrix} 1 \\ -1 \end{pmatrix}$, $A\begin{pmatrix} 1 \\ -1 \end{pmatrix} = \begin{pmatrix} 1 \\ 1 \end{pmatrix}$ を満たすとき，A を求めよ．

解答　$A\begin{pmatrix} 1 & 1 \\ 1 & -1 \end{pmatrix} = \begin{pmatrix} 1 & 1 \\ -1 & 1 \end{pmatrix}$ が成り立つ．よって $AX = Y \Longrightarrow A = YX^{-1}$ から

$$A = \begin{pmatrix} 1 & 1 \\ -1 & 1 \end{pmatrix}\begin{pmatrix} 1 & 1 \\ 1 & -1 \end{pmatrix}^{-1} = \begin{pmatrix} 1 & 1 \\ -1 & 1 \end{pmatrix}\left(\frac{-1}{2}\right)\begin{pmatrix} -1 & -1 \\ -1 & 1 \end{pmatrix} = \begin{pmatrix} 1 & 0 \\ 0 & -1 \end{pmatrix}.$$ ■

問 1.13　xy 座標系と，この座標軸を原点回りに $60°$ 回転させた XY 座標系がある．xy 座標系で座標 $(7, -\sqrt{3})$ である点 P は，XY 座標系ではどのようにみえるか．その座標を求めよ．

問 1.14　例題 1.68 の設定の下で，次の問いに答えよ．

(1) $(z')^2 - (ct')^2$ を z, t を用いて表せ．

(2) $\begin{pmatrix} z_1' \\ t' \end{pmatrix} = A(u)\begin{pmatrix} z_1 \\ t_1 \end{pmatrix}$, $\begin{pmatrix} z_2' \\ t' \end{pmatrix} = A(u)\begin{pmatrix} z_2 \\ t_2 \end{pmatrix}$ のとき，$z_2' - z_1'$ を c, u, z_2, z_1 で表せ．

(3) $\begin{pmatrix} z_1' \\ t_1' \end{pmatrix} = A(u)\begin{pmatrix} z_1 \\ t \end{pmatrix}$, $\begin{pmatrix} z_2' \\ t_2' \end{pmatrix} = A(u)\begin{pmatrix} z_2 \\ t \end{pmatrix}$ のとき，$z_2 - z_1$ を c, u, z_2', z_1' で表せ．

(4) $\begin{pmatrix} z' \\ t_1' \end{pmatrix} = A(u)\begin{pmatrix} z_1 \\ t_1 \end{pmatrix}$, $\begin{pmatrix} z' \\ t_2' \end{pmatrix} = A(u)\begin{pmatrix} z_2 \\ t_2 \end{pmatrix}$ のとき，$t_2' - t_1'$ を c, u, t_2, t_1 で表せ．

(5) $\begin{pmatrix} z_1' \\ t_1' \end{pmatrix} = A(u)\begin{pmatrix} z \\ t_1 \end{pmatrix}$, $\begin{pmatrix} z_2' \\ t_2' \end{pmatrix} = A(u)\begin{pmatrix} z \\ t_2 \end{pmatrix}$ のとき，$t_2 - t_1$ を c, u, t_2', t_1' で表せ．

(6) $\begin{pmatrix} z_1' \\ t' \end{pmatrix} = A(u)\begin{pmatrix} z_1 \\ t_1 \end{pmatrix}$, $\begin{pmatrix} z_2' \\ t' \end{pmatrix} = A(u)\begin{pmatrix} z_2 \\ t_2 \end{pmatrix}$, $z_2' > z_1', u > 0$ のとき，z_1, z_2 の大小関係，t_1, t_2 の大小関係を求めよ．

問 1.15　直線 $y=\sqrt{3}x$ に関する折り返しの表現行列を求めよ．

問 1.16　点 $(-4,2)$ を原点回りに 30° 回転させ，さらに直線 $y=\sqrt{3}x$ に関して折り返した．移った先の点の座標を求めよ．

問 1.17　表現行列 A が $A\begin{pmatrix}1\\-1\end{pmatrix}=\begin{pmatrix}2\\3\end{pmatrix}, A\begin{pmatrix}2\\1\end{pmatrix}=\begin{pmatrix}1\\2\end{pmatrix}$ を満たすとき，A を求めよ．

問 1.18　行列 $A=\begin{pmatrix}\cos(\frac{\pi}{13}) & -\sin(\frac{\pi}{13})\\ \sin(\frac{\pi}{13}) & \cos(\frac{\pi}{13})\end{pmatrix}$ に対して $A^n=E$ となる最小の自然数 n を求めよ．

1.8　行列による複素数の構成

a,b を実数とするとき，複素数とは $a+bi$ という形の数であると定義されることがある．ここで i は虚数単位とよばれ，$i^2=-1$ となる数とされる．しかし定義すべき実数 b と虚数単位 i との「積」，そして実数 a と複素数 bi との「和」を用いて複素数を定義しているので，これでは定義とはいえない．また $i^2=-1$ を満たす数 i は本当に存在するのかも気になる．これから実数の性質は既知として，2 次正方行列を用いて複素数を構成する方法を紹介する．

a を実数とする（$a\in\mathbb{R}$ と表す）．単位行列 $E=\begin{pmatrix}1&0\\0&1\end{pmatrix}$ に対して $aE=\begin{pmatrix}a&0\\0&a\end{pmatrix}$ を考えると，

[1]　$aE+bE=bE+aE=(a+b)E,$

[2]　$(aE)(bE)=(bE)(aE)=abE$

が成り立つので，和・積に関して実数 a と aE は全く同じ働きをすることがわかる．そこで a と aE を同一視して，実数全体 $\mathbb{R}$ は 2 次正方行列に含まれていると考えることができる．今度は aE を含む 2 次正方行列の一部分を取り出して複素数を定義する．

定義 1.71　$E=\begin{pmatrix}1&0\\0&1\end{pmatrix}, I=\begin{pmatrix}0&-1\\1&0\end{pmatrix}$ とする．実数 $a,b\in\mathbb{R}$ に対して $aE+bI$ の形の 2 次正方行列を**複素数**といい，複素数全体を $\mathbb{C}$ で表す．$\mathbb{C}$ は $\mathbb{R}$ を含んでいる．

次のことを確認しよう．$aE+bI$ は 2 次正方行列のスカラー倍・和なので意味をもつ．また，複素数 $aE+bI=\begin{pmatrix}a&-b\\b&a\end{pmatrix}$ が零行列になるのは，$a=b=0$ のときである．さらに

$$(aE+bI)+(cE+dI)=(a+c)E+(b+d)I$$

なので，$\mathbb{C}$ の中で和が定義でき，和に関する交換法則・分配法則・零元の存在・逆元の存在が行列の和・スカラー倍の性質からいえる．また積に関しては $EI=IE=I, E^2=E, I^2=-E$ なので，

$$(aE+bI)(cE+dI)=(ac-bd)E+(ad+bc)I$$

である．これより $\mathbb{C}$ の中で積が定義でき，積に関する交換法則・分配法則・単位元の存在が行列の積と E, I の性質からいえる．逆元に関しては $(a, b) \neq (0, 0)$ のとき，$aE + bI$ の逆行列が $\mathbb{C}$ の中に存在して

$$(aE + bI)^{-1} = \frac{a}{a^2 + b^2}E - \frac{b}{a^2 + b^2}I$$

である．以上より $(a, b) \neq (0, 0)$ のとき，複素数の分数が

$$\frac{cE + dI}{aE + bI} = (cE + dI)(aE + bI)^{-1} = (aE + bI)^{-1}(cE + dI)$$

で定義できる．2次正方行列で定義された複素数を，今度は数と同一視しよう．E を 1, I を仮想的な数 i に対応させると，行列 $aE + bI$ は数 $a \cdot 1 + bi = a + bi$ に対応する．$i^2 = -1$ もいえることになる．

問 1.19　a, b は実数とし，$I = \begin{pmatrix} 0 & -1 \\ 1 & 0 \end{pmatrix}$ とおく．次の問いに答えよ．

(1) $(aE + bI)(aE - bI)$ を E, I を用いて表せ．
(2) $(2E + I)(E + 3I)^{-1}$ を E, I を用いて表せ．
(3) $(aE + bI)^2 = I$ を満たす a, b を求めよ．

問 1.20　a, b は実数とし，$I = \begin{pmatrix} 0 & -1 \\ 1 & 0 \end{pmatrix}$ とおく．次の問いに答えよ．

(1) $(E + I)(E - I)^{-1}$ を E, I を用いて表せ．
(2) $(aE + bI)^2 = -5E + 12I$ を満たす a, b を求めよ．

問 1.21　$i = \sqrt{-1}$ は虚数単位 $(i^2 = -1)$ とし，a, b, c, d は実数とする．

$$\mathbb{I} = \begin{pmatrix} i & 0 \\ 0 & -i \end{pmatrix}, \quad \mathbb{J} = \begin{pmatrix} 0 & 1 \\ -1 & 0 \end{pmatrix}, \quad \mathbb{K} = \begin{pmatrix} 0 & i \\ i & 0 \end{pmatrix}$$

とおく．次の問いに答えよ．

(1) 次を $E, \mathbb{I}, \mathbb{J}, \mathbb{K}$ を用いて表せ．

① $\mathbb{I}^2$　② $\mathbb{J}^2$　③ $\mathbb{K}^2$　④ $\mathbb{IJ}$　⑤ $\mathbb{JI}$　⑥ $\mathbb{JK}$　⑦ $\mathbb{KJ}$　⑧ $\mathbb{KI}$　⑨ $\mathbb{IK}$

(2) $aE + b\mathbb{I} + c\mathbb{J} + d\mathbb{K} = O$ ならば $a = b = c = d = 0$ を示せ．
(3) $(aE + b\mathbb{I} + c\mathbb{J} + d\mathbb{K})(aE - b\mathbb{I} - c\mathbb{J} - d\mathbb{K})$ を求めよ．
(4) $(E + 2\mathbb{I} + 3\mathbb{J} + 4\mathbb{K})^{-1}$ を $E, \mathbb{I}, \mathbb{J}, \mathbb{K}$ を用いて表せ．

問 1.22 a,b,c,d は実数とし,

$$\mathbb{E}=\begin{pmatrix}1&0&0&0\\0&1&0&0\\0&0&1&0\\0&0&0&1\end{pmatrix},\mathbb{I}=\begin{pmatrix}0&-1&0&0\\1&0&0&0\\0&0&0&1\\0&0&-1&0\end{pmatrix},\mathbb{J}=\begin{pmatrix}0&0&1&0\\0&0&0&1\\-1&0&0&0\\0&-1&0&0\end{pmatrix},\mathbb{K}=\begin{pmatrix}0&0&0&-1\\0&0&1&0\\0&-1&0&0\\1&0&0&0\end{pmatrix}$$

とおく. 次の問いに答えよ.

(1) 次を $\mathbb{E},\mathbb{I},\mathbb{J},\mathbb{K}$ を用いて表せ.

① $\mathbb{I}^2$ ② $\mathbb{J}^2$ ③ $\mathbb{K}^2$ ④ $\mathbb{IJ}$ ⑤ $\mathbb{JI}$ ⑥ $\mathbb{JK}$ ⑦ $\mathbb{KJ}$ ⑧ $\mathbb{KI}$ ⑨ $\mathbb{IK}$

(2) $a\mathbb{E}+b\mathbb{I}+c\mathbb{J}+d\mathbb{K}=O$ ならば $a=b=c=d=0$ を示せ.
(3) $(a\mathbb{E}+b\mathbb{I}+c\mathbb{J}+d\mathbb{K})(a\mathbb{E}-b\mathbb{I}-c\mathbb{J}-d\mathbb{K})$ を求めよ.
(4) $(2\mathbb{E}-\mathbb{I}+\mathbb{J}+3\mathbb{K})^{-1}$ を $\mathbb{E},\mathbb{I},\mathbb{J},\mathbb{K}$ を用いて表せ.

最後の2問は同じ内容で, 行列を複素数を用いて 2×2 行列で表示するか, または実数の範囲にとどめて 4×4 行列で表示するかの違いだけであることに気が付いたであろう. もちろん複素数を導入する方が表現が簡潔になる. 一方, これから示唆されるのは, 大きいサイズの行列の積はブロックに分けた行列の積で計算することもできるということである. これは計算に役立つ場合がある.

例題 1.72 $X=\begin{pmatrix}A&B\\C&D\end{pmatrix}$ は $(p+q)\times(m+n)$ 行列, $Y=\begin{pmatrix}E&F\\G&H\end{pmatrix}$ は $(m+n)\times(r+s)$ 行列とする. ここで A は $p\times m$ 行列, B は $p\times n$ 行列, C は $q\times m$ 行列, D は $q\times n$ 行列, E は $m\times r$ 行列, F は $m\times s$ 行列, G は $n\times r$ 行列, H は $n\times s$ 行列である. このとき

$$XY=\begin{pmatrix}A&B\\C&D\end{pmatrix}\begin{pmatrix}E&F\\G&H\end{pmatrix}=\begin{pmatrix}AE+BG&AF+BH\\CE+DG&CF+DH\end{pmatrix}\qquad\cdots(*)$$

が成り立つことを示せ.

証明 成分で表すと

$$XY=\left(\begin{array}{ccc|ccc}a_{11}&\cdots&a_{1m}&b_{11}&\cdots&b_{1n}\\\vdots&\vdots&\vdots&\vdots&\vdots&\vdots\\a_{p1}&\cdots&a_{pm}&b_{p1}&\cdots&b_{pn}\\\hline c_{11}&\cdots&c_{1m}&d_{11}&\cdots&d_{1n}\\\vdots&\vdots&\vdots&\vdots&\vdots&\vdots\\c_{q1}&\cdots&c_{qm}&d_{q1}&\cdots&d_{qn}\end{array}\right)\left(\begin{array}{ccc|ccc}e_{11}&\cdots&e_{1r}&f_{11}&\cdots&f_{1s}\\\vdots&\vdots&\vdots&\vdots&\vdots&\vdots\\e_{m1}&\cdots&e_{mr}&f_{m1}&\cdots&f_{ms}\\\hline g_{11}&\cdots&g_{1r}&h_{11}&\cdots&h_{1s}\\\vdots&\vdots&\vdots&\vdots&\vdots&\vdots\\g_{n1}&\cdots&g_{nr}&h_{n1}&\cdots&d_{ns}\end{array}\right)$$

であるから $X=(x_{ij}),Y=(y_{ij})$ とすれば

$$x_{ij} = \begin{cases} a_{ij} & (1 \leqq i \leqq p, 1 \leqq j \leqq m) \\ b_{i,j-m} & (1 \leqq i \leqq p, m+1 \leqq j \leqq m+n) \\ c_{i-p,j} & (p+1 \leqq i \leqq p+q, 1 \leqq j \leqq m) \\ d_{i-p,j-m} & (p+1 \leqq i \leqq p+q, m+1 \leqq j \leqq m+n) \end{cases}$$

$$y_{ij} = \begin{cases} e_{ij} & (1 \leqq i \leqq m, 1 \leqq j \leqq r) \\ f_{i,j-r} & (1 \leqq i \leqq m, r+1 \leqq j \leqq r+s) \\ g_{i-m,j} & (m+1 \leqq i \leqq m+n, 1 \leqq j \leqq r) \\ h_{i-m,j-r} & (m+1 \leqq i \leqq m+n, r+1 \leqq j \leqq r+s) \end{cases}$$

である．これより $(XY)_{ij} = \sum_{k=1}^{m+n} x_{ik}y_{kj}$ を計算する．
ケース 1: $1 \leqq i \leqq p, 1 \leqq j \leqq r$ のとき，

$$\begin{aligned} (XY)_{ij} &= \sum_{k=1}^{m} x_{ik}y_{kj} + \sum_{k=m+1}^{m+n} x_{ik}y_{kj} = \sum_{k=1}^{m} a_{ik}e_{kj} + \sum_{k=m+1}^{m+n} b_{i,k-m}g_{k-m,j} \\ &= \sum_{k=1}^{m} a_{ik}e_{kj} + \sum_{l=1}^{n} b_{i,l}g_{l,j} = (AE)_{ij} + (BG)_{ij} = (AE+BG)_{ij}. \end{aligned}$$

ケース 2: $1 \leqq i \leqq p, r+1 \leqq j \leqq r+s$ のとき，

$$\begin{aligned} (XY)_{ij} &= \sum_{k=1}^{m} x_{ik}y_{kj} + \sum_{k=m+1}^{m+n} x_{ik}y_{kj} = \sum_{k=1}^{m} a_{ik}f_{k,j-r} + \sum_{k=m+1}^{m+n} b_{i,k-m}h_{k-m,j-r} \\ &= \sum_{k=1}^{m} a_{ik}f_{k,j-r} + \sum_{l=1}^{n} b_{i,l}h_{l,j-r} = (AF)_{i,j-r} + (BH)_{i,j-r} = (AF+BH)_{i,j-r}. \end{aligned}$$

ケース 3: $p+1 \leqq i \leqq p+q, 1 \leqq j \leqq r$ のとき，

$$\begin{aligned} (XY)_{ij} &= \sum_{k=1}^{m} x_{ik}y_{kj} + \sum_{k=m+1}^{m+n} x_{ik}y_{kj} = \sum_{k=1}^{m} c_{i-p,k}e_{kj} + \sum_{k=m+1}^{m+n} d_{i-p,k-m}g_{k-m,j} \\ &= \sum_{k=1}^{m} c_{i-p,k}e_{kj} + \sum_{l=1}^{n} d_{i-p,l}g_{l,j} = (CE)_{i-p,j} + (DG)_{i-p,j} = (CE+DG)_{i-p,j}. \end{aligned}$$

ケース 4: $p+1 \leqq i \leqq p+q, r+1 \leqq j \leqq r+s$ のとき，

$$\begin{aligned} (XY)_{ij} &= \sum_{k=1}^{m} x_{ik}y_{kj} + \sum_{k=m+1}^{m+n} x_{ik}y_{kj} = \sum_{k=1}^{m} c_{i-p,k}f_{k,j-r} + \sum_{k=m+1}^{m+n} d_{i-p,k-m}h_{k-m,j-r} \\ &= \sum_{k=1}^{m} c_{i-p,k}f_{k,j-r} + \sum_{l=1}^{n} d_{i-p,l}h_{l,j-r} = (CF)_{i-p,j-r} + (DH)_{i-p,j-r} \\ &= (CF+DH)_{i-p,j-r}. \end{aligned}$$

これらより $(*)$ は正しい．　■

1.9 連分数展開

$x>1$ を満たす実数 x を，自然数の列 $a_0, a_1, a_2, \cdots$ を用いて $x = a_0 + \dfrac{1}{a_1 + \frac{1}{a_2 + \cdots}}$ のように分子が 1 の分数形に表すことを**連分数展開**といい，$x = [a_0; a_1, a_2, \cdots]$ と表示する．例えば，

$$\frac{157}{68} = \frac{68\times 2+21}{68} = 2+\frac{21}{68} = 2+\frac{1}{\frac{68}{21}} = 2+\frac{1}{\frac{21\times 3+5}{21}} = 2+\frac{1}{3+\frac{5}{21}} = 2+\frac{1}{3+\frac{1}{\frac{21}{5}}} = 2+\frac{1}{3+\frac{1}{\frac{5\times 4+1}{5}}}$$

$$= 2+\frac{1}{3+\frac{1}{4+\frac{1}{5}}}$$

である．よって $\frac{157}{68} = [2; 3, 4, 5]$．ここで $a_0 = 2, a_1 = 3, a_2 = 4, a_3 = 5$ は，次のように決まっていく．$[x]$ を x の整数部分（x を超えない最大の整数）とすると，

$$\begin{aligned}
[x] &= \left[\frac{157}{68}\right] = 2 = a_0, \quad x - [x] = \frac{21}{68} = \frac{1}{x_1},\\
[x_1] &= \left[\frac{68}{21}\right] = 3 = a_1, \quad x_1 - [x_1] = \frac{5}{21} = \frac{1}{x_2},\\
[x_2] &= \left[\frac{21}{5}\right] = 4 = a_2, \quad x_2 - [x_2] = \frac{1}{5} = \frac{1}{x_3},\\
[x_3] &= 5 = a_3.
\end{aligned}$$

x が有理数の場合は，この操作は余りで順次割っていくので，連分数展開は必ず有限回で止まる．逆に有限回で止まる連分数展開は有理数になることは明らかである．そこで無理数の連分数展開を考えよう．

定義 1.73 $x>1$ を満たす無理数 x に対して

$$x_n = \frac{1}{x_{n-1} - a_{n-1}},\ a_n = [x_n],\ x_0 = x,\ a_0 = [x]\ (n = 1, 2, 3, \cdots)$$

で決まる列 $a_0, a_1, a_2, \cdots$ を x の連分数展開といい，次のように表す．

$$x = [a_0; a_1, a_2, \cdots] = a_0 + \frac{1}{a_1 + \frac{1}{a_2 + \cdots}}.$$

例 1.74 $x = \sqrt{2}$ に対して $a_0 = [\sqrt{2}] = [1.41\cdots] = 1, x_0 = \sqrt{2}, x_1 = \frac{1}{\sqrt{2}-1} = \sqrt{2}+1$．さらに $a_1 = [\sqrt{2}+1] = [2.41\cdots] = 2, x_2 = \frac{1}{x_1 - a_1} = \frac{1}{\sqrt{2}-1} = \sqrt{2}+1$．よって以後これが繰り返されるから，$\sqrt{2} = [1; 2, 2, \cdots] = 1 + \frac{1}{2+\frac{1}{2+\frac{1}{2+\cdots}}}$．

例 1.75 n を自然数とする．$x = \frac{n+\sqrt{n^2+4}}{2} > 1$ に対して $x = [n; n, n, n, \cdots]$ である．実際 x は $x^2 - nx - 1 = 0$ を満たすから，$x = n + \frac{1}{x}$ が成り立つ．よって $[x] = n, \frac{1}{x-n} = x$ が繰り返されていく．これより例えば $\frac{1+\sqrt{5}}{2} = [1; 1, 1, 1, \cdots]$ である．

連分数展開を途中で止めれば，無理数を近似する有理数 $[a_0; a_1, a_2, \cdots, a_n]$ がえられる．その誤差を評価してみよう．1 次分数関数 $y = \frac{ax+b}{cx+d}$ に対して $A = \begin{pmatrix} a & b \\ c & d \end{pmatrix}$ をその表現行列という．線形写像の場合と同様に，1 次分数関数の合成には表現行列の積が対応する．

定理 1.76 1次分数関数 f, g の表現行列をそれぞれ A, B とする．このとき 合成写像 $g \circ f$ も1次分数関数であり，その表現行列は行列の積 BA で与えられる．

証明 $y = f(x) = \frac{ax+b}{cx+d}$ の表現行列を $A = \begin{pmatrix} a & b \\ c & d \end{pmatrix}$，$z = g(y) = \frac{py+q}{ry+s}$ の表現行列を $B = \begin{pmatrix} p & q \\ r & s \end{pmatrix}$ とする．このとき合成写像は

$$z = (g \circ f)(x) = g(f(x)) = \frac{p\frac{ax+b}{cx+d} + q}{r\frac{ax+b}{cx+d} + s} = \frac{p(ax+b) + q(cx+d)}{r(ax+b) + s(cx+d)} = \frac{(pa+qc)x + (pb+qd)}{(ra+sc)x + (rb+sd)}$$

であるから1次分数関数で，その表現行列は $\begin{pmatrix} pa+qc & pb+qd \\ ra+sc & rb+sd \end{pmatrix} = \begin{pmatrix} p & q \\ r & s \end{pmatrix}\begin{pmatrix} a & b \\ c & d \end{pmatrix} = BA$ である． ■

定理 1.77 $x > 1$ を満たす無理数 x の連分数展開 $x = [a_0; a_1, a_2, \cdots]$ は，任意の自然数 n に対して $|x - [a_0; a_1, a_2, \cdots, a_{2n}]| < 2^{-2n}$ と $|x - [a_0; a_1, a_2, \cdots, a_{2n+1}]| < 2^{-2n}$ を満たす．

証明 定義 1.73 の記号を使おう．x_n は a_{n-1} と x_{n-1} から $x_n = \frac{1}{x_{n-1} - a_{n-1}}$ で決まる．逆に解いて1次分数関数の形で表すと，

$$x_{n-1} = a_{n-1} + \frac{1}{x_n} = \frac{a_{n-1} \cdot x_n + 1}{1 \cdot x_n + 0}$$

となる．よって表現行列は $A(a) = \begin{pmatrix} a & 1 \\ 1 & 0 \end{pmatrix}$ とおくと，$A(a_{n-1})$ で与えられる．$A(a)(x) = \dfrac{ax+1}{1 \cdot x + 0}$ と書き表すと，$x_{n-1} = A(a_{n-1})(x_n)$ であるから

$$\begin{aligned} x = x_0 = A(a_0)(x_1) &= A(a_0)\left(A(a_1)(x_2)\right) = \left(A(a_0)A(a_1)\right)(x_2) \\ &= \left(A(a_0)A(a_1)\cdots A(a_n)\right)(x_{n+1}). \end{aligned}$$

$A(a_0)A(a_1)\cdots A(a_n) = \begin{pmatrix} q_n & q_{n-1} \\ p_n & p_{n-1} \end{pmatrix}$ とすると $p_n, q_n (n \geqq 0)$ は自然数である．実際 $A(a_0) = \begin{pmatrix} q_0 & q_{-1} \\ p_0 & p_{-1} \end{pmatrix} = \begin{pmatrix} a_0 & 1 \\ 1 & 0 \end{pmatrix}$ だから，$n = 0$ のときは正しい．n まで正しいとする．このとき

$$A(a_0)A(a_1)\cdots A(a_n)A(a_{n+1}) = \begin{pmatrix} q_n & q_{n-1} \\ p_n & p_{n-1} \end{pmatrix}\begin{pmatrix} a_{n+1} & 1 \\ 1 & 0 \end{pmatrix} = \begin{pmatrix} q_n a_{n+1} + q_{n-1} & q_n \\ p_n a_{n+1} + p_{n-1} & p_n \end{pmatrix}$$

であるから，これは $\begin{pmatrix} q_{n+1} & q_n \\ p_{n+1} & p_n \end{pmatrix}$ の形で p_{n+1}, q_{n+1} は自然数である．よって数学的帰納法から全ての n について正しい．さて，$x = \left(A(a_0)A(a_1)\cdots A(a_n)\right)(x_{n+1}) = \begin{pmatrix} q_n & q_{n-1} \\ p_n & p_{n-1} \end{pmatrix}(x_{n+1}) = \frac{q_n x_{n+1} + q_{n-1}}{p_n x_{n+1} + p_{n-1}}$ である．$y \neq 0$ である任意の実数 y に対して

$$A(a_0)A(a_1)\cdots A(a_n)(y) = [a_0; a_1, \cdots, a_n, y] = [a_0; a_1, a_2, \cdots, a_{n-1}, a_n + \tfrac{1}{y}]$$

が成り立つことに注意する．実際

$$A(a_0)A(a_1)(y) = \frac{a_0A(a_1)(y)+1}{A(a_1)(y)} = a_0 + \frac{1}{a_1+\frac{1}{y}} = [a_0; a_1, y] = [a_0; a_1+\tfrac{1}{y}]$$

から，$n=1$ の場合は正しい．n まで正しいとすると，

$$\begin{aligned}&A(a_0)A(a_1)\cdots A(a_n)A(a_{n+1})(y) = A(a_0)A(a_1)\cdots A(a_n)\left(A(a_{n+1})(y)\right)\\&= [a_0; a_1, \cdots, a_{n-1}, a_n, A(a_{n+1})(y)] = [a_0; a_1, \cdots, a_n, a_{n+1}+\tfrac{1}{y}] = [a_0; a_1, \cdots, a_n, a_{n+1}, y]\end{aligned}$$

となり $n+1$ の場合も成り立つからである．よって

$$\begin{aligned}[a_0; a_1, a_2, \cdots, a_n] &= \lim_{x_{n+1}\to\infty}[a_0; a_1, a_2, \cdots, a_n + \frac{1}{x_{n+1}}] = \lim_{x_{n+1}\to\infty} A(a_0)A(a_1)\cdots A(a_n)(x_{n+1})\\&= \lim_{x_{n+1}\to\infty}\frac{q_nx_{n+1}+q_{n-1}}{p_nx_{n+1}+p_{n-1}} = \frac{q_n}{p_n}.\end{aligned}$$

ゆえに分数 $\frac{q_n}{p_n}$ の連分数展開は $[a_0; a_1, a_2, \cdots, a_n]$ である．

x と $\frac{q_n}{p_n}$ との差を測ろう．行列式 $|A(a)| = -1$ であるから公式 $|AB| = |A||B|$ を用いて

$$q_np_{n-1} - q_{n-1}p_n = |A(a_0)A(a_1)\cdots A(a_n)| = (-1)^{n+1}$$

がえられる．

$$x - \frac{q_n}{p_n} = \frac{q_nx_{n+1}+q_{n-1}}{p_nx_{n+1}+p_{n-1}} - \frac{q_n}{p_n} = \frac{p_nq_{n-1}-q_np_{n-1}}{(p_nx_{n+1}+p_{n-1})p_n} = \frac{-(-1)^{n+1}}{(p_nx_{n+1}+p_{n-1})p_n}$$

である．$p_n \geqq 1, x_{n+1} > 1$ より $(p_nx_{n+1}+p_{n-1})p_n > p_n^2$ がいえるから，

$$\left|x - \frac{q_n}{p_n}\right| < \frac{1}{p_n^2}$$

が成り立つ．p_n^2 は次のように評価できる．$p_{n+1} = p_n \cdot a_{n+1} + p_{n-1}$ で，$a_{n+1} \geqq 1$ より $p_{n+1} \geqq p_n$ がいえるから，$p_{n+1} \geqq p_n + p_{n-1} \geqq 2 \cdot p_{n-1}$ となる．よって $p_0 = 1$ とあわせて

$$p_{2n} \geqq 2 \cdot p_{2(n-1)} \geqq 2^2 \cdot p_{2(n-2)} \geqq \cdots \geqq 2^n \cdot p_0 = 2^n$$

がえられる．また $p_{2n+1} \geqq p_{2n} \geqq 2^n$ である．ゆえに定理が証明できた．■

問 1.23　次の数の連分数展開を求めよ．

$$(1)\ \frac{157}{30}\quad (2)\ \sqrt{3}\quad (3)\ \sqrt{5}\quad (4)\ \sqrt{10}\quad (5)\ \frac{3+\sqrt{13}}{2}$$

第2章 連立1次方程式

本章では連立1次方程式の掃き出し法による解法を学ぶ．その応用として逆行列を求め，行列の階数（ランク）を計算する．掃き出し法と基本行列との関係にも触れる．

2.1 連立1次方程式の解法

連立1次方程式を係数と定数を操作して解く方法を，**掃き出し法** または **（ガウスの）消去法** という．通常の解法と比較しながら，例で説明しよう．

次の連立1次方程式を解いてみよう．係数と定数の推移に注目しよう．

$$\begin{cases} 2x+3y=16 \\ 4x-4y=12 \end{cases}$$

[1] 第2式の両辺を $\dfrac{1}{4}$ 倍する． $\longrightarrow \begin{cases} 2x+3y=16 \\ 1x+(-1)y=3 \end{cases}$

[2] 第1式と第2式の位置を入れ換える． $\longrightarrow \begin{cases} 1x+(-1)y=3 \\ 2x+3y=16 \end{cases}$

[3] 第1式の (-2) 倍を第2式に加える． $\longrightarrow \begin{cases} 1x+(-1)y=3 \\ 0x+5y=10 \end{cases}$

[4] 第2式の両辺を $\dfrac{1}{5}$ 倍する． $\longrightarrow \begin{cases} 1x+(-1)y=3 \\ 0x+1y=2 \end{cases}$

[5] 第2式を第1式に加える． $\longrightarrow \begin{cases} 1x+0y=5 \\ 0x+1y=2 \end{cases}$

よって $\begin{cases} x=5 \\ y=2 \end{cases}$ がえられた．

この解法は，掃き出し法の言葉では次のようになる．係数行列 A，等号の代わりの仕切り $|$（書かないこともある），等号の右側の列ベクトルを並べて行列 $(A|\boldsymbol{b})$ を作る．この行列を拡大係数行列という．

$$\left(\begin{array}{cc|c} 2 & 3 & 16 \\ 4 & -4 & 12 \end{array}\right)$$

[1] 第2行を $\frac{1}{4}$ 倍する． $\longrightarrow \left(\begin{array}{cc|c} 2 & 3 & 16 \\ 1 & -1 & 3 \end{array}\right)$

[2]　第 1 行と第 2 行を入れ換える．$\longrightarrow \left(\begin{array}{cc|c} 1 & -1 & 3 \\ 2 & 3 & 16 \end{array}\right)$

[3]　第 1 行の (-2) 倍を第 2 行に加える．$\longrightarrow \left(\begin{array}{cc|c} 1 & -1 & 3 \\ 0 & 5 & 10 \end{array}\right)$

[4]　第 2 行を $\frac{1}{5}$ 倍する．$\longrightarrow \left(\begin{array}{cc|c} 1 & -1 & 3 \\ 0 & 1 & 2 \end{array}\right)$

[5]　第 2 行を第 1 行に加える．$\longrightarrow \left(\begin{array}{cc|c} 1 & 0 & 5 \\ 0 & 1 & 2 \end{array}\right)$

よって $\begin{cases} x = 5 \\ y = 2 \end{cases}$ がえられた．

この例からわかるように，連立 1 次方程式を解くために用いる式変形は次の 3 つである．

(i)　1 つの式を c 倍 $(c \neq 0)$ する．
(ii)　2 つの式を入れ換える．
(iii) 1 つの式の何倍かを他の式へ加える．

これらは同値変形である．この (i), (ii), (ii) を行列の変形としてみれば次の (I), (II), (III) にそれぞれ対応する操作を行っていることがわかる．

(I)　1 つの行を c 倍 $(c \neq 0)$ する．
(II)　2 つの行を入れ換える．
(III) 1 つの行の何倍かを他の行へ加える．

この (I), (II), (III) の変形を**行の基本変形**という．よって掃き出し法とは，連立 1 次方程式の係数と定数を取り出した拡大係数行列 $(A|\boldsymbol{b})$ を行の基本変形という操作で，係数行列を単位行列 E になるように変形し，そのときの拡大係数行列 $(E|\boldsymbol{c})$ から解 $\boldsymbol{c}$ を取り出す方法といえる．数学の内容は，各式に同値変形を施すということのみである．ただし，例えば

$$\begin{cases} ax + by = p \\ cx + dy = q \end{cases}$$

は 2 直線の交点を求めていることを考えれば，2 直線が平行なとき解はなく，2 直線が一致する場合は無数に解があるので，解が唯一つに定まるとき以外にも様々な状況が起こりえることがわかる．それに応じて，係数行列に行の基本変形を施しても単位行列に辿り着かない場合が起こる．そもそも変数の数が式の個数より多いときは，係数行列が単位行列（これは正方行列）になることは決してない．掃き出し法は，解く方針（行の基本変形で，係数行列を単位行列に変える）は 1 つに定まっているが，状況に応じた対処法を学ぶ必要がある．まずは次の例題をやってみよう．

例題 2.1　連立 1 次方程式 $\begin{cases} 2x - 3y - 3z &= -4 \\ x - 2y + z &= -1 \\ -x + 3y - 2z &= 3 \end{cases}$ を解け．

解答　この連立 1 次方程式の拡大係数行列は $\left(\begin{array}{ccc|c} 2 & -3 & -3 & -4 \\ 1 & -2 & 1 & -1 \\ -1 & 3 & -2 & 3 \end{array}\right)$ である．これに行の基本変形を次のように行う．

$$\left(\begin{array}{ccc|c} 2 & -3 & -3 & -4 \\ 1 & -2 & 1 & -1 \\ -1 & 3 & -2 & 3 \end{array}\right) \xrightarrow[{[1]\leftrightarrow[3]}]{} \left(\begin{array}{ccc|c} -1 & 3 & -2 & 3 \\ 1 & -2 & 1 & -1 \\ 2 & -3 & -3 & -4 \end{array}\right) \xrightarrow[\substack{[1]\times 1+[2] \\ [1]\times 2+[3]}]{} \left(\begin{array}{ccc|c} -1 & 3 & -2 & 3 \\ 0 & 1 & -1 & 2 \\ 0 & 3 & -7 & 2 \end{array}\right)$$
$$\xrightarrow[{[2]\times(-3)+[3]}]{} \left(\begin{array}{ccc|c} -1 & 3 & -2 & 3 \\ 0 & 1 & -1 & 2 \\ 0 & 0 & -4 & -4 \end{array}\right) \xrightarrow[{[3]\times(-1/4)}]{} \left(\begin{array}{ccc|c} -1 & 3 & -2 & 3 \\ 0 & 1 & -1 & 2 \\ 0 & 0 & 1 & 1 \end{array}\right) \xrightarrow[\substack{[3]\times 1+[2] \\ [3]\times 2+[1]}]{} \left(\begin{array}{ccc|c} -1 & 3 & 0 & 5 \\ 0 & 1 & 0 & 3 \\ 0 & 0 & 1 & 1 \end{array}\right)$$
$$\xrightarrow[{[2]\times(-3)+[1]}]{} \left(\begin{array}{ccc|c} -1 & 0 & 0 & -4 \\ 0 & 1 & 0 & 3 \\ 0 & 0 & 1 & 1 \end{array}\right) \xrightarrow[{[1]\times(-1)}]{} \left(\begin{array}{ccc|c} 1 & 0 & 0 & 4 \\ 0 & 1 & 0 & 3 \\ 0 & 0 & 1 & 1 \end{array}\right).$$

よって $\begin{pmatrix} x \\ y \\ z \end{pmatrix} = \begin{pmatrix} 4 \\ 3 \\ 1 \end{pmatrix}$ をえる．なお，$[1] \leftrightarrow [3]$ は，1 行と 3 行を交換することを意味し，$[1] \times 2 + [3]$ は，1 行を 2 倍したものを 3 行に加えると読む．これらは本書で用いる略した記法であり，一般的に通用するとは限らないことを注意しておく．■

例題 2.2　連立 1 次方程式 $\begin{cases} x + 2y + 3z &= 1 \\ 2x + 3y + 4z &= 1 \\ 3x + 4y + 5z &= 0 \end{cases}$ を解け．

解答　この連立 1 次方程式の拡大係数行列は $\left(\begin{array}{ccc|c} 1 & 2 & 3 & 1 \\ 2 & 3 & 4 & 1 \\ 3 & 4 & 5 & 0 \end{array}\right)$ である．これを次のように行の基本変形をする．

$$\left(\begin{array}{ccc|c} 1 & 2 & 3 & 1 \\ 2 & 3 & 4 & 1 \\ 3 & 4 & 5 & 0 \end{array}\right) \xrightarrow[\substack{[1]\times(-2)+[2] \\ [1]\times(-3)+[3]}]{} \left(\begin{array}{ccc|c} 1 & 2 & 3 & 1 \\ 0 & -1 & -2 & -1 \\ 0 & -2 & -4 & -3 \end{array}\right) \xrightarrow[{[2]\times(-1)}]{} \left(\begin{array}{ccc|c} 1 & 2 & 3 & 1 \\ 0 & 1 & 2 & 1 \\ 0 & -2 & -4 & -3 \end{array}\right)$$
$$\xrightarrow[{[2]\times 2+[3]}]{} \left(\begin{array}{ccc|c} 1 & 2 & 3 & 1 \\ 0 & 1 & 2 & 1 \\ 0 & 0 & 0 & -1 \end{array}\right).$$

係数行列の第 3 行の成分が全て 0 になったので，これ以上，行の基本変形は進めようがない．このような場合は，変数を復活させてみると連立 1 次方程式は $\begin{cases} x + 2y + 3z &= 1 \\ y + 2z &= 1 \\ 0 &= -1 \end{cases}$ となるので解は存在しないことがわかる．■

例題 2.3　a を定数とする．連立 1 次方程式 $\begin{cases} x + 2y - z &= 1 \\ -x - y + 2z &= 1 \\ 2x + 5y - z &= a \end{cases}$ を解け．

解答 この連立 1 次方程式の拡大係数行列は $\left(\begin{array}{ccc|c} 1 & 2 & -1 & 1 \\ -1 & -1 & 2 & 1 \\ 2 & 5 & -1 & a \end{array}\right)$ である．これを次のように行の基本変形をする．

$$\left(\begin{array}{ccc|c} 1 & 2 & -1 & 1 \\ -1 & -1 & 2 & 1 \\ 2 & 5 & -1 & a \end{array}\right) \xrightarrow[{[1]\times(-2)+[3]}]{[1]+[2]} \left(\begin{array}{ccc|c} 1 & 2 & -1 & 1 \\ 0 & 1 & 1 & 2 \\ 0 & 1 & 1 & a-2 \end{array}\right) \xrightarrow[{[2]\times(-1)+[3]}]{[2]\times(-2)+[1]} \left(\begin{array}{ccc|c} 1 & 0 & -3 & -3 \\ 0 & 1 & 1 & 2 \\ 0 & 0 & 0 & a-4 \end{array}\right). \quad \cdots(*)$$

係数行列の第 3 行の成分が全て 0 になったので変数を復活させると，行列 $(*)$ に対応する連立 1 次方程式は，

$$\begin{cases} x - 3z = -3 \\ y + z = 2 \\ 0 = a - 4 \end{cases}$$

となるので，$a \neq 4$ のときは，解なし．$a = 4$ のときは，$x = 3z - 3, y = -z + 2$ なので z を任意定数として，解は

$$\begin{pmatrix} x \\ y \\ z \end{pmatrix} = z \begin{pmatrix} 3 \\ -1 \\ 1 \end{pmatrix} + \begin{pmatrix} -3 \\ 2 \\ 0 \end{pmatrix}$$

と表せる． ■

この例題では，$a = 4$ のとき解は無数にあり，z をパラメータとして解は上の形であるといっている．このときパラメータは z にとる必要はない．$z = -y + 2, x = 3(-y + 2) - 3 = -3y + 3$ とも表されるから，$\begin{pmatrix} x \\ y \\ z \end{pmatrix} = y \begin{pmatrix} -3 \\ 1 \\ -1 \end{pmatrix} + \begin{pmatrix} 3 \\ 0 \\ 2 \end{pmatrix}$ としてもよい．またパラメータを別の文字（例えば）t を用いて表す場合もある．

例題 2.4 $A = \begin{pmatrix} 2 & -1 & -1 \\ -2 & 3 & 1 \\ 4 & -4 & -2 \end{pmatrix}, \boldsymbol{x} = \begin{pmatrix} x \\ y \\ z \end{pmatrix}$ に対して $A\boldsymbol{x} = 2\boldsymbol{x}$ を満たす $\boldsymbol{x}$ を求めよ．

解答 単位行列を用いて，$A\boldsymbol{x} = 2\boldsymbol{x} = 2E\boldsymbol{x}$ と表すことができるから，連立方程式 $(A - 2E)\boldsymbol{x} = \boldsymbol{0}$ を解けばよい．この拡大係数行列は，$\left(\begin{array}{ccc|c} 0 & -1 & -1 & 0 \\ -2 & 1 & 1 & 0 \\ 4 & -4 & -4 & 0 \end{array}\right)$ である．これを次のように行の基本変形をする．

$$\left(\begin{array}{ccc|c} 0 & -1 & -1 & 0 \\ -2 & 1 & 1 & 0 \\ 4 & -4 & -4 & 0 \end{array}\right) \xrightarrow[{[3]\times(1/4)}]{} \left(\begin{array}{ccc|c} 0 & -1 & -1 & 0 \\ -2 & 1 & 1 & 0 \\ 1 & -1 & -1 & 0 \end{array}\right) \xrightarrow[{[1]\leftrightarrow[3]}]{} \left(\begin{array}{ccc|c} 1 & -1 & -1 & 0 \\ -2 & 1 & 1 & 0 \\ 0 & -1 & -1 & 0 \end{array}\right)$$

$$\xrightarrow[{[1]\times 2+[3]}]{} \left(\begin{array}{ccc|c} 1 & -1 & -1 & 0 \\ 0 & -1 & -1 & 0 \\ 0 & -1 & -1 & 0 \end{array}\right) \xrightarrow[{[2]\times(-1)}]{} \left(\begin{array}{ccc|c} 1 & -1 & -1 & 0 \\ 0 & 1 & 1 & 0 \\ 0 & -1 & -1 & 0 \end{array}\right) \xrightarrow[{[2]+[3]}]{[2]+[1]} \left(\begin{array}{ccc|c} 1 & 0 & 0 & 0 \\ 0 & 1 & 1 & 0 \\ 0 & 0 & 0 & 0 \end{array}\right). \quad \cdots(*)$$

係数行列の第3行の成分が全て0になったので変数を復活させると，行列 $(*)$ に対応する連立1次方程式は $\begin{cases} x &= 0 \\ y+z &= 0 \\ 0 &= 0 \end{cases}$ となるので，$x=0, y=-z$ である．よって $\begin{pmatrix} x \\ y \\ z \end{pmatrix} = z \begin{pmatrix} 0 \\ -1 \\ 1 \end{pmatrix}$．■

問 2.1　次の連立1次方程式を掃き出し法で解け．

$$(1) \begin{cases} x+2y+3z &= 0 \\ 2x+4y+5z &= 1 \\ 3x+5y+6z &= 0 \end{cases} \qquad (2) \begin{cases} x+2y+z &= 2 \\ 3x+y-2z &= 1 \\ 4x-3y-z &= 3 \\ 2x+4y+2z &= 4 \end{cases}$$

$$(3) \begin{cases} 2x-3y+4z &= 1 \\ 3x-4y+5z &= 2 \\ 5x-9y+13z &= 3 \end{cases} \qquad (4) \begin{cases} 0.002x+0.001y &= 1 \\ 0.002y+0.001z &= 2 \\ 0.001x+0.002z &= 3 \end{cases}$$

問 2.2　次の連立1次方程式を掃き出し法で解け．ただし a は定数とする．

$$(1) \begin{cases} x+y+z &= 1 \\ 3x-y-z &= -5 \\ x-3y-3z &= a \end{cases} \qquad (2) \begin{cases} x+2y+z &= 1 \\ -x+y-z &= -4 \\ 2x-3y+az &= 9 \end{cases}$$

$$(3) \begin{cases} -x+2y+z &= 0 \\ x-y-z &= 1 \\ 2x-y+az &= 0 \end{cases} \qquad (4) \begin{cases} x+2y+az &= 5 \\ x-y+az &= -1 \\ 2x-3y+2z &= 2a-6 \end{cases}$$

$$(5) \begin{cases} x-3y-4z &= -6 \\ x-2y-3z &= -6 \\ -3x+7y+10z &= a \end{cases} \qquad (6) \begin{cases} ax+y+z &= (a+3)(1-a) \\ x+ay+z &= a-1 \\ x+y+az &= 0 \end{cases}$$

問 2.3　$A = \begin{pmatrix} 0 & -1 & -1 \\ -3 & 2 & -3 \\ -1 & 1 & 0 \end{pmatrix}, \boldsymbol{x} = \begin{pmatrix} x \\ y \\ z \end{pmatrix}$ に対して $A\boldsymbol{x} = -\boldsymbol{x}$ を満たす $\boldsymbol{x}$ を求めよ．

問 2.4　$A = \begin{pmatrix} -2 & 2 & -3 \\ 2 & 1 & -6 \\ -1 & -2 & 0 \end{pmatrix}, \boldsymbol{x} = \begin{pmatrix} x \\ y \\ z \end{pmatrix}$ に対して $A\boldsymbol{x} = -3\boldsymbol{x}$ を満たす $\boldsymbol{x}$ を求めよ．

2.2　逆行列の計算

掃き出し法は係数行列を単位行列に変形する操作なので，係数行列が同じ連立方程式ならば何個でも同時に解ける．例で説明しよう．2つの連立方程式

$$(P_1) \begin{cases} 2x+3y = 16 \\ 4x-4y = 12 \end{cases} \qquad (P_2) \begin{cases} 2x+3y = -1 \\ 4x-4y = 8 \end{cases}$$

を解く．係数行列は $(P_1), (P_2)$ ともに $A = \begin{pmatrix} 2 & 3 \\ 4 & -4 \end{pmatrix}$ である．

[1] 係数行列 A と仕切り $|$ の右側に列ベクトル $\begin{pmatrix} 16 \\ 12 \end{pmatrix}, \begin{pmatrix} -1 \\ 8 \end{pmatrix}$ を並べて拡大係数行列 $\left(\begin{array}{cc|cc} 2 & 3 & 16 & -1 \\ 4 & -4 & 12 & 8 \end{array}\right)$ を作る．以後同じように，A を単位行列 E となるように行の基本変形を行う．

[2] 第 2 行を $\frac{1}{4}$ 倍する．$\longrightarrow \left(\begin{array}{cc|cc} 2 & 3 & 16 & -1 \\ 1 & -1 & 3 & 2 \end{array}\right)$

[3] 第 1 行と第 2 行を入れ換える．$\longrightarrow \left(\begin{array}{cc|cc} 1 & -1 & 3 & 2 \\ 2 & 3 & 16 & -1 \end{array}\right)$

[4] 第 1 行の (-2) 倍を第 2 行に加える．$\longrightarrow \left(\begin{array}{cc|cc} 1 & -1 & 3 & 2 \\ 0 & 5 & 10 & -5 \end{array}\right)$

[5] 第 2 行を $\frac{1}{5}$ 倍する．$\longrightarrow \left(\begin{array}{cc|cc} 1 & -1 & 3 & 2 \\ 0 & 1 & 2 & -1 \end{array}\right)$

[6] 第 2 行を第 1 行に加える．$\longrightarrow \left(\begin{array}{cc|cc} 1 & 0 & 5 & 1 \\ 0 & 1 & 2 & -1 \end{array}\right)$

よって (P_1) の解 $\begin{cases} x = 5 \\ y = 2 \end{cases}$ と (P_2) の解 $\begin{cases} x = 1 \\ y = -1 \end{cases}$ がえられた．

さて A の逆行列を掃き出し法で求めてみよう．A の逆行列 $X = \begin{pmatrix} x & u \\ y & v \end{pmatrix}$ とは，$AX = E, XA = E$ を満たすものであった．$AX = E$ を解く．

$$AX = \begin{pmatrix} 2 & 3 \\ 4 & -4 \end{pmatrix} \begin{pmatrix} x & u \\ y & v \end{pmatrix} = \begin{pmatrix} 2x + 3y & 2u + 3v \\ 4x - 4y & 4u - 4v \end{pmatrix} = \begin{pmatrix} 1 & 0 \\ 0 & 1 \end{pmatrix} = E$$

であるから 2 つの連立方程式

$$(P_1) \begin{cases} 2x + 3y = 1 \\ 4x - 4y = 0 \end{cases} \qquad (P_2) \begin{cases} 2u + 3v = 0 \\ 4u - 4v = 1 \end{cases}$$

を解けばよい．

[1] 拡大係数行列 $\left(\begin{array}{cc|cc} 2 & 3 & 1 & 0 \\ 4 & -4 & 0 & 1 \end{array}\right)$ を作り，A を単位行列 E となるように行の基本変形を行う．

[2] 第 2 行を $\frac{1}{4}$ 倍する．$\longrightarrow \left(\begin{array}{cc|cc} 2 & 3 & 1 & 0 \\ 1 & -1 & 0 & \frac{1}{4} \end{array}\right)$

[3] 第 1 行と第 2 行を入れ換える．$\longrightarrow \left(\begin{array}{cc|cc} 1 & -1 & 0 & \frac{1}{4} \\ 2 & 3 & 1 & 0 \end{array}\right)$

[4] 第 1 行の (-2) 倍を第 2 行に加える．$\longrightarrow \left(\begin{array}{cc|cc} 1 & -1 & 0 & \frac{1}{4} \\ 0 & 5 & 1 & \frac{-1}{2} \end{array}\right)$

[5] 第 2 行を $\frac{1}{5}$ 倍する．$\longrightarrow \left(\begin{array}{cc|cc} 1 & -1 & 0 & \frac{1}{4} \\ 0 & 1 & \frac{1}{5} & \frac{-1}{10} \end{array}\right)$

[6] 第2行を第1行に加える. $\longrightarrow \left(\begin{array}{cc|cc} 1 & 0 & \frac{1}{5} & \frac{3}{20} \\ 0 & 1 & \frac{1}{5} & \frac{-1}{10} \end{array}\right)$

$AX = E$ ならば $XA = E$ なので（後で示すが, 直接確かめてもよい）, 逆行列

$$A^{-1} = X = \begin{pmatrix} x & u \\ y & v \end{pmatrix} = \begin{pmatrix} \frac{1}{5} & \frac{3}{20} \\ \frac{1}{5} & \frac{-1}{10} \end{pmatrix} = \frac{1}{20}\begin{pmatrix} 4 & 3 \\ 4 & -2 \end{pmatrix}$$

が求まった. これは逆行列の公式から計算した

$$\begin{pmatrix} 2 & 3 \\ 4 & -4 \end{pmatrix}^{-1} = \begin{pmatrix} a & b \\ c & d \end{pmatrix}^{-1} = \frac{1}{ad-bc}\begin{pmatrix} d & -b \\ -c & a \end{pmatrix} = \frac{1}{-20}\begin{pmatrix} -4 & -3 \\ -4 & 2 \end{pmatrix}$$

と一致している.

以上の手順を次のようにまとめておこう.

逆行列の求め方: A と E を並べて $n \times 2n$ 行列 $(A|E)$ を作る. これに行の基本変形を行って $(A|E) \to (E|X)$ と変形する. このとき右半分の n 次正方行列 X が A の逆行列である.

例題 2.5　$A = \begin{pmatrix} 1 & 2 & 3 \\ -2 & -3 & -4 \\ 2 & 2 & 4 \end{pmatrix}$ の逆行列が存在すれば求めよ.

解答　$(A \mid E) = \left(\begin{array}{ccc|ccc} 1 & 2 & 3 & 1 & 0 & 0 \\ -2 & -3 & -4 & 0 & 1 & 0 \\ 2 & 2 & 4 & 0 & 0 & 1 \end{array}\right)$ とおいて行の基本変形を行い $\left(A \mid E\right) \to \left(E \mid X\right)$ と変形すれば X が逆行列である. やってみよう.

$$\left(\begin{array}{ccc|ccc} 1 & 2 & 3 & 1 & 0 & 0 \\ -2 & -3 & -4 & 0 & 1 & 0 \\ 2 & 2 & 4 & 0 & 0 & 1 \end{array}\right) \xrightarrow[{[1]\times(-2)+[3]}]{{[1]\times 2+[2]}} \left(\begin{array}{ccc|ccc} 1 & 2 & 3 & 1 & 0 & 0 \\ 0 & 1 & 2 & 2 & 1 & 0 \\ 0 & -2 & -2 & -2 & 0 & 1 \end{array}\right)$$

$$\xrightarrow[{[2]\times 2+[3]}]{} \left(\begin{array}{ccc|ccc} 1 & 2 & 3 & 1 & 0 & 0 \\ 0 & 1 & 2 & 2 & 1 & 0 \\ 0 & 0 & 2 & 2 & 2 & 1 \end{array}\right) \xrightarrow[{[3]\times 1/2}]{} \left(\begin{array}{ccc|ccc} 1 & 2 & 3 & 1 & 0 & 0 \\ 0 & 1 & 2 & 2 & 1 & 0 \\ 0 & 0 & 1 & 1 & 1 & 1/2 \end{array}\right)$$

$$\xrightarrow[{[3]\times(-2)+[2] \atop [3]\times(-3)+[1]}]{} \left(\begin{array}{ccc|ccc} 1 & 2 & 0 & -2 & -3 & -3/2 \\ 0 & 1 & 0 & 0 & -1 & -1 \\ 0 & 0 & 1 & 1 & 1 & 1/2 \end{array}\right) \xrightarrow[{[2]\times(-2)+[1]}]{} \left(\begin{array}{ccc|ccc} 1 & 0 & 0 & -2 & -1 & 1/2 \\ 0 & 1 & 0 & 0 & -1 & -1 \\ 0 & 0 & 1 & 1 & 1 & 1/2 \end{array}\right)$$

となるから, A の逆行列は $A^{-1} = \begin{pmatrix} -2 & -1 & 1/2 \\ 0 & -1 & -1 \\ 1 & 1 & 1/2 \end{pmatrix}$ である. ■

例題 2.6　$\begin{pmatrix} 1 & -5 & -1 \\ -2 & 2 & 0 \\ 0 & 4 & 1 \end{pmatrix}$ の逆行列が存在すれば求めよ.

解答

$$\left(\begin{array}{ccc|ccc} 1 & -5 & -1 & 1 & 0 & 0 \\ -2 & 2 & 0 & 0 & 1 & 0 \\ 0 & 4 & 1 & 0 & 0 & 1 \end{array}\right) \xrightarrow[{[1]\times 2+[2]}]{} \left(\begin{array}{ccc|ccc} 1 & -5 & -1 & 1 & 0 & 0 \\ 0 & -8 & -2 & 2 & 1 & 0 \\ 0 & 4 & 1 & 0 & 0 & 1 \end{array}\right)$$

$$\xrightarrow[{[2]\times(-1/8)}]{} \left(\begin{array}{ccc|ccc} 1 & -5 & -1 & 1 & 0 & 0 \\ 0 & 1 & 1/4 & -1/4 & -1/8 & 0 \\ 0 & 4 & 1 & 0 & 0 & 1 \end{array}\right) \xrightarrow[{[2]\times(-4)+[3]}]{} \left(\begin{array}{ccc|ccc} 1 & -5 & -1 & 1 & 0 & 0 \\ 0 & 1 & 1/4 & -1/4 & -1/8 & 0 \\ 0 & 0 & 0 & 1 & 1/2 & 1 \end{array}\right).$$

ここからどのような行の基本変形を行っても $(E|X)$ の形に変形できないことがわかる．よって A の逆行列は存在しない． ■

問 2.5 次の行列の逆行列を求めよ．

(1) $\begin{pmatrix} 1 & -1 & 1 \\ -1 & 2 & 1 \\ 1 & 0 & 1 \end{pmatrix}$ (2) $\begin{pmatrix} 1 & -1 & 2 \\ -1 & 2 & 1 \\ 2 & 1 & 14 \end{pmatrix}$ (3) $\begin{pmatrix} 1 & 2 & -3 \\ -1 & -1 & 3 \\ 2 & 1 & 1 \end{pmatrix}$

問 2.6 次の行列の逆行列が存在すれば求めよ．

(1) $\begin{pmatrix} 2 & 1 & 2 \\ 1 & 3 & 1 \\ 2 & 1 & 4 \end{pmatrix}$ (2) $\begin{pmatrix} 3 & 1 & 2 \\ 1 & -4 & -2 \\ -1 & 2 & 1 \end{pmatrix}$ (3) $\begin{pmatrix} 0 & 1 & 2 \\ 3 & -1 & 1 \\ 3 & 1 & 5 \end{pmatrix}$ (4) $\begin{pmatrix} 1 & 1 & 0 \\ 1 & 0 & 1 \\ 0 & 1 & 1 \end{pmatrix}$

(5) $\begin{pmatrix} 1 & 2 & 3 \\ 2 & -1 & 1 \\ 4 & 3 & 7 \end{pmatrix}$ (6) $\begin{pmatrix} -1 & 1 & 1 & 1 \\ 1 & -1 & 1 & 1 \\ 1 & 1 & -1 & 1 \\ 1 & 1 & 1 & -1 \end{pmatrix}$ (7) $\begin{pmatrix} 1 & 1 & 0 & 1 \\ 0 & 1 & 1 & 1 \\ 1 & 1 & 1 & 0 \\ 1 & 0 & 1 & 1 \end{pmatrix}$ (8) $\begin{pmatrix} 0 & 0 & k & 1 \\ 0 & k & 1 & 0 \\ k & 1 & 0 & 0 \\ 1 & 0 & 0 & 0 \end{pmatrix}$

2.3 基本行列

行の基本変形 I, II, III は，基本行列を左からかける操作であることを示そう．まず行列単位 $E(p,q) = (\delta_{i,p}\delta_{j,q})$ を思い出そう．例題 1.35 と例 1.36 で，その性質を調べた．行列単位を用いて基本行列は次のように定義される．

定義 2.7 **基本行列**とは次の 3 種類の n 次正方行列をいう．

(1) $P_n(i,j) = E - E(i,i) - E(j,j) + E(i,j) + E(j,i) \quad (i < j)$

(2) $Q_n(i;c) = E + (c-1)E(i,i) \quad (c \neq 0)$

(3) $R_n(i,j;c) = E + cE(i,j) \quad (i \neq j)$

例えば次のような行列が基本行列である．

$$P_5(2,4) = \begin{pmatrix} 1 & 0 & 0 & 0 & 0 \\ 0 & 0 & 0 & 1 & 0 \\ 0 & 0 & 1 & 0 & 0 \\ 0 & 1 & 0 & 0 & 0 \\ 0 & 0 & 0 & 0 & 1 \end{pmatrix}, \ Q_5(2;c) = \begin{pmatrix} 1 & 0 & 0 & 0 & 0 \\ 0 & c & 0 & 0 & 0 \\ 0 & 0 & 1 & 0 & 0 \\ 0 & 0 & 0 & 1 & 0 \\ 0 & 0 & 0 & 0 & 1 \end{pmatrix}, \ R_5(2,4;c) = \begin{pmatrix} 1 & 0 & 0 & 0 & 0 \\ 0 & 1 & 0 & c & 0 \\ 0 & 0 & 1 & 0 & 0 \\ 0 & 0 & 0 & 1 & 0 \\ 0 & 0 & 0 & 0 & 1 \end{pmatrix}.$$

行の基本変形は，基本行列を左からかけることで実現できる．

定理 2.8　$n \times m$ 行列 A に左から $P_n(i,j), Q_n(i;c), R_n(i,j;c)$ をかけると A の行が変換される．

(1) $P_n(i,j)A$ は A の第 i 行と第 j 行を交換した行列である．
(2) $Q_n(i;c)A$ は A の第 i 行を c 倍した行列である．
(3) $R_n(i,j;c)A$ は A の第 j 行の c 倍を第 i 行に加えた行列である．

証明　A を n 個の行ベクトルで $A = \begin{pmatrix} \boldsymbol{a}_1 \\ \vdots \\ \boldsymbol{a}_n \end{pmatrix}$ と表すと $E(p,q)A = \begin{pmatrix} \boldsymbol{0} \\ \vdots \\ \boldsymbol{a}_q \\ \vdots \\ \boldsymbol{0} \end{pmatrix} p$ 行 となる．

(1) $P_n(i,j)A = EA - E(i,i)A - E(j,j)A + E(i,j)A + E(j,i)A$

$$= \begin{pmatrix} \boldsymbol{a}_1 \\ \vdots \\ \boldsymbol{a}_i \\ \vdots \\ \boldsymbol{a}_j \\ \vdots \\ \boldsymbol{a}_n \end{pmatrix} - \begin{pmatrix} \boldsymbol{0} \\ \vdots \\ \boldsymbol{a}_i \\ \vdots \\ \boldsymbol{0} \\ \vdots \\ \boldsymbol{0} \end{pmatrix} - \begin{pmatrix} \boldsymbol{0} \\ \vdots \\ \boldsymbol{0} \\ \vdots \\ \boldsymbol{a}_j \\ \vdots \\ \boldsymbol{0} \end{pmatrix} + \begin{pmatrix} \boldsymbol{0} \\ \vdots \\ \boldsymbol{a}_j \\ \vdots \\ \boldsymbol{0} \\ \vdots \\ \boldsymbol{0} \end{pmatrix} + \begin{pmatrix} \boldsymbol{0} \\ \vdots \\ \boldsymbol{0} \\ \vdots \\ \boldsymbol{a}_i \\ \vdots \\ \boldsymbol{0} \end{pmatrix} = \begin{pmatrix} \boldsymbol{a}_1 \\ \vdots \\ \boldsymbol{a}_j \\ \vdots \\ \boldsymbol{a}_i \\ \vdots \\ \boldsymbol{a}_n \end{pmatrix}.$$

(2) $$Q_n(i;c)A = EA + (c-1)E(i,i)A = \begin{pmatrix} \boldsymbol{a}_1 \\ \vdots \\ \boldsymbol{a}_i \\ \vdots \\ \boldsymbol{a}_n \end{pmatrix} + (c-1)\begin{pmatrix} \boldsymbol{0} \\ \vdots \\ \boldsymbol{a}_i \\ \vdots \\ \boldsymbol{0} \end{pmatrix} = \begin{pmatrix} \boldsymbol{a}_1 \\ \vdots \\ c \cdot \boldsymbol{a}_i \\ \vdots \\ \boldsymbol{a}_n \end{pmatrix}.$$

(3) $$R_n(i,j;c)A = EA + cE(i,j)A = \begin{pmatrix} \boldsymbol{a}_1 \\ \vdots \\ \boldsymbol{a}_i \\ \vdots \\ \boldsymbol{a}_j \\ \vdots \\ \boldsymbol{a}_n \end{pmatrix} + \begin{pmatrix} \boldsymbol{0} \\ \vdots \\ c\boldsymbol{a}_j \\ \vdots \\ \boldsymbol{0} \\ \vdots \\ \boldsymbol{0} \end{pmatrix} = \begin{pmatrix} \boldsymbol{a}_1 \\ \vdots \\ \boldsymbol{a}_i + c \cdot \boldsymbol{a}_j \\ \vdots \\ \boldsymbol{a}_j \\ \vdots \\ \boldsymbol{a}_n \end{pmatrix}.$$ ■

基本行列を右からかけると列の変換を起こす．行の基本変形は逆の操作ができるので基本行列は正則で，その逆行列は逆の操作に対応する基本行列であることは明らかであろう．これは，例題 1.35 と例 1.36 を用いて直接確かめることもできる．これを定理としてまとめておく．

定理 2.9 基本行列は正則で，逆行列も基本行列になる．

(1) $P_n(i,j)^{-1} = P_n(i,j)$ (2) $Q_n(i,c)^{-1} = Q_n\left(i, \dfrac{1}{c}\right)$

(3) $R_n(i,j;c)^{-1} = R_n(i,j;-c)$

A が n 次正則行列のときは，行の基本変形で逆行列を求めることができることを確認しておこう．

定理 2.10 A が n 次正則行列のとき行の基本変形で A を単位行列 E まで変形できる．

証明 n 項列ベクトル $\boldsymbol{x}$ に対して次が成り立つことに注意する．

$$A\boldsymbol{x} = \boldsymbol{0} \Longrightarrow A^{-1}A\boldsymbol{x} = A^{-1}\boldsymbol{0} \Longrightarrow E\boldsymbol{x} = \boldsymbol{0} \Longrightarrow \boldsymbol{x} = \boldsymbol{0}. \qquad \cdots(*)$$

そこで $A = (\boldsymbol{a}_1 \cdots \boldsymbol{a}_n)$ を n 個の列ベクトルで表し $\boldsymbol{a}_1 = \boldsymbol{0}$ とすると，$A\boldsymbol{e}_1 = 1\boldsymbol{0}+0\boldsymbol{a}_2+\cdots+0\boldsymbol{a}_n = \boldsymbol{0}$ となり，$(*)$ に矛盾する．ここで $\boldsymbol{e}_i$ は基本ベクトルである．よって $\boldsymbol{a}_1$ は零ベクトルではないので，行の基本変形で $\boldsymbol{a}_1$ を $\boldsymbol{e}_1$ まで変形することができる．この操作は左から正則な基本行列をかけることであるから変形後の行列も定理 1.49 より正則である．そこで A が，行の基本変形で $A_r = (\boldsymbol{e}_1 \cdots \boldsymbol{e}_r\, \boldsymbol{a}_{r+1}^{(r)} \cdots \boldsymbol{a}_n^{(r)})$ と変形できたとする．いま $\boldsymbol{a}_{r+1}^{(r)} = b_1\boldsymbol{e}_1 + \cdots + b_r\boldsymbol{e}_r$ のとき，

$$\boldsymbol{x} = \begin{pmatrix} -b_1 \\ \vdots \\ -b_r \\ 1 \\ 0 \\ \vdots \\ 0 \end{pmatrix} \neq \boldsymbol{0} \text{ とおけば，} A_r\boldsymbol{x} = -b_1\boldsymbol{e}_1 - \cdots - b_r\boldsymbol{e}_r + \boldsymbol{a}_{r+1}^{(r)} = \boldsymbol{0} \text{ となり } (*) \text{ に矛盾する．}$$

よって $\boldsymbol{a}_{r+1}^{(r)}$ の $r+1$ 番目以降の成分で零でないものが必ずあるので，行の基本変形で A_r を $(\boldsymbol{e}_1 \cdots \boldsymbol{e}_{r+1}\, \boldsymbol{a}_{r+2}^{(r+1)} \cdots \boldsymbol{a}_n^{(r+1)})$ の形まで変形できる．以後同様の推論で，A を E まで変形できる．■

これらをまとめて次がわかる．

定理 2.11 A は n 次正則行列とする．このとき A は基本行列の積で表すことができる．

証明 定理 2.10 より A は行の基本変形で単位行列 E まで変形できる．これは，ある基本行列 $T_1, T_2, \cdots, T_l$ を左から A にかけると E になることを意味する．$T_l \cdots T_2T_1A = E$. よって $A = T_1^{-1}T_2^{-1}\cdots T_l^{-1}$ がえられる．$T_1^{-1}, T_2^{-1}, \cdots, T_l^{-1}$ も基本行列であるから定理は示された．■

2.4 階数（ランク）

前章で平面の点を平面の点に移す線形写像を考えた．ここでは線形写像によって移された像全体を分類する指標を考えてみよう．平面の点 (x, y) は

$$\begin{pmatrix} x \\ y \end{pmatrix} = x\begin{pmatrix} 1 \\ 0 \end{pmatrix} + y\begin{pmatrix} 0 \\ 1 \end{pmatrix} = x\boldsymbol{e}_1 + y\boldsymbol{e}_2$$

のように，ベクトルの**1次結合**で表される．1次結合とは“定数 × ベクトル”の和 のことである．例えば，行列 $A = \begin{pmatrix} 1 & 5 \\ 2 & 7 \end{pmatrix}$ と $B = \begin{pmatrix} 1 & 2 \\ 2 & 4 \end{pmatrix}$ で平面 $\mathbb{R}^2$ の点はそれぞれ

$$A\begin{pmatrix} x \\ y \end{pmatrix} = x\begin{pmatrix} 1 \\ 2 \end{pmatrix} + y\begin{pmatrix} 5 \\ 7 \end{pmatrix},$$

$$B\begin{pmatrix} x \\ y \end{pmatrix} = x\begin{pmatrix} 1 \\ 2 \end{pmatrix} + y\begin{pmatrix} 2 \\ 4 \end{pmatrix} = (x+2y)\begin{pmatrix} 1 \\ 2 \end{pmatrix}$$

に移る．移った先は，ベクトルの1次結合で表され，A の場合は2つのベクトル $\begin{pmatrix} 1 \\ 2 \end{pmatrix}$ と $\begin{pmatrix} 5 \\ 7 \end{pmatrix}$ は平行ではないので，(x, y) が平面の点全体を動くとき像は平面全体になる．一方 B の場合は，$\begin{pmatrix} 2 \\ 4 \end{pmatrix} = 2\begin{pmatrix} 1 \\ 2 \end{pmatrix}$ と1つのベクトルが他のベクトルで表されてしまうので，(x, y) が平面の点全体を動いても像は原点を通る直線となるのみである．他のベクトルの1次結合で表されないベクトルの組を**1次独立**[1]という．$\boldsymbol{a}_1, \boldsymbol{a}_2, \cdots, \boldsymbol{a}_n$ が1次独立であることを示すには，

$$x_1\boldsymbol{a}_1 + x_2\boldsymbol{a}_2 + \cdots + x_n\boldsymbol{a}_n = \boldsymbol{0} \Longrightarrow x_1 = x_2 = \cdots = x_n = 0$$

が成り立つことを確かめればよい．線形写像の像をベクトルの1次結合で表し，それらのベクトルの中で1次独立なものの最大個数[2]で像のベクトル全体を分類する．一般に，$m \times n$ 行列 A を n 個の m 項列ベクトルで $A = (\boldsymbol{a}_1 \cdots \boldsymbol{a}_n)$ と表すとき $A\begin{pmatrix} x_1 \\ \vdots \\ x_n \end{pmatrix} = x_1\boldsymbol{a}_1 + \cdots + x_n\boldsymbol{a}_n$ となり，$x_1, \cdots, x_n$ が実数全体を動くとき，その A による像全体は n 個の列ベクトル $\boldsymbol{a}_1, \cdots, \boldsymbol{a}_n$ の1次結合全体となる．点 $(x_1, \cdots, x_n)$ 全体を $\mathbb{R}^n$ と表す．そこで次の定義をする．

定義 2.12　A を $m \times n$ 行列とする．行列 A による像全体の中で，1次独立なベクトルの最大個数 r を A の**階数**または**ランク**といい，$\operatorname{rank} A = r$ と表す．

もう1つランクを計算するのに役に立つ事実を述べておこう（定理 B.55）．

定理 2.13　A のランクは1次独立な行ベクトルまたは列ベクトルの最大個数に等しい．

● **例 2.14**　[1] 最初に述べた例に対しては，$\operatorname{rank}\begin{pmatrix} 1 & 5 \\ 2 & 7 \end{pmatrix} = 2$, $\operatorname{rank}\begin{pmatrix} 1 & 2 \\ 2 & 4 \end{pmatrix} = 1$.

---

1) ランク，1次独立については後の章で，線形空間の設定のもとで正確に定義する．ここでの目標は手っ取り早くランクの計算法のハウ・ツーを学ぶことである．

2) 後に習う言葉では，像の線形空間の“次元”である．

[2] 高さが1段ずつ変わる階段型の行列に対しては，ランクはすぐわかる．例えば

$$\operatorname{rank}\begin{pmatrix}0&0&1&2&3&4&5\\0&0&0&6&7&8&9\\0&0&0&0&0&3&5\end{pmatrix}=3.$$

これは次のように考える．$\begin{pmatrix}1\\0\\0\end{pmatrix},\begin{pmatrix}2\\6\\0\end{pmatrix},\begin{pmatrix}4\\8\\3\end{pmatrix}$ は1次独立である．これは

$$x_1\begin{pmatrix}1\\0\\0\end{pmatrix}+x_2\begin{pmatrix}2\\6\\0\end{pmatrix}+x_3\begin{pmatrix}4\\8\\3\end{pmatrix}=\begin{pmatrix}0\\0\\0\end{pmatrix}\Longrightarrow\begin{cases}x_1+2x_2+4x_3=0\\6x_2+8x_3=0\\3x_3=0\end{cases}\Longrightarrow x_3=x_2=x_1=0$$

からわかる．また他のベクトルはこれらの1次結合で表せる．つまり

$$\begin{pmatrix}0\\0\\0\end{pmatrix}=0\begin{pmatrix}1\\0\\0\end{pmatrix},\quad\begin{pmatrix}3\\7\\0\end{pmatrix}=\frac{7}{6}\begin{pmatrix}2\\6\\0\end{pmatrix}+\frac{4}{6}\begin{pmatrix}1\\0\\0\end{pmatrix},\quad\begin{pmatrix}5\\9\\5\end{pmatrix}=\frac{5}{3}\begin{pmatrix}4\\8\\3\end{pmatrix}-\frac{13}{21}\begin{pmatrix}3\\7\\0\end{pmatrix}+\frac{4}{21}\begin{pmatrix}1\\0\\0\end{pmatrix}.$$

よって rank は3になる．

この例からランクを計算する1つの方法がえられる．B を正則行列とするとき，$A=(\boldsymbol{a}_1\cdots\boldsymbol{a}_n)$ と $BA=(B\boldsymbol{a}_1\cdots B\boldsymbol{a}_n)$ の1次独立な列ベクトルの個数は等しいことがわかる（定理 B.59）．これは行の基本変形で1次独立な列ベクトルの個数は不変であることを意味する．上の例からわかるように，階段型に変形できれば1次独立な列ベクトルの最大個数は自明である．よって次の定理がえられた．

定理 2.15 行列 A が，行の基本変形によって，次のような高さが1段ずつ変わる**階段行列**

$$\begin{pmatrix}\lfloor c_{1j_1} & & & \\ & \lfloor c_{2j_2} & * & \\ & & \ddots & \\ & \text{\Large 0} & & \lfloor c_{rj_r}\end{pmatrix}\qquad c_{1j_1}\neq 0, c_{2j_2}\neq 0,\cdots,c_{rj_r}\neq 0$$

に変形されたとする．このとき $\operatorname{rank}A=r$ である（第 j_1 列の左および第 r 行の下は，もしあれば，零ベクトルが並ぶ）．

例 2.16 $A=\begin{pmatrix}1&2&3&4\\0&5&6&7\\a&b&c&d\end{pmatrix}$ とする．2つの行ベクトル $(1,2,3,4),(0,5,6,7)$ が1次独立であることは明らかである．よって

$$\operatorname{rank}A=\begin{cases}2 & (a,b,c,d)=x(1,2,3,4)+y(0,5,6,7)\text{ を満たす }(x,y)\text{ があるとき}\\3 & \text{その他}\end{cases}$$

例題 2.17　$A = \begin{pmatrix} 1 & 2 & 1 & -2 \\ 1 & 1 & -1 & 0 \\ 0 & 4 & 4 & 0 \end{pmatrix}$ の階数を求めよ.

解答　この行列に次のように行の基本変形を行う.

$$\begin{pmatrix} 1 & 2 & 1 & -2 \\ 1 & 1 & -1 & 0 \\ 0 & 4 & 4 & 0 \end{pmatrix} \xrightarrow[{[1]\times(-1)+[2]}]{} \begin{pmatrix} 1 & 2 & 1 & -2 \\ 0 & -1 & -2 & 2 \\ 0 & 4 & 4 & 0 \end{pmatrix} \xrightarrow[{[2]\times 4+[3]}]{} \begin{pmatrix} 1 & 2 & 1 & -2 \\ 0 & -1 & -2 & 2 \\ 0 & 0 & -4 & 8 \end{pmatrix}.$$

ゆえに $\mathrm{rank}\, A = 3$ である. ■

例題 2.18　$A = \begin{pmatrix} 0 & 1 & 2 \\ 3 & -1 & 1 \\ 3 & 1 & 5 \end{pmatrix}$ の階数を求めよ.

解答　この行列に次のように行の基本変形を行う.

$$\begin{pmatrix} 0 & 1 & 2 \\ 3 & -1 & 1 \\ 3 & 1 & 5 \end{pmatrix} \xrightarrow[{[1]\leftrightarrow[2]}]{} \begin{pmatrix} 3 & -1 & 1 \\ 0 & 1 & 2 \\ 3 & 1 & 5 \end{pmatrix} \xrightarrow[{[1]\times(-1)+[3]}]{} \begin{pmatrix} 3 & -1 & 1 \\ 0 & 1 & 2 \\ 0 & 2 & 4 \end{pmatrix} \xrightarrow[{[2]\times(-2)+[3]}]{} \begin{pmatrix} 3 & -1 & 1 \\ 0 & 1 & 2 \\ 0 & 0 & 0 \end{pmatrix}.$$

ゆえに $\mathrm{rank}\, A = 2$ である. ■

例題 2.19　$(p+q)\times(p+r)$ 行列 $X = \begin{pmatrix} A & B \\ C & D \end{pmatrix}$ において, A は p 次正方行列で正則, B, C, D はそれぞれ $p \times q, r \times p, r \times q$ 行列とする. X のランクが p ならば, 行の基本変形で X は $\begin{pmatrix} E_p & F \\ O & O \end{pmatrix}$ の形まで変形できることを示せ. ここで E_p は p 次単位行列, F は $p \times q$ 行列である.

証明　$(p+r)$ 次正方行列 Y, Z を $Y = \begin{pmatrix} A^{-1} & O \\ -CA^{-1} & E_r \end{pmatrix}$, $Z = \begin{pmatrix} A & O \\ C & E_r \end{pmatrix}$ で定義すると,

$$YZ = \begin{pmatrix} A^{-1} & O \\ -CA^{-1} & E_r \end{pmatrix} \begin{pmatrix} A & O \\ C & E_r \end{pmatrix} = \begin{pmatrix} E_p & O \\ O & E_r \end{pmatrix},$$

$$ZY = \begin{pmatrix} A & O \\ C & E_r \end{pmatrix} \begin{pmatrix} A^{-1} & O \\ -CA^{-1} & E_r \end{pmatrix} = \begin{pmatrix} E_p & O \\ O & E_r \end{pmatrix}$$

であるから Y, Z は正則である. そして

$$YX = \begin{pmatrix} A^{-1} & O \\ -CA^{-1} & E_r \end{pmatrix} \begin{pmatrix} A & B \\ C & D \end{pmatrix} = \begin{pmatrix} E_p & A^{-1}B \\ O & -CA^{-1}B + C \end{pmatrix}$$

となる. 正則行列をかけてもランクは変わらないから, YX のランクが p となるには,

$$-CA^{-1}B + C = O$$

でなければならない．また，正則行列 Y は基本行列の積で表されるので，YX は行の基本変形を行ったことになる． ■

問 2.7 次の行列の階数を求めよ．

$$(1)\ \begin{pmatrix} 0 & -1 & 2 & 4 \\ 1 & 0 & 5 & -2 \\ 2 & -5 & 0 & 1 \\ 4 & -2 & -1 & 0 \end{pmatrix} \quad (2)\ \begin{pmatrix} 0 & 1 & 2 & 3 \\ 1 & 2 & 3 & 0 \\ 2 & 3 & 0 & 1 \\ 3 & 1 & 2 & 0 \end{pmatrix} \quad (3)\ \begin{pmatrix} 1 & 2 & 0 & -3 & 0 \\ -2 & -3 & -5 & 6 & 3 \\ 3 & 6 & 0 & -7 & 4 \\ 1 & 0 & 10 & -3 & -6 \end{pmatrix}$$

問 2.8 次の行列の階数を求めよ．

$$(1)\ \begin{pmatrix} 1 & x & x \\ x & 1 & x \\ x & x & 1 \end{pmatrix} \quad (2)\ \begin{pmatrix} -2 & 3 & a & 1 \\ a-1 & 1 & -3 & 2 \\ -1 & a+3 & a+1 & 4 \end{pmatrix}$$

問 2.9 次の行列の階数を求めよ．

$$(1)\ \begin{pmatrix} a & a & a & b \\ a & a & b & a \\ a & b & a & a \\ b & a & a & a \end{pmatrix} \quad (2)\ \begin{pmatrix} 1 & x & x & x \\ x & 1 & x & x \\ x & x & x & 1 \end{pmatrix} \quad (3)\ \begin{pmatrix} 1 & 1 & 1 & 1 \\ 1 & 2 & 3 & 4 \\ a & b & c & d \end{pmatrix}$$

第3章 幾何ベクトル

本章では幾何ベクトルを定義し，その和，スカラー倍，内積，外積を学ぶ．

3.1 平面ベクトルと空間ベクトル

定義 3.1　平面または空間において**向き**と**大きさ**（長さ）をもつ量をそれぞれ **平面ベクトル**，**空間ベクトル**といい，あわせて**幾何ベクトル** または簡単に**ベクトル**という．ただし大きさ 0 のベクトルも考え，**零ベクトル**という．このとき向きは考えない．

以下主に空間ベクトルについて説明する．そして空間には xyz 座標系が 1 つ定められているとする．xy 平面は xyz 座標空間の一部分とみることができる．そのとき xy 平面上の点の座標は $(x, y, 0)$ と表すべきだが，単に (x, y) で済ませてしまう場合も多い．図 3.1 のような向きを定めた線分を**有向線分（矢印）**という．有向線分 PQ において点 P をその**始点**，点 Q を**終点**という．

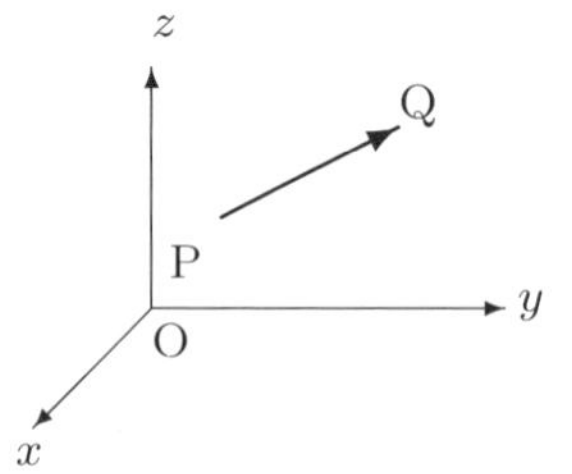

図 3.1　有向線分

一般にベクトルは有向線分で表すことができる．ベクトルの向きを有向線分の向きで表し，大きさを有向線分の長さで表す．点 P を始点，点 Q を終点とする有向線分 PQ が表すベクトルを $\overrightarrow{\mathrm{PQ}}$ とかく．またベクトルは 1 つの文字を用いて $\boldsymbol{a}, \boldsymbol{x}$ のように表すこともある．

定義 3.2　ベクトル $\boldsymbol{a}$ の大きさ（または，長さという）を $|\boldsymbol{a}|$ で表す．大きさ 1 のベクトルを**単位ベクトル**という．

零ベクトルは $\overrightarrow{\mathrm{AA}} = \mathbf{0}$ のように表す．2 つのベクトルはその大きさと向きが等しいときに等しいと定義する．すなわち平行移動して重ね合わせることができる有向線分は同一のベクトルを表す．例えば 図 3.2 の平行移動して重ね合わせることができる 2 つの有向線分 PQ と P′Q′ は同じベクトルを表している．

$$\overrightarrow{\mathrm{PQ}} = \overrightarrow{\mathrm{P'Q'}}.$$

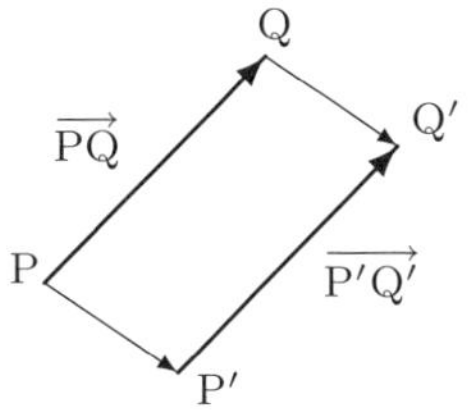

図 3.2 平行移動して重なり合う有向線分

3.2 ベクトルの演算

ベクトルには和，スカラー倍という 2 つの基本的な演算がある．これらをベクトルの成分を通して定義しよう．

定義 3.3 ベクトル $\overrightarrow{\mathrm{AB}}$ の始点 A を平行移動して空間の原点 O に重ねたとき，終点 B が点 $\mathrm{P}(a,b,c)$ に移動したとする．このとき $\overrightarrow{\mathrm{AB}} = \overrightarrow{\mathrm{OP}}$ となっている．この点 P の座標をベクトル $\overrightarrow{\mathrm{AB}}$ の**成分**といい，$\overrightarrow{\mathrm{AB}} = \begin{pmatrix} a \\ b \\ c \end{pmatrix}$ と表す．零ベクトルの成分は $\begin{pmatrix} 0 \\ 0 \\ 0 \end{pmatrix}$ とする．また原点を始点とするベクトルを**位置ベクトル** という．

幾何ベクトルから成分は唯一つに定まる．逆に成分となる 3 つの実数を与えると，それを座標とする点 P が唯一つ定まり，位置ベクトル $\overrightarrow{\mathrm{OP}}$ と等しい幾何ベクトルが平行移動で重なるものは同じという意味で唯一つ決まる．成分を 3×1 行列とみれば，加法・スカラー倍が定義されている．それを幾何ベクトルの加法・スカラー倍と定義する．

定義 3.4 $\boldsymbol{a} = \begin{pmatrix} a_1 \\ a_2 \\ a_3 \end{pmatrix}, \boldsymbol{b} = \begin{pmatrix} b_1 \\ b_2 \\ b_3 \end{pmatrix}$ とする．

(1) 成分が $\begin{pmatrix} a_1 + b_1 \\ a_2 + b_2 \\ a_3 + b_3 \end{pmatrix}$ である幾何ベクトルを $\boldsymbol{a} + \boldsymbol{b}$ と表す．

(2) 実数 λ に対して，成分が $\begin{pmatrix} \lambda a_1 \\ \lambda a_2 \\ \lambda a_3 \end{pmatrix}$ である幾何ベクトルを $\lambda \boldsymbol{a}$ と表す．

例 3.5 $\overrightarrow{\mathrm{AB}} = \begin{pmatrix} a \\ b \\ c \end{pmatrix}$ のとき，成分の定義から $\overrightarrow{\mathrm{BA}} = \begin{pmatrix} -a \\ -b \\ -c \end{pmatrix}$ である．これを $-\overrightarrow{\mathrm{AB}}$ と定義する．

またスカラー倍の定義から，$(-1)\overrightarrow{\mathrm{AB}} = \begin{pmatrix} -a \\ -b \\ -c \end{pmatrix}$ である．以上から，$\overrightarrow{\mathrm{BA}} = -\overrightarrow{\mathrm{AB}} = (-1)\overrightarrow{\mathrm{AB}}$ となる．

例 3.6 2 つのベクトル $\boldsymbol{a}=\overrightarrow{\mathrm{PQ}}$ と $\boldsymbol{b}=\overrightarrow{\mathrm{RS}}$ が与えられたとき図 3.3 のように $\boldsymbol{b}$ の始点 R が $\boldsymbol{a}$ の

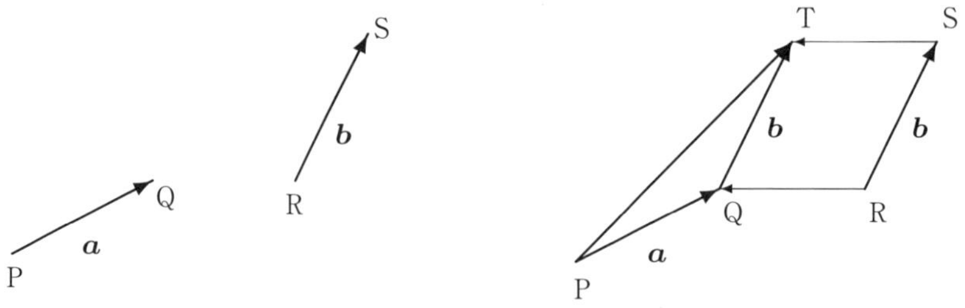

図 3.3　ベクトルの和

終点 Q に重なるように $\boldsymbol{b}$ を平行移動する．もちろん $\overrightarrow{\mathrm{RS}}$ と $\overrightarrow{\mathrm{QT}}$ は同じベクトル $\boldsymbol{b}$ を表す．このとき $\boldsymbol{a}+\boldsymbol{b}$ は $\overrightarrow{\mathrm{PT}}$ である．また $\boldsymbol{a}+\boldsymbol{b}$ は図 3.4 から $\boldsymbol{a}$ と $\boldsymbol{b}$ で張られる平行 4 辺形の対角線からもえられる[1)]．

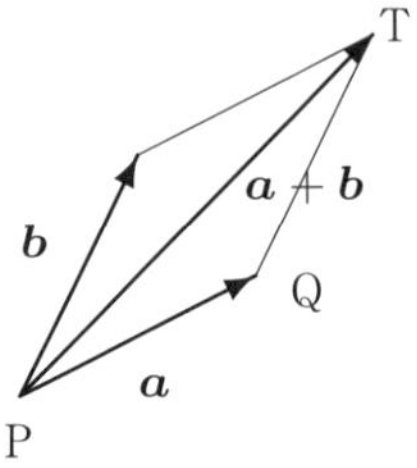

図 3.4　平行 4 辺形の対角線とベクトルの和

● **例 3.7**　k を正の実数とする．$k\boldsymbol{a}$ は，ベクトル $\boldsymbol{a}$ の向きに大きさを k 倍したものである．k が負の実数のとき $k\boldsymbol{a}$ は $\boldsymbol{a}$ と逆向きで大きさが $|k|$ 倍のベクトルを表す．特に $\boldsymbol{a}$ の向きを逆向きに変えただけのもの，すなわち $(-1)\boldsymbol{a}$ は $-\boldsymbol{a}$ と等しいことはすでに示した．

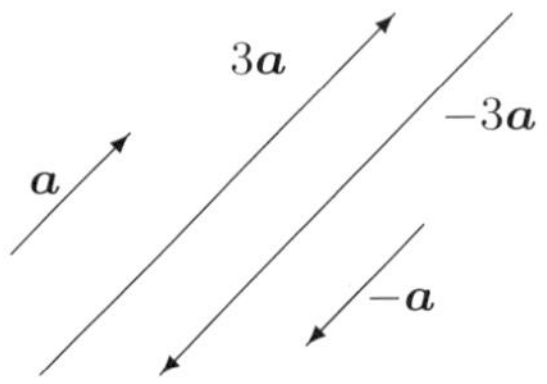

図 3.5　ベクトルのスカラー倍

● **例 3.8**　**(単位ベクトルの作り方)** $\boldsymbol{a}\neq\boldsymbol{0}$ とする．$|k\boldsymbol{a}|=|k||\boldsymbol{a}|$ であるから $\left|\dfrac{1}{|\boldsymbol{a}|}\boldsymbol{a}\right|=\dfrac{1}{|\boldsymbol{a}|}|\boldsymbol{a}|=1$ となり，$\dfrac{1}{|\boldsymbol{a}|}\boldsymbol{a}$ は $\boldsymbol{a}$ と同じ向きの単位ベクトルであることがわかる．

● **例 3.9**　ベクトルの差は $\boldsymbol{a}-\boldsymbol{b}=\boldsymbol{a}+(-\boldsymbol{b})$ で定義される．図 3.6 のように 3 つのベクトル $\boldsymbol{a},\boldsymbol{b},\boldsymbol{a}-\boldsymbol{b}$ は 3 角形を作る．

幾何ベクトルの演算は行列の演算から定義したので，定理 1.17 の性質がそのまま成り立つ．

---

1) この規則を平行 4 辺形の法則ということもある．

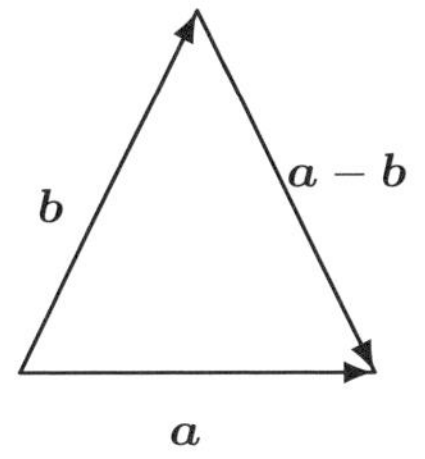

図 3.6　3 つのベクトルの作る 3 角形

幾何ベクトルの演算の性質: λ, μ は任意の実数とする．

(1)（交換法則）$\boldsymbol{a}+\boldsymbol{b}=\boldsymbol{b}+\boldsymbol{a}$　(2)（結合法則）$(\boldsymbol{a}+\boldsymbol{b})+\boldsymbol{c}=\boldsymbol{a}+(\boldsymbol{b}+\boldsymbol{c})$
(3)（零元の存在）$\boldsymbol{a}+\boldsymbol{0}=\boldsymbol{a}$　(4)（逆元の存在）$\boldsymbol{a}+(-\boldsymbol{a})=\boldsymbol{0}$
(5)（結合法則）$\lambda(\mu\boldsymbol{a})=(\lambda\mu)\boldsymbol{a}$　(6)（分配法則）$(\lambda+\mu)\boldsymbol{a}=\lambda\boldsymbol{a}+\mu\boldsymbol{a}$
(7)（分配法則）$\lambda(\boldsymbol{a}+\boldsymbol{b})=\lambda\boldsymbol{a}+\lambda\boldsymbol{b}$　(8) $1\boldsymbol{a}=\boldsymbol{a}$

幾何ベクトルに対しても成分を行列（列ベクトル）とみて，1 次結合や 1 次独立を考えることができる．1 次結合とは "定数 × ベクトル" の和 のことであった．2 つの幾何ベクトル $\boldsymbol{a}, \boldsymbol{b}$ が 1 次独立とは，"平行でない" ということである．$\boldsymbol{a} \neq \boldsymbol{0}$ のときは，$\boldsymbol{b}=k\boldsymbol{a}$ となる実数が存在すれば "平行である"．3 つの幾何ベクトル $\boldsymbol{a}, \boldsymbol{b}, \boldsymbol{c}$ が 1 次独立とは，

$$x_1\boldsymbol{a}+x_2\boldsymbol{b}+x_3\boldsymbol{c}=\boldsymbol{0} \Longrightarrow x_1=x_2=x_3=0$$

が成り立つことである．これはどの 1 つのベクトルも他の 2 つのベクトルの 1 次結合では表せないことである．よって "1 次独立でない" とは，平行移動して $\boldsymbol{a}=\overrightarrow{\mathrm{OA}}, \boldsymbol{b}=\overrightarrow{\mathrm{OB}}, \boldsymbol{c}=\overrightarrow{\mathrm{OC}}$ と表すとき，点 O, A, B, C が同一平面上にあることである．

例題 3.10　1 辺の長さが 2 の正 6 角形がある．$\overrightarrow{\mathrm{OA}}=\boldsymbol{a}$, $\overrightarrow{\mathrm{OB}}=\boldsymbol{b}$ とするとき次の問いに答えよ．

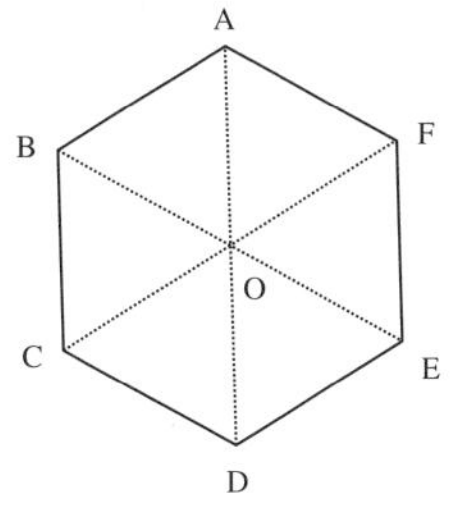

(1) $\overrightarrow{\mathrm{AB}}$ を $\boldsymbol{a}, \boldsymbol{b}$ の 1 次結合で表せ．　(2) $\overrightarrow{\mathrm{CF}}$ を $\boldsymbol{a}, \boldsymbol{b}$ の 1 次結合で表せ．
(3) $\overrightarrow{\mathrm{AD}}$ を $\boldsymbol{a}, \boldsymbol{b}$ の 1 次結合で表せ．　(4) $\overrightarrow{\mathrm{OF}}-2\overrightarrow{\mathrm{OD}}$ を $\boldsymbol{a}, \boldsymbol{b}$ の 1 次結合で表せ．
(5) $|\overrightarrow{\mathrm{AD}}|$ を求めよ．　(6) $|\overrightarrow{\mathrm{AC}}|$ を求めよ．　(7) $|\overrightarrow{\mathrm{AC}}+\overrightarrow{\mathrm{AE}}|$ を求めよ．

解答　(1) $\overrightarrow{\mathrm{AB}}=\overrightarrow{\mathrm{AC}}+\overrightarrow{\mathrm{CB}}, \overrightarrow{\mathrm{AB}}=-\overrightarrow{\mathrm{BA}}$ より

$$\overrightarrow{\mathrm{AB}}=\overrightarrow{\mathrm{AO}}+\overrightarrow{\mathrm{OB}}=-\overrightarrow{\mathrm{OA}}+\overrightarrow{\mathrm{OB}}=-\boldsymbol{a}+\boldsymbol{b}=\boldsymbol{b}-\boldsymbol{a}.$$

(2) ベクトルの加法・スカラー倍は演算の性質をみれば，文字式の計算と同じようにすればよいとわかるから

$$\overrightarrow{\mathrm{CF}} = 2\overrightarrow{\mathrm{BA}} = -2\overrightarrow{\mathrm{AB}} = -2(\boldsymbol{b} - \boldsymbol{a}) = -2\boldsymbol{b} + 2\boldsymbol{a} = 2\boldsymbol{a} - 2\boldsymbol{b}.$$

(3) $\overrightarrow{\mathrm{AD}} = -2\overrightarrow{\mathrm{OA}} = -2\boldsymbol{a}$.

(4) $\overrightarrow{\mathrm{OF}} = \boldsymbol{a} - \boldsymbol{b}$ なので，$\overrightarrow{\mathrm{OF}} - 2\overrightarrow{\mathrm{OD}} = \boldsymbol{a} - \boldsymbol{b} - 2(-\boldsymbol{a}) = 3\boldsymbol{a} - \boldsymbol{b}$.

(5) $|k\boldsymbol{a}| = |k||\boldsymbol{a}|$ を用いればよい．$|\overrightarrow{\mathrm{AD}}| = |-2\overrightarrow{\mathrm{OA}}| = 2|\overrightarrow{\mathrm{OA}}| = 2 \cdot 2 = 4$.

(6) $|\overrightarrow{\mathrm{AC}}|$ は正3角形 OAB の中線の長さの2倍なので $2\sqrt{3}$.

(7) $|\overrightarrow{\mathrm{AC}} + \overrightarrow{\mathrm{AE}}|$ は $\overrightarrow{\mathrm{AC}}, \overrightarrow{\mathrm{AE}}$ を2辺とする菱形の対角線の長さなので，正3角形 ACE の中線の長さの2倍と計算して，$|\overrightarrow{\mathrm{AC}}| \times \frac{\sqrt{3}}{2} \times 2 = 2\sqrt{3} \times \sqrt{3} = 6$. 点 O が正3角形 ACE の重心とわかるなら，$|\overrightarrow{\mathrm{OA}}| \times \frac{3}{2} \times 2 = 2 \times 3 = 6$ でもよい．■

問 3.1　1辺の長さが2の正6角形がある．$\overrightarrow{\mathrm{OA}} = \boldsymbol{a}, \overrightarrow{\mathrm{OB}} = \boldsymbol{b}$ とするとき次の問いに答えよ．

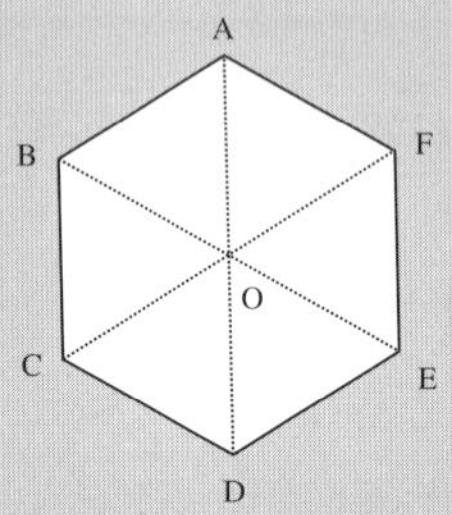

(1) $\overrightarrow{\mathrm{AE}}$ を $\boldsymbol{a}, \boldsymbol{b}$ の1次結合で表せ．

(2) $2\overrightarrow{\mathrm{AB}} + 3\overrightarrow{\mathrm{AD}}$ を $\boldsymbol{a}, \boldsymbol{b}$ の1次結合で表せ．

(3) $\overrightarrow{\mathrm{CF}} + \overrightarrow{\mathrm{BE}}$ を $\boldsymbol{a}, \boldsymbol{b}$ の1次結合で表せ．

(4) $\overrightarrow{\mathrm{CF}} - \overrightarrow{\mathrm{BE}}$ を $\boldsymbol{a}, \boldsymbol{b}$ の1次結合で表せ．

(5) $|\overrightarrow{\mathrm{CF}} + \overrightarrow{\mathrm{BE}}|$ を求めよ．

(6) $|\overrightarrow{\mathrm{CF}} - \overrightarrow{\mathrm{BE}}|$ を求めよ．

問 3.2　静水に対して 5 m/s の速さで進む船が，流れの速さが 3 m/s で一定の川に浮いている．川幅は 56 m で，川岸は平行な直線になっている．次の問いに答えよ．

(1) この船が川岸に平行に 56 m 上下に往復するのに何秒かかるか．

(2) この船が流れに常に直角に対岸に着き，また同様にして元の岸まで戻るのに何秒かかるか．

問 3.3　$0 < u < v, 0 < L$ とする．静水に対して v m/s の速さで進む船が，流れの速さが u m/s で一定の川に浮いている．川幅は L m で川岸は平行な直線になっている．次の問いに答えよ．

(1) この船が川岸に平行に L m 上下に往復するのに何秒かかるか．

(2) この船が流れに常に直角に対岸に着き，また同様にして元の岸まで戻るのに何秒かかるか．

定義 3.11　空間の**基本ベクトル**を，$\boldsymbol{e}_1 = \begin{pmatrix} 1 \\ 0 \\ 0 \end{pmatrix}, \boldsymbol{e}_2 = \begin{pmatrix} 0 \\ 1 \\ 0 \end{pmatrix}, \boldsymbol{e}_3 = \begin{pmatrix} 0 \\ 0 \\ 1 \end{pmatrix}$ で定義する．

空間に直交座標系 xyz を図 3.7 のように設定したとき，原点 O を始点とし，x, y, z 軸の正の

向きをもつ単位ベクトルが，それぞれ $\boldsymbol{e}_1, \boldsymbol{e}_2, \boldsymbol{e}_3$ である．点 P の座標を (a_1, a_2, a_3) とすれば，$\overrightarrow{\mathrm{OP}} = a_1\boldsymbol{e}_1 + a_2\boldsymbol{e}_2 + a_3\boldsymbol{e}_3$ と表される．

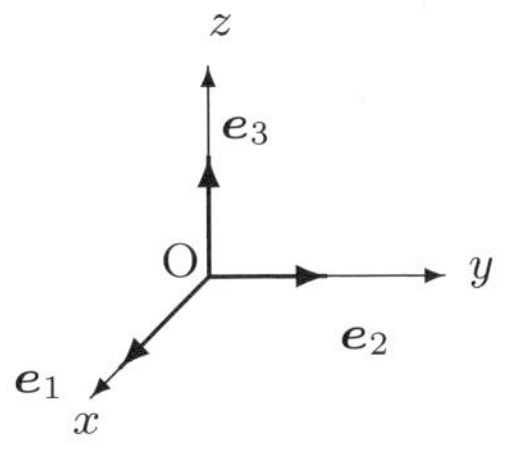

図 3.7 基本ベクトル

例題 3.12 $\boldsymbol{a} = \begin{pmatrix} 1 \\ 2 \\ -3 \end{pmatrix}, \boldsymbol{b} = \begin{pmatrix} -1 \\ 4 \\ 2 \end{pmatrix}, \boldsymbol{c} = \begin{pmatrix} 3 \\ 1 \\ 2 \end{pmatrix}$ のとき $\boldsymbol{a} + 2\boldsymbol{b} + 3\boldsymbol{c}$ と $\boldsymbol{a} - 3\boldsymbol{b} + 2\boldsymbol{c}$ を求めよ．

解答

$$\boldsymbol{a} + 2\boldsymbol{b} + 3\boldsymbol{c} = \begin{pmatrix} 1 \\ 2 \\ -3 \end{pmatrix} + 2\begin{pmatrix} -1 \\ 4 \\ 2 \end{pmatrix} + 3\begin{pmatrix} 3 \\ 1 \\ 2 \end{pmatrix} = \begin{pmatrix} 1 \\ 2 \\ -3 \end{pmatrix} + \begin{pmatrix} -2 \\ 8 \\ 4 \end{pmatrix} + \begin{pmatrix} 9 \\ 3 \\ 6 \end{pmatrix} = \begin{pmatrix} 8 \\ 13 \\ 7 \end{pmatrix},$$

$$\boldsymbol{a} - 3\boldsymbol{b} + 2\boldsymbol{c} = \begin{pmatrix} 1 \\ 2 \\ -3 \end{pmatrix} - 3\begin{pmatrix} -1 \\ 4 \\ 2 \end{pmatrix} + 2\begin{pmatrix} 3 \\ 1 \\ 2 \end{pmatrix} = \begin{pmatrix} 1 \\ 2 \\ -3 \end{pmatrix} + \begin{pmatrix} 3 \\ -12 \\ -6 \end{pmatrix} + \begin{pmatrix} 6 \\ 2 \\ 4 \end{pmatrix} = \begin{pmatrix} 10 \\ -8 \\ -5 \end{pmatrix}.$$ ■

問 3.4 $\boldsymbol{a} = \begin{pmatrix} 1 \\ -2 \\ 1 \end{pmatrix}, \boldsymbol{b} = \begin{pmatrix} -1 \\ 0 \\ -2 \end{pmatrix}, \boldsymbol{c} = \begin{pmatrix} 0 \\ 9 \\ -2 \end{pmatrix}$ のとき次のベクトルを求めよ．

(1) $-2\boldsymbol{a} + 9\boldsymbol{b} - 2\boldsymbol{c}$ (2) $\boldsymbol{a} - \boldsymbol{b} + 4\boldsymbol{c}$ (3) $3\boldsymbol{a} - 9\boldsymbol{c}$

ベクトル $\boldsymbol{a}$ の大きさ $|\boldsymbol{a}|$ を成分で表すのは容易である．$\boldsymbol{a} = \overrightarrow{\mathrm{OP}}$ となる点 P と原点 O との距離が $\boldsymbol{a}$ の大きさであるから 3 平方の定理を用いれば次の定理がわかる．

定理 3.13 ベクトルの大きさの成分表示

$$|\boldsymbol{a}| = \sqrt{{a_1}^2 + {a_2}^2 + {a_3}^2}$$

例題 3.14 $\boldsymbol{a} = \boldsymbol{e}_1 + 2\boldsymbol{e}_2 + 3\boldsymbol{e}_3, \boldsymbol{b} = 2\boldsymbol{e}_1 - 5\boldsymbol{e}_3$ とする．$\boldsymbol{a} - \boldsymbol{b}$ と同じ向きをもつ単位ベクトルを求めよ．

解答　$\boldsymbol{a}$ と $\boldsymbol{b}$ の成分表示は $\boldsymbol{a} = \begin{pmatrix} 1 \\ 2 \\ 3 \end{pmatrix}$ と $\boldsymbol{b} = \begin{pmatrix} 2 \\ 0 \\ -5 \end{pmatrix}$ であるから $\boldsymbol{a} - \boldsymbol{b} = \begin{pmatrix} -1 \\ 2 \\ 8 \end{pmatrix}$ となる．その大きさは $|\boldsymbol{a} - \boldsymbol{b}| = \sqrt{(-1)^2 + 2^2 + 8^2} = \sqrt{69}$ より $\boldsymbol{a} - \boldsymbol{b}$ と同じ向きをもつ単位ベクトルは $\frac{1}{\sqrt{69}} \begin{pmatrix} -1 \\ 2 \\ 8 \end{pmatrix}$ である．■

問 3.5　次のベクトルと同じ向きの単位ベクトルを求めよ．

$$(1)\ \begin{pmatrix} 1 \\ 2 \\ -3 \end{pmatrix} \quad (2)\ \begin{pmatrix} -2 \\ 1 \\ 3 \end{pmatrix} \quad (3)\ \frac{1}{17}\begin{pmatrix} 0 \\ 9 \\ 1 \end{pmatrix} \quad (4)\ \frac{1}{9}\begin{pmatrix} 3 \\ 4 \\ -5 \end{pmatrix}$$

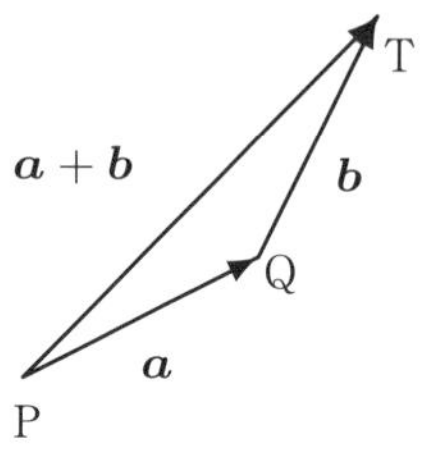

図 3.8　ベクトルの和の大きさ

3 角形の 2 辺の長さの和は他の 1 辺の長さより大きいので図 3.8 より次の定理をえる．

定理 3.15　任意の $\boldsymbol{a}, \boldsymbol{b}$ に対して不等式 $|\boldsymbol{a} + \boldsymbol{b}| \leqq |\boldsymbol{a}| + |\boldsymbol{b}|$ が成り立つ．ただし等号は $\boldsymbol{a}$ と $\boldsymbol{b}$ の向きが同じとき，または少なくとも一つが $\boldsymbol{0}$ のとき成立する．

定理 3.15 の不等式 は，**3 角不等式**といわれている．

例題 3.16　次の問いに答えよ．

(1) 船 A は 3 ノットで東の方向に進み，船 B は 3 ノットで北の方向に進んでいる．船 A から見ると，船 B はどの方向にどれだけの速さで進んでいるように見えるか．

(2) 船 A は 3 ノットで東の方向に進んでいる．船 A から見ると，船 B が南の方向に $3\sqrt{3}$ ノットの速さで動いているように見えた．船 B は実際はどの方向にどれだけの速さで進んでいるか．

解答　船 A, B の速度（ベクトル）をそれぞれ $\boldsymbol{v}_{\mathrm{A}}, \boldsymbol{v}_{\mathrm{B}}$，船 A に対する船 B の相対速度を $\boldsymbol{V}$ とすると $\boldsymbol{V} = \boldsymbol{v}_{\mathrm{B}} - \boldsymbol{v}_{\mathrm{A}}$ の関係が成り立つ．xy 座標系を，東と北がそれぞれ x 軸，y 軸の正の方向となるようにとり，1 ノット単位に目盛りを入れる．

(1) このときそれぞれの船の速度は成分で $\boldsymbol{v}_{\mathrm{A}} = \begin{pmatrix} 3 \\ 0 \end{pmatrix}$, $\boldsymbol{v}_{\mathrm{B}} = \begin{pmatrix} 0 \\ 3 \end{pmatrix}$ と表される．よって船 A に対す

る船 B の相対速度とその速さ[2]は $\boldsymbol{V}=\boldsymbol{v}_{\mathrm{B}}-\boldsymbol{v}_{\mathrm{A}}=\begin{pmatrix}0\\3\end{pmatrix}-\begin{pmatrix}3\\0\end{pmatrix}=\begin{pmatrix}-3\\3\end{pmatrix}$. $|\boldsymbol{V}|=\sqrt{(-3)^2+3^2}=3\sqrt{2}$ であるから北西の方向に $3\sqrt{2}$ ノットの速さで進んでいる．

(2) $\boldsymbol{v}_{\mathrm{A}}=\begin{pmatrix}3\\0\end{pmatrix}$, $\boldsymbol{V}=\begin{pmatrix}0\\-3\sqrt{3}\end{pmatrix}$ から $\boldsymbol{v}_{\mathrm{B}}$ を求めればよい．$\boldsymbol{v}_{\mathrm{B}}=\boldsymbol{V}+\boldsymbol{v}_{\mathrm{A}}=\begin{pmatrix}3\\-3\sqrt{3}\end{pmatrix}$ なので，東から 60° 南の方向に 6 ノットの速さで進んでいる． ■

問 3.6　次の問いに答えよ．

(1) 船 A は $\sqrt{3}+1$ ノットで東の方向に進み，船 B は $\sqrt{6}$ ノットで北東の方向に進んでいる．船 A から見ると，船 B はどの方向にどれだけの速さで進んでいるように見えるか．

(2) 船 A は $\sqrt{6}$ ノットで南西の方向に進んでいる．船 A から見ると，船 B が東の方向に $\sqrt{3}+3$ ノットの速さで動いているように見えた．船 B は実際はどの方向にどれだけの速さで進んでいるか．

問 3.7　次の問いに答えよ．

(1) 船 A は $6\sqrt{2}$ ノットで北東の方向に進み，船 B は $4\sqrt{3}$ ノットで東から 30° 北の方向に進んでいる．船 A から見ると，船 B はどの方向にどれだけの速さで進んでいるように見えるか．

(2) 船 A は 3 ノットで東の方向に進んでいる．船 A から見ると，船 B が南の方向に $3\sqrt{3}$ ノットの速さで動いているように見えた．船 B は実際はどの方向にどれだけの速さで進んでいるか．

3.3　内積

本節では幾何ベクトルの内積について学ぶ．

定義 3.17　零ではない 2 つのベクトル $\boldsymbol{a},\boldsymbol{b}$ のなす角を $\theta(0\leqq\theta\leqq\pi)$ とするとき $|\boldsymbol{a}||\boldsymbol{b}|\cos\theta$ を $\boldsymbol{a}$ と $\boldsymbol{b}$ の**内積**または**スカラー積**といい $(\boldsymbol{a},\boldsymbol{b})$ または $\boldsymbol{a}\cdot\boldsymbol{b}$ と表す．また $\boldsymbol{a},\boldsymbol{b}$ の少なくとも一方が $\boldsymbol{0}$ のときは $(\boldsymbol{a},\boldsymbol{b})=0$ と定める．

● **例 3.18**　内積は仕事量の計算に現れる．例えば，粗い水平面上におかれた物体に，水平面とのなす角 30° の方向に 20N （ニュートン）の力 $\mathbb{F}$ を加え，水平面上で物体を A から B まで 5m 移動させたとする．このとき物体になされた仕事量は何 J（ジュール）か考えてみよう．仕事量は "力 × 距離" で定義される．この力は実際に移動に使われた力 $|\mathbb{F}|\cos 30^\circ$ のことである．よって物体になされた仕事は，

$$|\mathbb{F}||\overrightarrow{\mathrm{AB}}|\cos 30^\circ=20\cdot 5\cdot\frac{\sqrt{3}}{2}=50\sqrt{3}\mathrm{J}$$

である．これはまさに内積 $(\mathbb{F},\overrightarrow{\mathrm{AB}})$ を計算したことになる．

内積をベクトルの成分で表示することができる．

[2] 速度（ベクトル）の大きさが速さである．

定理 3.19　$\boldsymbol{a} = \begin{pmatrix} a_1 \\ a_2 \\ a_3 \end{pmatrix}, \boldsymbol{b} = \begin{pmatrix} b_1 \\ b_2 \\ b_3 \end{pmatrix}$ のとき，$(\boldsymbol{a}, \boldsymbol{b}) = a_1b_1 + a_2b_2 + a_3b_3$ が成り立つ.

証明　図3.9の3角形に余弦定理を適用して

$$|\boldsymbol{a} - \boldsymbol{b}|^2 = |\boldsymbol{a}|^2 + |\boldsymbol{b}|^2 - 2|\boldsymbol{a}||\boldsymbol{b}|\cos\theta = |\boldsymbol{a}|^2 + |\boldsymbol{b}|^2 - 2(\boldsymbol{a}, \boldsymbol{b}).$$

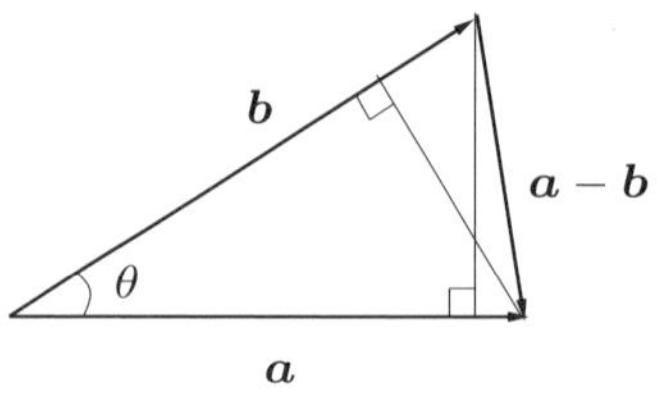

図 3.9　余弦定理

これを成分で表せば

$$(a_1 - b_1)^2 + (a_2 - b_2)^2 + (a_3 - b_3)^2 = (a_1^2 + a_2^2 + a_3^2) + (b_1^2 + b_2^2 + b_3^2) - 2(\boldsymbol{a}, \boldsymbol{b})$$

がえられる．左辺は

$$(a_1^2 + a_2^2 + a_3^2) + (b_1^2 + b_2^2 + b_3^2) - 2(a_1b_1 + a_2b_2 + a_3b_3)$$

となるから，両辺を比べて $a_1b_1 + a_2b_2 + a_3b_3 = (\boldsymbol{a}, \boldsymbol{b})$ がわかる.　■

定理3.19から次の公式が成り立つことがわかる.

定理 3.20　次が成り立つ.

(1)（対称性）$(\boldsymbol{a}, \boldsymbol{b}) = (\boldsymbol{b}, \boldsymbol{a})$.

(2)（線形性）$(\boldsymbol{a} + \boldsymbol{b}, \boldsymbol{c}) = (\boldsymbol{a}, \boldsymbol{c}) + (\boldsymbol{b}, \boldsymbol{c}),\quad (\boldsymbol{a}, \boldsymbol{b} + \boldsymbol{c}) = (\boldsymbol{a}, \boldsymbol{b}) + (\boldsymbol{a}, \boldsymbol{c})$.

(3)（線形性）$(k\boldsymbol{a}, \boldsymbol{b}) = k(\boldsymbol{a}, \boldsymbol{b}) = (\boldsymbol{a}, k\boldsymbol{b})$, k は実数.

(4)（正値性）$|\boldsymbol{a}|^2 = (\boldsymbol{a}, \boldsymbol{a}) \geqq 0$.

(5) $\boldsymbol{a} \neq \boldsymbol{0}, \boldsymbol{b} \neq \boldsymbol{0}$ のとき $\boldsymbol{a}, \boldsymbol{b}$ のなす角を θ とすれば

$$\cos\theta = \frac{(\boldsymbol{a}, \boldsymbol{b})}{|\boldsymbol{a}||\boldsymbol{b}|} = \frac{a_1b_1 + a_2b_2 + a_3b_3}{\sqrt{a_1^2 + a_2^2 + a_3^2}\sqrt{b_1^2 + b_2^2 + b_3^2}}.$$

(6) $\boldsymbol{a} \neq \boldsymbol{0}, \boldsymbol{b} \neq \boldsymbol{0}$ とする．このとき，$\boldsymbol{a}$と$\boldsymbol{b}$が直交する $\Longleftrightarrow (\boldsymbol{a}, \boldsymbol{b}) = 0$.

証明　(1)〜(3) は内積の成分表示からほぼ明らかであろう．(4) $(\boldsymbol{a}, \boldsymbol{a}) = a_1a_1 + a_2a_2 + a_3a_3 = a_1^2 + a_2^2 + a_3^2 = |\boldsymbol{a}|^2$ であるから (4) が成り立つ．(5) $(\boldsymbol{a}, \boldsymbol{b}) = |\boldsymbol{a}||\boldsymbol{b}|\cos\theta$ より両辺を $|\boldsymbol{a}||\boldsymbol{b}|$ で割れば (5) をえる．(6) は (5) の特別な場合である.　■

定理3.20で (1) は内積の**対称性**，(2), (3) は**線形性**，まとめて**双線形性**ともいわれる．(4) は**正値性**といわれている．(6) に関して，$\boldsymbol{a}$ または $\boldsymbol{b}$ が零ベクトルのときも，直交するという.

● **例 3.21**　**[1]** 基本ベクトル $\boldsymbol{e}_1, \boldsymbol{e}_2, \boldsymbol{e}_3$ の内積の値は $(\boldsymbol{e}_i, \boldsymbol{e}_j) = \delta_{ij}\ (i, j = 1, 2, 3)$ のようになる．
[2] k, l を実数とする．このとき $|k\boldsymbol{a} + l\boldsymbol{b}|^2 = k^2|\boldsymbol{a}|^2 + 2kl(\boldsymbol{a}, \boldsymbol{b}) + l^2|\boldsymbol{b}|^2$ が成り立つ．

例題 3.22　空間の 2 点 A $(1, -2, 2)$ と B $(-2, 2, 1)$ の位置ベクトルをそれぞれ $\boldsymbol{a}, \boldsymbol{b}$ とするとき，次の値を求めよ．

(1) $|\boldsymbol{a}|$ および $|\boldsymbol{b}|$　(2) $(\boldsymbol{a}, \boldsymbol{b})$　(3) $\cos\theta$（θ は $\boldsymbol{a}, \boldsymbol{b}$ のなす角）

解答　(1) $|\boldsymbol{a}| = \sqrt{1^2 + (-2)^2 + 2^2} = 3$, $|\boldsymbol{b}| = \sqrt{(-2)^2 + 2^2 + 1^2} = 3$.
(2) $(\boldsymbol{a}, \boldsymbol{b}) = 1 \cdot (-2) + (-2) \cdot 2 + 2 \cdot 1 = -4$.
(3) $\cos\theta = \dfrac{(\boldsymbol{a}, \boldsymbol{b})}{|\boldsymbol{a}||\boldsymbol{b}|} = \dfrac{-4}{3 \cdot 3} = -\dfrac{4}{9}$. ■

例題 3.23　2 つのベクトル $\boldsymbol{a}, \boldsymbol{b}$ が $|\boldsymbol{a}| = \sqrt{10}$, $|\boldsymbol{b}| = \sqrt{5}$, $|\boldsymbol{a} - \boldsymbol{b}| = 2$ を満たしているとする．このとき次の問いに答えよ．

(1) 内積 $(\boldsymbol{a}, \boldsymbol{b})$ を求めよ．　(2) $|2\boldsymbol{a} + \boldsymbol{b}|$ の値を求めよ．
(3) $\boldsymbol{a}$ と $\boldsymbol{b}$ のなす角を θ とするとき $\cos\theta$ の値を求めよ．
(4) $f(x) = |x\boldsymbol{a} - \boldsymbol{b}|$ の最小値を求めよ．

解答　(1) $|\boldsymbol{a} - \boldsymbol{b}| = 2$ の両辺を 2 乗する．$|\boldsymbol{a}|^2 - 2(\boldsymbol{a}, \boldsymbol{b}) + |\boldsymbol{b}|^2 = 4$ に $|\boldsymbol{a}| = \sqrt{10}, |\boldsymbol{b}| = \sqrt{5}$ を代入すれば，$10 - 2(\boldsymbol{a}, \boldsymbol{b}) + 5 = 4$. よって $(\boldsymbol{a}, \boldsymbol{b}) = \frac{11}{2}$.
(2) $|2\boldsymbol{a} + \boldsymbol{b}|^2 = 4|\boldsymbol{a}|^2 + 4(\boldsymbol{a}, \boldsymbol{b}) + |\boldsymbol{b}|^2 = 4 \cdot 10 + 4 \cdot \frac{11}{2} + 5 = 67$ より $|2\boldsymbol{a} + \boldsymbol{b}| = \sqrt{67}$ である．
(3) $\cos\theta = \dfrac{(\boldsymbol{a}, \boldsymbol{b})}{|\boldsymbol{a}||\boldsymbol{b}|} = \dfrac{\frac{11}{2}}{\sqrt{10} \cdot \sqrt{5}} = \dfrac{11}{10\sqrt{2}}$.
(4) $f(x)^2$ を計算する．$f(x)^2 = x^2|\boldsymbol{a}|^2 - 2x(\boldsymbol{a}, \boldsymbol{b}) + |\boldsymbol{b}|^2 = 10x^2 - 11x + 5$ より これは下に凸な 2 次関数なので微分して零となる x で最小となる．$(10x^2 - 11x + 5)' = 20x - 11 = 0$ なので $x = \frac{11}{20}$ で最小となる．ゆえに

$$f(\frac{11}{20})^2 = 10 \cdot \left(\frac{11}{20}\right)^2 - 11 \cdot \frac{11}{20} + 5 = \frac{11}{20}\left(\frac{11}{2} - 11\right) + 5 = \frac{-121 + 200}{40} = \frac{79}{40}.$$

よって $x = \frac{11}{20}$ のとき最小値 $\frac{1}{2}\sqrt{\frac{79}{10}}$ をとる． ■

例題 3.24　3 点 A, B, C が 1 辺の長さ a の正 3 角形の 3 つの頂点に反時計回りの順にある．$t = 0$ から各点が反時計回りの向きの隣の点を目指して，一定の速さ b で動くとする．$t = T$ で 3 点が 1 点に衝突する．$0 \leqq t < T$ では 3 点 A, B, C は常に正 3 角形を形作っていることが知られている．時刻 t における A, B, C の速度をそれぞれ $\boldsymbol{v}_{\mathrm{A}}(t), \boldsymbol{v}_{\mathrm{B}}(t), \boldsymbol{v}_{\mathrm{C}}(t)$ とする．このとき次の問いに答えよ．

(1) 内積 $(2\boldsymbol{v}_{\mathrm{A}}(t) - \boldsymbol{v}_{\mathrm{B}}(t), \boldsymbol{v}_{\mathrm{C}}(t))$ を求めよ．　(2) 衝突する時刻 T を求めよ．

解答　(1) 速さは速度の大きさなので，$|\boldsymbol{v}_{\mathrm{A}}(t)| = |\boldsymbol{v}_{\mathrm{B}}(t)| = |\boldsymbol{v}_{\mathrm{C}}(t)| = b$ であり，$\boldsymbol{v}_{\mathrm{A}}(t)$ と $\boldsymbol{v}_{\mathrm{B}}(t)$, $\boldsymbol{v}_{\mathrm{A}}(t)$ と $\boldsymbol{v}_{\mathrm{C}}(t)$ のなす角は常に 120° なので，内積の線形性を用いて，

$$2\left(\boldsymbol{v}_{\mathrm{A}}(t), \boldsymbol{v}_{\mathrm{C}}(t)\right) - \left(\boldsymbol{v}_{\mathrm{B}}(t), \boldsymbol{v}_{\mathrm{C}}(t)\right) = 2b^2 \cos 120^\circ - b^2 \cos 120^\circ = b^2 \cos 120^\circ = -\frac{1}{2}b^2.$$

(2) 各瞬間に3点は正3角形を作っているので，直線 AB 上で考えれば，A は B に向かって速さ b, B は A に向かって速さ $b\cos 60^\circ = \frac{1}{2}b$ で近づく．よって衝突するまでの時間は，$\frac{a}{b+\frac{1}{2}b} = \frac{a}{\frac{3}{2}b} = \frac{2a}{3b}$ である（図は $a = 2, b = 1$）．■

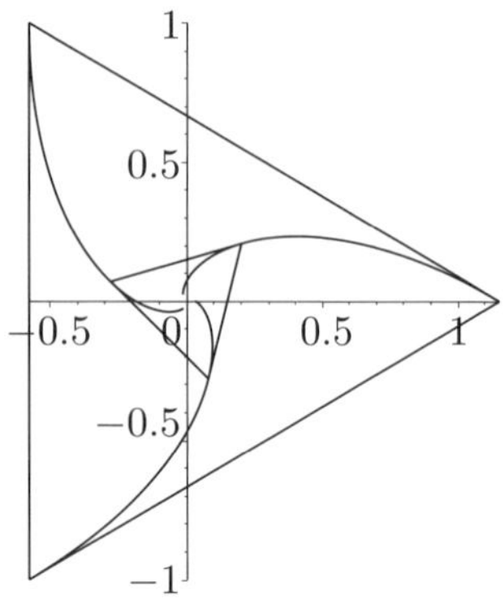

上の例題で述べた事実を n 個の点に一般化して，“各瞬間に n 個の点は正 n 角形を作っている” ことを示しておこう．n 個の点が1辺の長さ a の正 n 角形の頂点にあり，$t = 0$ から隣の点を目指して一定の速さ b で一斉に動き出すとする．この n 個の動点 $\boldsymbol{r}_0(t), \cdots, \boldsymbol{r}_{n-1}(t)$ が満たすべき微分方程式は，

$$\boldsymbol{r}_j'(t) = b\frac{\boldsymbol{r}_{j+1}(t) - \boldsymbol{r}_j(t)}{|\boldsymbol{r}_{j+1}(t) - \boldsymbol{r}_j(t)|} \quad (j = 0, 1, \cdots, n-1)$$

である．ただし $\boldsymbol{r}_n(t) = \boldsymbol{r}_0(t)$ とする．また初期条件は

$$\boldsymbol{r}_j(0) = R\left(\frac{2\pi}{n}j\right)\boldsymbol{r}_0(0) \quad (j = 0, 1, \cdots, n-1), \quad |\boldsymbol{r}_0(0)| = \frac{a}{2\sin(\frac{\pi}{n})}$$

である．ここで $R(\theta)$ は回転行列 $R(\theta) = \begin{pmatrix} \cos\theta & -\sin\theta \\ \sin\theta & \cos\theta \end{pmatrix}$ である．この微分方程式の右辺は，分母が零にならない限り何回でも微分できるので，解の一意性はよく知られている．そこで

$$\boldsymbol{r}_j(t) = R\left(\frac{2\pi}{n}j\right)\boldsymbol{r}_0(t) \quad (j = 0, 1, \cdots, n-1)$$

を満たす解の存在を示そう．$\boldsymbol{r}_0(t) = \boldsymbol{r}(t)$ と表し，

$$\boldsymbol{r}_j(t) = R\left(\frac{2\pi}{n}j\right)\boldsymbol{r}(t) \quad (j = 0, 1, \cdots, n-1)$$

とおく．このとき $S = R(\frac{2\pi}{n}) - E$ とおくと，回転行列の性質 $R(\alpha+\beta) = R(\alpha)R(\beta)$, $|R(\theta)\boldsymbol{x}| = |\boldsymbol{x}|$ を用いて，

$$\boldsymbol{r}_{j+1}(t) - \boldsymbol{r}_j(t) = \left\{R\left(\frac{2\pi}{n}(j+1)\right) - R\left(\frac{2\pi}{n}j\right)\right\}\boldsymbol{r}(t) = R\left(\frac{2\pi}{n}j\right)S\boldsymbol{r}(t),$$

$$|\boldsymbol{r}_{j+1}(t) - \boldsymbol{r}_j(t)| = |S\boldsymbol{r}(t)|$$

がわかる．よって

$$\boldsymbol{r}_j'(t) = b\frac{\boldsymbol{r}_{j+1}(t)-\boldsymbol{r}_j(t)}{|\boldsymbol{r}_{j+1}(t)-\boldsymbol{r}_j(t)|} \iff R\left(\frac{2\pi}{n}j\right)\boldsymbol{r}'(t) = b\frac{R(\frac{2\pi}{n}j)S\boldsymbol{r}(t)}{|S\boldsymbol{r}(t)|}$$
$$\iff \boldsymbol{r}'(t) = b\frac{S\boldsymbol{r}(t)}{|S\boldsymbol{r}(t)|}$$

から，$\boldsymbol{r}(t)$ の満たすべき微分方程式がえられた．次に

$$\boldsymbol{r}(t) = \begin{pmatrix} r(t)\cos\theta(t) \\ r(t)\sin\theta(t) \end{pmatrix} = \begin{pmatrix} r\cos\theta \\ r\sin\theta \end{pmatrix}$$

とおき，r と θ の微分方程式に書き直す．また $r'(t)=\dot{r}$, $\theta'(t)=\dot{\theta}$ と t に関する微分を上にドットを付けて表し，

$$\boldsymbol{e}_r = \begin{pmatrix} \cos\theta \\ \sin\theta \end{pmatrix}, \quad \boldsymbol{e}_\theta = \begin{pmatrix} -\sin\theta \\ \cos\theta \end{pmatrix}$$

とする．$|\boldsymbol{e}_r| = |\boldsymbol{e}_\theta| = 1$, $(\boldsymbol{e}_r, \boldsymbol{e}_\theta) = 0$ に注意する．このとき

$$\boldsymbol{r}'(t) = \begin{pmatrix} \dot{r}\cos\theta - r\dot{\theta}\sin\theta \\ \dot{r}\sin\theta + r\dot{\theta}\cos\theta \end{pmatrix} = \dot{r}\boldsymbol{e}_r + r\dot{\theta}\boldsymbol{e}_\theta,$$

$$\begin{aligned}
&S\boldsymbol{r}(t) \\
&= \left\{\begin{pmatrix} \cos(\frac{2\pi}{n}) & -\sin(\frac{2\pi}{n}) \\ \sin(\frac{2\pi}{n}) & \cos(\frac{2\pi}{n}) \end{pmatrix} - \begin{pmatrix} 1 & 0 \\ 0 & 1 \end{pmatrix}\right\}\begin{pmatrix} r\cos\theta \\ r\sin\theta \end{pmatrix} = \begin{pmatrix} \cos(\frac{2\pi}{n})-1 & -\sin(\frac{2\pi}{n}) \\ \sin(\frac{2\pi}{n}) & \cos(\frac{2\pi}{n})-1 \end{pmatrix}\begin{pmatrix} r\cos\theta \\ r\sin\theta \end{pmatrix} \\
&= r\begin{pmatrix} -2\sin^2(\frac{\pi}{n}) & -2\sin(\frac{\pi}{n})\cos(\frac{\pi}{n}) \\ 2\sin(\frac{\pi}{n})\cos(\frac{\pi}{n}) & -2\sin^2(\frac{\pi}{n}) \end{pmatrix}\begin{pmatrix} \cos\theta \\ \sin\theta \end{pmatrix} = 2r\sin(\tfrac{\pi}{n})\begin{pmatrix} -\sin(\frac{\pi}{n}) & -\cos(\frac{\pi}{n}) \\ \cos(\frac{\pi}{n}) & -\sin(\frac{\pi}{n}) \end{pmatrix}\begin{pmatrix} \cos\theta \\ \sin\theta \end{pmatrix} \\
&= 2r\sin(\tfrac{\pi}{n})\begin{pmatrix} -\sin(\frac{\pi}{n})\cos\theta - \cos(\frac{\pi}{n})\sin\theta \\ \cos(\frac{\pi}{n})\cos\theta - \sin(\frac{\pi}{n})\sin\theta \end{pmatrix} = 2r\sin(\tfrac{\pi}{n})\left(-\sin(\tfrac{\pi}{n})\boldsymbol{e}_r + \cos(\tfrac{\pi}{n})\boldsymbol{e}_\theta\right)
\end{aligned}$$

であり，これより $|S\boldsymbol{r}(t)| = 2r\sin(\frac{\pi}{n})$ もえられるから，微分方程式 $\dot{\boldsymbol{r}}(t) = b\frac{S\boldsymbol{r}(t)}{|S\boldsymbol{r}(t)|}$ は

$$\dot{r}\boldsymbol{e}_r + r\dot{\theta}\boldsymbol{e}_\theta = -b\sin(\tfrac{\pi}{n})\boldsymbol{e}_r + b\cos(\tfrac{\pi}{n})\boldsymbol{e}_\theta$$

のように動径方向と偏角方向に分解される．そこで成分を比較して r, θ についての微分方程式

$$\dot{r} = -b\sin(\tfrac{\pi}{n}), \quad r\dot{\theta} = b\cos(\tfrac{\pi}{n})$$

がえられる．これを初期条件 $r(0) = \frac{a}{2\sin(\frac{\pi}{n})}$, $\theta(0) = 0$ の下で解けば，

$$\begin{aligned}
r &= \frac{a}{2\sin(\frac{\pi}{n})} - bt\sin(\tfrac{\pi}{n}), \\
\theta &= -\cot(\tfrac{\pi}{n})\log\left\{\frac{a}{2\sin(\frac{\pi}{n})} - bt\sin(\tfrac{\pi}{n})\right\} + \cot(\tfrac{\pi}{n})\log\left\{\frac{a}{2\sin(\frac{\pi}{n})}\right\}
\end{aligned}$$

となる．衝突する時刻は，$|\boldsymbol{r}_{j+1}(t) - \boldsymbol{r}_j(t)| = |S\boldsymbol{r}(t)| = 2r\sin(\frac{\pi}{n})$ に注意すれば $r=0$ を解けばよいので，

$$T = \frac{a}{2b\sin^2(\frac{\pi}{n})}$$

である．なお，衝突までに正 n 角形は無限回まわる．一般に正 n 角形が m 回転した時刻は，$\theta = 2\pi m$ を解いて次がわかる．

$$\frac{a}{2b\sin^2(\frac{\pi}{n})}\left(1 - e^{-2\pi m \tan(\frac{\pi}{n})}\right).$$

例題 3.25　不等式 $|(\boldsymbol{a}, \boldsymbol{b})| \leqq |\boldsymbol{a}||\boldsymbol{b}|$ を証明せよ．

証明　$|\cos\theta| \leqq 1$ より $|(\boldsymbol{a}, \boldsymbol{b})| = |\boldsymbol{a}||\boldsymbol{b}||\cos\theta| \leqq |\boldsymbol{a}||\boldsymbol{b}|$ をえる．■

例題 3.25 の不等式は**シュワルツの不等式**といわれている．等号が成り立つのは，$|\cos\theta| = 1$ なので $\theta = 0, \pi$．すなわち 2 つのベクトルが平行のときである（零ベクトルの場合も含める）．

例題 3.26　a, b, c, x, y, z を実数とする．不等式 $(ax+by+cz)^2 \leqq (a^2+b^2+c^2)(x^2+y^2+z^2)$ を証明せよ．

証明　$\boldsymbol{p} = \begin{pmatrix} a \\ b \\ c \end{pmatrix}$, $\boldsymbol{q} = \begin{pmatrix} x \\ y \\ z \end{pmatrix}$ とおけばシュワルツの不等式より $|(\boldsymbol{p}, \boldsymbol{q})|^2 \leqq |\boldsymbol{p}|^2|\boldsymbol{q}|^2$．左辺と右辺をそれぞれ成分で表せば $(ax+by+cz)^2 \leqq (a^2+b^2+c^2)(x^2+y^2+z^2)$ となる．■

問 3.8　2 つのベクトル $\boldsymbol{a}, \boldsymbol{b}$ が $|\boldsymbol{a}| = 2$, $|\boldsymbol{b}| = \sqrt{7}$, $|\boldsymbol{a} - \boldsymbol{b}| = 1$ を満たしているとする．このとき次の問いに答えよ．

(1) 内積 $(\boldsymbol{a}, \boldsymbol{b})$ を求めよ．　(2) $|\boldsymbol{a} - 2\boldsymbol{b}|$ の値を求めよ．
(3) $\boldsymbol{a}$ と $\boldsymbol{b}$ のなす角を θ とするとき $\cos\theta$ の値を求めよ．
(4) $f(x) = |x\boldsymbol{a} - \boldsymbol{b}|$ の最小値を求めよ．

問 3.9　6 点 A, B, C, D, E, F が 1 辺の長さ a の正 6 角形の 6 つの頂点に反時計回りの順にある．$t = 0$ から各点が反時計回りの向きの隣の点を目指して，一定の速さ b で動くとする．$t = T$ で 6 点が 1 点に衝突する．$0 \leqq t < T$ では 6 点 A, B, C, D, E, F は常に正 6 角形を形作っていることが知られている．時刻 t における A, B, C の速度をそれぞれ $\boldsymbol{v}_{\mathrm{A}}(t), \boldsymbol{v}_{\mathrm{B}}(t), \boldsymbol{v}_{\mathrm{C}}(t)$ とする．このとき次の問いに答えよ．

(1) 内積 $(\boldsymbol{v}_{\mathrm{A}}(t) + 3\boldsymbol{v}_{\mathrm{B}}(t), \boldsymbol{v}_{\mathrm{C}}(t))$ を求めよ．　(2) 衝突する時刻 T を求めよ．

3.4　外積

本節では幾何ベクトルの外積について学ぶ．このとき座標系が右手系か左手系かが問題になる．そこから説明しよう．

3.4.1　右手系と外積の性質

同一平面上にない 3 つのベクトル $\boldsymbol{a}, \boldsymbol{b}, \boldsymbol{c}$ があるとき，$\boldsymbol{a}$ と $\boldsymbol{b}$ を含む平面によって空間を図 3.10

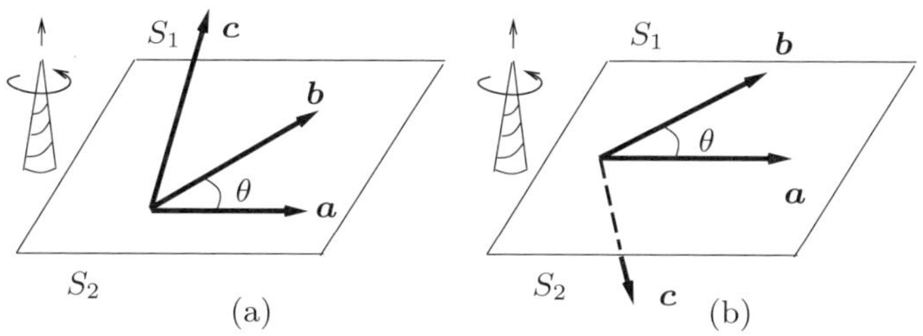

図 3.10　右手系 (a) と左手系 (b)

のように S_1 と S_2 に分ける．この平面内で $\boldsymbol{a}$ を θ $(0 < \theta < \pi)$ だけ回し $\boldsymbol{b}$ に重なるような回転を行ったとする．このとき図 3.10 (a) のように右ネジが進む側に $\boldsymbol{c}$ があるとき，$\boldsymbol{a}, \boldsymbol{b}, \boldsymbol{c}$ はこの順序で**右手系**をなすという．正確な定義は，次章で学ぶ行列式 det を用いて，

$$\det(\boldsymbol{a}, \boldsymbol{b}, \boldsymbol{c}) > 0$$

となる順序も込めたベクトルの組を右手系または**正の座標系**という．もちろん $\boldsymbol{a}, \boldsymbol{b}, \boldsymbol{c}$ がこの順序で右手系をなしているならば，巡回させた $\boldsymbol{c}, \boldsymbol{a}, \boldsymbol{b}$ および $\boldsymbol{b}, \boldsymbol{c}, \boldsymbol{a}$ もこの順序で右手系をなしている．

これに対して 図 3.10 (b) のように $\boldsymbol{c}$ が反対側にあるときは $\boldsymbol{a}, \boldsymbol{b}, \boldsymbol{c}$ はこの順序で**左手系**をなすという．図 3.11 では $\boldsymbol{e}_1, \boldsymbol{e}_2, \boldsymbol{e}_3$ がこの順序で右手系をなしている．このような直交座標系を**右手直交座標系**という．また $\boldsymbol{e}_1, \boldsymbol{e}_2, \boldsymbol{e}_3$ が図 3.12 のような左手系をなすならば，その座標系を**左手直交座標系**という．これ以降，断りのない限り，右手直交座標系を用いることにする．

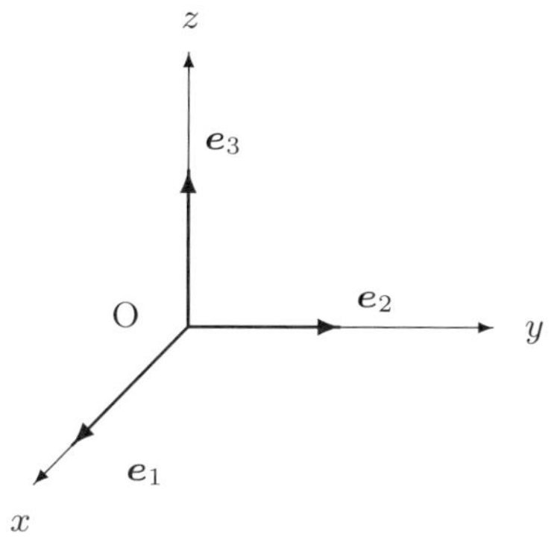

図 3.11　右手直交座標系

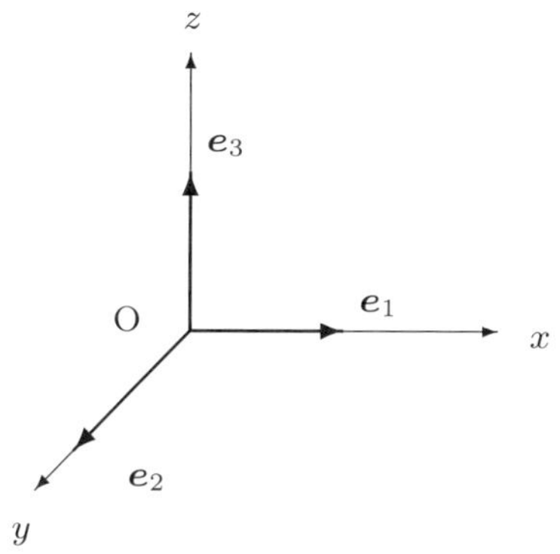

図 3.12　左手直交座標系

定義 3.27　右手直交座標系で，2 つのベクトル $\boldsymbol{a} = \begin{pmatrix} a_1 \\ a_2 \\ a_3 \end{pmatrix}, \boldsymbol{b} = \begin{pmatrix} b_1 \\ b_2 \\ b_3 \end{pmatrix}$ の**外積** $\boldsymbol{a} \times \boldsymbol{b}$ を

$$\boldsymbol{a} \times \boldsymbol{b} = \begin{pmatrix} a_2b_3 - a_3b_2 \\ a_3b_1 - a_1b_3 \\ a_1b_2 - a_2b_1 \end{pmatrix} = \begin{pmatrix} 0 & -a_3 & a_2 \\ a_3 & 0 & -a_1 \\ -a_2 & a_1 & 0 \end{pmatrix} \begin{pmatrix} b_1 \\ b_2 \\ b_3 \end{pmatrix}$$

で定義する．

定義は複雑な式であるが，各成分の始めの式 $a_2b_3 \to a_3b_1 \to a_1b_2$ をみて，添字を $(2 \to 3) \to$

$(3 \to 1) \to (1 \to 2)$ と巡回させていることに注意すれば覚えやすい.

例 3.28　点 A に力 $\mathbb{F}$ が働いているとき, $\mathbb{F}$ の点 O の回りの**力のモーメント**は $\overrightarrow{\mathrm{OA}} \times \mathbb{F}$ で定義される. 力のモーメントは, O を支点としたときの $\mathbb{F}$ の回転力を表す. 例えば図 3.13 のように, 点 $\mathrm{A}(a, b, 0)$ $(a, b > 0)$ に力 $\mathbb{F} = \bigl(0, f, 0\bigr)$ $(f > 0)$ と $-\mathbb{F}$ が作用している場合を考えよう. 点 A に $\pm\mathbb{F}$ の力が作用しているとき, その力のモーメントは次のようになる.

$$\overrightarrow{\mathrm{OA}} \times (-\mathbb{F}) = \begin{pmatrix} a \\ b \\ 0 \end{pmatrix} \times \begin{pmatrix} 0 \\ -f \\ 0 \end{pmatrix} = \begin{pmatrix} 0 \\ 0 \\ -af \end{pmatrix}, \quad \overrightarrow{\mathrm{OA}} \times \mathbb{F} = \begin{pmatrix} a \\ b \\ 0 \end{pmatrix} \times \begin{pmatrix} 0 \\ f \\ 0 \end{pmatrix} = \begin{pmatrix} 0 \\ 0 \\ af \end{pmatrix}.$$

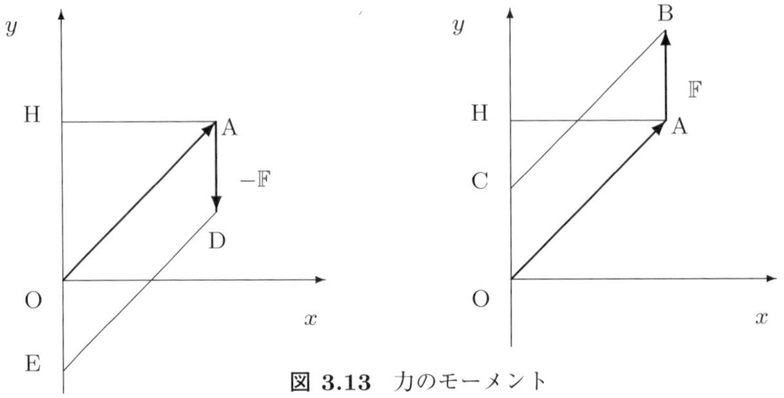

図 3.13　力のモーメント

外積 $\overrightarrow{\mathrm{OA}} \times (\pm\mathbb{F})$ は, それぞれ 2 つのベクトル $\overrightarrow{\mathrm{OA}}$ と $\pm\mathbb{F}$ に直交し, その向きは $\overrightarrow{\mathrm{OA}}$ から $\pm\mathbb{F}$ に (始点を合わせて) 矢印を回したときに右ネジが進む方向になっている. また外積 $\overrightarrow{\mathrm{OA}} \times (\pm\mathbb{F})$ の大きさは, それぞれ平行四辺形 OADE, OABC の面積を表している. このように大きさが面積を表し, 向きがその面に垂直なベクトルを面積ベクトルと呼ぶことがある.

原点 O を支点としたとき, 力 $-\mathbb{F}$ は "時計回り" の「回転力 = "力の大きさ" × "O から直線 AD までの距離" $= af$」をもち, 力 $\mathbb{F}$ は "反時計回り" の回転力 af をもつ. 外積 $\overrightarrow{\mathrm{OA}} \times (\pm\mathbb{F})$ は, xy 平面内で "時計回り" をこの平面に垂直な "z 軸の負の方向", そして "反時計回り" を "z 軸の正の方向" で, また回転力の強さをベクトルの大きさで表している. よって力のモーメントは, 回転力の強さと回転方向を表すベクトルである.

外積の性質を調べるために, ベクトルの長さと内積で平行四辺形の面積を表す公式を導いておこう.

例題 3.29　図 3.14 の平行 4 辺形の面積 S は，$\boldsymbol{a} = \begin{pmatrix} a_1 \\ a_2 \\ a_3 \end{pmatrix}$, $\boldsymbol{b} = \begin{pmatrix} b_1 \\ b_2 \\ b_3 \end{pmatrix}$ に対して

$$S = \sqrt{|\boldsymbol{a}|^2|\boldsymbol{b}|^2 - (\boldsymbol{a}, \boldsymbol{b})^2} = \sqrt{(a_2b_3 - a_3b_2)^2 + (a_3b_1 - a_1b_3)^2 + (a_1b_2 - a_2b_1)^2}$$

となることを示せ.

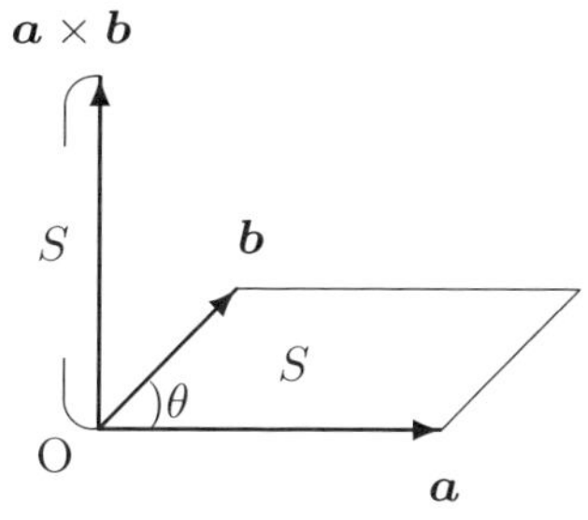

図 3.14　ベクトルの外積

証明　$\boldsymbol{a}, \boldsymbol{b}$ のなす角を θ $(0 \leqq \theta \leqq \pi)$ とすれば，底辺 $|\boldsymbol{a}|$，高さ $|\boldsymbol{b}|\sin\theta$ の平行四辺形なので $S = |\boldsymbol{a}||\boldsymbol{b}|\sin\theta$ である．この両辺を 2 乗して，

$$\begin{aligned} S^2 &= |\boldsymbol{a}|^2|\boldsymbol{b}|^2\sin^2\theta = |\boldsymbol{a}|^2|\boldsymbol{b}|^2(1-\cos^2\theta) = |\boldsymbol{a}|^2|\boldsymbol{b}|^2 - |\boldsymbol{a}|^2|\boldsymbol{b}|^2\cos^2\theta = |\boldsymbol{a}|^2|\boldsymbol{b}|^2 - (\boldsymbol{a}, \boldsymbol{b})^2 \\ &= (a_1^2 + a_2^2 + a_3^2)(b_1^2 + b_2^2 + b_3^2) - (a_1b_1 + a_2b_2 + a_3b_3)^2 \\ &= (a_1b_2 - a_2b_1)^2 + (a_2b_3 - a_3b_2)^2 + (a_3b_1 - a_1b_3)^2 \end{aligned}$$

となる.　■

次の定理は，成分から定義された外積の矢印としての図形的な意味を与えている.

定理 3.30　次が成り立つ.

(1) $|\boldsymbol{a} \times \boldsymbol{b}|$ は $\boldsymbol{a}$ と $\boldsymbol{b}$ で作られる平行 4 辺形の面積に等しい.

(2) $\boldsymbol{a} \times \boldsymbol{b}$ は $\boldsymbol{a}$ および $\boldsymbol{b}$ に直交する．つまり $(\boldsymbol{a} \times \boldsymbol{b}, \boldsymbol{a}) = (\boldsymbol{a} \times \boldsymbol{b}, \boldsymbol{b}) = 0$.

(3) $\boldsymbol{a}, \boldsymbol{b}, \boldsymbol{a} \times \boldsymbol{b}$ はこの順序で右手系をなす.

(4) （交代性）$\boldsymbol{a} \times \boldsymbol{b} = -\boldsymbol{b} \times \boldsymbol{a}$.

(5) $\boldsymbol{a}$ と $\boldsymbol{b}$ が平行 $\Longleftrightarrow$ $\boldsymbol{a} \times \boldsymbol{b} = \boldsymbol{0}$. 特に $\boldsymbol{a} \times \boldsymbol{a} = \boldsymbol{0}$ である.

証明　(1) は外積の定義と例題 3.29 からわかる.

(2) は

$$(\boldsymbol{a} \times \boldsymbol{b}, \boldsymbol{a}) = (a_2b_3 - a_3b_2)a_1 + (a_3b_1 - a_1b_3)a_2 + (a_1b_2 - a_2b_1)a_3 = 0,$$

$$(\boldsymbol{a} \times \boldsymbol{b}, \boldsymbol{b}) = (a_2b_3 - a_3b_2)b_1 + (a_3b_1 - a_1b_3)b_2 + (a_1b_2 - a_2b_1)b_3 = 0$$

である.

(3) は例 4.7 で述べる．行列式をもち出さずに，次のように考えてもよい．基本ベクトル $\boldsymbol{e}_1, \boldsymbol{e}_2, \boldsymbol{e}_3$

はこの順序で右手系を作っており，$\boldsymbol{e}_1 \times \boldsymbol{e}_2 = \boldsymbol{e}_3$ である．2つの平行でないベクトル $\boldsymbol{a}, \boldsymbol{b}$ は空間内で平行でないままで連続的にそれぞれ $\boldsymbol{e}_1, \boldsymbol{e}_2$ に変形できる．このとき $\boldsymbol{a} \times \boldsymbol{b}$ は零ベクトルにはならずに連続的に $\boldsymbol{e}_3$ に変化する．$\boldsymbol{a} \times \boldsymbol{b}$ は常に $\boldsymbol{a}$ と $\boldsymbol{b}$ に垂直なので $\boldsymbol{a}, \boldsymbol{b}, \boldsymbol{a} \times \boldsymbol{b}$ が右手系から左手系（またはその逆）に変わるなら，$\boldsymbol{a} \times \boldsymbol{b}$ が $\boldsymbol{a}, \boldsymbol{b}$ を含む平面を通過するので，零ベクトルになることがあるがこれは起こらない．よって $\boldsymbol{e}_1, \boldsymbol{e}_2, \boldsymbol{e}_3$ は右手系なので，$\boldsymbol{a}, \boldsymbol{b}, \boldsymbol{a} \times \boldsymbol{b}$ も右手系である．

(4) は成分をみれば明らかである．

(5) は，$\boldsymbol{a}$ と $\boldsymbol{b}$ で作られる平行4辺形の面積が零となるのは平行となる（零ベクトルとなることも含める）ときなので明らかである．■

例 3.31　右手直交座標系における基本ベクトルの外積は次のようになる．

$$\begin{aligned}
&\boldsymbol{e}_1 \times \boldsymbol{e}_1 = \boldsymbol{e}_2 \times \boldsymbol{e}_2 = \boldsymbol{e}_3 \times \boldsymbol{e}_3 = \boldsymbol{0}, \quad && \boldsymbol{e}_1 \times \boldsymbol{e}_2 = \boldsymbol{e}_3 = -\boldsymbol{e}_2 \times \boldsymbol{e}_1, \\
&\boldsymbol{e}_2 \times \boldsymbol{e}_3 = \boldsymbol{e}_1 = -\boldsymbol{e}_3 \times \boldsymbol{e}_2, && \boldsymbol{e}_3 \times \boldsymbol{e}_1 = \boldsymbol{e}_2 = -\boldsymbol{e}_1 \times \boldsymbol{e}_3.
\end{aligned}$$

外積においては結合法則は一般には成り立たないことに注意しよう．例えば $(\boldsymbol{e}_1 \times \boldsymbol{e}_2) \times \boldsymbol{e}_2 = \boldsymbol{e}_3 \times \boldsymbol{e}_2 = -\boldsymbol{e}_1$ であるが，$\boldsymbol{e}_1 \times (\boldsymbol{e}_2 \times \boldsymbol{e}_2) = \boldsymbol{e}_1 \times \boldsymbol{0} = \boldsymbol{0}$ である．

定理 3.32　外積は次を満たす．

(1) $(\boldsymbol{a} + \boldsymbol{b}) \times \boldsymbol{c} = (\boldsymbol{a} \times \boldsymbol{c}) + (\boldsymbol{b} \times \boldsymbol{c})$　(2) $\boldsymbol{a} \times (\boldsymbol{b} + \boldsymbol{c}) = (\boldsymbol{a} \times \boldsymbol{b}) + (\boldsymbol{a} \times \boldsymbol{c})$

(3) $(k\boldsymbol{a}) \times \boldsymbol{b} = k(\boldsymbol{a} \times \boldsymbol{b}) = \boldsymbol{a} \times (k\boldsymbol{b})$

証明　$\boldsymbol{a} = \begin{pmatrix} a_1 \\ a_2 \\ a_3 \end{pmatrix}, \boldsymbol{b} = \begin{pmatrix} b_1 \\ b_2 \\ b_3 \end{pmatrix}, \boldsymbol{c} = \begin{pmatrix} c_1 \\ c_2 \\ c_3 \end{pmatrix}$ とする．外積を行列の積で表示しておけば，

$$\begin{aligned}
(\boldsymbol{a} + \boldsymbol{b}) \times \boldsymbol{c} &= \begin{pmatrix} 0 & -(a_3 + b_3) & (a_2 + b_2) \\ (a_3 + b_3) & 0 & -(a_1 + b_1) \\ -(a_2 + b_2) & (a_1 + b_1) & 0 \end{pmatrix} \begin{pmatrix} c_1 \\ c_2 \\ c_3 \end{pmatrix} \\
&= \left\{ \begin{pmatrix} 0 & -a_3 & a_2 \\ a_3 & 0 & -a_1 \\ -a_2 & a_1 & 0 \end{pmatrix} + \begin{pmatrix} 0 & -b_3 & b_2 \\ b_3 & 0 & -b_1 \\ -b_2 & b_1 & 0 \end{pmatrix} \right\} \begin{pmatrix} c_1 \\ c_2 \\ c_3 \end{pmatrix} \\
&= \begin{pmatrix} 0 & -a_3 & a_2 \\ a_3 & 0 & -a_1 \\ -a_2 & a_1 & 0 \end{pmatrix} \begin{pmatrix} c_1 \\ c_2 \\ c_3 \end{pmatrix} + \begin{pmatrix} 0 & -b_3 & b_2 \\ b_3 & 0 & -b_1 \\ -b_2 & b_1 & 0 \end{pmatrix} \begin{pmatrix} c_1 \\ c_2 \\ c_3 \end{pmatrix} = (\boldsymbol{a} \times \boldsymbol{c}) + (\boldsymbol{b} \times \boldsymbol{c}).
\end{aligned}$$

同様に $\boldsymbol{a} \times (\boldsymbol{b} + \boldsymbol{c}) = \boldsymbol{a} \times \boldsymbol{b} + \boldsymbol{a} \times \boldsymbol{c}$ もいえる．また，

$$(k\boldsymbol{a}) \times \boldsymbol{b} = \begin{pmatrix} 0 & -ka_3 & ka_2 \\ ka_3 & 0 & -ka_1 \\ -ka_2 & ka_1 & 0 \end{pmatrix} \begin{pmatrix} b_1 \\ b_2 \\ b_3 \end{pmatrix} = k \begin{pmatrix} 0 & -a_3 & a_2 \\ a_3 & 0 & -a_1 \\ -a_2 & a_1 & 0 \end{pmatrix} \begin{pmatrix} b_1 \\ b_2 \\ b_3 \end{pmatrix} = k(\boldsymbol{a} \times \boldsymbol{b})$$

となる．$\boldsymbol{a} \times (k\boldsymbol{b}) = k(\boldsymbol{a} \times \boldsymbol{b})$ も同様である．■

定理 3.32 は外積の**双線形性**といわれている．

例題 3.33　$\boldsymbol{a} = \begin{pmatrix} 1 \\ -1 \\ 2 \end{pmatrix}, \boldsymbol{b} = \begin{pmatrix} 2 \\ 1 \\ 3 \end{pmatrix}$ のとき $\boldsymbol{a} \times \boldsymbol{b}$ を求めよ.

解答　$\boldsymbol{a} \times \boldsymbol{b} = \begin{pmatrix} (-1)\cdot 3 - 1\cdot 2 \\ 2\cdot 2 - 3\cdot 1 \\ 1\cdot 1 - 2\cdot(-2) \end{pmatrix} = \begin{pmatrix} -5 \\ 1 \\ 3 \end{pmatrix}.$ ■

例題 3.34　3 点 O(0, 0, 0), A(1, 0, 2), B(−1, 3, 0) を頂点とする 3 角形の面積を求めよ.

解答　この 3 角形の面積 Δ は，2 つのベクトル $\boldsymbol{a} = \overrightarrow{\mathrm{OA}} = \begin{pmatrix} 1 \\ 0 \\ 2 \end{pmatrix}$ と $\boldsymbol{b} = \overrightarrow{\mathrm{OB}} = \begin{pmatrix} -1 \\ 3 \\ 0 \end{pmatrix}$ で張られる平行 4 辺形の面積の半分だから，$\Delta = \frac{1}{2}|\boldsymbol{a} \times \boldsymbol{b}|$ で与えられる．$\boldsymbol{a} \times \boldsymbol{b} = \begin{pmatrix} -6 \\ -2 \\ 3 \end{pmatrix}$ より $|\boldsymbol{a} \times \boldsymbol{b}| = \sqrt{49} = 7$ だから $\Delta = \frac{7}{2}$ である. ■

例題 3.35　位置 $\mathrm{P}_1, \mathrm{P}_2, \cdots, \mathrm{P}_n$ に力 $\mathbb{F}_1, \mathbb{F}_2, \cdots, \mathbb{F}_n$ が作用し，$\mathbb{F}_1 + \mathbb{F}_2 + \cdots + \mathbb{F}_n = \mathbf{0}$ を満たしているとする．このとき任意の 2 点 A, B に関して，

$$\overrightarrow{\mathrm{AP}_1} \times \mathbb{F}_1 + \cdots + \overrightarrow{\mathrm{AP}_n} \times \mathbb{F}_n = \overrightarrow{\mathrm{BP}_1} \times \mathbb{F}_1 + \cdots + \overrightarrow{\mathrm{BP}_n} \times \mathbb{F}_n$$

が成り立つことを示せ．これは釣り合いの状態にある力の組に対しては，力のモーメントの和は中心をどこにとっても変わらないといっている.

証明　外積の双線形性を用いる.

$$\begin{aligned}\sum_{j=1}^{n} \overrightarrow{\mathrm{AP}_j} \times \mathbb{F}_j &= \sum_{j=1}^{n} (\overrightarrow{\mathrm{AB}} + \overrightarrow{\mathrm{BP}_j}) \times \mathbb{F}_j = \sum_{j=1}^{n} (\overrightarrow{\mathrm{AB}} \times \mathbb{F}_j + \overrightarrow{\mathrm{BP}_j} \times \mathbb{F}_j) \\ &= \overrightarrow{\mathrm{AB}} \times \left(\sum_{j=1}^{n} \mathbb{F}_j \right) + \sum_{j=1}^{n} \overrightarrow{\mathrm{BP}_j} \times \mathbb{F}_j = \sum_{j=1}^{n} \overrightarrow{\mathrm{BP}_j} \times \mathbb{F}_j.\end{aligned}$$ ■

例題 3.36　質量 M，一辺の長さ l の一様な薄い正方形の板 ABCD の頂点 A に糸を付けて天井からつるし，頂点 B に質量 m のおもりをつるしたところ，対角線 AC と鉛直線のなす角 θ が $\tan\theta = \frac{1}{3}$ となった．このとき m を M で表せ.

解答　正方形の板の重心の位置は対角線の交点で，それを E とする．このとき AE= $\frac{l}{\sqrt{2}}$ である．板は回転していないので，A に働く糸の張力，点 B, E に働く重力の点 A 回りの力のモーメントの和は零という式を解く.

$$
\begin{aligned}
l\sin(45^\circ-\theta)\cdot mg-\frac{l}{\sqrt{2}}\sin\theta\cdot Mg&=0,\\
\left(\frac{1}{\sqrt{2}}\cos\theta-\frac{1}{\sqrt{2}}\sin\theta\right)m-\frac{1}{\sqrt{2}}\sin\theta\cdot M&=0,\\
(1-\tan\theta)m-\tan\theta\cdot M&=0,\\
\frac{2}{3}m&=\frac{1}{3}M.
\end{aligned}
$$

よって $m=\frac{1}{2}M$ がわかる. ■

問 3.10　$\boldsymbol{a}=\boldsymbol{e}_1+2\boldsymbol{e}_2-\boldsymbol{e}_3$, $\boldsymbol{b}=2\boldsymbol{e}_1-2\boldsymbol{e}_2+3\boldsymbol{e}_3$ とおく. このとき次の問いに答えよ.

(1) $\boldsymbol{a}$ と同じ向きの単位ベクトルを求めよ.　(2) 内積 $(\boldsymbol{a},\boldsymbol{b})$ の値を求めよ.

(3) 外積 $\boldsymbol{a}\times\boldsymbol{b}$ を求めよ.　(4) $\boldsymbol{a},\boldsymbol{b}$ を2辺とする3角形の面積を求めよ.

問 3.11　質量 M, 一辺の長さ l の一様な薄い正方形の板 ABCD の頂点 A に糸を付けて天井からつるし, 頂点 B に質量 $4m$, 頂点 C に質量 m のおもりをつるしたところ, 対角線 AC と鉛直線のなす角 θ が $\tan\theta=\frac{1}{3}$ となった. m を M で表せ.

問 3.12　水平な台の上に固定された半円柱に, 太さ, 密度が一様で, 質量 m, 長さ $10l$ の棒が立てかけられた状態で静止している. このとき棒が半円柱から受ける抗力 N_A はいくらか. ただし棒は点 A で半円柱と接し, 点 B で水平な台と接しており, AB 間の長さは $7l$ とする. また半円弧の中心を O としたとき $\angle\mathrm{ABO}=\theta$ であり, 重力加速度は g とする.

3.4.2　平行6面体の体積

外積を用いて平行6面体の体積を求めよう.

定理 3.37　図 3.15(a) のように, 右手系をなす3つのベクトル $\boldsymbol{a},\boldsymbol{b},\boldsymbol{c}$ で作る平行6面体の体積 V は $V=(\boldsymbol{a}\times\boldsymbol{b},\boldsymbol{c})=(\boldsymbol{c}\times\boldsymbol{a},\boldsymbol{b})=(\boldsymbol{b}\times\boldsymbol{c},\boldsymbol{a})$ で与えられる.

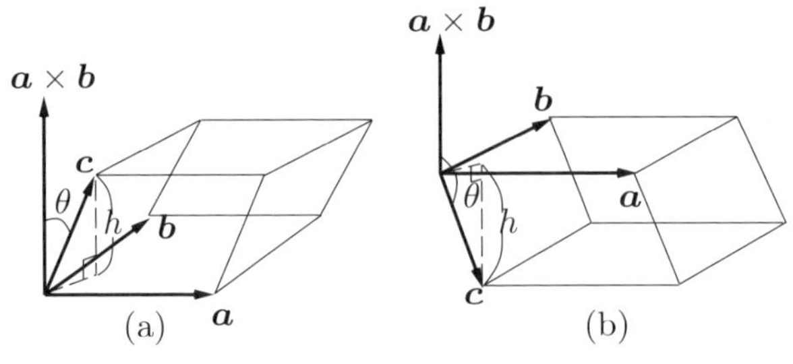

図 3.15　平行6面体の体積

証明　$\boldsymbol{a}$ と $\boldsymbol{b}$ で作る平行4辺形を底面とみると, 面積 S は $S=|\boldsymbol{a}\times\boldsymbol{b}|$ である. $\boldsymbol{a}\times\boldsymbol{b}$ はこの底面に垂直である. そこで $\boldsymbol{a}\times\boldsymbol{b}$ と $\boldsymbol{c}$ のなす角を θ とすれば $\boldsymbol{a},\boldsymbol{b},\boldsymbol{c}$ と $\boldsymbol{a},\boldsymbol{b},\boldsymbol{a}\times\boldsymbol{b}$ はそれぞれ右手系を作っているから, 図 3.15 (a) のように $0\leqq\theta<\pi/2$ なので $\cos\theta>0$ となり, 高さは $h=|\boldsymbol{c}|\cos\theta$

である．よって体積は

$$V = S \cdot h = |\boldsymbol{a} \times \boldsymbol{b}||\boldsymbol{c}| \cos\theta = (\boldsymbol{a} \times \boldsymbol{b}, \boldsymbol{c})$$

である．後は右手系を保つようにベクトルを巡回させればよい． ■

$(\boldsymbol{a} \times \boldsymbol{b}, \boldsymbol{c})$ はスカラー 3 重積といわれることがある．右手系とはわからない 3 つのベクトル $\boldsymbol{a}, \boldsymbol{b}, \boldsymbol{c}$ のスカラー 3 重積が負の値になれば，これらは左手系をなすことがわかり，絶対値をつけた正の値が $\boldsymbol{a}, \boldsymbol{b}, \boldsymbol{c}$ で作る平行 6 面体の体積である．

例題 3.38　ベクトル $\boldsymbol{a} = \begin{pmatrix} 5 \\ -2 \\ 3 \end{pmatrix}, \boldsymbol{b} = \begin{pmatrix} 1 \\ 4 \\ 3 \end{pmatrix}, \boldsymbol{c} = \begin{pmatrix} -1 \\ 0 \\ -6 \end{pmatrix}$ の張る平行 6 面体の体積を求めよ．

解答　$\boldsymbol{a} \times \boldsymbol{b} = \begin{pmatrix} -18 \\ -12 \\ 22 \end{pmatrix}$ より スカラー 3 重積は $(\boldsymbol{a} \times \boldsymbol{b}, \boldsymbol{c}) = -114$ となる．よって求める平行 6 面体の体積は $|-114| = 114$ である． ■

問 3.13　4 点 A$(-1,-1,-1)$, B$(1,1,1)$, C$(2,3,4)$, D$(-2,1,5)$ とする．次の立体の体積を求めよ．
(1) 3 つのベクトル $\overrightarrow{\mathrm{AB}}, \overrightarrow{\mathrm{AC}}, \overrightarrow{\mathrm{AD}}$ の張る平行 6 面体．(2) 4 点 A, B, C, D を頂点とする 4 面体．

3.5　直線と平面の方程式

3.5.1　平面の方程式

平面は，その上の 1 点と平面に垂直なベクトル（**法線ベクトル**という）を与えれば，唯一つに定まる．そこで点 P_0 を通り，法線ベクトル $\boldsymbol{n}$ の平面の方程式を求めよう．この平面上の任意の点を P としよう．

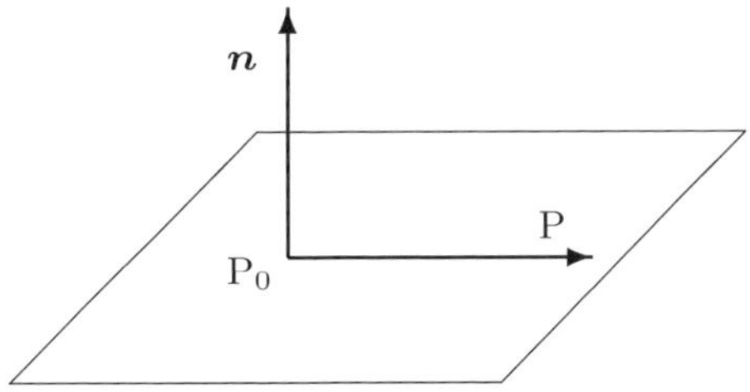

図 3.16　平面の方程式

図 3.16 より $\overrightarrow{\mathrm{P}_0\mathrm{P}}$ と $\boldsymbol{n}$ は直交するから次式が成り立つ．

$$(\boldsymbol{n}, \overrightarrow{\mathrm{P}_0\mathrm{P}}) = 0.$$

逆に，これを満たす点 P は平面上の点になっている．これを**平面の方程式のベクトル表示**という．これを成分で表そう．

例題 3.39　点 $P_0(x_0, y_0, z_0)$ を通り，法線ベクトルが $\boldsymbol{n} = \begin{pmatrix} a \\ b \\ c \end{pmatrix}$ の平面の方程式を求めよ．

解答　平面上の点を $P(x, y, z)$ とすれば $\overrightarrow{P_0P} = \begin{pmatrix} x - x_0 \\ y - y_0 \\ z - z_0 \end{pmatrix}$ なので，$(\boldsymbol{n}, \overrightarrow{P_0P}) = 0$ に代入すれば

$$a(x - x_0) + b(y - y_0) + c(z - z_0) = 0$$

となる．これを**平面の方程式の成分表示**という．■

上式をまとめると

$$ax + by + cz = d$$

の形になる．ここで $d = ax_0 + by_0 + cz_0$．これを**平面の方程式の一般形**という．このとき $\boldsymbol{n} = \begin{pmatrix} a \\ b \\ c \end{pmatrix}$ は，平面の法線ベクトルになっていることに注意しよう．

例題 3.40　点 $P(x_0, y_0, z_0)$ から平面 $H : ax + by + cz = d$ へ垂線を下ろし，その交点を $Q(x_1, y_1, z_1)$ とする．このとき

$$PQ = \frac{|ax_0 + by_0 + cz_0 - d|}{\sqrt{a^2 + b^2 + c^2}}$$

であることを示せ．

証明　平面 H の法線ベクトルは $\boldsymbol{n} = \begin{pmatrix} a \\ b \\ c \end{pmatrix}$ であるから $\overrightarrow{QP} = k\boldsymbol{n}$ と表せる（k はある実数）．$\boldsymbol{n}$ との内積をとると $(\boldsymbol{n}, \overrightarrow{QP}) = k(\boldsymbol{n}, \boldsymbol{n}) = k|\boldsymbol{n}|^2$ なので，$k = \frac{(\boldsymbol{n}, \overrightarrow{QP})}{|\boldsymbol{n}|^2}$．ゆえに

$$PQ = |\overrightarrow{QP}| = |k||\boldsymbol{n}| = \frac{|(\boldsymbol{n}, \overrightarrow{QP})|}{|\boldsymbol{n}|^2}|\boldsymbol{n}| = \frac{|(\boldsymbol{n}, \overrightarrow{QP})|}{|\boldsymbol{n}|}$$

がえられる．一方 Q は平面 H 上の点であるから $ax_1 + by_1 + cz_1 = d$ が成り立つことに注意すれば，

$$(\boldsymbol{n}, \overrightarrow{QP}) = a(x_0 - x_1) + b(y_0 - y_1) + c(z_0 - z_1) = ax_0 + by_0 + cz_0 - d$$

である．よってこれと $|\boldsymbol{n}| = \sqrt{a^2 + b^2 + c^2}$ を上式に代入すれば公式が完成する．■

例題 3.41　平面 $H : x + \sqrt{5}y - z = 1$ について次の問いに答えよ．

(1) H に平行で点 $(1, \sqrt{5}, 2)$ を通る平面の式を求めよ．
(2) H は点 $(1, 0, 0)$ を通る．H に平行で H との距離が 5 である 平面の式を求めよ．

解答　(1) 法線ベクトルが $\boldsymbol{n}=\begin{pmatrix}1\\\sqrt{5}\\-1\end{pmatrix}$ で，点 $(1,\sqrt{5},2)$ を通る平面の式を求めればよい．例題 3.39 より $1\cdot(x-1)+\sqrt{5}\cdot(y-\sqrt{5})+(-1)\cdot(z-2)=0$ なので整理すると

$$x+\sqrt{5}y-z=4.$$

(2) H に平行な平面は，法線ベクトルも平行であるから $x+\sqrt{5}y-z=d$ の形である．点 $(1,0,0)$ からこの平面への距離が 5 なので，例題 3.40 より

$$\frac{|1\cdot 1+\sqrt{5}\cdot 0-1\cdot 0-d|}{\sqrt{1^2+(\sqrt{5})^2+(-1)^2}}=5.$$

だから $d=1\pm 5\sqrt{7}$．これを平面の式に代入して，$x+\sqrt{5}y-z=1\pm 5\sqrt{7}$． ■

問 3.14　点 $(1,3,-1)$ を通り $\boldsymbol{n}=\begin{pmatrix}8\\2\\-2\end{pmatrix}$ に直交する平面の方程式を求めよ．

問 3.15　平面 $H: x+2y-z=1$ について次の問いに答えよ．

(1) H に平行で点 $(1,1,-1)$ を通る平面の式を求めよ．　(2) 原点から H までの距離を求めよ．
(3) H は点 $(1,1,2)$ を通る．H に平行で H との距離が 3 である平面の式を求めよ．

3.5.2　直線の方程式

直線 L はその上の 1 点 $\mathrm{P}_0(x_0,y_0,z_0)$ と，この直線に平行なベクトル $\boldsymbol{l}=\begin{pmatrix}a\\b\\c\end{pmatrix}$ を与えれば決まる．$\boldsymbol{l}$ を直線 L の**方向ベクトル**という．直線 L 上の任意の点を $\mathrm{P}(x,y,z)$ とする．

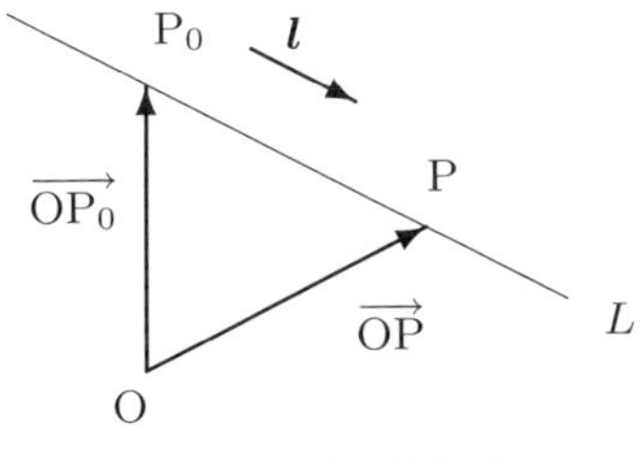

図 3.17　直線の方程式

図 3.17 より $\overrightarrow{\mathrm{P_0P}}$ は $\boldsymbol{l}$ に平行であるからある数 t によって

$$\overrightarrow{\mathrm{P_0P}}=t\boldsymbol{l},\quad \overrightarrow{\mathrm{OP}}=\overrightarrow{\mathrm{OP_0}}+t\boldsymbol{l}$$

と表せる．また任意の数 t によって $\overrightarrow{\mathrm{OP_0}}+t\boldsymbol{l}$ で表されるベクトルはこの直線上の点の位置ベクトルになっている．これを**直線のベクトル表示**といい，t を**媒介変数（パラメータ）**という．ベクトル表示の式からパラメータ t を消去しよう．

$$\begin{cases} x - x_0 = ta \\ y - y_0 = tb \\ z - z_0 = tc \end{cases}$$

より

$$\frac{x - x_0}{a} = \frac{y - y_0}{b} = \frac{z - z_0}{c}$$

をえる．これを**直線の成分表示**という．分母から方向ベクトルがわかることに注意しよう．また導き方からわかるように，分母が0のときは分子も0とし，等号から外すと約束しておく．例えば，$\frac{x-1}{4} = \frac{y-2}{0} = \frac{z-3}{5}$ は

$$\frac{x-1}{4} = \frac{z-3}{5}, \quad y - 2 = 0$$

と理解する．

例題 3.42　法線ベクトルが $\boldsymbol{n}$ の平面 H 上に面積 S の3角形ABCがある．次の問いに答えよ．

(1) 3角形ABCを xy 平面に正射影してできる図形の面積（z 軸に平行な光を当てたとき，xy 平面にできる影の面積）は $\frac{|(\boldsymbol{n},\boldsymbol{e}_3)|}{|\boldsymbol{n}|}S$ で与えられることを示せ．

(2) 3角形ABCを yz, zx, xy 平面に正射影してできる図形の面積がそれぞれ S_1, S_2, S_3 であるとき，S を S_1, S_2, S_3 で表せ．

解答　(1) 平面 H と xy 平面とのなす角を $\theta(0 \leqq \theta \leqq \frac{\pi}{2})$，交線を L とする．直線BCが L に平行とする．このとき正射影してできる図形は3角形で，底辺をBCとみれば正射影しても長さは変わらない．そこで高さの変化をみると，高さは $\cos\theta$ 倍されることがわかる．さて $\boldsymbol{n}$ と $\boldsymbol{e}_3$ のなす角は（$\boldsymbol{n}$ の向きの取り方によって）θ または $\pi - \theta$ であるが $|\cos(\pi - \theta)| = |-\cos\theta| = \cos\theta$ なので $|(\boldsymbol{n}, \boldsymbol{e}_3)| = |\boldsymbol{n}|\cos\theta$ がいえる．よって面積は $\frac{|(\boldsymbol{n},\boldsymbol{e}_3)|}{|\boldsymbol{n}|}$ 倍される．直線BCが L に平行でない場合は，3角形ABCを底辺が L に平行な3角形に分割して考えれば同じ結果になる．

(2) (1) より $S_j = \frac{|(\boldsymbol{n},\boldsymbol{e}_j)|}{|\boldsymbol{n}|}S$ $(j = 1, 2, 3)$ と表される．$\boldsymbol{n} = \begin{pmatrix} a_1 \\ a_2 \\ a_3 \end{pmatrix}$ のとき $(\boldsymbol{n}, \boldsymbol{e}_j) = a_j$ かつ $|\boldsymbol{n}|^2 = a_1^2 + a_2^2 + a_3^2$ であることに注意すれば，$S_1^2 + S_2^2 + S_3^2 = \frac{S^2}{|\boldsymbol{n}|^2}(a_1^2 + a_2^2 + a_3^2) = S^2$ となる．よって $S = \sqrt{S_1^2 + S_2^2 + S_3^2}$．■

例題 3.43　直線 $L : \dfrac{x+1}{3} = \dfrac{y-1}{2} = \dfrac{z}{-1}$ と平面 $H : 2x + y + z = 1$ に対して次の問いに答えよ．

(1) 点 $(1, 2, 3)$ を通り，L に平行な直線の式を求めよ．

(2) 直線 L と平面 H の交点を求めよ．

(3) 平面 H 上の面積10の3角形を xy 平面に正射影してできる3角形の面積を求めよ．

解答 (1) L の方向ベクトルは $\boldsymbol{l} = \begin{pmatrix} 3 \\ 2 \\ -1 \end{pmatrix}$ なので，求める直線は $\dfrac{x-1}{3} = \dfrac{y-2}{2} = \dfrac{z-3}{-1}$ である．

(2) $\dfrac{x-1}{3} = \dfrac{y-2}{2} = \dfrac{z-3}{-1} = t$ とおけば，$x = 3t+1,\ y = 2t+2,\ z = -t+3$ と表される．これらを H の式に代入して t の値を求める．$2(3t+1) + (2t+2) + (-t+3) = 1$ なので $t = -\frac{6}{7}$ となる．よって $(x,y,z) = (\frac{-11}{7}, \frac{2}{7}, \frac{27}{7})$.

(3) H の法線ベクトルは，$\boldsymbol{n} = \begin{pmatrix} 2 \\ 1 \\ 1 \end{pmatrix}$ なので例題 3.42 から，$\dfrac{|(\boldsymbol{n}, \boldsymbol{e}_3)|}{|\boldsymbol{n}|} S = \dfrac{|1|}{\sqrt{6}} 10 = \dfrac{10}{\sqrt{6}}$.

問 3.16 点 $(1,2,3)$ を通りベクトル $\boldsymbol{l} = \begin{pmatrix} -3 \\ 2 \\ -2 \end{pmatrix}$ に平行な直線の方程式を求めよ．

問 3.17 3 点 $(a,0,0), (0,b,0), (0,0,c)$ を通る平面 H の方程式を求めよ．次に H に直交する原点を通る直線の方程式を求めよ．ただし $abc \neq 0$ とする．

問 3.18 直線 $L : \frac{x-1}{3} = \frac{y-2}{1} = \frac{z}{2}$ と平面 $H : x - y + 2z = 1$ に対して次の問いに答えよ．

(1) 点 $(3,2,-1)$ を通り，L に平行な直線の式を求めよ．

(2) 直線 L と平面 H の交点を求めよ．

(3) 平面 H 上の面積 10 の 3 角形を xy 平面に正射影してできる 3 角形の面積を求めよ．

問 3.19 (1) 3 点 A$(1,-1,1)$, B$(1,2,-1)$, C$(-1,0,1)$ を頂点とする 3 角形の面積を求めよ．

(2) 平面 $6x + 3y + 2z = 6$ と x, y, z 軸との交点を各々 A, B, C とする．3 角形 ABC の面積を求めよ．

問 3.20 次の直線 L と平面 H の交点を求めよ．

$$L : \frac{x-1}{2} = \frac{y}{2} = \frac{z+1}{3}, \quad H : x + y - z + 2 = 0.$$

問 3.21 2 つの直線 $\boldsymbol{x} = t\boldsymbol{l}_1 + \boldsymbol{x}_1$ と $\boldsymbol{x} = t\boldsymbol{l}_2 + \boldsymbol{x}_2$ が交わっているとき，そのなす角 θ の余弦 $\cos\theta$ を $\boldsymbol{l}_1$ と $\boldsymbol{l}_2$ で表せ．

例題 3.44　$\boldsymbol{a}, \boldsymbol{b}$ は平行でないベクトルとする．次の問いに答えよ．

(1) ベクトル $\boldsymbol{x}$ に対して $\boldsymbol{x} - \alpha\boldsymbol{a} - \beta\boldsymbol{b}$ が $\boldsymbol{a}, \boldsymbol{b}$ に直交する (α, β) は唯一つに定まり，

$$\begin{pmatrix} \alpha \\ \beta \end{pmatrix} = \frac{1}{|\boldsymbol{a} \times \boldsymbol{b}|^2} \begin{pmatrix} |\boldsymbol{b}|^2 & -(\boldsymbol{a}, \boldsymbol{b}) \\ -(\boldsymbol{a}, \boldsymbol{b}) & |\boldsymbol{a}|^2 \end{pmatrix} \begin{pmatrix} (\boldsymbol{x}, \boldsymbol{a}) \\ (\boldsymbol{x}, \boldsymbol{b}) \end{pmatrix}$$

で与えられることを示せ．

(2) ベクトル $\boldsymbol{x}$ に対して (t, s) が全ての実数を動くとき，$|\boldsymbol{x} - t\boldsymbol{a} - s\boldsymbol{b}|$ は $(t, s) = (\alpha, \beta)$ のとき，最小値 $\frac{|(\boldsymbol{x}, \boldsymbol{a} \times \boldsymbol{b})|}{|\boldsymbol{a} \times \boldsymbol{b}|}$ をとることを示せ．

解答　(1) $\boldsymbol{x} - \alpha\boldsymbol{a} - \beta\boldsymbol{b}$ と $\boldsymbol{a}, \boldsymbol{b}$ との内積が零となればよい．

$$0 = (\boldsymbol{x} - \alpha\boldsymbol{a} - \beta\boldsymbol{b}, \boldsymbol{a}) = (\boldsymbol{x}, \boldsymbol{a}) - \alpha|\boldsymbol{a}|^2 - \beta(\boldsymbol{b}, \boldsymbol{a}),$$
$$0 = (\boldsymbol{x} - \alpha\boldsymbol{a} - \beta\boldsymbol{b}, \boldsymbol{b}) = (\boldsymbol{x}, \boldsymbol{b}) - \alpha(\boldsymbol{a}, \boldsymbol{b}) - \beta|\boldsymbol{b}|^2$$

である．これを行列表示すれば $\begin{pmatrix} |\boldsymbol{a}|^2 & (\boldsymbol{a}, \boldsymbol{b}) \\ (\boldsymbol{a}, \boldsymbol{b}) & |\boldsymbol{b}|^2 \end{pmatrix} \begin{pmatrix} \alpha \\ \beta \end{pmatrix} = \begin{pmatrix} (\boldsymbol{x}, \boldsymbol{a}) \\ (\boldsymbol{x}, \boldsymbol{b}) \end{pmatrix}$ となる．この行列式の値は，$|\boldsymbol{a}|^2|\boldsymbol{b}|^2 - (\boldsymbol{a}, \boldsymbol{b})^2 = |\boldsymbol{a} \times \boldsymbol{b}|^2 > 0$ である．よって逆行列の公式を用いると，(α, β) は唯一つに定まり上の式からえられる．

(2) (1) の結果から，$\boldsymbol{x} - \alpha\boldsymbol{a} - \beta\boldsymbol{b}$ は $(\alpha - t)\boldsymbol{a} + (\beta - s)\boldsymbol{b}$ に直交するから，

$$\begin{aligned} |\boldsymbol{x} - t\boldsymbol{a} - s\boldsymbol{b}|^2 &= |\{(\alpha - t)\boldsymbol{a} + (\beta - s)\boldsymbol{b}\} + (\boldsymbol{x} - \alpha\boldsymbol{a} - \beta\boldsymbol{b})|^2 \\ &= |(\alpha - t)\boldsymbol{a} + (\beta - s)\boldsymbol{b}|^2 + |\boldsymbol{x} - \alpha\boldsymbol{a} - \beta\boldsymbol{b}|^2 \end{aligned}$$

である．よって $|\boldsymbol{x} - t\boldsymbol{a} - s\boldsymbol{b}|$ は $(\alpha - t)\boldsymbol{a} + (\beta - s)\boldsymbol{b} = \boldsymbol{0}$ のとき，最小値 $|\boldsymbol{x} - \alpha\boldsymbol{a} - \beta\boldsymbol{b}|$ をとる．$\boldsymbol{a}, \boldsymbol{b}$ は平行でないので，これは $(t, s) = (\alpha, \beta)$ のときのみで起こる．また $\boldsymbol{x} - \alpha\boldsymbol{a} - \beta\boldsymbol{b}$ が $\boldsymbol{a}, \boldsymbol{b}$ に直交しているから，$\boldsymbol{x} - \alpha\boldsymbol{a} - \beta\boldsymbol{b} = k(\boldsymbol{a} \times \boldsymbol{b})$（$k$ は実数）と表せる．そこで上式の各項と $\boldsymbol{a} \times \boldsymbol{b}$ との内積をとり，再び直交性に注意すれば，$(\boldsymbol{x}, \boldsymbol{a} \times \boldsymbol{b}) = k|\boldsymbol{a} \times \boldsymbol{b}|^2$ がえられる．よって最小値は

$$|\boldsymbol{x} - \alpha\boldsymbol{a} - \beta\boldsymbol{b}| = |k||\boldsymbol{a} \times \boldsymbol{b}| = \frac{|(\boldsymbol{x}, \boldsymbol{a} \times \boldsymbol{b})|}{|\boldsymbol{a} \times \boldsymbol{b}|^2} \cdot |\boldsymbol{a} \times \boldsymbol{b}| = \frac{|(\boldsymbol{x}, \boldsymbol{a} \times \boldsymbol{b})|}{|\boldsymbol{a} \times \boldsymbol{b}|}$$

と表される．■

例題 3.45　次の問いに答えよ．

(1) 点 P_0 を通り方向ベクトル $\boldsymbol{l}$ の直線 L の式は，直線上の点を P として $(\overrightarrow{\mathrm{P_0P}}) \times \boldsymbol{l} = \boldsymbol{0}$ と表されることを示せ．

(2) 点 A を通り方向ベクトル $\boldsymbol{l}_1$ の直線 L_1 と点 B を通り方向ベクトル $\boldsymbol{l}_2$ の直線 L_2 との距離は，2 直線が平行でないとき $\frac{|(\overrightarrow{\mathrm{AB}}, \boldsymbol{l}_1 \times \boldsymbol{l}_2)|}{|\boldsymbol{l}_1 \times \boldsymbol{l}_2|}$ で与えられることを示せ．

(3) 直線 $\dfrac{x}{2} = \dfrac{y+1}{2} = \dfrac{z-1}{3}$ と y 軸との距離を求めよ．

解答　(1) $\overrightarrow{\mathrm{P_0P}} = k\boldsymbol{l}$（$k$ は実数）と表せ，$\boldsymbol{l} \times \boldsymbol{l} = \boldsymbol{0}$ であるから $(\overrightarrow{\mathrm{P_0P}}) \times \boldsymbol{l} = k(\boldsymbol{l} \times \boldsymbol{l}) = \boldsymbol{0}$. 逆に $(\overrightarrow{\mathrm{P_0P}}) \times \boldsymbol{l} = \boldsymbol{0}$ が成り立っていれば，定理 3.30 より $\overrightarrow{\mathrm{P_0P}}$ は $\boldsymbol{l}$ に平行なので，$\overrightarrow{\mathrm{P_0P}} = k\boldsymbol{l}$（$k$ は実数）

と表せる．これは点 P が直線 L 上にあることを意味する．

(2) L_1, L_2 上の点 P, Q はパラメータ t, s を用いて $\overrightarrow{\mathrm{OP}} = \overrightarrow{\mathrm{OA}} + t\boldsymbol{l}_1$, $\overrightarrow{\mathrm{OQ}} = \overrightarrow{\mathrm{OB}} + s\boldsymbol{l}_2$ と表されるから，$|\overrightarrow{\mathrm{PQ}}| = |\overrightarrow{\mathrm{AB}} + t\boldsymbol{l}_1 - s\boldsymbol{l}_2|$ となる．よって t, s が実数全体を動いたときの最小値は例題 3.44 から $\frac{|(\overrightarrow{\mathrm{AB}}, \boldsymbol{l}_1 \times \boldsymbol{l}_2)|}{|\boldsymbol{l}_1 \times \boldsymbol{l}_2|}$ である．

(3) A$(0,-1,1)$, B$(0,0,0)$, $\boldsymbol{l}_1 = \begin{pmatrix} 2 \\ 2 \\ 3 \end{pmatrix}$, $\boldsymbol{l}_2 = \begin{pmatrix} 0 \\ 1 \\ 0 \end{pmatrix}$ で (2) の公式を適用する．$\overrightarrow{\mathrm{AB}} = \begin{pmatrix} 0 \\ 1 \\ -1 \end{pmatrix}$, $\boldsymbol{l}_1 \times \boldsymbol{l}_2 = \begin{pmatrix} -3 \\ 0 \\ 2 \end{pmatrix}$ より距離は $\dfrac{|-2|}{\sqrt{9+4}} = \dfrac{2}{\sqrt{13}}$. ■

問 3.22 直線 $\frac{x+3}{-1} = \frac{y-1}{4} = \frac{z-3}{2}$ と z 軸との距離を求めよ．

問 3.23 3 つのベクトル $\boldsymbol{a} = \begin{pmatrix} 1 \\ 0 \\ -1 \end{pmatrix}, \boldsymbol{b} = \begin{pmatrix} 1 \\ 2 \\ 0 \end{pmatrix}, \boldsymbol{c} = \begin{pmatrix} 0 \\ -1 \\ -5 \end{pmatrix}$ について次の問いに答えよ．

(1) $\boldsymbol{a} \times \boldsymbol{b}$ を求めよ．　(2) $\boldsymbol{c} = x\boldsymbol{a} + y\boldsymbol{b} + z\boldsymbol{a} \times \boldsymbol{b}$ を満たす x, y, z を求めよ．

問 3.24 3 つのベクトルを $\boldsymbol{a} = \begin{pmatrix} 1 \\ 0 \\ -1 \end{pmatrix}, \boldsymbol{b} = \begin{pmatrix} 1 \\ 2 \\ 0 \end{pmatrix}, \boldsymbol{c} = \begin{pmatrix} 11 \\ 8 \\ 2 \end{pmatrix}$ とする．x, y が実数全体を動くとき，$|\boldsymbol{c} - x\boldsymbol{a} - y\boldsymbol{b}|$ の最小値を求めよ．また最小値を与える x, y の値も求めよ．

例題 3.46 次の問いに答えよ．

(1) 任意の 4 面体 ABCD に対して その外接球が唯一つ存在することを示せ．

(2) 任意の 4 面体 ABCD に対して その内接球が唯一つ存在することを示せ．

証明 (1) 外接球が存在するならば，その中心 X は 2 点 A, B から等距離にあるから線分 BA の中点を通り $\overrightarrow{\mathrm{BA}}$ を法線ベクトルとする平面 H_1 上にある．同様に BC の中点を通り $\overrightarrow{\mathrm{BC}}$ を法線ベクトルとする平面 H_2, CD の中点を通り $\overrightarrow{\mathrm{CD}}$ を法線ベクトルとする平面 H_3 の上にもある．そこでこの 3 平面が 1 点で交わることを示そう．まず $\overrightarrow{\mathrm{BA}}, \overrightarrow{\mathrm{BC}}$ は平行でないから H_1 と H_2 は交線 L をもち，その方向ベクトルは $\overrightarrow{\mathrm{BA}}, \overrightarrow{\mathrm{BC}}$ に垂直なので $\boldsymbol{l} = \overrightarrow{\mathrm{BA}} \times \overrightarrow{\mathrm{BC}}$ にとれる．次に $\boldsymbol{l}$ と $\overrightarrow{\mathrm{CD}}$ は直交しないので，H_3 は L と唯一つの交点 X をもつ．このとき

$$\mathrm{XA} = \mathrm{XB} = \mathrm{XC} = \mathrm{XD}$$

となるから，X は唯一つの外接球の中心である．

(2) 4 面体 ABCD の体積を V, 3 角形 BCD, ACD, ABD, ABC の面積をそれぞれ $S_{\mathrm{A}}, S_{\mathrm{B}}, S_{\mathrm{C}}, S_{\mathrm{D}}$ とし，

$$h = \frac{3V}{S_{\mathrm{A}} + S_{\mathrm{B}} + S_{\mathrm{C}} + S_{\mathrm{D}}}$$

とおく．内接球が存在するならば，h がその半径となる．3 角形 ABC から点 D の側に距離 h 離れている平面（ABC に平行）を $H_{\rm D}$ とする．D から 3 角形 ABC までの距離は $h_{\rm D}=\frac{3V}{S_{\rm D}}$ であるから $H_{\rm D}$ は 3 角形 ABC と D の間にある．$H_{\rm D}$ と線分 DB との交点を P する．同様に 3 角形 ACD と点 B の間に 3 角形 ACD から距離 h 離れている平面を $H_{\rm B}$, $H_{\rm B}$ と線分 DB との交点を Q, 3 角形 ABD と点 C の間に 3 角形 ABD から距離 h 離れている平面 $H_{\rm C}$ がとれる．3 平面 $H_{\rm D}, H_{\rm B}, H_{\rm C}$ が四面体 ABCD の内部の 1 点で交わることを示そう．2 平面 $H_{\rm D}, H_{\rm B}$ は四面体 ABCD から 2 つの 3 角形を切りとるが，この 2 つの 3 角形は交線 L をもつ．これは D, Q, P, B の順に点が並んでいればよいが，

$$\frac{\rm BP}{\rm BD}=\frac{h}{h_{\rm D}},\quad \frac{\rm DQ}{\rm BD}=\frac{h}{h_{\rm B}},\quad \frac{\rm BP}{\rm BD}+\frac{\rm DQ}{\rm BD}=\frac{S_{\rm B}+S_{\rm D}}{S_{\rm A}+S_{\rm B}+S_{\rm C}+S_{\rm D}}<1$$

から明らかである．そこで L と $H_{\rm C}$ が 1 点 X で交わることをいえばよい．$H_{\rm C}$ と線分 BC との交点を R, L と 3 角形 BCD との交点を U, U を通り BD に平行な直線が BC, DC と交わる点をそれぞれ V, W とする．

$$\rm BR<BV$$

がいえればよい．まず

$$\frac{\rm BR}{\rm BC}=\frac{h}{h_{\rm C}}=\frac{S_{\rm C}}{S_{\rm A}+S_{\rm B}+S_{\rm C}+S_{\rm D}}$$

である．一方，QD=UW, BP=VU なので

$$\begin{aligned}\frac{\rm BV}{\rm BC}&=1-\frac{\rm VW}{\rm BD}=1-\frac{\rm BP+DQ}{\rm BD}\\&=1-\frac{h}{h_{\rm D}}-\frac{h}{h_{\rm B}}=\frac{S_{\rm A}+S_{\rm C}}{S_{\rm A}+S_{\rm B}+S_{\rm C}+S_{\rm D}}\end{aligned}$$

となり，BR<BV がいえた．よって 3 平面 $H_{\rm D}, H_{\rm B}, H_{\rm C}$ は四面体の内部の 1 点 X で交わる．そこで X から 3 角形 BCD への距離を x とする．このとき体積の関係を考えて

$$S_{\rm A}x+(S_{\rm B}+S_{\rm C}+S_{\rm D})h=3V=(S_{\rm A}+S_{\rm B}+S_{\rm C}+S_{\rm D})h$$

だから，$x=h$ がわかる．ゆえに X が四面体 ABCD の内接球の中心である．内接球が唯一つに限ることは，3 平面 $H_{\rm D}, H_{\rm B}, H_{\rm C}$ の交点が唯一つであるからである．■

問 3.25　$\boldsymbol{a}\neq\boldsymbol{0}$ とする．位置ベクトルが $\boldsymbol{b}$ である点を平面 $(\boldsymbol{a},\boldsymbol{x})=d$ に関して対称移動した点の位置ベクトルを求めよ．

問 3.26　1 辺の長さが 2 である正 4 面体の外接球の半径を求めよ．

問 3.27　1 辺の長さが 2 である正 4 面体の内接球の半径を求めよ．

問 3.28　$\frac{1}{\sqrt{2}}<a<1$ とする．A$(a,0)$, B$(0,a)$ とし，O は原点とする．3 点 O, A, B を通る円と単位円との交点を P, Q とするとき，線分の和 PA + PB + QA + QB を求めよ．

第 4 章　行列式の計算

本章では行列式の具体的な計算方法を学ぶ．行列式は，平行四辺形の面積や平行 6 面体の体積という幾何学的な意味をもつ．まずはその観点から行列式の性質を理解し，行列式の計算に習熟しよう．ややこしい行列式の定義，性質の証明は付録にまとめて述べた．

4.1　行列式の面積・体積としての導入

n 次正方行列 $A = (a_{ij})$ を n 個の列ベクトルを並べて，$A = (\boldsymbol{a}_1\boldsymbol{a}_2\cdots\boldsymbol{a}_n)$ と表す．このとき A の行列式は，n 個のベクトル $\boldsymbol{a}_1, \boldsymbol{a}_2, \cdots, \boldsymbol{a}_n$ が張る平行 $2n$ 面体の体積で，$|A|$ または $\det A$ と表す（det は determinant の略）．ただし，$\boldsymbol{a}_1, \boldsymbol{a}_2, \cdots, \boldsymbol{a}_n$ が正の座標系をなすときは「+ 体積」，負の座標系のときは「− 体積」とする．すなわち行列式とは，体積と座標系の正負を表す量である[1)]．$\boldsymbol{a}_1, \boldsymbol{a}_2, \cdots, \boldsymbol{a}_n$ が 1 次独立でないときは，1 つの高さが潰れているので，行列式の値は零である．また $n = 1$ のとき，平行 2 面体とは平行 4 辺形のことである．

例 4.1　2 次正方行列 $A = \begin{pmatrix} a & b \\ c & d \end{pmatrix}$ の行列式は $ad - bc$ と定義した．2 つのベクトル $\begin{pmatrix} a \\ c \end{pmatrix}, \begin{pmatrix} b \\ d \end{pmatrix}$ がこの順に正の座標系をなしているとき，$\begin{pmatrix} a \\ c \end{pmatrix}, \begin{pmatrix} b \\ d \end{pmatrix}$ が張る平行 4 辺形の面積は $ad - bc$ である．

例 4.2　3 次正方行列 $A = (\boldsymbol{a}_1\boldsymbol{a}_2\boldsymbol{a}_3) = \begin{pmatrix} a_{11} & a_{12} & a_{13} \\ a_{21} & a_{22} & a_{23} \\ a_{31} & a_{32} & a_{33} \end{pmatrix}$ の行列式は，$\boldsymbol{a}_1, \boldsymbol{a}_2, \boldsymbol{a}_3$ がこの順に右手系をなすとき，3 つのベクトルが張る平行 6 面体の体積なので，$\boldsymbol{a}_1 \times \boldsymbol{a}_2 = \begin{pmatrix} a_{21}a_{32} - a_{22}a_{31} \\ a_{12}a_{31} - a_{11}a_{32} \\ a_{11}a_{22} - a_{12}a_{21} \end{pmatrix}$ に注意して

$$\begin{aligned} |A| &= (\boldsymbol{a}_1 \times \boldsymbol{a}_2, \boldsymbol{a}_3) \\ &= a_{11}a_{22}a_{33} + a_{12}a_{23}a_{31} + a_{13}a_{32}a_{21} - (a_{13}a_{22}a_{31} + a_{12}a_{21}a_{33} + a_{11}a_{32}a_{23}) \end{aligned}$$

である．

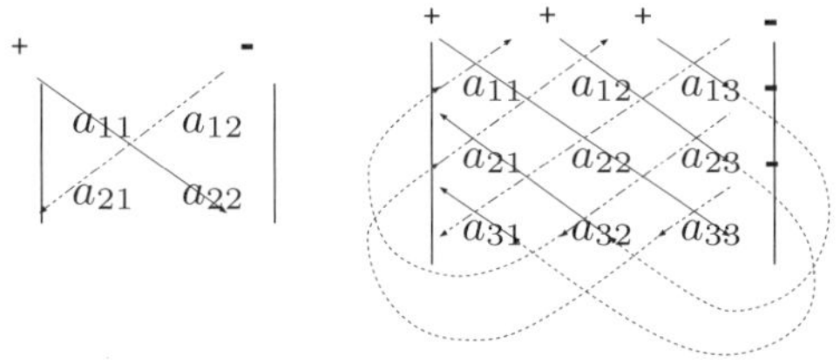

図 4.1　2 次，3 次正方行列の行列式の求め方

1) 座標系の正負は正式には行列式で定義するので，ここでは面倒な行列式の定義を直観的に説明したと理解されたい．

2 次，3 次正方行列の行列式は図 4.1 のように視覚的に記憶すると便利である．特に，図 4.1 の右図のように 3 次正方行列の行列式を計算する方法は**サラスの方法** といわれている．

例題 4.3　次の行列式の値を求めよ．

$$(1)\ \begin{vmatrix} -3 & 2 \\ 5 & 1 \end{vmatrix} \qquad (2)\ \begin{vmatrix} 1 & 8 & 9 \\ -3 & 2 & 1 \\ 4 & 1 & 5 \end{vmatrix}$$

解答　(1) $\begin{vmatrix} -3 & 2 \\ 5 & 1 \end{vmatrix} = (-3) \times 1 - 2 \times 5 = -13.$

(2) サラスの方法を用いれば次のように求めることができる．

$$\begin{vmatrix} 1 & 8 & 9 \\ -3 & 2 & 1 \\ 4 & 1 & 5 \end{vmatrix} = 1 \times 2 \times 5 + 8 \times 1 \times 4 \times +9 \times (-3) \times 1 - \{1 \times 1 \times 1 + 8 \times (-3) \times 5 + 9 \times 2 \times 4\}$$

$$= 62.$$

■

4.2　行列式の計算法

サラスの方法は 3 次正方行列の行列式の値を求めるのに大変便利であったが，残念なことに 4 次以上の正方行列の行列式の値を求める便利な公式は存在しない．しかしこれから説明するように行列式の性質を用いれば一般の n 次正方行列の行列式の値を簡単に求めることができる．

定理 4.4　行列式は次を満たす．

I.　$|A^T| = |A|$.

II.　行または列を交換すると (-1) 倍される．

III.　1 つの行（列）に他の行（列）の何倍かを加えても値は変わらない．

IV.　1 つの行（列）の共通因数をくくりだせる．

V.　次の公式で行列のサイズを下げることができる．

$$\left|\begin{array}{c|ccc} a_{11} & a_{12} & \cdots & a_{1n} \\ \hline 0 & a_{22} & \cdots & a_{2n} \\ \vdots & \vdots & \ddots & \vdots \\ 0 & a_{n2} & \cdots & a_{nn} \end{array}\right| = a_{11} \begin{vmatrix} a_{22} & \cdots & a_{2n} \\ \vdots & \ddots & \vdots \\ a_{n2} & \cdots & a_{nn} \end{vmatrix} \qquad \left|\begin{array}{c|ccc} a_{11} & 0 & \cdots & 0 \\ \hline a_{21} & a_{22} & \cdots & a_{2n} \\ \vdots & \vdots & \ddots & \vdots \\ a_{n1} & a_{n2} & \cdots & a_{nn} \end{array}\right| = a_{11} \begin{vmatrix} a_{22} & \cdots & a_{2n} \\ \vdots & \ddots & \vdots \\ a_{n2} & \cdots & a_{nn} \end{vmatrix}$$

特に 2 × 2 行列までサイズを落とせば公式 $\begin{vmatrix} a & b \\ c & d \end{vmatrix} = ad - bc$ が使える．

VI.　1 つの行（列）が 0，または他の行（列）の何倍かになっていれば，行列式の値は 0 となる．

I. は定理 A.11, II., III., IV., VI. は行列式の公理の一部分と例 A.5, V. は例題 A.14 で証明する．

$|A^T| = |A|$ を 2 次・3 次の正方行列で確かめておこう．

例 4.5 $|A^T| = \begin{vmatrix} a & c \\ b & d \end{vmatrix} = ad - bc = \begin{vmatrix} a & b \\ c & d \end{vmatrix} = |A|$ より 2 次正方行列の場合は正しい．

例 4.6 3 次正方行列の場合はサラスの方法で計算して，

$$\begin{aligned}
|A^T| &= \begin{vmatrix} a_{11} & a_{21} & a_{31} \\ a_{12} & a_{22} & a_{32} \\ a_{13} & a_{23} & a_{33} \end{vmatrix} \\
&= a_{11}a_{22}a_{33} + a_{21}a_{32}a_{13} + a_{31}a_{23}a_{12} - (a_{31}a_{22}a_{13} + a_{21}a_{12}a_{33} + a_{11}a_{23}a_{32}) \\
&= a_{11}a_{22}a_{33} + a_{12}a_{23}a_{31} + a_{13}a_{32}a_{21} - (a_{13}a_{22}a_{31} + a_{12}a_{21}a_{33} + a_{11}a_{32}a_{23}) \\
&= \begin{vmatrix} a_{11} & a_{12} & a_{13} \\ a_{21} & a_{22} & a_{23} \\ a_{31} & a_{32} & a_{33} \end{vmatrix} = |A|
\end{aligned}$$

と確かめられる．

以下で行列式の計算に関する注意を与える．

[1] 2 つの列ベクトルを交換することは，列ベクトルの組に対して座標系の正負を変えることなので，行列式の定義から (-1) 倍される．$|A^T| = |A|$ から 2 つの行ベクトルについても成り立つ．3 次正方行列では，外積の性質から例えば次のように確かめられる．

$$|\boldsymbol{b}\,\boldsymbol{a}\,\boldsymbol{c}| = (\boldsymbol{b} \times \boldsymbol{a}, \boldsymbol{c}) = -(\boldsymbol{a} \times \boldsymbol{b}, \boldsymbol{c}) = -|\boldsymbol{a}\,\boldsymbol{b}\,\boldsymbol{c}|.$$

[2] 3 次正方行列について，例えば第 3 列を k 倍して第 1 列に加えても行列式の値は変わらないことをみておこう．$|\boldsymbol{a}\,\boldsymbol{b}\,\boldsymbol{c}| = (\boldsymbol{c} \times \boldsymbol{a}, \boldsymbol{b})$ と，$\boldsymbol{c} \times \boldsymbol{c} = \boldsymbol{0}$ であることに注意すれば，

$$|\boldsymbol{a} + k\boldsymbol{c}\ \boldsymbol{b}\ \boldsymbol{c}| = (\boldsymbol{c} \times (\boldsymbol{a} + k\boldsymbol{c}), \boldsymbol{b}) = (\boldsymbol{c} \times \boldsymbol{a}, \boldsymbol{b}) + k(\boldsymbol{c} \times \boldsymbol{c}, \boldsymbol{b}) = (\boldsymbol{c} \times \boldsymbol{a}, \boldsymbol{b}) = |\boldsymbol{a}\,\boldsymbol{b}\,\boldsymbol{c}|$$

とわかる．

[3] 3 次正方行列について，例えば第 1 列の共通因数 k をくくり出すことができることをみておこう．

$$|k\boldsymbol{a}\ \boldsymbol{b}\ \boldsymbol{c}| = (\boldsymbol{b} \times \boldsymbol{c}, k\boldsymbol{a}) = k(\boldsymbol{b} \times \boldsymbol{c}, \boldsymbol{a}) = k|\boldsymbol{a}\,\boldsymbol{b}\,\boldsymbol{c}|$$

である．図形的な意味は，1 辺の長さを k 倍すれば体積も k 倍されることである．

[4] $\left|\begin{array}{c|cc} h & 0 & 0 \\ \hline p & a & b \\ q & c & d \end{array}\right| = h\begin{vmatrix} a & b \\ c & d \end{vmatrix}$ の図形的な意味を述べよう．$\boldsymbol{a}_1 = \begin{pmatrix} h \\ p \\ q \end{pmatrix}$, $\boldsymbol{a}_2 = \begin{pmatrix} 0 \\ a \\ b \end{pmatrix}$, $\boldsymbol{a}_3 = \begin{pmatrix} 0 \\ c \\ d \end{pmatrix}$ で張る平行 6 面体は，yz 平面内に 2 辺 $\boldsymbol{a}_2, \boldsymbol{a}_3$ が張る平行 4 辺形の面積 $\begin{vmatrix} a & b \\ c & d \end{vmatrix} = ad - bc$ を底面積とみると，高さは h となる．よってその体積は $h\begin{vmatrix} a & b \\ c & d \end{vmatrix}$ である．

[5] 1 つの列が零ベクトルまたは他のベクトルの何倍かになっているとき，平行 $2n$ 面体の 1 つの辺の長さが 0，または 1 つの高さが 0 となっているので体積は 0 となると考えられる．例として次の行列式をみよう．

$$(1)\ \begin{vmatrix} 2 & 0 & 1 & 4 \\ 4 & 1 & 2 & 3 \\ 8 & -1 & 4 & 0 \\ 10 & 2 & 5 & 1 \end{vmatrix} \quad (2)\ \begin{vmatrix} 3 & 2 & 4 & 1 \\ 1 & 5 & 0 & -1 \\ 3 & 2 & 4 & 1 \\ 1 & 0 & 0 & 0 \end{vmatrix} \quad (3)\ \begin{vmatrix} -3 & 0 & 0 & 1 \\ -1 & 2 & 0 & -9 \\ -6 & 1 & 5 & 1 \\ 0 & 0 & 0 & 0 \end{vmatrix}$$

(1) については 1 列が 3 列の 2 倍で，(2) は 1 行と 3 行が等しく，(3) は 4 行が零ベクトルである．よって (1)〜(3) の行列式の値は全て 0 である．

例 4.7　前章で述べた外積は行列式を用いて表すことができる．行列式の性質を使って

$$\begin{vmatrix} x_1 & a_1 & b_1 \\ x_2 & a_2 & b_2 \\ x_3 & a_3 & b_3 \end{vmatrix} = \begin{vmatrix} a_2 & b_2 \\ a_3 & b_3 \end{vmatrix} x_1 - \begin{vmatrix} a_1 & b_1 \\ a_3 & b_3 \end{vmatrix} x_2 + \begin{vmatrix} a_1 & b_1 \\ a_2 & b_2 \end{vmatrix} x_3$$

$$= (a_2b_3 - a_3b_2)x_1 + (a_3b_1 - a_1b_3)x_2 + (a_1b_2 - a_2b_1)x_3$$

という等式がえられる．上式で x_1, x_2, x_3 をそれぞれ基本ベクトル $\boldsymbol{e}_1, \boldsymbol{e}_2, \boldsymbol{e}_3$ に置き換えると，成分が $\boldsymbol{a} = \begin{pmatrix} a_1 \\ a_2 \\ a_3 \end{pmatrix}, \boldsymbol{b} = \begin{pmatrix} b_1 \\ b_2 \\ b_3 \end{pmatrix}$ である 2 つのベクトル $\boldsymbol{a}, \boldsymbol{b}$ に対して

$$\begin{vmatrix} \boldsymbol{e}_1 & a_1 & b_1 \\ \boldsymbol{e}_2 & a_2 & b_2 \\ \boldsymbol{e}_3 & a_3 & b_3 \end{vmatrix} = (a_2b_3 - a_3b_2)\boldsymbol{e}_1 + (a_3b_1 - a_1b_3)\boldsymbol{e}_2 + (a_1b_2 - a_2b_1)\boldsymbol{e}_3 = \boldsymbol{a} \times \boldsymbol{b}$$

となる．これより外積は，行列式を形式的に展開してえられる．この形で記憶しておくのもよい．また上記等式で $x_1 = a_2b_3 - a_3b_2, x_2 = a_3b_1 - a_1b_3, x_3 = a_1b_2 - a_2b_1$ とおくと，$\det(\boldsymbol{a} \times \boldsymbol{b}, \boldsymbol{a}, \boldsymbol{b}) = |\boldsymbol{a} \times \boldsymbol{b}|^2$ がえられる．よって

$$a_2b_3 - a_3b_2 = a_3b_1 - a_1b_3 = a_1b_2 - a_2b_1 = 0 \Longleftrightarrow \frac{a_1}{b_1} = \frac{a_2}{b_2} = \frac{a_3}{b_3}$$

であることに注意すれば，$\boldsymbol{a}$ と $\boldsymbol{b}$ が平行でなければ $\boldsymbol{a} \times \boldsymbol{b}, \boldsymbol{a}, \boldsymbol{b}$(巡回させて $\boldsymbol{a}, \boldsymbol{b}, \boldsymbol{a} \times \boldsymbol{b}$) はこの順序で右手系を作っていることがわかる．

問 4.1　次の行列式の値を求めよ．

(1) $\begin{vmatrix} 1 & 2 & 3 \\ 4 & 5 & 6 \\ 7 & 8 & 9 \end{vmatrix}$　(2) $\begin{vmatrix} 1 & 0 & 1 \\ 0 & 1 & 1 \\ 1 & 1 & 0 \end{vmatrix}$　(3) $\begin{vmatrix} 5 & 7 & 0 \\ 9 & 8 & 0 \\ -7 & 6 & 5 \end{vmatrix}$

(4) $\begin{vmatrix} 2 & 5 & 3 \\ -6 & -1 & 4 \\ 4 & 3 & 1 \end{vmatrix}$　(5) $\begin{vmatrix} -3 & 2 & 6 \\ 5 & 1 & 3 \\ 2 & -1 & 3 \end{vmatrix}$　(6) $\begin{vmatrix} 3 & 4 & 5 \\ 6 & 7 & 8 \\ 2 & 3 & 4 \end{vmatrix}$

例題 4.8　$\begin{vmatrix} -3 & 5 & 4 & 3 \\ 1 & -2 & -2 & 1 \\ 0 & 3 & 5 & -1 \\ 3 & 0 & -2 & 0 \end{vmatrix}$ の値を求めよ．

解答　行列式のサイズが小さくなるような変形を考える．まず 1 行と 2 行を交換する（[1] 行 ↔[2] 行と表す）と (−1) 倍される．

$$\begin{vmatrix} -3 & 5 & 4 & 3 \\ 1 & -2 & -2 & 1 \\ 0 & 3 & 5 & -1 \\ 3 & 0 & -2 & 0 \end{vmatrix} = - \begin{vmatrix} 1 & -2 & -2 & 1 \\ -3 & 5 & 4 & 3 \\ 0 & 3 & 5 & -1 \\ 3 & 0 & -2 & 0 \end{vmatrix}$$

2 行を 4 行に加えて，その後 1 行の 3 倍を 2 行に加える（[2] 行 +[4] 行，[1] 行 ×3+[2] 行）.

$$= -\begin{vmatrix} 1 & -2 & -2 & 1 \\ -3 & 5 & 4 & 3 \\ 0 & 3 & 5 & -1 \\ 0 & 5 & 2 & 3 \end{vmatrix} = -\begin{vmatrix} 1 & -2 & -2 & 1 \\ 0 & -1 & -2 & 6 \\ 0 & 3 & 5 & -1 \\ 0 & 5 & 2 & 3 \end{vmatrix}$$

これで行列式のサイズが小さくなる．さらに 1 行から (-1) をくくり出す.

$$= -\begin{vmatrix} -1 & -2 & 6 \\ 3 & 5 & -1 \\ 5 & 2 & 3 \end{vmatrix} = \begin{vmatrix} 1 & 2 & -6 \\ 3 & 5 & -1 \\ 5 & 2 & 3 \end{vmatrix}$$

1 行の (-3) 倍を 2 行に加え，1 行の (-5) 倍を 3 行に加える.

$$= \begin{vmatrix} 1 & 2 & -6 \\ 0 & -1 & 17 \\ 0 & -8 & 33 \end{vmatrix}$$

よって 2 次正方行列の行列式に帰着でき，値がわかる.

$$= \begin{vmatrix} -1 & 17 \\ -8 & 33 \end{vmatrix} = (-1) \times 33 - 17 \times (-8) = 103.$$

■

例題 4.9 $\begin{vmatrix} 1 & 1 & 1 \\ a & b & c \\ a^2 & b^2 & c^2 \end{vmatrix}$ の値を求めよ.

解答

$$\begin{vmatrix} 1 & 1 & 1 \\ a & b & c \\ a^2 & b^2 & c^2 \end{vmatrix} \underset{\substack{[1]\text{ 列}\times(-1)+[2]\text{ 列} \\ [1]\text{ 列}\times(-1)+[3]\text{ 列}}}{=} \begin{vmatrix} 1 & 0 & 0 \\ a & b-a & c-a \\ a^2 & b^2-a^2 & c^2-a^2 \end{vmatrix}$$

サイズを小さくし，第 2 行の各項を因数分解する.

$$= \begin{vmatrix} b-a & c-a \\ (b-a)(b+a) & (c-a)(c+a) \end{vmatrix}$$

1 列から $b-a$, 2 列から $c-a$ をくくり出す.

$$= (b-a)(c-a) \begin{vmatrix} 1 & 1 \\ a+b & a+c \end{vmatrix} = (b-a)(c-a)(c-b).$$

ゆえに

$$\begin{vmatrix} 1 & 1 & 1 \\ a & b & c \\ a^2 & b^2 & c^2 \end{vmatrix} = (a-b)(b-c)(c-a).$$

■

例題 4.10　$\begin{vmatrix} x & 1 & 1 & 1 \\ 1 & x & 1 & 1 \\ 1 & 1 & x & 1 \\ 1 & 1 & 1 & x \end{vmatrix}$ の値を求めよ．

解答　2 列，3 列，4 列をそれぞれ 1 列に加え，共通因数 $x+3$ をくくり出す．

$$\begin{vmatrix} x & 1 & 1 & 1 \\ 1 & x & 1 & 1 \\ 1 & 1 & x & 1 \\ 1 & 1 & 1 & x \end{vmatrix} = \begin{vmatrix} x+3 & 1 & 1 & 1 \\ x+3 & x & 1 & 1 \\ x+3 & 1 & x & 1 \\ x+3 & 1 & 1 & x \end{vmatrix} = (x+3)\begin{vmatrix} 1 & 1 & 1 & 1 \\ 1 & x & 1 & 1 \\ 1 & 1 & x & 1 \\ 1 & 1 & 1 & x \end{vmatrix}$$

2 行，3 行，4 行から 1 行をそれぞれ引くと，行列式のサイズをどんどん小さくできる．

$$= (x+3)\begin{vmatrix} 1 & 1 & 1 & 1 \\ 0 & x-1 & 0 & 0 \\ 0 & 0 & x-1 & 0 \\ 0 & 0 & 0 & x-1 \end{vmatrix} = (x+3)\begin{vmatrix} x-1 & 0 & 0 \\ 0 & x-1 & 0 \\ 0 & 0 & x-1 \end{vmatrix}$$
$$= (x+3)(x-1)\begin{vmatrix} x-1 & 0 \\ 0 & x-1 \end{vmatrix} = (x+3)(x-1)^3.$$
■

問 4.2　次の行列式の値を求めよ．

(1) $\begin{vmatrix} 0 & 1 \\ 2 & -1 \end{vmatrix}$　(2) $\begin{vmatrix} -9 & 4 \\ 3 & 1 \end{vmatrix}$　(3) $\begin{vmatrix} 7 & 1 \\ -1 & 6 \end{vmatrix}$　(4) $\begin{vmatrix} \cos\theta & \sin\theta \\ -\sin\theta & \cos\theta \end{vmatrix}$

問 4.3　次の行列式の値を求めよ．

(1) $\begin{vmatrix} 1 & 2 & 3 \\ 2 & 0 & 2 \\ 3 & 2 & 1 \end{vmatrix}$　(2) $\begin{vmatrix} 0 & 2 & 4 \\ 2 & -3 & 2 \\ 4 & 2 & 0 \end{vmatrix}$　(3) $\begin{vmatrix} 1 & 2 & 1 \\ -1 & -1 & 2 \\ 1 & 0 & -3 \end{vmatrix}$　(4) $\begin{vmatrix} 1 & 2 & 3 \\ 6 & 5 & 4 \\ 7 & 8 & 9 \end{vmatrix}$　(5) $\begin{vmatrix} 9 & 2 & 3 \\ 4 & 3 & 2 \\ 6 & 5 & 4 \end{vmatrix}$

(6) $\begin{vmatrix} 4 & 1 & -1 \\ 3 & 3 & 1 \\ 1 & -1 & 2 \end{vmatrix}$　(7) $\begin{vmatrix} 10 & 12 & 16 \\ 12 & 15 & 18 \\ 14 & 21 & 28 \end{vmatrix}$　(8) $\begin{vmatrix} 6 & 4 & 3 \\ 5 & 2 & 0 \\ 4 & -1 & 8 \end{vmatrix}$　(9) $\begin{vmatrix} 3 & -2 & 3 \\ 4 & 6 & -4 \\ 7 & 6 & 3 \end{vmatrix}$

問 4.4　次の行列式の値を求めよ．

(1) $\begin{vmatrix} 0 & 0 & 1 & 2 \\ 0 & 0 & 2 & 3 \\ 1 & 2 & 3 & 4 \\ 2 & 3 & 4 & 1 \end{vmatrix}$　(2) $\begin{vmatrix} 1 & 2 & 3 & 4 \\ 2 & 3 & 4 & 0 \\ 3 & 4 & 0 & 0 \\ 4 & 0 & 0 & 0 \end{vmatrix}$　(3) $\begin{vmatrix} 1 & -1 & 0 & 0 \\ -1 & 1 & -1 & 0 \\ 0 & -1 & 1 & -1 \\ 0 & 0 & -1 & 1 \end{vmatrix}$

(4) $\begin{vmatrix} 3 & 2 & -1 & 5 \\ 1 & 2 & 1 & 4 \\ 5 & 0 & 0 & 1 \\ 2 & 1 & -1 & 0 \end{vmatrix}$　(5) $\begin{vmatrix} 4 & 3 & -1 & 0 \\ 0 & 0 & 2 & 1 \\ 1 & -1 & 2 & 1 \\ 2 & 3 & 1 & 0 \end{vmatrix}$　(6) $\begin{vmatrix} 4 & 0 & 1 & 2 \\ 3 & 0 & -1 & 3 \\ -1 & 2 & 2 & 1 \\ 1 & 1 & 1 & 0 \end{vmatrix}$

問 4.5　次の行列式の値を求めよ．

$$(1)\ \begin{vmatrix} 0 & 1 & 1 & 1 & 1 \\ 1 & 0 & 1 & 1 & 1 \\ 1 & 1 & 0 & 1 & 1 \\ 1 & 1 & 1 & 0 & 1 \\ 1 & 1 & 1 & 1 & 0 \end{vmatrix} \qquad (2)\ \begin{vmatrix} 3 & 1 & 1 & 1 & 1 \\ 1 & 3 & 1 & 1 & 1 \\ 1 & 1 & 3 & 1 & 1 \\ 1 & 1 & 1 & 3 & 1 \\ 1 & 1 & 1 & 1 & 3 \end{vmatrix}$$

問 4.6　次の行列式の値を求めよ．

$$(1)\ \begin{vmatrix} 1 & a^2 & a^3 \\ 1 & b^2 & b^3 \\ 1 & c^2 & c^3 \end{vmatrix} \qquad (2)\ \begin{vmatrix} 2a+b+c & b & c \\ a & a+2b+c & c \\ a & b & a+b+2c \end{vmatrix}$$

問 4.7　等式 $\begin{vmatrix} x+1 & 1 & 0 \\ 1 & x+1 & 1 \\ 0 & 1 & x+1 \end{vmatrix} = 0$ を満たす x を求めよ．

問 4.8　次の x の方程式を解け．

$$(1)\ \begin{vmatrix} 3-2x & 4 & 5 \\ 1+x & 6 & -4 \\ 3x & 3 & 1 \end{vmatrix} = 0 \quad (2)\ \begin{vmatrix} x+a & b & c \\ c & x+b & a \\ a & b & x+c \end{vmatrix} = 0$$

4.3　行列式と逆行列・ランク・連立方程式の非自明解

最後に行列式の値と逆行列，ランクおよび連立方程式の非自明解との関係についてまとめておこう．2 次正方行列 $A = \begin{pmatrix} a & b \\ c & d \end{pmatrix}$ に対して，逆行列 A^{-1} が存在するための必要十分条件は，$|A| = ad - bc \neq 0$ であった．さらにこのとき $A^{-1} = \frac{1}{|A|}\begin{pmatrix} d & -b \\ -c & a \end{pmatrix}$ となった．$|A| = ad - bc$ だから，“$|A| \neq 0$” と “2 つのベクトル $\begin{pmatrix} a \\ c \end{pmatrix}$ と $\begin{pmatrix} b \\ d \end{pmatrix}$ が平行でない” ことが同値になる．つまり $|A| \neq 0$ は，$\begin{pmatrix} a \\ c \end{pmatrix}$ と $\begin{pmatrix} b \\ d \end{pmatrix}$ が 1 次独立であることと同値である．さらに $\begin{pmatrix} a \\ c \end{pmatrix}$ と $\begin{pmatrix} b \\ d \end{pmatrix}$ が 1 次独立であることは，A のランクが 2 であるといっている．以上まとめると 2 次正方行列 $A = (\boldsymbol{a}\ \boldsymbol{b})$ に対しては，次の同値関係が成立する．

$$|A| \neq 0 \Leftrightarrow A^{-1}\text{が存在} \Leftrightarrow \boldsymbol{a}\text{と}\boldsymbol{b}\text{は独立} \Leftrightarrow \operatorname{rank} A = 2.$$

また $A = (\boldsymbol{a}\ \boldsymbol{b})$ に対して，$|A| = 0$ のときは $\boldsymbol{a}$ と $\boldsymbol{b}$ は 1 次独立でないから，$(x_1, x_2) \neq (0, 0)$ かつ $x_1\boldsymbol{a} + x_2\boldsymbol{b} = \boldsymbol{0}$ を満たす定数 x_1, x_2 がある．このとき $\boldsymbol{x} = \begin{pmatrix} x_1 \\ x_2 \end{pmatrix}$ とおけば，

$$A\boldsymbol{x} = (\boldsymbol{a}\ \boldsymbol{b})\begin{pmatrix} x_1 \\ x_2 \end{pmatrix} = x_1\boldsymbol{a} + x_2\boldsymbol{b} = \boldsymbol{0}, \quad \boldsymbol{x} \neq \boldsymbol{0}$$

となる．よって $\boldsymbol{x}$ は同次連立方程式 $A\boldsymbol{x} = \boldsymbol{0}$ の非自明解となっている．この同値関係は n 次正方行列に対しても成り立つ．次章で結果を用いるので，定理としてまとめておく．

定理 4.11　$A = (\boldsymbol{a}_1 \cdots \boldsymbol{a}_n)$ を n 次正方行列とする．このとき次の (1)~(4) は同値である．

(1) $|A| \neq 0$.　(2) A^{-1} が存在する．　(3) $\boldsymbol{a}_1, \cdots, \boldsymbol{a}_n$ は独立．　(4) $\operatorname{rank} A = n$.

また $|A| = 0$ のときは $A\boldsymbol{x} = \boldsymbol{0}, \boldsymbol{x} \neq \boldsymbol{0}$ を満たす $\boldsymbol{x}$ が存在する．

これらの証明は付録で与える（定理 A.27，B.54，例題 B.61）．

第5章 固有値

本章では正方行列の固有値，固有ベクトル，3角化について学ぶ．その応用としてフロベニウスの定理，ハミルトン・ケーリーの定理を示す．

5.1 固有値と固有ベクトル

定義 5.1 A を n 次正方行列とする．$A\boldsymbol{x} = \lambda\boldsymbol{x}$ を満たす複素数 λ と零ベクトルでない n 項列ベクトル $\boldsymbol{x}$ が存在するとき λ を A の **固有値**，$\boldsymbol{x}$ を A の λ に対応する**固有ベクトル**という．

固有値と固有ベクトルの求め方を考えよう．まず固有値 λ と固有ベクトル $\boldsymbol{x} \neq \boldsymbol{0}$ が存在したとする．このとき

$$A\boldsymbol{x} = \lambda\boldsymbol{x} \Longleftrightarrow (A-\lambda)\boldsymbol{x} = \boldsymbol{0} \Longleftrightarrow (A-\lambda E)\boldsymbol{x} = \boldsymbol{0} \qquad \cdots(*)$$

である．いま $|A-\lambda E| \neq 0$ ならば，逆行列 $(A-\lambda E)^{-1}$ が存在するから，$(*)$ より

$$\boldsymbol{x} = (A-\lambda E)^{-1}\boldsymbol{0} = \boldsymbol{0}$$

となり，$\boldsymbol{x} \neq \boldsymbol{0}$ に矛盾する．よって固有値 λ は方程式

$$|A-\lambda E| = 0 \qquad \cdots(**)$$

の解でなければならない．逆に，λ が $(**)$ の解とする．このとき定理 4.11 より，$(*)$ を満たす零ベクトルでない n 項列ベクトル $\boldsymbol{x}$ が存在する．よって λ は固有値であり，$\boldsymbol{x}$ がそれに対応する固有ベクトルとなる．

定義 5.2 n 次正方行列 A に対して λ の n 次多項式 $|A-\lambda E|$ を A の**固有多項式** といい，$|A-\lambda E| = 0$ を A の**固有方程式**という．

n 次正方行列 A の成分が全て実数であっても，A の固有値が実数になるとは限らない．一般に固有値は複素数である．実際 λ の n 次方程式 $|A-\lambda E| = 0$ の根（解）は，複素数の範囲で重複度を込めて n 個存在することが知られている（**代数学の基本定理**）．$|\lambda E - A|$ を固有多項式とよぶこともある．今後しばしば，$|A-\lambda E|$ を $|A-\lambda|$ と略して表すこともあるが，混乱は起こらないであろう．

例 5.3 $A = \begin{pmatrix} a & b \\ c & d \end{pmatrix}$ のとき，固有多項式は次のようになる．

$$|A-\lambda| = \begin{vmatrix} a-\lambda & b \\ c & d-\lambda \end{vmatrix} = \lambda^2 - (a+d)\lambda + (ad-bc) = \lambda^2 - \mathrm{Tr}(A)\lambda + |A|.$$

固有値と固有ベクトルの求め方を定理 5.4 としてまとめておく．

定理 5.4　A を n 次正方行列とする．

(1) λ が A の固有値である $\iff |A-\lambda|=0$
(2) A の固有値は重複度を込めて n 個あり，$|A-\lambda|=0$ の解 $\lambda_1,\cdots,\lambda_n$ が固有値である．
(3) 同次連立1次方程式 $(A-\lambda_j)\boldsymbol{x}_j=\boldsymbol{0}$ の解で $\boldsymbol{x}_j\neq\boldsymbol{0}$ となるものが A の 固有値 λ_j に対応する固有ベクトルである．

具体的に固有値と固有ベクトルを求めてみよう．

例題 5.5　$A=\begin{pmatrix}1 & 0\\ 4 & -1\end{pmatrix}$ の固有値と固有ベクトルを求めよ．

解答　A の固有多項式は

$$|A-\lambda|=\begin{vmatrix}1-\lambda & 0\\ 4 & -1-\lambda\end{vmatrix}=(1-\lambda)(-1-\lambda)$$

である．固有方程式 $|A-\lambda|=0$ を解いて固有値を求めれば A の固有値は $\lambda=-1,1$ である．次に固有ベクトルを求めよう．

$\lambda=1$ の場合

$$(A-1)\begin{pmatrix}x\\ y\end{pmatrix}=\begin{pmatrix}0 & 0\\ 4 & -2\end{pmatrix}\begin{pmatrix}x\\ y\end{pmatrix}=\begin{pmatrix}0\\ 4x-2y\end{pmatrix}=\begin{pmatrix}0\\ 0\end{pmatrix}$$

を解いて，$y=2x$ となる．よって

$$\begin{pmatrix}x\\ y\end{pmatrix}=\begin{pmatrix}x\\ 2x\end{pmatrix}=x\begin{pmatrix}1\\ 2\end{pmatrix},\quad x\neq 0$$

が固有値1に対応する固有ベクトルである．

$\lambda=-1$ の場合

$$(A+1)\begin{pmatrix}x\\ y\end{pmatrix}=\begin{pmatrix}2 & 0\\ 4 & 0\end{pmatrix}\begin{pmatrix}x\\ y\end{pmatrix}=\begin{pmatrix}2x\\ 4x\end{pmatrix}=\begin{pmatrix}0\\ 0\end{pmatrix}$$

を解いて，$x=0$ となる．よって

$$\begin{pmatrix}x\\ y\end{pmatrix}=\begin{pmatrix}0\\ y\end{pmatrix}=y\begin{pmatrix}0\\ 1\end{pmatrix},\quad y\neq 0$$

が固有値 -1 に対応する固有ベクトルである．■

例題 5.6　$A=\begin{pmatrix}1 & 0 & -1\\ 1 & 2 & 1\\ 2 & 2 & 3\end{pmatrix}$ の固有値と固有ベクトルを求めよ．

解答 A の固有多項式は，サラスの方法で計算して，

$$|A-\lambda| = \begin{vmatrix} 1-\lambda & 0 & -1 \\ 1 & 2-\lambda & 1 \\ 2 & 2 & 3-\lambda \end{vmatrix} = (1-\lambda)(2-\lambda)(3-\lambda)$$

であるから A の固有値は $\lambda = 1, 2, 3$ である．次に固有ベクトルを求めよう．

$\lambda = 1$ の場合

$$(A-1)\begin{pmatrix} x \\ y \\ z \end{pmatrix} = \begin{pmatrix} 0 & 0 & -1 \\ 1 & 1 & 1 \\ 2 & 2 & 2 \end{pmatrix}\begin{pmatrix} x \\ y \\ z \end{pmatrix} = \begin{pmatrix} 0 \\ 0 \\ 0 \end{pmatrix}$$

を掃き出し法で解いてみよう．

$$\left(\begin{array}{ccc|c} 0 & 0 & -1 & 0 \\ 1 & 1 & 1 & 0 \\ 2 & 2 & 2 & 0 \end{array}\right) \xrightarrow[{[2]\times(-2)+[3]}]{} \left(\begin{array}{ccc|c} 0 & 0 & -1 & 0 \\ 1 & 1 & 1 & 0 \\ 0 & 0 & 0 & 0 \end{array}\right) \xrightarrow[{[1]+[2]}]{} \left(\begin{array}{ccc|c} 0 & 0 & -1 & 0 \\ 1 & 1 & 0 & 0 \\ 0 & 0 & 0 & 0 \end{array}\right)$$

より 変数を復活させて

$$\begin{cases} -z = 0 \\ x + y = 0 \end{cases}$$

となる．よって

$$\begin{pmatrix} x \\ y \\ z \end{pmatrix} = \begin{pmatrix} x \\ -x \\ 0 \end{pmatrix} = x\begin{pmatrix} 1 \\ -1 \\ 0 \end{pmatrix}, \quad x \neq 0$$

が固有値 1 に対応する固有ベクトルである．

$\lambda = 2$ の場合

$$(A-2)\begin{pmatrix} x \\ y \\ z \end{pmatrix} = \begin{pmatrix} -1 & 0 & -1 \\ 1 & 0 & 1 \\ 2 & 2 & 1 \end{pmatrix}\begin{pmatrix} x \\ y \\ z \end{pmatrix} = \begin{pmatrix} 0 \\ 0 \\ 0 \end{pmatrix}$$

を解く．

$$\left(\begin{array}{ccc|c} -1 & 0 & -1 & 0 \\ 1 & 0 & 1 & 0 \\ 2 & 2 & 1 & 0 \end{array}\right) \xrightarrow[{\substack{[1]+[2] \\ [1]\times 2+[3]}}]{} \left(\begin{array}{ccc|c} -1 & 0 & -1 & 0 \\ 0 & 0 & 0 & 0 \\ 0 & 2 & -1 & 0 \end{array}\right)$$

より 変数を復活させて

$$\begin{cases} -x - z = 0 \\ 2y - z = 0 \end{cases}$$

となる．よって

$$\begin{pmatrix} x \\ y \\ z \end{pmatrix} = \begin{pmatrix} -2y \\ y \\ 2y \end{pmatrix} = y\begin{pmatrix} -2 \\ 1 \\ 2 \end{pmatrix}, \quad y \neq 0$$

が固有値 2 に対応する固有ベクトルである．

$\lambda = 3$ の場合

$$(A-3)\begin{pmatrix} x \\ y \\ z \end{pmatrix} = \begin{pmatrix} -2 & 0 & -1 \\ 1 & -1 & 1 \\ 2 & 2 & 0 \end{pmatrix}\begin{pmatrix} x \\ y \\ z \end{pmatrix} = \begin{pmatrix} 0 \\ 0 \\ 0 \end{pmatrix}$$

を解く.

$$\left(\begin{array}{ccc|c} -2 & 0 & -1 & 0 \\ 1 & -1 & 1 & 0 \\ 2 & 2 & 0 & 0 \end{array}\right) \xrightarrow[{[3]\times\frac{1}{2}}]{} \left(\begin{array}{ccc|c} -2 & 0 & -1 & 0 \\ 1 & -1 & 1 & 0 \\ 1 & 1 & 0 & 0 \end{array}\right) \xrightarrow[\substack{[3]\times 2+[1] \\ [3]\times(-1)+[2]}]{} \left(\begin{array}{ccc|c} 0 & 2 & -1 & 0 \\ 0 & -2 & 1 & 0 \\ 1 & 1 & 0 & 0 \end{array}\right)$$
$$\xrightarrow[{[2]+[1]}]{} \left(\begin{array}{ccc|c} 0 & 0 & 0 & 0 \\ 0 & -2 & 1 & 0 \\ 1 & 1 & 0 & 0 \end{array}\right)$$

より 変数を復活させて

$$\begin{cases} -2y+z=0 \\ x+y=0 \end{cases}$$

となる. よって

$$\begin{pmatrix} x \\ y \\ z \end{pmatrix} = \begin{pmatrix} -y \\ y \\ 2y \end{pmatrix} = y \begin{pmatrix} -1 \\ 1 \\ 2 \end{pmatrix}, \quad y \neq 0$$

が固有値3に対応する固有ベクトルである. ■

例題 5.7　$A = \begin{pmatrix} 1 & -1 & -1 \\ -1 & 1 & -1 \\ 1 & 1 & 3 \end{pmatrix}$ の固有値と固有ベクトルを求めよ.

解答　A の固有多項式は

$$|A-\lambda| = \begin{vmatrix} 1-\lambda & -1 & -1 \\ -1 & 1-\lambda & -1 \\ 1 & 1 & 3-\lambda \end{vmatrix} \underset{[1]\text{ 行}\leftrightarrow[3]\text{ 行}}{=} -\begin{vmatrix} 1 & 1 & 3-\lambda \\ -1 & 1-\lambda & -1 \\ 1-\lambda & -1 & -1 \end{vmatrix}$$
$$\underset{\substack{[1]\text{ 行}+[2]\text{ 行} \\ [1]\text{ 行}\times(-1+\lambda)+[3]\text{ 行}}}{=} -\begin{vmatrix} 1 & 1 & 3-\lambda \\ 0 & 2-\lambda & 2-\lambda \\ 0 & -2+\lambda & -(2-\lambda)^2 \end{vmatrix} = -\begin{vmatrix} 2-\lambda & 2-\lambda \\ -(2-\lambda) & -(2-\lambda)^2 \end{vmatrix}$$
$$= (2-\lambda)^2 \begin{vmatrix} 1 & 1 \\ 1 & 2-\lambda \end{vmatrix} = (2-\lambda)^2(1-\lambda)$$

なので A の固有値は $\lambda = 1, 2$ (重解) である[1].

$\lambda = 1$ の場合

$$(A-1)\begin{pmatrix} x \\ y \\ z \end{pmatrix} = \begin{pmatrix} 0 & -1 & -1 \\ -1 & 0 & -1 \\ 1 & 1 & 2 \end{pmatrix} \begin{pmatrix} x \\ y \\ z \end{pmatrix} = \begin{pmatrix} 0 \\ 0 \\ 0 \end{pmatrix}$$

を解く.

$$\left(\begin{array}{ccc|c} 0 & -1 & -1 & 0 \\ -1 & 0 & -1 & 0 \\ 1 & 1 & 2 & 0 \end{array}\right) \xrightarrow[\substack{[2]+[3] \\ [1]\times(-1)\leftrightarrow[2]\times(-1)}]{} \left(\begin{array}{ccc|c} 1 & 0 & 1 & 0 \\ 0 & 1 & 1 & 0 \\ 0 & 1 & 1 & 0 \end{array}\right) \xrightarrow[{[2]\times(-1)+[3]}]{} \left(\begin{array}{ccc|c} 1 & 0 & 1 & 0 \\ 0 & 1 & 1 & 0 \\ 0 & 0 & 0 & 0 \end{array}\right)$$

---

[1] もちろんサラスの方法でも求めることができる.

より 変数を復活させて

$$\begin{cases} x+z=0 \\ y+z=0 \end{cases}$$

となる．よって

$$\begin{pmatrix} x \\ y \\ z \end{pmatrix} = \begin{pmatrix} -z \\ -z \\ z \end{pmatrix} = z\begin{pmatrix} -1 \\ -1 \\ 1 \end{pmatrix}, \quad z \neq 0$$

が固有値 1 に対応する固有ベクトルである．

$\lambda = 2$ の場合

$$(A-2)\begin{pmatrix} x \\ y \\ z \end{pmatrix} = \begin{pmatrix} -1 & -1 & -1 \\ -1 & -1 & -1 \\ 1 & 1 & 1 \end{pmatrix}\begin{pmatrix} x \\ y \\ z \end{pmatrix} = \begin{pmatrix} 0 \\ 0 \\ 0 \end{pmatrix}$$

を解いて，$x+y+z=0$．よって

$$\begin{pmatrix} x \\ y \\ z \end{pmatrix} = \begin{pmatrix} -y-z \\ y \\ z \end{pmatrix} = y\begin{pmatrix} -1 \\ 1 \\ 0 \end{pmatrix} + z\begin{pmatrix} -1 \\ 0 \\ 1 \end{pmatrix}, \quad (y,z) \neq (0,0)$$

が固有値 2 に対応する固有ベクトルである．この場合は，重解の固有値 2 に対応する 1 次独立な固有ベクトルは 2 つある． ■

例題 5.8　$A = \begin{pmatrix} 0 & 1 & -1 \\ -2 & 3 & -1 \\ -1 & 1 & 1 \end{pmatrix}$ の固有値と固有ベクトルを求めよ．

解答　A の固有多項式は，

$$\begin{aligned} |A-\lambda| &= \begin{vmatrix} -\lambda & 1 & -1 \\ -2 & 3-\lambda & -1 \\ -1 & 1 & 1-\lambda \end{vmatrix} = \begin{vmatrix} 1 & -1 & \lambda-1 \\ -2 & 3-\lambda & -1 \\ -\lambda & 1 & -1 \end{vmatrix} = \begin{vmatrix} 1 & -1 & \lambda-1 \\ 0 & 1-\lambda & 2\lambda-3 \\ 0 & 1-\lambda & \lambda^2-\lambda-1 \end{vmatrix} \\ &= \begin{vmatrix} 1-\lambda & 2\lambda-3 \\ 1-\lambda & \lambda^2-\lambda-1 \end{vmatrix} = (1-\lambda)\begin{vmatrix} 1 & 2\lambda-3 \\ 1 & \lambda^2-\lambda-1 \end{vmatrix} \\ &= (1-\lambda)(\lambda^2-3\lambda+2) = (1-\lambda)^2(2-\lambda) \end{aligned}$$

であるから A の固有値は $\lambda = 1$ (重解), 2 である．

$\lambda = 1$ の場合

$$(A-1)\begin{pmatrix} x \\ y \\ z \end{pmatrix} = \begin{pmatrix} -1 & 1 & -1 \\ -2 & 2 & -1 \\ -1 & 1 & 0 \end{pmatrix}\begin{pmatrix} x \\ y \\ z \end{pmatrix} = \begin{pmatrix} 0 \\ 0 \\ 0 \end{pmatrix}$$

を解く．

$$\left(\begin{array}{ccc|c} -1 & 1 & -1 & 0 \\ -2 & 2 & -1 & 0 \\ -1 & 1 & 0 & 0 \end{array}\right) \xrightarrow[{[3]\times(-1)\leftrightarrow[1]}]{} \left(\begin{array}{ccc|c} 1 & -1 & 0 & 0 \\ -2 & 2 & -1 & 0 \\ -1 & 1 & -1 & 0 \end{array}\right) \xrightarrow[{\substack{[1]\times 2+[2] \\ [1]+[3]}}]{} \left(\begin{array}{ccc|c} 1 & -1 & 0 & 0 \\ 0 & 0 & -1 & 0 \\ 0 & 0 & -1 & 0 \end{array}\right)$$

より 変数を復活させて

$$\begin{cases} x - y = 0 \\ -z = 0 \end{cases}$$

となる．よって

$$\begin{pmatrix} x \\ y \\ z \end{pmatrix} = \begin{pmatrix} y \\ y \\ 0 \end{pmatrix} = y \begin{pmatrix} 1 \\ 1 \\ 0 \end{pmatrix}, \quad y \neq 0$$

が固有値 1 に対応する固有ベクトルである．この場合は，重解の固有値 1 に対応する 1 次独立な固有ベクトルは 1 つしかない．

$\lambda = 2$ の場合

$$(A-2)\begin{pmatrix} x \\ y \\ z \end{pmatrix} = \begin{pmatrix} -2 & 1 & -1 \\ -2 & 1 & -1 \\ -1 & 1 & -1 \end{pmatrix}\begin{pmatrix} x \\ y \\ z \end{pmatrix} = \begin{pmatrix} 0 \\ 0 \\ 0 \end{pmatrix}$$

を解く．

$$\left(\begin{array}{ccc|c} -2 & 1 & -1 & 0 \\ -2 & 1 & -1 & 0 \\ -1 & 1 & -1 & 0 \end{array}\right) \xrightarrow[{[3]\times(-1)\leftrightarrow[1]}]{} \left(\begin{array}{ccc|c} 1 & -1 & 1 & 0 \\ -2 & 1 & -1 & 0 \\ -2 & 1 & -1 & 0 \end{array}\right) \xrightarrow[\substack{[2]\times(-1)+[3] \\ [1]\times 2+[2]}]{} \left(\begin{array}{ccc|c} 1 & -1 & 1 & 0 \\ 0 & -1 & 1 & 0 \\ 0 & 0 & 0 & 0 \end{array}\right)$$
$$\xrightarrow[{[2]\times(-1)+[1]}]{} \left(\begin{array}{ccc|c} 1 & 0 & 0 & 0 \\ 0 & -1 & 1 & 0 \\ 0 & 0 & 0 & 0 \end{array}\right)$$

より 変数を復活させて

$$\begin{cases} x = 0 \\ -y + z = 0 \end{cases}$$

となる．よって

$$\begin{pmatrix} x \\ y \\ z \end{pmatrix} = \begin{pmatrix} 0 \\ z \\ z \end{pmatrix} = z \begin{pmatrix} 0 \\ 1 \\ 1 \end{pmatrix}, \quad z \neq 0$$

が固有値 2 に対応する固有ベクトルである． ■

問 5.1　次の行列の固有値と固有ベクトルを求めよ．

$$(1)\ \begin{pmatrix} 1 & 1 \\ 0 & 1 \end{pmatrix} \quad (2)\ \begin{pmatrix} 2 & 5 \\ 4 & 1 \end{pmatrix} \quad (3)\ \begin{pmatrix} 1 & 3 \\ -2 & -4 \end{pmatrix}$$

問 5.2　次の行列の固有値と固有ベクトルを求めよ．

$$(1)\ \begin{pmatrix} 3 & 0 & 3 \\ 0 & 1 & 0 \\ 3 & 0 & 3 \end{pmatrix} \quad (2)\ \begin{pmatrix} 0 & 1 & 1 \\ 1 & 0 & 1 \\ 1 & 1 & 0 \end{pmatrix} \quad (3)\ \begin{pmatrix} 0 & 1 & 2 \\ 0 & 0 & 3 \\ 0 & 0 & 0 \end{pmatrix}$$
$$(4)\ \begin{pmatrix} 2 & 2 & 6 \\ -1 & -2 & -4 \\ 1 & 1 & 3 \end{pmatrix} \quad (5)\ \begin{pmatrix} 6 & -3 & -7 \\ -1 & 2 & 1 \\ 5 & -3 & -6 \end{pmatrix} \quad (6)\ \begin{pmatrix} 3 & 2 & -2 \\ -5 & -4 & 2 \\ -3 & -3 & 4 \end{pmatrix}$$

問 5.3 $\begin{pmatrix} -3 & -2 & -2 & 1 \\ 2 & 3 & 2 & 0 \\ 3 & 1 & 2 & -1 \\ -4 & -2 & -2 & 2 \end{pmatrix}$ の固有値と固有ベクトルを求めよ．

5.2 3角化と固有値への応用

本節では正方行列 A に対して適当な正則行列 Q を選べば，$Q^{-1}AQ$ が3角行列になることを学ぶ．その応用としてフロベニウスの定理，ハミルトン・ケーリーの定理を学ぶ．

次の形の正方行列

$$\begin{pmatrix} a_{11} & & * \\ & \ddots & \\ \text{\huge 0} & & a_{nn} \end{pmatrix}$$

を**上3角行列**，また

$$\begin{pmatrix} a_{11} & & \text{\huge 0} \\ & \ddots & \\ * & & a_{nn} \end{pmatrix}$$

という形の行列を**下3角行列**という．上3角行列と下3角行列を総称して**3角行列**という．3角行列の行列式，固有値などは簡単に求めることができる．

例題 5.9 $A = (a_{ij}), B = (b_{ij})$ を n 次上3角行列とする．このとき次を示せ．

(1) AB は上3角行列で，$(AB)_{ii} = a_{ii}b_{ii}$ である．

(2) A が正則であるための必要十分条件は，$a_{11}a_{22}\cdots a_{nn} \neq 0$ であり，このとき A^{-1} は $\begin{pmatrix} a_{11}^{-1} & & * \\ & \ddots & \\ \text{\huge 0} & & a_{nn}^{-1} \end{pmatrix}$ という形の上3角行列である．

証明 (1) $i > j$ とする．$a_{ik} = 0 (k < i), b_{kj} = 0 (k \geqq i > j)$ より AB の (i,j) 成分は $\sum_{k=1}^{n} a_{ik}b_{kj} = \sum_{k=i}^{n} a_{ik}b_{kj} = 0$ である．よって AB は上3角行列である．また $b_{ki} = 0 (k > i)$ より

$$(AB)_{ii} = \sum_{k=1}^{n} a_{ik}b_{ki} = \sum_{k=i}^{n} a_{ik}b_{ki} = a_{ii}b_{ii}$$

である．

(2) 行列式の性質から $|A| = a_{11}a_{22}\cdots a_{nn}$ がわかる．よって定理 4.11 から，A が正則であるための必要十分条件は，$a_{11}a_{22}\cdots a_{nn} \neq 0$ である．この条件が満たされているとする．このとき上3角行列 B で $AB = E$ となるものがあることを示す．逆行列は唯一つに定まるから，これで逆行列も上3角行列であることがいえる．$i > j$ のとき，$(AB)_{ij} = 0 = \delta_{ij}$ は (1) より成り立つ．$i = j$ のときは，$1 = (AB)_{ii} = a_{ii}b_{ii}$ より $b_{ii} = a_{ii}^{-1}$ と定まる．$i < j$ のときは，

$$0 = E_{ij} = (AB)_{ij} = \sum_{k=1}^{n} a_{ik}b_{kj} = \sum_{k=i}^{j} a_{ik}b_{kj} = a_{ii}b_{ij} + \sum_{k=i+1}^{j} a_{ik}b_{kj}$$

より

$$b_{ij} = -a_{ii}^{-1} \sum_{k=i+1}^{j} a_{ik} b_{kj}$$

となる．これより $b_{jj} = a_{jj}^{-1}$ から始まり，$b_{j-1,j}, b_{j-2,j}, \cdots, b_{i+1,j}$ まで定まれば，b_{ij} が決まることがわかる．よって上3角行列 B で $AB = E$ となるものがあり，その対角成分は $a_{ii}^{-1}(i = 1, 2, \cdots, n)$ である．以上から (2) が示された． ■

定理 5.10　上3角行列 $A = \begin{pmatrix} a_{11} & & * \\ & \ddots & \\ \text{\huge 0} & & a_{nn} \end{pmatrix}$ に対して次が成り立つ．

(1) A の固有値は $a_{11}, ..., a_{nn}$ である．

(2) $P(x) = c_r x^r + \cdots + c_1 x + c_0$ とすれば $P(A) = c_r A^r + \cdots + c_1 A + c_0 E$ も上3角行列で等式 $P(A) = \begin{pmatrix} P(a_{11}) & & * \\ & \ddots & \\ \text{\huge 0} & & P(a_{nn}) \end{pmatrix}$ が成り立つ．

(3) $P(A)$ の固有値は $P(a_{11}), ..., P(a_{nn})$ である．

証明　行列式の性質から A の固有多項式は

$$\begin{aligned} |A - \lambda| &= \begin{vmatrix} a_{11}-\lambda & & * \\ & \ddots & \\ \text{\huge 0} & & a_{nn}-\lambda \end{vmatrix} = (a_{11}-\lambda) \begin{vmatrix} a_{22}-\lambda & & * \\ & \ddots & \\ \text{\huge 0} & & a_{nn}-\lambda \end{vmatrix} \\ &= (a_{11}-\lambda)(a_{22}-\lambda)\cdots(a_{nn}-\lambda) \end{aligned}$$

となるから，A の固有値は固有方程式 $(a_{11}-\lambda)(a_{22}-\lambda)\cdots(a_{nn}-\lambda) = 0$ を解いて $\lambda = a_{11}, ..., a_{nn}$ となる．よって (1) が証明できた．次に (2) を示す．例題 5.9(1) から，
$A^r = \begin{pmatrix} a_{11}^r & & * \\ & \ddots & \\ \text{\huge 0} & & a_{nn}^r \end{pmatrix}$ の形であることがわかる．これより

$$\begin{aligned} P(A) &= c_r A^r + \cdots + c_1 A + c_0 E \\ &= c_r \begin{pmatrix} a_{11}^r & & * \\ & \ddots & \\ \text{\huge 0} & & a_{nn}^r \end{pmatrix} + \cdots + c_1 \begin{pmatrix} a_{11} & & * \\ & \ddots & \\ \text{\huge 0} & & a_{nn} \end{pmatrix} + c_0 \begin{pmatrix} 1 & & \text{\huge 0} \\ & \ddots & \\ \text{\huge 0} & & 1 \end{pmatrix} \\ &= \begin{pmatrix} c_r a_{11}^r + \cdots + c_1 a_{11} + c_0 & & * \\ & \ddots & \\ \text{\huge 0} & & c_r a_{nn}^r + \cdots + c_1 a_{nn} + c_0 \end{pmatrix} = \begin{pmatrix} P(a_{11}) & & * \\ & \ddots & \\ \text{\huge 0} & & P(a_{nn}) \end{pmatrix} \end{aligned}$$

となる．これで (2) が示された．(3) は (1) と (2) から導かれる． ■

● **例 5.11**　$A = \begin{pmatrix} 5 & 1 & 2 \\ 0 & -2 & 4 \\ 0 & 0 & 3 \end{pmatrix}$ の固有値は $5, -2, 3$ である．$P(x) = x^3 - 2x^2 - 5x + 3$ とすれば行列 $P(A) = A^3 - 2A^2 - 5A + 3E$ の固有値は

$$P(5) = 5^3 - 2 \times 5^2 - 5 \times 5 + 3 = 53,$$
$$P(-2) = (-2)^3 - 2(-2)^2 - 5(-2) + 3 = -3,$$
$$P(3) = 3^3 - 2 \times 3^2 - 5 \times 3 + 3 = -3$$

より $53, -3$（重解）となる．

> **定理 5.12**　P を n 次正則行列とし n 次正方行列 A の固有値を $\lambda_1, ..., \lambda_n$ とする．このとき $P^{-1}AP$ の固有値も $\lambda_1, ..., \lambda_n$ である．

証明　$P^{-1}AP - \lambda = P^{-1}AP - \lambda P^{-1}P = P^{-1}(A - \lambda)P$ なので，$|AB| = |A||B|, |A^{-1}| = |A|^{-1}$ より（定理 A.22, A.27），$|P^{-1}AP - \lambda| = |A - \lambda|$ となり，$P^{-1}AP$ と A の固有多項式が等しいことがわかる．ゆえに固有方程式の解が固有値だったから $P^{-1}AP$ と A の固有値が等しい．■

定理 5.10 でみたように上 3 角行列の固有値は容易に求めることができる．一般の行列も上 3 角行列にうまく変形できれば行列の固有値を知るうえで非常に便利である．実は次の定理が成り立つ．

> **定理 5.13**　(1) n 次正方行列 A に対して正則行列 Q で $Q^{-1}AQ$ が上 3 角行列になるものが存在する．つまり $Q^{-1}AQ = \begin{pmatrix} \lambda_1 & & * \\ & \ddots & \\ \text{\Large 0} & & \lambda_n \end{pmatrix}$.
> (2) 右辺の上 3 角行列の対角成分 $\lambda_1, ..., \lambda_n$ は A の固有値全体に等しい．
> (3) n 次正方行列 A の固有値を $\lambda_1, ..., \lambda_n$ とすると，
> $$|A| = \lambda_1\lambda_2 \cdots \lambda_n, \quad \mathrm{Tr}(A) = \lambda_1 + \lambda_2 + \cdots + \lambda_n$$
> が成り立つ．

証明　(1) の証明は，定理 C.16 をみよ．

(2) を示す．上 3 角行列 $Q^{-1}AQ$ の固有値は対角成分 $\lambda_1, ..., \lambda_n$ であり，A と 上 3 角行列 $Q^{-1}AQ$ の固有値は等しいから $\lambda_1, ..., \lambda_n$ は A の固有値に等しいことがわかる．

(3) は，(1), (2) より $Q^{-1}AQ = \begin{pmatrix} \lambda_1 & & * \\ & \ddots & \\ \text{\Large 0} & & \lambda_n \end{pmatrix}$ と 3 角化できるから，右辺の行列を B とすると

$$|A| = |Q^{-1}||A||Q| = |Q^{-1}AQ| = |B| = \lambda_1\lambda_2 \cdots \lambda_n,$$
$$\mathrm{Tr}(A) = \mathrm{Tr}(QQ^{-1}A) = \mathrm{Tr}(Q^{-1}AQ) = \mathrm{Tr}(B) = \lambda_1 + \lambda_2 + \cdots + \lambda_n$$

がえられる．ここでトレースの性質 $\mathrm{Tr}(AB) = \mathrm{Tr}(BA)$ を用いた．■

定理 5.14　正方行列 A に対して適当な正則行列 Q で $Q^{-1}AQ = \begin{pmatrix} \lambda_1 & & * \\ & \ddots & \\ \text{\huge 0} & & \lambda_n \end{pmatrix}$ のように上 3 角行列へ変形することを A の **3 角化**といい A は Q で **3 角化される**という.

次の定理は**フロベニウスの定理** といわれている.

定理 5.15　n 次正方行列 A の固有値を $\lambda_1, ..., \lambda_n$ とする. $P(x)$ を x の多項式とすれば $P(A)$ の固有値は $P(\lambda_1), ..., P(\lambda_n)$ である.

証明　A の 3 角化が $Q^{-1}AQ = \begin{pmatrix} \lambda_1 & & * \\ & \ddots & \\ \text{\huge 0} & & \lambda_n \end{pmatrix}$ であったとする. $P(A) = c_r A^r + \cdots + c_1 A + c_0 E$ としよう. $Q^{-1}A^rQ = \underbrace{Q^{-1}AQ \cdot Q^{-1}AQ \cdots Q^{-1}AQ}_{r\text{ 個}} = (Q^{-1}AQ)^r$ であるから,

$$
\begin{aligned}
Q^{-1}P(A)Q &= Q^{-1}(c_rA^r + \cdots + c_1A + c_0E)Q = c_r(Q^{-1}AQ)^r + \cdots + c_1(Q^{-1}AQ) + c_0E \\
&= P(Q^{-1}AQ) = \begin{pmatrix} P(\lambda_1) & & * \\ & \ddots & \\ \text{\huge 0} & & P(\lambda_n) \end{pmatrix}
\end{aligned}
$$

となる. $Q^{-1}P(A)Q$ の固有値全体は $P(A)$ の固有値全体と等しく, 上 3 角行列 $\begin{pmatrix} P(\lambda_1) & & * \\ & \ddots & \\ \text{\huge 0} & & P(\lambda_n) \end{pmatrix}$ の固有値は $P(\lambda_1)$, ..., $P(\lambda_n)$ であるから結局 $P(A)$ の固有値が $P(\lambda_1), ..., P(\lambda_n)$ となることがわかる. ■

次の定理は**ハミルトン・ケーリーの定理** とよばれている.

定理 5.16　n 次正方行列 A に対して $\phi_A(\lambda) = |A - \lambda|$ とおけば $\phi_A(A) = O$ が成り立つ.

証明　A の固有値を $\lambda_1, ..., \lambda_n$ とし, A の 3 角化を $Q^{-1}AQ = B = \begin{pmatrix} \lambda_1 & & * \\ & \ddots & \\ \text{\huge 0} & & \lambda_n \end{pmatrix}$ とする. 固有多項式は $\phi_A(\lambda) = (\lambda_1 - \lambda)(\lambda_2 - \lambda)\cdots(\lambda_n - \lambda)$ である. $A = (\boldsymbol{a}_1, \cdots, \boldsymbol{a}_n)$ と n 個の行ベクトルで表すとき, $A\boldsymbol{e}_j = \boldsymbol{a}_j$ となる. よって B の 3 角化の形から, $(\lambda_1 - B)\boldsymbol{e}_1 = \boldsymbol{0}$ がわかる. 次に $(\lambda_2 - B)\boldsymbol{e}_2 = c_1\boldsymbol{e}_1$ の形なので, $(\lambda_1 - B)(\lambda_2 - B)\boldsymbol{e}_2 = c_1(\lambda_1 - B)\boldsymbol{e}_1 = \boldsymbol{0}$ がわかる. これを繰り返す.

$$
(\lambda_1 - B)\cdots(\lambda_k - B)\boldsymbol{e}_k = \boldsymbol{0} \quad (k = 1, 2, \cdots, j-1)
$$

が成り立つと仮定すれば, $(\lambda_j - B)\boldsymbol{e}_j = \sum_{k=1}^{j-1} c_k\boldsymbol{e}_k$ の形であるから

$$(\lambda_1 - B)\cdots(\lambda_{j-1} - B)(\lambda_j - B)\boldsymbol{e}_j = \sum_{k=1}^{j-1} c_k(\lambda_1 - B)\cdots(\lambda_{j-1} - B)\boldsymbol{e}_k = \mathbf{0}$$

がいえる．以上から

$$\phi_A(B)\boldsymbol{e}_j = (\lambda_1 - B)(\lambda_2 - B)\cdots(\lambda_n - B)\boldsymbol{e}_j = \mathbf{0} \quad (j = 1, 2, \cdots, n)$$

がわかったので，$\phi_A(B) = O$ である．これより

$$\phi_A(A) = \phi_A(QBQ^{-1}) = Q\phi_A(B)Q^{-1} = QOQ^{-1} = O$$

となり定理が証明された．■

ハミルトン・ケーリーの公式に関する注意を与える．ハミルトン・ケーリーの公式は「$\phi_A(A) = |A - A| = |O| = 0$ より明らか」ではない．$\phi_A(A)$ は行列であり，$|O| = 0$ はスカラーなので等しくなりようがない．例えば $A = \begin{pmatrix} a & b \\ c & d \end{pmatrix}$ とすれば固有多項式は

$$\phi_A(\lambda) = \begin{vmatrix} a - \lambda & b \\ c & d - \lambda \end{vmatrix} = \lambda^2 - (a + d)\lambda + (ad - bc)$$

であるからハミルトン・ケーリーの定理は

$$\phi_A(A) = A^2 - (a + d)A + (ad - bc)E = O$$

が成り立つことを主張している．

例題 5.17　$A = \begin{pmatrix} 2 & -4 \\ 3 & -5 \end{pmatrix}$ とする．

(1) A^4 の固有値を求めよ．　(2) A^4 を求めよ．　(3) A^{-1} を A と E で表せ．

解答　(1) A の固有多項式は

$$|A - \lambda| = \begin{vmatrix} 2 - \lambda & -4 \\ 3 & -5 - \lambda \end{vmatrix} = \lambda^2 + 3\lambda + 2 = (\lambda + 1)(\lambda + 2)$$

であるから A の固有値が $\lambda = -1, -2$ であることがわかる．フロベニウスの定理から A^4 の固有値は $(-1)^4 = 1$, $(-2)^4 = 16$ となる．

(2) ハミルトン・ケーリーの定理より

$$\phi_A(A) = A^2 + 3A + 2E = O \qquad \cdots(*)$$

が成り立つ．$\lambda^4 = (\lambda^2 + 3\lambda + 2)(\lambda^2 - 3\lambda + 7) - 15\lambda - 14$ なので $(*)$ より

$$A^4 = (A^2 + 3A + 2E)(A^2 - 3A + 7E) - 15A - 14E = -15A - 14E = \begin{pmatrix} -44 & 60 \\ -45 & 61 \end{pmatrix}$$

となる．

(3)A は 0 を固有値にもたないので正則行列である．(∗) の両辺の左から A^{-1} をかければ $A+3E+2A^{-1}=O$ なので

$$A^{-1}=-\frac{1}{2}(A+3E)$$

と表せる． ■

問 5.4　$A=\begin{pmatrix}1 & -1\\ 2 & 3\end{pmatrix}$, $f(x)=3x^4-10x^3+6x^2+15x-2$ とする．

(1) $f(A)$ の固有値を求めよ．　(2)$f(A)$ を求めよ．　(3)A^{-1} を A と E で表せ．

問 5.5　$A=\begin{pmatrix}2 & -18 & -6\\ 4 & 0 & 4\\ -6 & 9 & -2\end{pmatrix}$, $f(x)=2x^5-x^4-7x^2-3x-3$ とする．

(1) $f(A)$ の固有値を求めよ．　(2) $f(A)$ を求めよ．

第 6 章 対角化とその応用

前章では，任意の正方行列 A は，適当な正則行列 Q をみつけて，$Q^{-1}AQ$ を 3 角行列にできることを学んだ．本章ではさらに $Q^{-1}AQ$ を対角行列にする方法を学び，対角化できないときは，ジョルダン標準形にするやり方も学ぶ．ここでは，マニュアル化されている計算に慣れることを目標とする．応用として A^n や行列の指数関数を計算する．

6.1 標準形への手続き（ハウ・ツー）

6.1.1 固有値が 2 重根をもつときのジョルダン標準形の求め方

定義 6.1 正方行列 A が適当な正則行列 Q で $Q^{-1}AQ = \begin{pmatrix} \lambda_1 & & 0 \\ & \ddots & \\ 0 & & \lambda_n \end{pmatrix}$ のように対角行列へ変形できるとき A は **対角化可能**といい，A は Q で**対角化される**という．

任意の正方行列はいつでも 3 角化できた．しかし残念なことに全ての正方行列が，対角化可能とは限らない．

例題 6.2 $A = \begin{pmatrix} a & 1 \\ 0 & a \end{pmatrix}$ は対角化できないことを示せ．

証明 正則行列 Q をみつけて $Q^{-1}AQ = \begin{pmatrix} b & 0 \\ 0 & c \end{pmatrix}$ と対角化できたとする．このとき両辺の行列式とトレースをとれば，

$$a^2 = |A| = |Q^{-1}AQ| = bc, \quad 2a = \mathrm{Tr}(A) = \mathrm{Tr}(Q^{-1}AQ) = b + c$$

がえられる．2 式から c を消去して，$a^2 = b(2a-b) \Longrightarrow (a-b)^2 = 0$ なので $b = a$ となる．同様に，$c = a$ もわかる．よって $\begin{pmatrix} a & 1 \\ 0 & a \end{pmatrix} = A = Q \begin{pmatrix} a & 0 \\ 0 & a \end{pmatrix} Q^{-1} = \begin{pmatrix} a & 0 \\ 0 & a \end{pmatrix}$ より $(1,2)$ 成分を比較して，$1 = 0$ の矛盾が起きる． ■

$\begin{pmatrix} a & 1 \\ 0 & a \end{pmatrix}$ は ジョルダン行列とよばれる．対角行列の次に簡単な形の行列とみなされている．さて行列を対角化する手続きは次のように行う．

[1] n 次正方行列 A の固有方程式 $|A - \lambda| = 0$ を解き，相異なる固有値 $\lambda_1, \cdots, \lambda_l\ (l \leqq n)$ を求める．λ_j の重複度を $m_j\ (m_1 + \cdots + m_l = n)$ とする．

[2] 各固有値 λ_j に対して $(A - \lambda_j)\boldsymbol{x} = \boldsymbol{0}$ を解き，対応する固有ベクトルを全て求める．

[3] 各固有値 λ_j に対して m_j 個の1次独立な固有ベクトル

$$\boldsymbol{x}_1^{(j)}, \boldsymbol{x}_2^{(j)}, \cdots, \boldsymbol{x}_{m_j}^{(j)}$$

が存在することが，対角化可能であるための必要十分条件である（定理 C.9）.

[4] [3] で $n(= m_1 + \cdots + m_l)$ 個の1次独立な固有ベクトルがあるとき，それらを一列に並べて n 次正方行列

$$Q = (\boldsymbol{x}_1^{(1)}, \cdots, \boldsymbol{x}_{m_1}^{(1)}, \cdots, \boldsymbol{x}_1^{(l)}, \cdots, \boldsymbol{x}_{m_l}^{(l)})$$

を作ると Q は正則とわかる（例題 B.61，定理 C.7）．このとき A は次のように対角化される.

$$Q^{-1}AQ = \begin{pmatrix} \overbrace{\lambda_1 \quad \ddots \quad \lambda_1}^{m_1} & & \\ & \ddots & \\ & & \overbrace{\lambda_l \quad \ddots \quad \lambda_l}^{m_l} \end{pmatrix}.$$

実は，異なる固有値に対応する固有ベクトルは1次独立であることが知られている（定理 C.7）．特に A が n 個の異なる固有値をもつならば，A は対角化可能である（定理 C.8）.

● **例 6.3**　$n=2$ の場合，次の計算から，固有ベクトルから対角化ができる様子がわかるであろう．$A\boldsymbol{q}_1 = \alpha\boldsymbol{q}_1$, $A\boldsymbol{q}_2 = \beta\boldsymbol{q}_2$, $\boldsymbol{q}_1 = \begin{pmatrix} x \\ y \end{pmatrix}$, $\boldsymbol{q}_2 = \begin{pmatrix} u \\ v \end{pmatrix}$ とする．このとき $Q = (\boldsymbol{q}_1, \boldsymbol{q}_2)$ とおくと

$$AQ = A(\boldsymbol{q}_1, \boldsymbol{q}_2) = (A\boldsymbol{q}_1, A\boldsymbol{q}_2) = (\alpha\boldsymbol{q}_1, \beta\boldsymbol{q}_2) = \begin{pmatrix} \alpha x & \beta u \\ \alpha y & \beta v \end{pmatrix} = \begin{pmatrix} x & u \\ y & v \end{pmatrix}\begin{pmatrix} \alpha & 0 \\ 0 & \beta \end{pmatrix} = Q\begin{pmatrix} \alpha & 0 \\ 0 & \beta \end{pmatrix}$$

となる．よって Q が正則ならば，$Q^{-1}AQ = \begin{pmatrix} \alpha & 0 \\ 0 & \beta \end{pmatrix}$ がえられる.

一方，上の手続き [3] からわかるように，固有値の重複度と同じ数の1次独立な固有ベクトルが存在しないときは，対角化はできない．そのときは**ジョルダン標準形**とよばれる形に変形することができる.

定義 6.4　(1) $J_n(a)$ によって，$n \times n$ 行列で対角成分が全て a，その1つ上の斜めの並び $(j, j+1)$ 成分 $(j = 1, 2, \cdots, n-1)$ が全て1，その他の成分が0であるものを表し，**ジョルダン細胞**とよぶ．つまり

$$J_n(a) = \begin{pmatrix} a & 1 & & \mathbf{0} & \\ & a & 1 & & \\ & & \ddots & \ddots & \\ & \mathbf{0} & & \ddots & 1 \\ & & & & a \end{pmatrix}.$$

(2) ジョルダン細胞 $J_{n_1}(a_1), J_{n_2}(a_2), \cdots, J_{n_l}(a_l)$ を対角部分に並べた $(n_1 + n_2 + \cdots + n_l)$ 次正方行列を**ジョルダン行列**という.

ジョルダン行列の例を示す．対角行列はジョルダン行列である．また

$$\begin{pmatrix} J_2(a) & & \\ & J_4(b) & \\ & & J_1(c) \end{pmatrix} = \left(\begin{array}{cc|cccc|c} a & 1 & 0 & 0 & 0 & 0 & 0 \\ 0 & a & 0 & 0 & 0 & 0 & 0 \\ \hline 0 & 0 & b & 1 & 0 & 0 & 0 \\ 0 & 0 & 0 & b & 1 & 0 & 0 \\ 0 & 0 & 0 & 0 & b & 1 & 0 \\ 0 & 0 & 0 & 0 & 0 & b & 0 \\ \hline 0 & 0 & 0 & 0 & 0 & 0 & c \end{array}\right).$$

固有ベクトルだけで n 個の 1 次独立なベクトルは作れないので，対角行列にできるだけ近くなるように n 個の 1 次独立なベクトルを作るところが工夫のしどころである．まず，2 重根の固有値に対して対角化できないときの処方箋を述べよう．

[1] n 次正方行列 A の固有値 $\lambda_1 = \alpha$ が 2 重根で，対応する 1 次独立な固有ベクトルは $\boldsymbol{f}$ の 1 個だけであるとする．このとき

$$(A - \alpha)\boldsymbol{g} = \boldsymbol{f}$$

を満たす $\boldsymbol{g}$ が存在する（定理 C.29）．

[2] n 次正方行列 $Q = (\boldsymbol{f}, \boldsymbol{g}, \boldsymbol{x}_1^{(2)}, \cdots, \boldsymbol{x}_{m_l}^{(l)})$ を作ると Q が正則とわかる（例題 B.61，定理 C.7）．

[3] A は次のジョルダン標準形（定義 C.21）に変形できる．

$$Q^{-1}AQ = \left(\begin{array}{cc|ccc} \alpha & 1 & & & \\ 0 & \alpha & & & \\ \hline & & \lambda_2 & & \\ & & & \ddots & \\ & & & & \lambda_l \end{array}\right).$$

2 重根はいくつあっても同様に処理できる．

これより 2 次の正方行列 A は，正則行列 Q をみつけて $Q^{-1}AQ$ を $\begin{pmatrix} \alpha & 0 \\ 0 & \beta \end{pmatrix}$ か $\begin{pmatrix} \alpha & 1 \\ 0 & \alpha \end{pmatrix}$ のいずれかの形に変形できる．

例題 6.5 次の行列が対角化可能かどうか調べ，可能なものについては対角化し，できないものはジョルダン標準形を求めよ．

(1) $A = \begin{pmatrix} 1 & 0 \\ -4 & -1 \end{pmatrix}$ (2) $B = \begin{pmatrix} 1 & 0 & -1 \\ 1 & 2 & 1 \\ 2 & 2 & 3 \end{pmatrix}$ (3) $C = \begin{pmatrix} 1 & -1 & -1 \\ -1 & 1 & -1 \\ 1 & 1 & 3 \end{pmatrix}$ (4) $D = \begin{pmatrix} 0 & 1 & -1 \\ -2 & 3 & -1 \\ -1 & 1 & 1 \end{pmatrix}$

解答 (1) A の固有値は $\lambda = 1, -1$ であり互いに異なるから対角化可能である．

$\lambda = 1$ に対応する固有ベクトルは $t\begin{pmatrix} 1 \\ -2 \end{pmatrix}$, $t \neq 0$,

$\lambda = -1$ に対応する固有ベクトルは $t\begin{pmatrix}0\\1\end{pmatrix}$，$t \neq 0$

であるから $Q = \begin{pmatrix}1 & 0\\-2 & 1\end{pmatrix}$ とおけば，A を $Q^{-1}AQ = \begin{pmatrix}1 & 0\\0 & -1\end{pmatrix}$ と対角化できる．

(2) B の固有値は $\lambda = 1, 2, 3$ であり互いに異なるから対角化可能である．

$\lambda = 1$ に対応する固有ベクトルは $t\begin{pmatrix}1\\-1\\0\end{pmatrix}$，$t \neq 0$,

$\lambda = 2$ に対応する固有ベクトルは $t\begin{pmatrix}2\\-1\\-2\end{pmatrix}$，$t \neq 0$,

$\lambda = 3$ に対応する固有ベクトルは $t\begin{pmatrix}1\\-1\\-2\end{pmatrix}$，$t \neq 0$

であるから $Q = \begin{pmatrix}1 & 2 & 1\\-1 & -1 & -1\\0 & -2 & -2\end{pmatrix}$ とおけば，B を $Q^{-1}BQ = \begin{pmatrix}1 & 0 & 0\\0 & 2 & 0\\0 & 0 & 3\end{pmatrix}$ と対角化できる．

(3) C の固有値は $\lambda = 1, 2$ (重解) である．

$\lambda = 1$ に対応する固有ベクトルは $t\begin{pmatrix}-1\\-1\\1\end{pmatrix}$，$t \neq 0$,

2 重根$\lambda = 2$ に対応する固有ベクトルは $s\begin{pmatrix}-1\\1\\0\end{pmatrix} + t\begin{pmatrix}-1\\0\\1\end{pmatrix}$，$(s, t) \neq (0, 0)$

であるから 1 次独立な 2 つの固有ベクトルをもつことがわかる．よって C は対角化可能である．実際 $Q = \begin{pmatrix}-1 & -1 & -1\\-1 & 1 & 0\\1 & 0 & 1\end{pmatrix}$ とおけば，C を $Q^{-1}CQ = \begin{pmatrix}1 & 0 & 0\\0 & 2 & 0\\0 & 0 & 2\end{pmatrix}$ と対角化できる．

(4) D の固有値は $\lambda = 1$ (重解)$, 2$ である．

$\lambda = 2$ に対する固有ベクトルは $t\begin{pmatrix}0\\1\\1\end{pmatrix}$，$t \neq 0$,

2 重根 $\lambda = 1$ に対する固有ベクトルは $t\begin{pmatrix}1\\1\\0\end{pmatrix}$，$t \neq 0$

であるから D を対角化できない．ジョルダン標準形に直す手続きを実際に計算してみよう．
$\boldsymbol{f} = \begin{pmatrix}1\\1\\0\end{pmatrix}, \boldsymbol{h} = \begin{pmatrix}0\\1\\1\end{pmatrix}$ とおく．$(D-1)\boldsymbol{g} = \boldsymbol{f}$ を満たす $\boldsymbol{g}$ を求める．

$$\left(\begin{array}{ccc|c}-1 & 1 & -1 & 1\\-2 & 2 & -1 & 1\\-1 & 1 & 0 & 0\end{array}\right) \xrightarrow[{[3]\times(-1)\leftrightarrow[1]}]{} \left(\begin{array}{ccc|c}1 & -1 & 0 & 0\\-2 & 2 & -1 & 1\\-1 & 1 & -1 & 1\end{array}\right) \xrightarrow[{\substack{[1]\times 2+[2]\\ [1]+[3]}}]{} \left(\begin{array}{ccc|c}1 & -1 & 0 & 0\\0 & 0 & -1 & 1\\0 & 0 & -1 & 1\end{array}\right)$$

より変数を復活させて $\begin{cases} x-y=0 \\ -z=1 \end{cases}$ となる．よって $\begin{pmatrix} x \\ y \\ z \end{pmatrix} = \begin{pmatrix} y \\ y \\ -1 \end{pmatrix} = y\begin{pmatrix} 1 \\ 1 \\ 0 \end{pmatrix} + \begin{pmatrix} 0 \\ 0 \\ -1 \end{pmatrix}$ であるから $y=0$ として，$\boldsymbol{g} = \begin{pmatrix} 0 \\ 0 \\ -1 \end{pmatrix}$ にとる．このとき $Q = (\boldsymbol{f}, \boldsymbol{g}, \boldsymbol{h}) = \begin{pmatrix} 1 & 0 & 0 \\ 1 & 0 & 1 \\ 0 & -1 & 1 \end{pmatrix}$ とおき，逆行列 Q^{-1} を求める．

$$\left(\begin{array}{ccc|ccc} 1 & 0 & 0 & 1 & 0 & 0 \\ 1 & 0 & 1 & 0 & 1 & 0 \\ 0 & -1 & 1 & 0 & 0 & 1 \end{array}\right) \xrightarrow[{[3]\times(-1)}]{[1]\times(-1)+[2]} \left(\begin{array}{ccc|ccc} 1 & 0 & 0 & 1 & 0 & 0 \\ 0 & 0 & 1 & -1 & 1 & 0 \\ 0 & 1 & -1 & 0 & 0 & -1 \end{array}\right)$$

$$\xrightarrow[{[2]\leftrightarrow[3]}]{} \left(\begin{array}{ccc|ccc} 1 & 0 & 0 & 1 & 0 & 0 \\ 0 & 1 & -1 & 0 & 0 & -1 \\ 0 & 0 & 1 & -1 & 1 & 0 \end{array}\right) \xrightarrow[{[3]+[2]}]{} \left(\begin{array}{ccc|ccc} 1 & 0 & 0 & 1 & 0 & 0 \\ 0 & 1 & 0 & -1 & 1 & -1 \\ 0 & 0 & 1 & -1 & 1 & 0 \end{array}\right).$$

よって $Q^{-1} = \begin{pmatrix} 1 & 0 & 0 \\ -1 & 1 & -1 \\ -1 & 1 & 0 \end{pmatrix}$ である．以上より $Q^{-1}DQ$ を計算すると $Q^{-1}DQ = \left(\begin{array}{cc|c} 1 & 1 & 0 \\ 0 & 1 & 0 \\ \hline 0 & 0 & 2 \end{array}\right)$．■

行列の対角化は固有値の並べ方を除いて一意的である．それは，A と $Q^{-1}AQ$ の固有値が重複度も込めて一致しているからである．ただし，Q で固有ベクトルの並べ方を変えると，それに対応して固有値の並び方が変わる．

例題 6.6 $A = \begin{pmatrix} 3 & 1 & 2 & 0 \\ -1 & 1 & 0 & 1 \\ 0 & 0 & 3 & 1 \\ 0 & 0 & 0 & 3 \end{pmatrix}$ のジョルダン標準形を求めよ．

解答

$$|A-\lambda| = \left|\begin{array}{cc|cc} 3-\lambda & 1 & 2 & 0 \\ -1 & 1-\lambda & 0 & 1 \\ \hline 0 & 0 & 3-\lambda & 1 \\ 0 & 0 & 0 & 3-\lambda \end{array}\right| = \begin{vmatrix} 3-\lambda & 1 \\ -1 & 1-\lambda \end{vmatrix}\begin{vmatrix} 3-\lambda & 1 \\ 0 & 3-\lambda \end{vmatrix} = (\lambda-2)^2(3-\lambda)^2$$

となるから，固有値は $\lambda = 2, 3$ で，それぞれ 2 重根である，$\lambda = 2$ に対応する固有ベクトルは，$(A-2)\boldsymbol{x} = \boldsymbol{0}$, $\boldsymbol{x} = \begin{pmatrix} x \\ y \\ u \\ v \end{pmatrix}$ を解いて求める．

$$\left(\begin{array}{cccc|c} 1 & 1 & 2 & 0 & 0 \\ -1 & -1 & 0 & 1 & 0 \\ 0 & 0 & 1 & 1 & 0 \\ 0 & 0 & 0 & 1 & 0 \end{array}\right) \xrightarrow[{[4]\times(-1)+[3]}]{[4]\times(-1)+[2]} \left(\begin{array}{cccc|c} 1 & 1 & 2 & 0 & 0 \\ -1 & -1 & 0 & 0 & 0 \\ 0 & 0 & 1 & 0 & 0 \\ 0 & 0 & 0 & 1 & 0 \end{array}\right) \xrightarrow[{[3]\times(-2)+[1]}]{} \left(\begin{array}{cccc|c} 1 & 1 & 0 & 0 & 0 \\ -1 & -1 & 0 & 0 & 0 \\ 0 & 0 & 1 & 0 & 0 \\ 0 & 0 & 0 & 1 & 0 \end{array}\right)$$

より $x+y=0, u=0, v=0$. よって $\boldsymbol{x}=\begin{pmatrix} t \\ -t \\ 0 \\ 0 \end{pmatrix}=t\begin{pmatrix} 1 \\ -1 \\ 0 \\ 0 \end{pmatrix}$ となり，2重根なのに1個の1次独立な固有ベクトルしかもたないので，対角化はできない．そこで $\boldsymbol{f}=\begin{pmatrix} 1 \\ -1 \\ 0 \\ 0 \end{pmatrix}$ とおいて，$(A-2)\boldsymbol{g}=\boldsymbol{f}, \boldsymbol{g}=\begin{pmatrix} x \\ y \\ u \\ v \end{pmatrix}$ を解く．

$$\left(\begin{array}{cccc|c} 1 & 1 & 2 & 0 & 1 \\ -1 & -1 & 0 & 1 & -1 \\ 0 & 0 & 1 & 1 & 0 \\ 0 & 0 & 0 & 1 & 0 \end{array}\right) \xrightarrow[{[4]\times(-1)+[3]}]{{[4]\times(-1)+[2]}} \left(\begin{array}{cccc|c} 1 & 1 & 2 & 0 & 1 \\ -1 & -1 & 0 & 0 & -1 \\ 0 & 0 & 1 & 0 & 0 \\ 0 & 0 & 0 & 1 & 0 \end{array}\right) \xrightarrow{[3]\times(-2)+[1]} \left(\begin{array}{cccc|c} 1 & 1 & 0 & 0 & 1 \\ -1 & -1 & 0 & 0 & -1 \\ 0 & 0 & 1 & 0 & 0 \\ 0 & 0 & 0 & 1 & 0 \end{array}\right)$$

より $x+y=1, u=0, v=0$. よって $\boldsymbol{g}=\begin{pmatrix} t \\ -t+1 \\ 0 \\ 0 \end{pmatrix}$. そこで，例えば $t=0$ にとって $\boldsymbol{g}=\begin{pmatrix} 0 \\ 1 \\ 0 \\ 0 \end{pmatrix}$ とする．

固有値 $\lambda=3$ に対しても同じことをする．$(A-3)\boldsymbol{x}=\boldsymbol{0}, \boldsymbol{x}=\begin{pmatrix} x \\ y \\ u \\ v \end{pmatrix}$ を解く．

$$\left(\begin{array}{cccc|c} 0 & 1 & 2 & 0 & 0 \\ -1 & -2 & 0 & 1 & 0 \\ 0 & 0 & 0 & 1 & 0 \\ 0 & 0 & 0 & 0 & 0 \end{array}\right) \xrightarrow{[3]\times(-1)+[2]} \left(\begin{array}{cccc|c} 0 & 1 & 2 & 0 & 0 \\ -1 & -2 & 0 & 0 & 0 \\ 0 & 0 & 0 & 1 & 0 \\ 0 & 0 & 0 & 0 & 0 \end{array}\right)$$

より $y+2u=0, -x-2y=0, v=0$. よって $\boldsymbol{x}=\begin{pmatrix} 4s \\ -2s \\ s \\ 0 \end{pmatrix}=s\begin{pmatrix} 4 \\ -2 \\ 1 \\ 0 \end{pmatrix}$. 2重根なのに1個の1次独立な固有ベクトルしかもたないので，$\boldsymbol{h}=\begin{pmatrix} 4 \\ -2 \\ 1 \\ 0 \end{pmatrix}$ とおいて，$(A-3)\boldsymbol{w}=\boldsymbol{h}, \boldsymbol{w}=\begin{pmatrix} x \\ y \\ u \\ v \end{pmatrix}$ を解く．

$$\left(\begin{array}{cccc|c} 0 & 1 & 2 & 0 & 4 \\ -1 & -2 & 0 & 1 & -2 \\ 0 & 0 & 0 & 1 & 1 \\ 0 & 0 & 0 & 0 & 0 \end{array}\right) \xrightarrow{[3]\times(-1)+[2]} \left(\begin{array}{cccc|c} 0 & 1 & 2 & 0 & 4 \\ -1 & -2 & 0 & 0 & -3 \\ 0 & 0 & 0 & 1 & 1 \\ 0 & 0 & 0 & 0 & 0 \end{array}\right)$$

より $y+2u=4, -x-2y=-3, v=1$. よって $\boldsymbol{w}=\begin{pmatrix} 4s-5 \\ -2s+4 \\ s \\ 1 \end{pmatrix}$. そこで，例えば $s=2$ にとっ

て $\boldsymbol{w} = \begin{pmatrix} 3 \\ 0 \\ 2 \\ 1 \end{pmatrix}$ とする．このとき $Q = (\boldsymbol{f}, \boldsymbol{g}, \boldsymbol{h}, \boldsymbol{w}) = \begin{pmatrix} 1 & 0 & 4 & 3 \\ -1 & 1 & -2 & 0 \\ 0 & 0 & 1 & 2 \\ 0 & 0 & 0 & 1 \end{pmatrix}$ は正則になる．Q^{-1} を求めてみよう．

$$\left(\begin{array}{cccc|cccc} 1 & 0 & 4 & 3 & 1 & 0 & 0 & 0 \\ -1 & 1 & -2 & 0 & 0 & 1 & 0 & 0 \\ 0 & 0 & 1 & 2 & 0 & 0 & 1 & 0 \\ 0 & 0 & 0 & 1 & 0 & 0 & 0 & 1 \end{array}\right) \xrightarrow[{[1]+[2]}]{} \left(\begin{array}{cccc|cccc} 1 & 0 & 4 & 3 & 1 & 0 & 0 & 0 \\ 0 & 1 & 2 & 3 & 1 & 1 & 0 & 0 \\ 0 & 0 & 1 & 2 & 0 & 0 & 1 & 0 \\ 0 & 0 & 0 & 1 & 0 & 0 & 0 & 1 \end{array}\right)$$

$$\xrightarrow[\substack{[3]\times(-4)+[1] \\ [3]\times(-2)+[2]}]{} \left(\begin{array}{cccc|cccc} 1 & 0 & 0 & -5 & 1 & 0 & -4 & 0 \\ 0 & 1 & 0 & -1 & 1 & 1 & -2 & 0 \\ 0 & 0 & 1 & 2 & 0 & 0 & 1 & 0 \\ 0 & 0 & 0 & 1 & 0 & 0 & 0 & 1 \end{array}\right) \xrightarrow[\substack{[4]\times 5+[1] \\ [4]+[2],\ [4]\times(-2)+[3]}]{} \left(\begin{array}{cccc|cccc} 1 & 0 & 0 & 0 & 1 & 0 & -4 & 5 \\ 0 & 1 & 0 & 0 & 1 & 1 & -2 & 1 \\ 0 & 0 & 1 & 0 & 0 & 0 & 1 & -2 \\ 0 & 0 & 0 & 1 & 0 & 0 & 0 & 1 \end{array}\right)$$

より $Q^{-1} = \begin{pmatrix} 1 & 0 & -4 & 5 \\ 1 & 1 & -2 & 1 \\ 0 & 0 & 1 & -2 \\ 0 & 0 & 0 & 1 \end{pmatrix}$ である．以上より $Q^{-1}AQ = \left(\begin{array}{cc|cc} 2 & 1 & 0 & 0 \\ 0 & 2 & 0 & 0 \\ \hline 0 & 0 & 3 & 1 \\ 0 & 0 & 0 & 3 \end{array}\right)$ となる． ■

例題 6.7 実数を成分とする 2 次正方行列 A は，原点以外のある点 $\boldsymbol{p}$ を動かさないとする．つまり $A\boldsymbol{p} = \boldsymbol{p}, \boldsymbol{p} \neq \boldsymbol{0}$. このとき原点を通らないある直線 L があって，A は L の点を L の点に移す $(AL \subset L)$ ことを示せ．

証明 A の固有方程式は実係数の 2 次方程式で，1 つの固有値は 1 であるから他の固有値も実数である．そこで固有ベクトル等も全て実ベクトルにとれる．よってある実正則行列 Q をみつけて $Q^{-1}AQ$ が $\begin{pmatrix} 1 & 0 \\ 0 & a \end{pmatrix}$ $(a \in \mathbb{R})$，または $\begin{pmatrix} 1 & 1 \\ 0 & 1 \end{pmatrix}$ の形に直すことができる．すなわち基本ベクトルを $\boldsymbol{e}_1, \boldsymbol{e}_2$ とすると，(1) $AQ\boldsymbol{e}_1 = Q\boldsymbol{e}_1, AQ\boldsymbol{e}_2 = aQ\boldsymbol{e}_2$ または (2) $AQ\boldsymbol{e}_1 = Q\boldsymbol{e}_1, AQ\boldsymbol{e}_2 = Q\boldsymbol{e}_1 + Q\boldsymbol{e}_2$ が成り立っている．Q は正則なので，$Q\boldsymbol{e}_i \neq \boldsymbol{0}\,(i = 1, 2)$ である．よって (1) の場合は，原点を通らない直線 L を $\boldsymbol{x} = Q\boldsymbol{e}_1 + tQ\boldsymbol{e}_2 (t \in \mathbb{R})$ とすると，

$$A(Q\boldsymbol{e}_1 + tQ\boldsymbol{e}_2) = Q\boldsymbol{e}_1 + atQ\boldsymbol{e}_2$$

となるから，$AL \subset L$ が成り立つ．また (2) の場合は，原点を通らない直線 L_1 を $\boldsymbol{x} = Q\boldsymbol{e}_2 + tQ\boldsymbol{e}_1$ とすると，

$$A(Q\boldsymbol{e}_2 + tQ\boldsymbol{e}_1) = Q\boldsymbol{e}_1 + Q\boldsymbol{e}_2 + tQ\boldsymbol{e}_1 = Q\boldsymbol{e}_2 + (t+1)Q\boldsymbol{e}_1$$

となるから，$AL_1 = L_1$ が成り立つ． ■

例題 6.8　次の n 次正方行列が対角化可能かどうか調べ，可能なものについては対角化し，できないものはジョルダン標準形を求めよ．

(1) $A=(a_i\delta_{i+j,n+1})$．ここで $a_1\cdot\cdots\cdot a_n\neq 0$ とする．

(2) $B=(a_ib_j)$．ここで $a_1,\cdots,a_n$ の少なくともどれか一つは零ではない．また $b_1,\cdots,b_n$ の少なくともどれか一つは零ではない．

解答　(1) $n=2,3$ で試してみると，n 個の固有ベクトルを次のようにみつけることができる．$n=2m$ のとき，$\boldsymbol{e}_i$ を基本ベクトルとして

$$\boldsymbol{x}_i^{(\pm)}=a_i\boldsymbol{e}_i\pm\sqrt{a_ia_{2m+1-i}}\boldsymbol{e}_{2m+1-i}\quad(i=1,2,\cdots,m)$$

とおくと，$A\boldsymbol{e}_i=a_{n+1-i}\boldsymbol{e}_{n+1-i}$ から，

$$\begin{aligned}A\boldsymbol{x}_i^{(\pm)}&=a_iA\boldsymbol{e}_i\pm\sqrt{a_ia_{2m+1-i}}A\boldsymbol{e}_{2m+1-i}=a_i\cdot a_{2m+1-i}\boldsymbol{e}_{2m+1-i}\pm\sqrt{a_ia_{2m+1-i}}\cdot a_i\boldsymbol{e}_i\\&=\pm\sqrt{a_ia_{2m+1-i}}(a_i\boldsymbol{e}_i\pm\sqrt{a_ia_{2m+1-i}}\boldsymbol{e}_{2m+1-i})=\pm\sqrt{a_ia_{2m+1-i}}\cdot\boldsymbol{x}_i^{(\pm)}\end{aligned}$$

となる．また $n=2m+1$ のときは，

$$\boldsymbol{x}_i^{(\pm)}=a_i\boldsymbol{e}_i\pm\sqrt{a_ia_{2m+2-i}}\boldsymbol{e}_{2m+2-i}\quad(i=1,2,\cdots,m),\quad \boldsymbol{x}_{m+1}=a_{m+1}\boldsymbol{e}_{m+1}$$

とすれば，$A\boldsymbol{x}_i^{(\pm)}=\pm\sqrt{a_ia_{2m+2-i}}\cdot\boldsymbol{x}_i^{(\pm)}$ は上と同様に示すことができ，

$$A\boldsymbol{x}_{m+1}=a_{m+1}A\boldsymbol{e}_{m+1}=a_{m+1}\cdot a_{m+1}\boldsymbol{e}_{m+1}=a_{m+1}\boldsymbol{x}_{m+1}$$

もいえる．以上から n 個の1次独立な固有ベクトルが存在するから，A は対角化可能である．$Q=(\boldsymbol{x}_1^{(+)},\boldsymbol{x}_2^{(+)},\cdots,\boldsymbol{x}_{m-1}^{(-)},\boldsymbol{x}_m^{(-)})$ とおくと，Q は正則で，

$$Q^{-1}AQ=\begin{pmatrix}\sqrt{a_1a_n}&&&&\\&\sqrt{a_2a_{n-1}}&&&\\&&\ddots&&\\&&&-\sqrt{a_{n-1}a_2}&\\&&&&-\sqrt{a_na_1}\end{pmatrix}$$

となる．

(2) B は $\boldsymbol{x}=\begin{pmatrix}x_1\\\vdots\\x_n\end{pmatrix}$ に対して $B\boldsymbol{x}=\begin{pmatrix}a_1\\\vdots\\a_n\end{pmatrix}(b_1,\cdots,b_n)\begin{pmatrix}x_1\\\vdots\\x_n\end{pmatrix}=(\boldsymbol{b},\boldsymbol{x})\boldsymbol{a}$ と表されることに注意する．そこでまず B の固有値を求めよう．$B\boldsymbol{x}=\lambda\boldsymbol{x}$, $\boldsymbol{x}\neq\boldsymbol{0}$ とする．$B\boldsymbol{x}=(\boldsymbol{b},\boldsymbol{x})\boldsymbol{a}$ より $\lambda\boldsymbol{x}=(\boldsymbol{b},\boldsymbol{x})\boldsymbol{a}$ である．$\lambda\neq 0$ のときは $\boldsymbol{x}=k\boldsymbol{a}\,(k\neq 0)$ の形であるから上式に代入して $\lambda=(\boldsymbol{b},\boldsymbol{a})$ となる．よって $(\boldsymbol{b},\boldsymbol{a})\neq 0$ の場合は，零でない固有値は $\alpha=(\boldsymbol{b},\boldsymbol{a})$ で対応する1次独立な固有ベクトルは $\boldsymbol{a}$ 1個のみである．また零固有値に対応する固有ベクトルは，$(\boldsymbol{b},\boldsymbol{x})=0$ を満たすもので，その中で1次独立なベクトルは $n-1$ 個ある．実際，例えば $b_l\neq 0$ のときは，$b_1x_1+\cdots+b_nx_n=0$ を解けばよいから，

$$\boldsymbol{x}_i=b_l\boldsymbol{e}_i-b_i\boldsymbol{e}_l\quad(i=1,\cdots,l-1,l+1,\cdots,n)$$

である．以上より $(\boldsymbol{b}, \boldsymbol{a}) \neq 0$ の場合，B は対角化可能で，$Q = (\boldsymbol{a}, \boldsymbol{x}_1, \cdots, \boldsymbol{x}_{l-1}, \boldsymbol{x}_{l+1}, \cdots, \boldsymbol{x}_n)$ は正則で，$Q^{-1}BQ = \begin{pmatrix} \alpha & & & \\ & 0 & & \\ & & \ddots & \\ & & & 0 \end{pmatrix}$ となる．次に $(\boldsymbol{b}, \boldsymbol{a}) = 0$ の場合を考える．このときは零固有値のみで，対応する固有ベクトルで 1 次独立なものは $n-1$ 個しかないので対角化はできない．ジョルダン標準形は 2 重根の場合と同じように求めることができる．$\boldsymbol{c} = \frac{1}{|\boldsymbol{b}|^2}\boldsymbol{b}$ とおくと，$B\boldsymbol{c} = (\boldsymbol{b}, \frac{1}{|\boldsymbol{b}|^2}\boldsymbol{b})\boldsymbol{a} = \boldsymbol{a}$ である．また $B\boldsymbol{a} = (\boldsymbol{b}, \boldsymbol{a})\boldsymbol{a} = \boldsymbol{0}$ であるから $\boldsymbol{a}$ は零固有値に対応する固有ベクトルである．さらに固有ベクトル $\boldsymbol{y}_2, \cdots, \boldsymbol{y}_{n-1}$ を補って $\boldsymbol{a}, \boldsymbol{y}_2, \cdots, \boldsymbol{y}_{n-1}$ が 1 次独立な $n-1$ 個の（零固有値に対応する）固有ベクトルとなるようにすることができる（定理 B.25）．そこで $Q = (\boldsymbol{a}, \boldsymbol{c}, \boldsymbol{y}_2, \cdots, \boldsymbol{y}_{n-1})$ とおくと，

$$
\begin{aligned}
BQ &= (B\boldsymbol{a}, B\boldsymbol{c}, B\boldsymbol{y}_2, \cdots, B\boldsymbol{y}_{n-1}) = (\boldsymbol{0}, \boldsymbol{a}, \boldsymbol{0}, \cdots, \boldsymbol{0}) \\
&= (\boldsymbol{a}, \boldsymbol{c}, \boldsymbol{y}_2, \cdots, \boldsymbol{y}_{n-1}) \left(\begin{array}{cc|ccc} 0 & 1 & & & \\ & 0 & & & \\ \hline & & 0 & & \\ & & & \ddots & \\ & & & & 0 \end{array}\right)
\end{aligned}
$$

となる．さらに Q は正則である．実際，

$$
d_0\boldsymbol{a} + d_1\boldsymbol{c} + d_2\boldsymbol{y_2} + \cdots d_{n-1}\boldsymbol{y}_{n-1} = \boldsymbol{0} \qquad \cdots (*)
$$

の両辺に B を作用させると，$B\boldsymbol{a} = B\boldsymbol{y}_2 = \cdots = B\boldsymbol{y}_{n-1} = \boldsymbol{0}$, $B\boldsymbol{c} = \boldsymbol{a}$ より $d_1\boldsymbol{a} = \boldsymbol{0}$. ゆえに $d_1 = 0$ がわかる．$(*)$ に代入して

$$
d_0\boldsymbol{a} + d_2\boldsymbol{y_2} + \cdots d_{n-1}\boldsymbol{y}_{n-1} = \boldsymbol{0} \Longrightarrow d_0 = d_2 = \cdots = d_{n-1} = 0
$$

となって $\boldsymbol{a}, \boldsymbol{c}, \boldsymbol{y}_2, \cdots, \boldsymbol{y}_{n-1}$ は 1 次独立である．よって Q は正則とわかる（例題 B.61）．これより $Q^{-1}BQ = \left(\begin{array}{cc|ccc} 0 & 1 & & & \\ & 0 & & & \\ \hline & & 0 & & \\ & & & \ddots & \\ & & & & 0 \end{array}\right)$ となる． ■

6.1.2 固有値が 3 重根をもつときのジョルダン標準形の求め方

n 次正方行列 A の固有値 $\lambda_1 = \alpha$ が 3 重根であるとする．対角化できないのは，対応する 1 次独立な固有ベクトルの個数が，1 または 2 のときである．このときは次のようにすればよい（定理 C.30）．

● 1 次独立な固有ベクトルの個数が 1 個のとき

[1] $\boldsymbol{f}$ を 1 次独立な固有ベクトルとする．

$$
(A-\alpha)\boldsymbol{g} = \boldsymbol{f}, \quad (A-\alpha)\boldsymbol{h} = \boldsymbol{g}
$$

を満たす $\boldsymbol{g}, \boldsymbol{h}$ が存在する．

[2] n 次正方行列 $Q=(\boldsymbol{f},\boldsymbol{g},\boldsymbol{h},\boldsymbol{x}_1^{(2)},\cdots,\boldsymbol{x}_{m_l}^{(l)})$ が正則とわかる（例題 B.61，定理 C.7）.

[3] A は次のジョルダン標準形に変形できる.

$$Q^{-1}AQ=\left(\begin{array}{ccc|ccc}\alpha & 1 & & & & \\ 0 & \alpha & 1 & & & \\ 0 & 0 & \alpha & & & \\ \hline & & & \lambda_2 & & \\ & & & & \ddots & \\ & & & & & \lambda_l\end{array}\right).$$

● 1 次独立な固有ベクトルの個数が 2 個のとき

[1] $\boldsymbol{f},\boldsymbol{g}$ を 1 次独立な固有ベクトルとする.

$$(A-\alpha)\boldsymbol{h}=c_1\boldsymbol{f}+c_2\boldsymbol{g}$$

を満たす解 $\boldsymbol{h}$ が存在するように $(c_1,c_2)\neq(0,0)$ を決めることができる．そして

$$\widetilde{\boldsymbol{f}}=c_1\boldsymbol{f}+c_2\boldsymbol{g}$$

とおく．次に $\widetilde{\boldsymbol{f}},\widetilde{\boldsymbol{g}}$ が，固有値 α に対応する 1 次独立な固有ベクトルとなるように $\boldsymbol{f},\boldsymbol{g}$ の一次結合 $\widetilde{\boldsymbol{g}}$ を選ぶことができる.

[2] n 次正方行列 $Q=(\widetilde{\boldsymbol{f}},\boldsymbol{h},\widetilde{\boldsymbol{g}},\boldsymbol{x}_1^{(2)},\cdots,\boldsymbol{x}_{m_l}^{(l)})$ が正則とわかる（例題 B.61，定理 C.7）.

[3] A は次のジョルダン標準形に変形できる.

$$Q^{-1}AQ=\left(\begin{array}{cc|c|ccc}\alpha & 1 & 0 & & & \\ 0 & \alpha & 0 & & & \\ \hline 0 & 0 & \alpha & & & \\ \hline & & & \lambda_2 & & \\ & & & & \ddots & \\ & & & & & \lambda_l\end{array}\right).$$

3 重根はいくつあっても同様に処理できる．固有空間の次元だけでジョルダン標準形が簡単に決まるのは，固有値が 3 重根までの話である．4 重根の場合は，定理 C.31 をみよ．一般の場合は定理 C.26 の証明の中に，ジョルダン細胞の個数を A のべき乗のランクで表す公式があるが，使いやすいものではない.

例題 6.9　次の行列のジョルダン標準形を求めよ.

$$(1)\ A=\begin{pmatrix}3 & 1 & -1\\ -1 & 1 & 2\\ 0 & 0 & 2\end{pmatrix}\quad (2)\ B=\begin{pmatrix}0 & 2 & 1\\ -4 & 6 & 2\\ 4 & -4 & 0\end{pmatrix}$$

解答　(1) $|A-\lambda|=\begin{vmatrix}3-\lambda & 1 & -1\\ -1 & 1-\lambda & 2\\ 0 & 0 & 2-\lambda\end{vmatrix}=(2-\lambda)^3$ となるから，固有値は $\lambda=2$ で 3 重根で

ある．対応する固有ベクトル $\boldsymbol{x} = \begin{pmatrix} x \\ y \\ z \end{pmatrix}$ は，

$$(A-2|\mathbf{0}) = \left(\begin{array}{ccc|c} 1 & 1 & -1 & 0 \\ -1 & -1 & 2 & 0 \\ 0 & 0 & 0 & 0 \end{array}\right) \xrightarrow[{[1]+[2]}]{} \left(\begin{array}{ccc|c} 1 & 1 & -1 & 0 \\ 0 & 0 & 1 & 0 \\ 0 & 0 & 0 & 0 \end{array}\right) \xrightarrow[{[2]+[1]}]{} \left(\begin{array}{ccc|c} 1 & 1 & 0 & 0 \\ 0 & 0 & 1 & 0 \\ 0 & 0 & 0 & 0 \end{array}\right).$$

ゆえに $x+y=0$, $z=0$ より $\begin{pmatrix} x \\ y \\ z \end{pmatrix} = \begin{pmatrix} x \\ -x \\ 0 \end{pmatrix} = x\begin{pmatrix} 1 \\ -1 \\ 0 \end{pmatrix}$ である．3 重根なのに 1 個の 1 次独立な固有ベクトル $\boldsymbol{f} = \begin{pmatrix} 1 \\ -1 \\ 0 \end{pmatrix}$ しかもたない．よって $(A-2)\boldsymbol{g} = \boldsymbol{f}, (A-2)\boldsymbol{h} = \boldsymbol{g}$ を解く．

$$\left(\begin{array}{ccc|c} 1 & 1 & -1 & 1 \\ -1 & -1 & 2 & -1 \\ 0 & 0 & 0 & 0 \end{array}\right) \xrightarrow[{[1]+[2]}]{} \left(\begin{array}{ccc|c} 1 & 1 & -1 & 1 \\ 0 & 0 & 1 & 0 \\ 0 & 0 & 0 & 0 \end{array}\right) \xrightarrow[{[2]+[1]}]{} \left(\begin{array}{ccc|c} 1 & 1 & 0 & 1 \\ 0 & 0 & 1 & 0 \\ 0 & 0 & 0 & 0 \end{array}\right)$$

よって $x+y=1$, $z=0$ より $\begin{pmatrix} x \\ -x+1 \\ 0 \end{pmatrix}$ が解であるから $x=0$ として $\boldsymbol{g} = \begin{pmatrix} 0 \\ 1 \\ 0 \end{pmatrix}$ にとる．また

$$\left(\begin{array}{ccc|c} 1 & 1 & -1 & 0 \\ -1 & -1 & 2 & 1 \\ 0 & 0 & 0 & 0 \end{array}\right) \xrightarrow[{[1]+[2]}]{} \left(\begin{array}{ccc|c} 1 & 1 & -1 & 0 \\ 0 & 0 & 1 & 1 \\ 0 & 0 & 0 & 0 \end{array}\right) \xrightarrow[{[2]+[1]}]{} \left(\begin{array}{ccc|c} 1 & 1 & 0 & 1 \\ 0 & 0 & 1 & 1 \\ 0 & 0 & 0 & 0 \end{array}\right)$$

から $x+y=1$, $z=1$ となり，$\begin{pmatrix} x \\ -x+1 \\ 1 \end{pmatrix}$ が解であるから $x=0$ として $\boldsymbol{h} = \begin{pmatrix} 0 \\ 1 \\ 1 \end{pmatrix}$ にとる．このとき $Q = (\boldsymbol{f}, \boldsymbol{g}, \boldsymbol{h}) = \begin{pmatrix} 1 & 0 & 0 \\ -1 & 1 & 1 \\ 0 & 0 & 1 \end{pmatrix}$ は正則になる．Q^{-1} を求めてみよう．

$$\left(\begin{array}{ccc|ccc} 1 & 0 & 0 & 1 & 0 & 0 \\ -1 & 1 & 1 & 0 & 1 & 0 \\ 0 & 0 & 1 & 0 & 0 & 1 \end{array}\right) \xrightarrow[{[1]+[2]}]{} \left(\begin{array}{ccc|ccc} 1 & 0 & 0 & 1 & 0 & 0 \\ 0 & 1 & 1 & 1 & 1 & 0 \\ 0 & 0 & 1 & 0 & 0 & 1 \end{array}\right) \xrightarrow[{[3]\times(-1)+[2]}]{} \left(\begin{array}{ccc|ccc} 1 & 0 & 0 & 1 & 0 & 0 \\ 0 & 1 & 0 & 1 & 1 & -1 \\ 0 & 0 & 1 & 0 & 0 & 1 \end{array}\right)$$

より $Q^{-1} = \begin{pmatrix} 1 & 0 & 0 \\ 1 & 1 & -1 \\ 0 & 0 & 1 \end{pmatrix}$ である．以上より $Q^{-1}AQ = \begin{pmatrix} 2 & 1 & 0 \\ 0 & 2 & 1 \\ 0 & 0 & 2 \end{pmatrix}$ となる．

(2) $|B-\lambda| = (2-\lambda)^3$ となるから，固有値は $\lambda = 2$ で 3 重根である．固有ベクトル $\boldsymbol{x} = \begin{pmatrix} x \\ y \\ z \end{pmatrix}$ は，

$$(B-2|\mathbf{0}) = \left(\begin{array}{ccc|c} -2 & 2 & 1 & 0 \\ -4 & 4 & 2 & 0 \\ 4 & -4 & -2 & 0 \end{array}\right) \xrightarrow[{\substack{[1]\times(-2)+[2] \\ [1]\times 2+[3]}}]{} \left(\begin{array}{ccc|c} -2 & 2 & 1 & 0 \\ 0 & 0 & 0 & 0 \\ 0 & 0 & 0 & 0 \end{array}\right)$$

より $-2x+2y+z=0$ なので，$\begin{pmatrix} x \\ y \\ z \end{pmatrix} = \begin{pmatrix} x \\ y \\ 2x-2y \end{pmatrix} = x\begin{pmatrix} 1 \\ 0 \\ 2 \end{pmatrix} + y\begin{pmatrix} 0 \\ 1 \\ -2 \end{pmatrix}$．これより 2 個の 1

次独立な固有ベクトル $\boldsymbol{f} = \begin{pmatrix} 1 \\ 0 \\ 2 \end{pmatrix}, \boldsymbol{g} = \begin{pmatrix} 0 \\ 1 \\ -2 \end{pmatrix}$ しかもたないことがわかる．そこで $(B-2)\boldsymbol{h} = c_1\boldsymbol{f} + c_2\boldsymbol{g}$ が解をもつように，$(c_1, c_2) \neq (0,0)$ を決める．

$$\left(\begin{array}{ccc|c} -2 & 2 & 1 & c_1 \\ -4 & 4 & 2 & c_2 \\ 4 & -4 & -2 & 2c_1 - 2c_2 \end{array}\right) \xrightarrow[{[1]\times 2+[3]}]{[1]\times(-2)+[2]} \left(\begin{array}{ccc|c} -2 & 2 & 1 & c_1 \\ 0 & 0 & 0 & -2c_1 + c_2 \\ 0 & 0 & 0 & 4c_1 - 2c_2 \end{array}\right)$$

なので，解が存在するためには，$c_2 = 2c_1$．そこで $(c_1, c_2) = (1, 2)$ にとる．このとき解 $\boldsymbol{h} = \begin{pmatrix} x \\ y \\ z \end{pmatrix}$ は，$-2x + 2y + z = 1$ を満たせばよいから，$\boldsymbol{h} = \begin{pmatrix} 0 \\ 0 \\ 1 \end{pmatrix}$ にとることができる．また $\widetilde{\boldsymbol{f}} = c_1\boldsymbol{f} + c_2\boldsymbol{g} = \begin{pmatrix} 1 \\ 2 \\ -2 \end{pmatrix}$ である．さらに $\widetilde{\boldsymbol{f}}$ と1次独立な固有ベクトルは，$\begin{pmatrix} x \\ y \\ 2x - 2y \end{pmatrix}$ において $x = 0, y = 1$ にとり，$\widetilde{\boldsymbol{g}} = \begin{pmatrix} 0 \\ 1 \\ -2 \end{pmatrix}$ とすることができる．よって $Q = (\widetilde{\boldsymbol{f}}, \boldsymbol{h}, \widetilde{\boldsymbol{g}}) = \begin{pmatrix} 1 & 0 & 0 \\ 2 & 0 & 1 \\ -2 & 1 & -2 \end{pmatrix}$ は正則で，

$$\left(\begin{array}{ccc|ccc} 1 & 0 & 0 & 1 & 0 & 0 \\ 2 & 0 & 1 & 0 & 1 & 0 \\ -2 & 1 & -2 & 0 & 0 & 1 \end{array}\right) \xrightarrow[{[2]\leftrightarrow[3]}]{} \left(\begin{array}{ccc|ccc} 1 & 0 & 0 & 1 & 0 & 0 \\ -2 & 1 & -2 & 0 & 0 & 1 \\ 2 & 0 & 1 & 0 & 1 & 0 \end{array}\right)$$

$$\xrightarrow[{[1]\times 2+[2]}]{[1]\times(-2)+[3]} \left(\begin{array}{ccc|ccc} 1 & 0 & 0 & 1 & 0 & 0 \\ 0 & 1 & -2 & 2 & 0 & 1 \\ 0 & 0 & 1 & -2 & 1 & 0 \end{array}\right) \xrightarrow[{[3]\times 2+[2]}]{} \left(\begin{array}{ccc|ccc} 1 & 0 & 0 & 1 & 0 & 0 \\ 0 & 1 & 0 & -2 & 2 & 1 \\ 0 & 0 & 1 & -2 & 1 & 0 \end{array}\right)$$

より $Q^{-1} = \begin{pmatrix} 1 & 0 & 0 \\ -2 & 2 & 1 \\ -2 & 1 & 0 \end{pmatrix}$ とわかるから，$Q^{-1}BQ = \left(\begin{array}{cc|c} 2 & 1 & 0 \\ 0 & 2 & 0 \\ \hline 0 & 0 & 2 \end{array}\right)$ となる．　■

問 6.1　次の行列が対角化可能かどうか調べ，可能なものについては対角化し，できないものはジョルダン標準形を求めよ．

(1) $\begin{pmatrix} 5 & 2 \\ 1 & 4 \end{pmatrix}$　(2) $\begin{pmatrix} 5 & 2 \\ -8 & -3 \end{pmatrix}$　(3) $\begin{pmatrix} 0 & 2 \\ -2 & 0 \end{pmatrix}$

(4) $\begin{pmatrix} 1 & -\sqrt{3} \\ \sqrt{3} & 1 \end{pmatrix}$　(5) $\begin{pmatrix} 2 & i \\ 0 & 2 \end{pmatrix}$　(6) $\begin{pmatrix} 2 & i \\ -i & 2 \end{pmatrix}$

問 6.2　次の行列が対角化可能かどうか調べ，可能なものについては対角化し，できないものはジョルダン標準形を求めよ．

(1) $\begin{pmatrix} 5 & 0 & -6 \\ 3 & 8 & -12 \\ 3 & 3 & -7 \end{pmatrix}$　(2) $\begin{pmatrix} 1 & -3 & 9 \\ 3 & 7 & -9 \\ 0 & 0 & 4 \end{pmatrix}$　(3) $\begin{pmatrix} 3 & 3 & -1 \\ 4 & 7 & -2 \\ 6 & 9 & -2 \end{pmatrix}$

問 6.3 次の行列が対角化可能かどうか調べ，可能なものについては対角化し，できないものはジョルダン標準形を求めよ．ただし $abc \neq 0$ とする．

$$(1)\ \begin{pmatrix} 0 & a \\ b & 0 \end{pmatrix} \quad (2)\ \begin{pmatrix} 0 & 0 \\ b & 0 \end{pmatrix} \quad (3)\ \begin{pmatrix} 0 & 0 & a \\ 0 & b & 0 \\ c & 0 & 0 \end{pmatrix} \quad (4)\ \begin{pmatrix} 0 & 0 & 0 \\ 0 & b & 0 \\ c & 0 & 0 \end{pmatrix}$$

問 6.4 2 次正方行列 $A = \begin{pmatrix} a & -1 \\ 1 & 0 \end{pmatrix}$ について次の問いに答えよ．

(1) A が対角化可能であるための a の条件を求めよ．
(2) A が対角化できないとき，A のジョルダン標準形を求めよ．

問 6.5 3 次正方行列 $A = \begin{pmatrix} 0 & 1 & a \\ -3 & 4 & a \\ -2 & 2 & 1 \end{pmatrix}$ について次の問いに答えよ．

(1) A の固有値を求めよ．
(2) A のジョルダン標準形が $\begin{pmatrix} 1 & 1 & 0 \\ 0 & 1 & 0 \\ 0 & 0 & 3 \end{pmatrix}$ となる定数 a の値を求めよ．

問 6.6 3 次正方行列 $A = \begin{pmatrix} 2 & a & b \\ 0 & 1 & c \\ 0 & 0 & 1 \end{pmatrix}$ が対角化可能となる定数 a, b, c の条件を求めよ．

問 6.7 A, X は，複素数を成分とする 2 次正方行列とする．$X^2 = A$ となる X が存在しない A の条件を求めよ．

6.2 実対称行列の対角化（ハウ・ツー）

定義 6.10 実正方行列 $A = (a_{ij})$ は $A^T = A$ を満たすとき，**実対称行列**という．つまり $a_{ij} = a_{ji}$ かつ a_{ij} は実数となる正方行列が実対称行列である．また正方行列 Q の各成分が実数で $Q^T Q = QQ^T = E$ を満たすとき Q を**直交行列** という．

直交行列の列ベクトルは**正規直交系**を作り（定理 C.36），直交行列の逆行列は定義より $Q^{-1} = Q^T$ となる．さて n 次実対称行列 A の対角化は次のように行う．

[1] A の相異なる固有値 $\lambda_1, \cdots, \lambda_l\ (l \leqq n)$ を求める．

[2] 固有値は全て実数で固有ベクトルも実ベクトルにとれる（定理 C.41）．

[3] 異なる固有値に対応する固有ベクトルは直交する（定理 C.40）ので，1 次独立な固有ベクトルが 1 個しかないときは長さ 1 に正規化し，複数個あるときはシュミットの直交化法を用いて，正規直交系を作る．例えば 1 次独立な固有ベクトルが $\boldsymbol{x}_1, \boldsymbol{x}_2, \boldsymbol{x}_3$ と 3 個あるときは，

$$\boldsymbol{y}_1 = \frac{1}{|\boldsymbol{x}_1|}\boldsymbol{x}_1,$$
$$\boldsymbol{y}_2 = \frac{1}{|\boldsymbol{x}_2 - (\boldsymbol{x}_2, \boldsymbol{y}_1)\boldsymbol{y}_1|}\left\{\boldsymbol{x}_2 - (\boldsymbol{x}_2, \boldsymbol{y}_1)\boldsymbol{y}_1\right\},$$
$$\boldsymbol{y}_3 = \frac{1}{|\boldsymbol{x}_3 - (\boldsymbol{x}_3, \boldsymbol{y}_1)\boldsymbol{y}_1 - (\boldsymbol{x}_3, \boldsymbol{y}_2)\boldsymbol{y}_2|}\left\{\boldsymbol{x}_3 - (\boldsymbol{x}_3, \boldsymbol{y}_1)\boldsymbol{y}_1 - (\boldsymbol{x}_3, \boldsymbol{y}_2)\boldsymbol{y}_2\right\}$$

とする．$(\boldsymbol{y}_i, \boldsymbol{y}_j) = \delta_{ij}\ (i, j = 1, 2, 3)$ となる．

[4] 固有ベクトルから n 個の正規直交系 $\boldsymbol{y}_1, \ldots, \boldsymbol{y}_n$ を作り，$Q = (\boldsymbol{y}_1, \ldots, \boldsymbol{y}_n)$ とおくと，Q は直交行列であり，次のように A は対角化できる（定理 C.43）．

$$Q^T AQ = \begin{pmatrix} \lambda_1 & & \text{\Large 0} \\ & \ddots & \\ \text{\Large 0} & & \lambda_l \end{pmatrix}.$$

例題 6.11　次の実対称行列を直交行列で対角化せよ．

$$(1)\ A = \begin{pmatrix} -1 & 1 \\ 1 & -1 \end{pmatrix} \qquad (2)\ B = \begin{pmatrix} 3 & 1 & -1 \\ 1 & 2 & 0 \\ -1 & 0 & 2 \end{pmatrix}$$

解答　(1) A の固有多項式は

$$|A - \lambda| = \begin{vmatrix} -1-\lambda & 1 \\ 1 & -1-\lambda \end{vmatrix} = (\lambda+1)^2 - 1 = \lambda(\lambda+2)$$

なので A の固有値は $\lambda = -2, 0$ である．

$\lambda = -2$ に対する固有ベクトルは，

$$(A - (-2)|\mathbf{0}) = \left(\begin{array}{cc|c} 1 & 1 & 0 \\ 1 & 1 & 0 \end{array}\right) \xrightarrow{[1]\times(-1)+[2]} \left(\begin{array}{cc|c} 1 & 1 & 0 \\ 0 & 0 & 0 \end{array}\right)$$

より $x + y = 0$ となるから，$\begin{pmatrix} x \\ y \end{pmatrix} = \begin{pmatrix} x \\ -x \end{pmatrix} = x\begin{pmatrix} 1 \\ -1 \end{pmatrix}$．よって $\boldsymbol{x}_1 = \begin{pmatrix} 1 \\ -1 \end{pmatrix}$ にとれる．

$\lambda = 0$ に対する固有ベクトルは，

$$(A|\mathbf{0}) = \left(\begin{array}{cc|c} -1 & 1 & 0 \\ 1 & -1 & 0 \end{array}\right) \xrightarrow{[1]+[2]} \left(\begin{array}{cc|c} -1 & 1 & 0 \\ 0 & 0 & 0 \end{array}\right)$$

より $-x + y = 0$ となるから，$\begin{pmatrix} x \\ y \end{pmatrix} = \begin{pmatrix} x \\ x \end{pmatrix} = x\begin{pmatrix} 1 \\ 1 \end{pmatrix}$．よって $\boldsymbol{x}_2 = \begin{pmatrix} 1 \\ 1 \end{pmatrix}$ にとれる．

この固有ベクトルを正規化して

$$\boldsymbol{y}_1 = \frac{1}{|\boldsymbol{x}_1|}\boldsymbol{x}_1 = \frac{1}{\sqrt{2}}\begin{pmatrix} 1 \\ -1 \end{pmatrix}, \quad \boldsymbol{y}_2 = \frac{1}{|\boldsymbol{x}_2|}\boldsymbol{x}_2 = \frac{1}{\sqrt{2}}\begin{pmatrix} 1 \\ 1 \end{pmatrix}$$

とおき，直交行列 Q を $Q = (\boldsymbol{y}_1, \boldsymbol{y}_2)$ と定める．つまり $Q = \begin{pmatrix} \frac{1}{\sqrt{2}} & \frac{1}{\sqrt{2}} \\ -\frac{1}{\sqrt{2}} & \frac{1}{\sqrt{2}} \end{pmatrix}$ とすれば

$$Q^T AQ = \begin{pmatrix} -2 & 0 \\ 0 & 0 \end{pmatrix}$$

のように対角化できる．

(2) B の固有多項式は，例えばサラスの方法で展開して，

$$|B-\lambda| = \begin{vmatrix} 3-\lambda & 1 & -1 \\ 1 & 2-\lambda & 0 \\ -1 & 0 & 2-\lambda \end{vmatrix} = (2-\lambda)(\lambda-1)(\lambda-4)$$

なので B の固有値は $\lambda = 1, 2, 4$ である．

$\lambda = 1$ に対する固有ベクトルは，

$$(B-1|\mathbf{0}) = \left(\begin{array}{ccc|c} 2 & 1 & -1 & 0 \\ 1 & 1 & 0 & 0 \\ -1 & 0 & 1 & 0 \end{array}\right) \xrightarrow[{[3]+[1]}]{} \left(\begin{array}{ccc|c} 1 & 1 & 0 & 0 \\ 1 & 1 & 0 & 0 \\ -1 & 0 & 1 & 0 \end{array}\right)$$

より $x+y=0, -x+z=0$ となるから，$\begin{pmatrix} x \\ y \\ z \end{pmatrix} = \begin{pmatrix} x \\ -x \\ x \end{pmatrix} = x\begin{pmatrix} 1 \\ -1 \\ 1 \end{pmatrix}$．よって $\boldsymbol{x}_1 = \begin{pmatrix} 1 \\ -1 \\ 1 \end{pmatrix}$ にとれる．

$\lambda = 2$ に対する固有ベクトルは，

$$(B-2|\mathbf{0}) = \left(\begin{array}{ccc|c} 1 & 1 & -1 & 0 \\ 1 & 0 & 0 & 0 \\ -1 & 0 & 0 & 0 \end{array}\right) \xrightarrow[\substack{[3]+[1] \\ [3]+[2]}]{} \left(\begin{array}{ccc|c} 0 & 1 & -1 & 0 \\ 0 & 0 & 0 & 0 \\ -1 & 0 & 0 & 0 \end{array}\right)$$

より $y-z=0, -x=0$ となるから，$\begin{pmatrix} x \\ y \\ z \end{pmatrix} = \begin{pmatrix} 0 \\ z \\ z \end{pmatrix} = z\begin{pmatrix} 0 \\ 1 \\ 1 \end{pmatrix}$．よって $\boldsymbol{x}_2 = \begin{pmatrix} 0 \\ 1 \\ 1 \end{pmatrix}$ にとれる．

$\lambda = 4$ に対する固有ベクトルは，1 行を 2 倍したものから，3 行を引いて，さらに 2 行を加えると，

$$(B-2|\mathbf{0}) = \left(\begin{array}{ccc|c} -1 & 1 & -1 & 0 \\ 1 & -2 & 0 & 0 \\ -1 & 0 & -2 & 0 \end{array}\right) \xrightarrow[{([3]\times(-1)+[2])+[1]\times 2}]{} \left(\begin{array}{ccc|c} 0 & 0 & 0 & 0 \\ 1 & -2 & 0 & 0 \\ -1 & 0 & -2 & 0 \end{array}\right)$$

より $x-2y=0, -x-2z=0$ となるから，$\begin{pmatrix} x \\ y \\ z \end{pmatrix} = \begin{pmatrix} 2y \\ y \\ -y \end{pmatrix} = y\begin{pmatrix} 2 \\ 1 \\ -1 \end{pmatrix}$．よって $\boldsymbol{x}_3 = \begin{pmatrix} 2 \\ 1 \\ -1 \end{pmatrix}$ にとれる．

この固有ベクトルを正規化して

$$\boldsymbol{y}_1 = \frac{1}{|\boldsymbol{x}_1|}\boldsymbol{x}_1 = \frac{1}{\sqrt{3}}\begin{pmatrix} 1 \\ -1 \\ 1 \end{pmatrix}, \quad \boldsymbol{y}_2 = \frac{1}{|\boldsymbol{x}_2|}\boldsymbol{x}_2 = \frac{1}{\sqrt{2}}\begin{pmatrix} 0 \\ 1 \\ 1 \end{pmatrix}, \quad \boldsymbol{y}_3 = \frac{1}{|\boldsymbol{x}_3|}\boldsymbol{x}_3 = \frac{1}{\sqrt{6}}\begin{pmatrix} 2 \\ 1 \\ -1 \end{pmatrix}$$

とおき，直交行列 Q を $Q = (\boldsymbol{y}_1, \boldsymbol{y}_2, \boldsymbol{y}_3)$ と定める．つまり $Q = \begin{pmatrix} \frac{1}{\sqrt{3}} & 0 & \frac{2}{\sqrt{6}} \\ \frac{-1}{\sqrt{3}} & \frac{1}{\sqrt{2}} & \frac{1}{\sqrt{6}} \\ \frac{1}{\sqrt{3}} & \frac{1}{\sqrt{2}} & \frac{-1}{\sqrt{6}} \end{pmatrix}$ とすれば

$$Q^T BQ = \begin{pmatrix} 1 & 0 & 0 \\ 0 & 2 & 0 \\ 0 & 0 & 4 \end{pmatrix}$$

のように対角化できる． ■

問 6.8　次の実対称行列を直交行列で対角化せよ．

$$(1)\ \begin{pmatrix} 2 & -1 & 1 \\ -1 & 2 & 1 \\ 1 & 1 & 0 \end{pmatrix} \quad (2)\ \begin{pmatrix} 1 & 1 & 3 \\ 1 & 5 & 1 \\ 3 & 1 & 1 \end{pmatrix} \quad (3)\ \begin{pmatrix} 1 & 0 & -1 \\ 0 & 1 & -1 \\ -1 & -1 & 0 \end{pmatrix}$$

問 6.9　実対称行列 $\begin{pmatrix} 3 & 2 & 1 & 0 \\ 2 & 3 & 0 & 1 \\ 1 & 0 & 3 & 2 \\ 0 & 1 & 2 & 3 \end{pmatrix}$ を直交行列で対角化せよ．

6.3　行列のべき乗

対角化やジョルダン標準形を利用すれば，A^n を容易に計算できることをみよう．2 次正方行列 A は正則行列 Q をみつけて，$Q^{-1}AQ = \begin{pmatrix} \alpha & 0 \\ 0 & \beta \end{pmatrix}$ または $\begin{pmatrix} \alpha & 1 \\ 0 & \alpha \end{pmatrix}$ の形にできる．

$$\begin{pmatrix} \alpha & 0 \\ 0 & \beta \end{pmatrix}^n = \begin{pmatrix} \alpha^n & 0 \\ 0 & \beta^n \end{pmatrix}, \quad \begin{pmatrix} \alpha & 1 \\ 0 & \alpha \end{pmatrix}^n = \begin{pmatrix} \alpha^n & n\alpha^{n-1} \\ 0 & \alpha^n \end{pmatrix}$$

であるから $Q^{-1}AQ = \begin{pmatrix} \alpha & 0 \\ 0 & \beta \end{pmatrix}$ のときは $A = Q\begin{pmatrix} \alpha & 0 \\ 0 & \beta \end{pmatrix}Q^{-1}$ より

$$\begin{aligned} A^n &= \underbrace{Q\begin{pmatrix} \alpha & 0 \\ 0 & \beta \end{pmatrix}Q^{-1}Q\begin{pmatrix} \alpha & 0 \\ 0 & \beta \end{pmatrix}Q^{-1}\cdots Q\begin{pmatrix} \alpha & 0 \\ 0 & \beta \end{pmatrix}Q^{-1}}_{n\ 個} \\ &= Q\begin{pmatrix} \alpha & 0 \\ 0 & \beta \end{pmatrix}^n Q^{-1} = Q\begin{pmatrix} \alpha^n & 0 \\ 0 & \beta^n \end{pmatrix}Q^{-1} \end{aligned}$$

がわかる．ジョルダン標準形の場合も同様にできる．よって次のようにまとめることができる．

(1) $Q^{-1}AQ = \begin{pmatrix} \alpha & 0 \\ 0 & \beta \end{pmatrix}$ のときは，

(a) $A^n = Q\begin{pmatrix} \alpha^n & 0 \\ 0 & \beta^n \end{pmatrix}Q^{-1}$ と計算できる．

(b) $\boldsymbol{x}_n = A\boldsymbol{x}_{n-1}$ ならば，解は $\boldsymbol{x}_n = A^n\boldsymbol{x}_0 = Q\begin{pmatrix} \alpha^n & 0 \\ 0 & \beta^n \end{pmatrix}Q^{-1}\boldsymbol{x}_0$ である．

(2) $Q^{-1}AQ = \begin{pmatrix} \alpha & 1 \\ 0 & \alpha \end{pmatrix}$ のときは，

(a) $A^n = Q\begin{pmatrix} \alpha^n & n\alpha^{n-1} \\ 0 & \alpha^n \end{pmatrix}Q^{-1}$ と計算できる．

(b) $\boldsymbol{x}_n = A\boldsymbol{x}_{n-1}$ ならば，解は $\boldsymbol{x}_n = A^n\boldsymbol{x}_0 = Q\begin{pmatrix} \alpha^n & n\alpha^{n-1} \\ 0 & \alpha^n \end{pmatrix}Q^{-1}\boldsymbol{x}_0$ である．

(3) 3 次正方行列のべき乗は次を覚えておけばよい．

(a) $\begin{pmatrix} \alpha & 0 & 0 \\ 0 & \beta & 0 \\ 0 & 0 & \gamma \end{pmatrix}^n = \begin{pmatrix} \alpha^n & 0 & 0 \\ 0 & \beta^n & 0 \\ 0 & 0 & \gamma^n \end{pmatrix}$

(b) $\left(\begin{array}{cc|c}\alpha & 1 & 0 \\ 0 & \alpha & 0 \\ \hline 0 & 0 & \beta\end{array}\right)^n = \left(\begin{array}{cc|c}\alpha^n & n\alpha^{n-1} & 0 \\ 0 & \alpha^n & 0 \\ \hline 0 & 0 & \beta^n\end{array}\right)$

(c) $\begin{pmatrix}\alpha & 1 & 0 \\ 0 & \alpha & 1 \\ 0 & 0 & \alpha\end{pmatrix}^n = \begin{pmatrix}\alpha^n & n\alpha^{n-1} & \frac{1}{2}n(n-1)\alpha^{n-2} \\ 0 & \alpha^n & n\alpha^{n-1} \\ 0 & 0 & \alpha^n\end{pmatrix}$

例題 6.12 $A = \begin{pmatrix}1 & 0 \\ -4 & -1\end{pmatrix}$ について次の問いに答えよ.

(1) A^n を求めよ. (2) $\begin{pmatrix}x_{n+1} \\ y_{n+1}\end{pmatrix} = A\begin{pmatrix}x_n \\ y_n\end{pmatrix}$, $\begin{pmatrix}x_0 \\ y_0\end{pmatrix} = \begin{pmatrix}2 \\ 1\end{pmatrix}$ を解け.

解答 (1) A の対角化は例題 6.5(1) で行っている. 正則行列 Q を $Q = \begin{pmatrix}1 & 0 \\ -2 & 1\end{pmatrix}$ と定めれば $Q^{-1}AQ = \begin{pmatrix}1 & 0 \\ 0 & -1\end{pmatrix}$ となる. ゆえに $A^n = \begin{pmatrix}1 & 0 \\ -2+(-1)^n\cdot 2 & (-1)^n\end{pmatrix}$ である.

(2) $\begin{pmatrix}x_n \\ y_n\end{pmatrix} = A^n\begin{pmatrix}x_0 \\ y_0\end{pmatrix} = \begin{pmatrix}1 & 0 \\ -2+(-1)^n\cdot 2 & (-1)^n\end{pmatrix}\begin{pmatrix}2 \\ 1\end{pmatrix} = \begin{pmatrix}2 \\ -4+(-1)^n\cdot 5\end{pmatrix}$. ■

問 6.10 $A = \begin{pmatrix}2 & 5 \\ 4 & 1\end{pmatrix}$ について次の問いに答えよ.

(1) A^n を求めよ. (2) $\begin{pmatrix}x_{n+1} \\ y_{n+1}\end{pmatrix} = A\begin{pmatrix}x_n \\ y_n\end{pmatrix}$, $\begin{pmatrix}x_0 \\ y_0\end{pmatrix} = \begin{pmatrix}1 \\ -1\end{pmatrix}$ を解け.

問 6.11 $A = \begin{pmatrix}2 & 3 \\ 0 & -1\end{pmatrix}$ について次の問いに答えよ.

(1) A^n を求めよ. (2) $\begin{pmatrix}x_{n+1} \\ y_{n+1}\end{pmatrix} = A\begin{pmatrix}x_n \\ y_n\end{pmatrix}$, $\begin{pmatrix}x_0 \\ y_0\end{pmatrix} = \begin{pmatrix}1 \\ 1\end{pmatrix}$ を解け.

問 6.12 $A = \begin{pmatrix}2 & 2 & 3 \\ 0 & 2 & 0 \\ 0 & 0 & 3\end{pmatrix}$ について次の問いに答えよ.

(1) A^n を求めよ. (2) $\begin{pmatrix}x_{n+1} \\ y_{n+1} \\ z_{n+1}\end{pmatrix} = A\begin{pmatrix}x_n \\ y_n \\ z_n\end{pmatrix}$, $\begin{pmatrix}x_0 \\ y_0 \\ z_0\end{pmatrix} = \begin{pmatrix}0 \\ 1 \\ 2\end{pmatrix}$ を解け.

問 6.13 $A = \begin{pmatrix}p & 1-p \\ 1-q & q\end{pmatrix}$ $(0 < p, q < 1)$ とする.

(1) A^n を求めよ. (2) $\lim_{n\to\infty} A^n$ を求めよ.

6.4 行列の指数関数

本節では行列 A の指数関数 e^{tA} を定義してその性質を示し，微分方程式の簡単な応用を紹介する．いま a を実数としたとき，

$$x'(t) = ax(t) \Longrightarrow x(t) = e^{at}x(0)$$

が成り立つ．実際，積の微分公式を用いると

$$\{x(t)e^{-at}\}' = x'(t)e^{-at} + x(t)(-a)e^{-at} = ax(t)e^{-at} - ax(t)e^{-at} = 0$$

より

$$x(t)e^{-at} = C\ (\text{定数}) \Longrightarrow x(t) = Ce^{at}$$

となる．$t = 0$ とすると，$x(0) = C$ となり，$x(t) = e^{at}x(0)$ がえられる．そこで実数 a を n 次正方行列 A に，実数値関数 $x(t)$ を n 項列ベクトル値関数 $\boldsymbol{x}(t)$ に置き換えた

$$\boldsymbol{x}'(t) = A\boldsymbol{x}(t) \Longrightarrow \boldsymbol{x}(t) = e^{tA}\boldsymbol{x}(0) \qquad \cdots(*)$$

が成り立つと考えたい．そのためには，行列の指数関数を定義しなければいけない．これは微積分で学んだように，e^x のテイラー展開が

$$e^x = \sum_{n=0}^{\infty} \frac{x^n}{n!}$$

であったことを思い出せば，次のように定義すればよい．

定義 6.13　t を実数，A を正方行列とするとき $e^{tA} = \displaystyle\sum_{n=0}^{\infty} \frac{t^n}{n!}A^n$ と定義する．

任意の実数 t，任意の n 次正方行列 A に対して $\sum_{n=0}^{\infty} \frac{t^n}{n!}A^n$ は収束することが知られている．零行列 O に対して，$e^O = E$ である．また

$$\left(e^{tA}\right)' = Ae^{tA} = e^{tA}A, \quad e^{tA}e^{-tA} = E$$

も成り立つ．形式的には

$$\begin{aligned}
\left(e^{tA}\right)' &= \left(E + tA + \frac{t^2}{2!}A^2 + \frac{t^3}{3!}A^3 + \frac{t^4}{4!}A^4 + \cdots\right)' \\
&= O + A + \frac{2t}{2!}A^2 + \frac{3t^2}{3!}A^3 + \frac{4t^3}{4!}A^4 + \cdots \\
&= A\left(E + tA + \frac{t^2}{2!}A^2 + \frac{t^3}{3!}A^3 + \cdots\right) \\
&= \left(E + tA + \frac{t^2}{2!}A^2 + \frac{t^3}{3!}A^3 + \cdots\right)A \\
&= Ae^{tA} = e^{tA}A
\end{aligned}$$

から，最初の等式は明らかであろう．次にこの公式と積の微分公式を用いると，

$$\{e^{tA}e^{-tA}\}' = e^{tA}Ae^{-tA} + e^{tA}(-A)e^{-tA} = O$$

なので，$e^{tA}e^{-tA} = \boldsymbol{C}$（定数行列）となる．$t=0$ とすると，$EE = E = \boldsymbol{C}$．よって $e^{tA}e^{-tA} = E$ がえられる．すると最初の証明と同様にして，

$$\{e^{-tA}\boldsymbol{x}(t)\}' = e^{-tA}(-A)\boldsymbol{x}(t) + e^{-tA}\boldsymbol{x}'(t) = e^{-tA}\{-A\boldsymbol{x}(t) + A\boldsymbol{x}(t)\} = \boldsymbol{0}$$

より $e^{-tA}\boldsymbol{x}(t) = \boldsymbol{C}$（定ベクトル）となる．$t=0$ とすると，$\boldsymbol{x}(0) = \boldsymbol{C}$．よって

$$\boldsymbol{x}(t) = e^{tA}\boldsymbol{C} = e^{tA}\boldsymbol{x}(0)$$

が導かれ，$(*)$ が正しいことがわかる．

例題 6.14 t を実数，$A = \begin{pmatrix} 0 & 1 \\ 0 & 0 \end{pmatrix}$, $B = \begin{pmatrix} 0 & 0 \\ 1 & 0 \end{pmatrix}$ とする．次の問いに答えよ．

(1) e^{tA}, e^{tB} を求めよ． (2) $e^{t(A+B)}$ を求めよ．
(3) 次の連立微分方程式を解け．

$$\begin{pmatrix} x(t) \\ y(t) \end{pmatrix}' = (A+B)\begin{pmatrix} x(t) \\ y(t) \end{pmatrix}, \quad \begin{pmatrix} x(0) \\ y(0) \end{pmatrix} = \begin{pmatrix} 1 \\ 2 \end{pmatrix}.$$

解答 (1) $A^2 = O, B^2 = O$ なので，

$$e^{tA} = \sum_{n=0}^{\infty} \frac{t^n}{n!}A^n = E + tA = \begin{pmatrix} 1 & t \\ 0 & 1 \end{pmatrix}, \quad e^{tB} = E + tB = \begin{pmatrix} 1 & 0 \\ t & 1 \end{pmatrix}.$$

(2) $A+B = \begin{pmatrix} 0 & 1 \\ 1 & 0 \end{pmatrix}$ なので，$(A+B)^2 = E$ となる．よって $(A+B)^{2m} = E$, $(A+B)^{2m+1} = A+B$ となるから

$$e^{t(A+B)} = \sum_{n=0}^{\infty} \frac{t^n}{n!}(A+B)^n = \sum_{m=0}^{\infty} \frac{t^{2m}}{(2m)!}E + \sum_{m=0}^{\infty} \frac{t^{2m+1}}{(2m+1)!}(A+B)$$

である．ここで

$$e^t = 1 + t + \frac{1}{2}t^2 + \frac{1}{3!}t^3 + \frac{1}{4!}t^4 + \frac{1}{5!}t^5 + \cdots,$$
$$e^{-t} = 1 - t + \frac{1}{2}t^2 - \frac{1}{3!}t^3 + \frac{1}{4!}t^4 - \frac{1}{5!}t^5 + \cdots$$

より

$$\cosh t = \frac{1}{2}(e^t + e^{-t}) = \sum_{m=0}^{\infty} \frac{t^{2m}}{(2m)!}, \quad \sinh t = \frac{1}{2}(e^t - e^{-t}) = \sum_{m=0}^{\infty} \frac{t^{2m+1}}{(2m+1)!}$$

と表されることに注意すれば，

$$e^{t(A+B)} = \cosh t \cdot E + \sinh t \cdot (A+B) = \begin{pmatrix} \cosh t & \sinh t \\ \sinh t & \cosh t \end{pmatrix}.$$

(3) 公式 $\frac{d}{dt}\boldsymbol{x}(t) = A\boldsymbol{x}(t) \Longrightarrow \boldsymbol{x}(t) = e^{tA}\boldsymbol{x}(0)$ から

$$\begin{pmatrix} x(t) \\ y(t) \end{pmatrix} = \begin{pmatrix} \cosh t & \sinh t \\ \sinh t & \cosh t \end{pmatrix} \begin{pmatrix} 1 \\ 2 \end{pmatrix} = \begin{pmatrix} \cosh t + 2\sinh t \\ \sinh t + 2\cosh t \end{pmatrix}.$$ ■

行列から作る指数関数は $e^{tA}e^{tB} = e^{tA+tB}$ とはなっていないことを注意しよう．実際に計算すると $e^{tA}e^{tB} = \begin{pmatrix} 1 & t \\ 0 & 1 \end{pmatrix} \begin{pmatrix} 1 & 0 \\ t & 1 \end{pmatrix} = \begin{pmatrix} 1+t^2 & t \\ t & 1 \end{pmatrix}$ である．これは $AB \neq BA$ のためである．一方

$$AB = BA \Longrightarrow e^{tA}e^{tB} = e^{t(A+B)} = e^{tB}e^{tA}$$

が成り立つことが知られている．$\cosh t = \frac{1}{2}(e^t + e^{-t})$ は**ハイパボリックコサイン** (hyperbolic cosine)，$\sinh t = \frac{1}{2}(e^t - e^{-t})$ は**ハイパボリックサイン** (hyperbolic sine) とよばれている．

$$(\cosh t)^2 - (\sinh t)^2 = 1$$

であるから双曲線のパラメータ表示に利用される．(3) の連立微分方程式は，$x'(t) = y(t), y'(t) = x(t)$ から

$$\{x(t) + y(t)\}' = \{x(t) + y(t)\}, \quad \{x(t) - y(t)\}' = -\{x(t) - y(t)\}$$

がわかり，公式 $x'(t) = ax(t) \Longrightarrow x(t) = e^{at}x(0)$ と初期条件を使うと

$$x(t) + y(t) = e^t\{x(0) + y(0)\} = 3e^t, \quad x(t) - y(t) = e^{-t}\{x(0) - y(0)\} = -e^{-t}$$

がえられるから

$$x(t) = \frac{3}{2}e^t - \frac{1}{2}e^{-t}, \quad y(t) = \frac{3}{2}e^t + \frac{1}{2}e^{-t}$$

と解くこともできる．しかし行列の指数関数を考えると，このような工夫はいらない．

問 6.14　t を実数，$A = \begin{pmatrix} 1 & 0 \\ 0 & 0 \end{pmatrix}$, $B = \begin{pmatrix} 0 & 0 \\ 0 & -1 \end{pmatrix}$ とする．次の問いに答えよ．

(1) e^{tA}, e^{tB} を求めよ．　(2) $e^{t(A+B)}$ を求めよ．
(3) 次の連立微分方程式を解け．

$$\begin{pmatrix} x(t) \\ y(t) \end{pmatrix}' = (A+B)\begin{pmatrix} x(t) \\ y(t) \end{pmatrix}, \begin{pmatrix} x(0) \\ y(0) \end{pmatrix} = \begin{pmatrix} -1 \\ 2 \end{pmatrix}$$

e^{tA} を計算する公式を作ろう．そのために次のテイラー展開を思い出そう．

$$(1) \sum_{n=0}^{\infty} \frac{x^n}{n!} = e^x \quad (2) \sum_{n=0}^{\infty} \frac{(-1)^n x^{2n}}{(2n)!} = \cos x \quad (3) \sum_{n=0}^{\infty} \frac{(-1)^n x^{2n+1}}{(2n+1)!} = \sin x$$

● **例 6.15**　t, α, β は実数とする．$Q^{-1}AQ = B$ ならば，$A^n = QB^nQ^{-1}$ より $e^{tA} = Qe^{tB}Q^{-1}$ となる．これは

$$e^{tA} = \sum_{n=0}^{\infty} \frac{t^n}{n!}A^n = \sum_{n=0}^{\infty} \frac{t^n}{n!}QB^nQ^{-1} = Q\left(\sum_{n=0}^{\infty} \frac{t^n}{n!}B^n\right)Q^{-1} = Qe^{tB}Q^{-1}$$

からわかる．よって B を対角型またはジョルダン標準形などに直して，e^{tB} を計算すれば e^{tA} を容易に求めることができる．

(1) $A=\begin{pmatrix}\alpha & 0\\ 0 & \beta\end{pmatrix}$ のときは，$e^{tA}=\begin{pmatrix}e^{\alpha t} & 0\\ 0 & e^{\beta t}\end{pmatrix}$ である．実際，

$$e^{tA}=\sum_{n=0}^{\infty}\frac{t^n}{n!}A^n=\sum_{n=0}^{\infty}\frac{t^n}{n!}\begin{pmatrix}\alpha^n & 0\\ 0 & \beta^n\end{pmatrix}=\begin{pmatrix}\sum_{n=0}^{\infty}\frac{(\alpha t)^n}{n!} & 0\\ 0 & \sum_{n=0}^{\infty}\frac{(\beta t)^n}{n!}\end{pmatrix}=\begin{pmatrix}e^{\alpha t} & 0\\ 0 & e^{\beta t}\end{pmatrix}$$

である．また n 次対角行列 $(n \geqq 3)$ に対しても同じ計算ができる．

(2) $A=\begin{pmatrix}\alpha & 1\\ 0 & \alpha\end{pmatrix}$ のときは，$e^{tA}=\begin{pmatrix}e^{\alpha t} & te^{\alpha t}\\ 0 & e^{\alpha t}\end{pmatrix}=e^{\alpha t}\begin{pmatrix}1 & t\\ 0 & 1\end{pmatrix}$ である．実際 $A^n=\begin{pmatrix}\alpha^n & n\alpha^{n-1}\\ 0 & \alpha^n\end{pmatrix}$ であるから

$$\sum_{n=1}^{\infty}\frac{t^n}{n!}\cdot n\alpha^{n-1}=t\sum_{n=1}^{\infty}\frac{(\alpha t)^{n-1}}{(n-1)!}=t\sum_{m=0}^{\infty}\frac{(\alpha t)^m}{m!}=te^{\alpha t}$$

である．よって

$$e^{tA}=\sum_{n=0}^{\infty}\frac{t^n}{n!}A^n=E+\sum_{n=1}^{\infty}\frac{t^n}{n!}\begin{pmatrix}\alpha^n & n\alpha^{n-1}\\ 0 & \alpha^n\end{pmatrix}=\begin{pmatrix}e^{\alpha t} & te^{\alpha t}\\ 0 & e^{\alpha t}\end{pmatrix}$$

となる．

(3) $A=\begin{pmatrix}\alpha & 1 & 0\\ 0 & \alpha & 1\\ 0 & 0 & \alpha\end{pmatrix}$ のときは，$e^{tA}=e^{\alpha t}\begin{pmatrix}1 & t & \frac{1}{2}t^2\\ 0 & 1 & t\\ 0 & 0 & 1\end{pmatrix}$ である．実際

$$A^n=\begin{pmatrix}\alpha^n & n\alpha^{n-1} & \frac{1}{2}n(n-1)\alpha^{n-2}\\ 0 & \alpha^n & n\alpha^{n-1}\\ 0 & 0 & \alpha^n\end{pmatrix}$$

であるから

$$\sum_{n=2}^{\infty}\frac{t^n}{n!}\cdot\frac{1}{2}n(n-1)\alpha^{n-2}=\frac{t^2}{2}\sum_{n=2}^{\infty}\frac{(\alpha t)^{n-2}}{(n-2)!}=\frac{t^2}{2}\sum_{m=0}^{\infty}\frac{(\alpha t)^m}{m!}=\frac{1}{2}t^2e^{\alpha t}$$

と計算できることに注意すれば，後は上の例と同じである．

固有値は複素数の場合もあるから，α が複素数のときも $e^{\alpha t}$ が定義できればありがたい．また A が実行列なら，e^{tA} も実行列のみで表現したいこともある．そこでまず次のような工夫をする．

定理 6.16 実行列 $A=\begin{pmatrix}a & b\\ c & d\end{pmatrix}$ の固有方程式 $\lambda^2-(a+d)\lambda+(ad-bc)=0$ の解が虚数 $\lambda=p\pm qi\,(p,q\in\mathbb{R}, q\neq 0)$ であるとする．このとき実正則行列 Q があって，$Q^{-1}AQ=\begin{pmatrix}p & -q\\ q & p\end{pmatrix}$ の形にすることができる．

証明 A の固有値 $\lambda=p-iq$ に対応する固有ベクトルを $\boldsymbol{x}\neq\boldsymbol{0}$ とすると，$A\boldsymbol{x}=\lambda\boldsymbol{x}$ が成り立つ．各成分の複素共役をとると A は実行列であるから $A\overline{\boldsymbol{x}}=\bar{\lambda}\overline{\boldsymbol{x}}$ となる．ここで $\boldsymbol{x}=\begin{pmatrix}x_1\\ x_2\end{pmatrix}\neq\boldsymbol{0}\Longrightarrow \overline{\boldsymbol{x}}=\begin{pmatrix}\overline{x_1}\\ \overline{x_2}\end{pmatrix}\neq\boldsymbol{0}$ である．よって $\overline{\boldsymbol{x}}$ は $\bar{\lambda}$ に対応する固有ベクトルで，$\lambda\neq\bar{\lambda}$ より $\boldsymbol{x}$ と $\overline{\boldsymbol{x}}$ は 1 次独立

である．そこで $\begin{cases} \boldsymbol{f} = \frac{1}{2}(\boldsymbol{x} + \overline{\boldsymbol{x}}) \\ \boldsymbol{g} = \frac{1}{2i}(\boldsymbol{x} - \overline{\boldsymbol{x}}) \end{cases}$ とおくと，$\boldsymbol{f}$ と $\boldsymbol{g}$ は実ベクトルであり，

$$Q = (\boldsymbol{f}, \boldsymbol{g}) = (\boldsymbol{x}, \overline{\boldsymbol{x}}) \begin{pmatrix} \frac{1}{2} & \frac{1}{2i} \\ \frac{1}{2} & \frac{-1}{2i} \end{pmatrix}$$

で定義される Q は実正則行列である．このとき $\boldsymbol{x} = \boldsymbol{f} + i\boldsymbol{g}$, $\overline{\boldsymbol{x}} = \boldsymbol{f} - i\boldsymbol{g}$ であるから

$$\begin{aligned}
AQ &= (A\boldsymbol{f}, A\boldsymbol{g}) = \left(\frac{1}{2}(A\boldsymbol{x} + A\overline{\boldsymbol{x}}), \frac{1}{2i}(A\boldsymbol{x} - A\overline{\boldsymbol{x}}) \right) = \left(\frac{1}{2}(\lambda\boldsymbol{x} + \bar{\lambda} \cdot \overline{\boldsymbol{x}}), \frac{1}{2i}(\lambda\boldsymbol{x} - \bar{\lambda} \cdot \overline{\boldsymbol{x}}) \right) \\
&= \left(\frac{1}{2}\{\lambda(\boldsymbol{f} + i\boldsymbol{g}) + \bar{\lambda}(\boldsymbol{f} - i\boldsymbol{g})\}, \frac{1}{2i}\{\lambda(\boldsymbol{f} + i\boldsymbol{g}) - \bar{\lambda}(\boldsymbol{f} - i\boldsymbol{g})\} \right) \\
&= \left(\frac{\lambda + \bar{\lambda}}{2}\boldsymbol{f} + \frac{i(\lambda - \bar{\lambda})}{2}\boldsymbol{g}, \frac{\lambda - \bar{\lambda}}{2i}\boldsymbol{f} + \frac{\lambda + \bar{\lambda}}{2}\boldsymbol{g} \right) = (\boldsymbol{f}, \boldsymbol{g}) \begin{pmatrix} \frac{\lambda+\bar{\lambda}}{2} & \frac{\lambda-\bar{\lambda}}{2i} \\ \frac{-(\lambda-\bar{\lambda})}{2i} & \frac{\lambda+\bar{\lambda}}{2} \end{pmatrix} \\
&= Q \begin{pmatrix} p & -q \\ q & p \end{pmatrix}
\end{aligned}$$

となる．よって定理は示された．■

$\begin{pmatrix} x & -y \\ y & x \end{pmatrix} = xE + yI \ (x, y \in \mathbb{R})$ の指数関数は次のように計算できる．

定理 6.17　$x, y \in \mathbb{R}$ に対して 次が成り立つ．

$$e^{xE+yI} = e^x \begin{pmatrix} \cos y & -\sin y \\ \sin y & \cos y \end{pmatrix} = e^x(\cos yE + \sin yI).$$

証明　xE と yI は可換なので $(xE + yI)^n$ を 2 項定理を用いて展開することができる．

$$\frac{1}{n!}{}_nC_k = \frac{1}{n!}\frac{n!}{k!(n-k)!} = \frac{1}{k!(n-k)!}, \qquad EI = IE = I$$

に注意して

$$e^{xE+yI} = \sum_{n=0}^{\infty} \frac{1}{n!}(xE + yI)^n = \sum_{n=0}^{\infty} \frac{1}{n!} \sum_{k=0}^{n} {}_nC_k x^k y^{n-k} I^{n-k} = \sum_{n=0}^{\infty} \sum_{k=0}^{n} \frac{x^k y^{n-k}}{k!(n-k)!} I^{n-k}$$

となる．ここで和の順序を交換する．そして $m = n - k$ と置き換える．

$$= \sum_{k=0}^{\infty} \sum_{n=k}^{\infty} \frac{x^k y^{n-k}}{k!(n-k)!} I^{n-k} = \sum_{k=0}^{\infty} \frac{x^k}{k!} \left(\sum_{m=0}^{\infty} \frac{y^m}{m!} I^m \right)$$

となる．今度は m について，偶数と奇数に分けて加える．

$$I^{2m} = (I^2)^m = (-E)^m = (-1)^m E, \quad I^{2m+1} = (-1)^m EI = (-1)^m I$$

となることに注意すれば，

$$= \sum_{k=0}^{\infty} \frac{x^k}{k!} \left(\sum_{m=0}^{\infty} \frac{(-1)^m y^{2m}}{(2m)!} E + \sum_{m=0}^{\infty} \frac{(-1)^m y^{2m+1}}{(2m+1)!} I \right)$$

となる．これらの級数の和はわかっており，$e^x\{\cos yE+\sin yI\}$ である． ■

1 章で複素数 $x+yi$ と 2 次正方行列 $xE+yI$ は同じものとみなせることを学んだ．よって定理 6.17 は，複素数 $z=x+yi\,(x,y\in\mathbb{R})$ に対して べき級数 $e^z=\sum_{n=0}^{\infty}\frac{z^n}{n!}$ で複素変数の指数関数は定義でき，

$$e^z=e^x(\cos y+i\sin y)$$

という表示をもつといっている．この表示と加法定理から，$w=u+vi\,(u,v\in\mathbb{R})$ とすると

$$\begin{aligned}e^ze^w&=e^x(\cos y+i\sin y)e^u(\cos v+i\sin v)\\&=e^{x+u}\{(\cos y\cos v-\sin y\sin v)+i(\sin y\cos v+\cos y\sin v)\}\\&=e^{x+u}\{\cos(y+v)+i\sin(y+v)\}=e^{z+w}\end{aligned}$$

となるから，指数法則がそのまま成り立つことがわかる．$e^{x+yi}=e^x(\cos y+i\sin y)$ で $x=0,y=\theta$ とすると

$$e^{i\theta}=\cos\theta+i\sin\theta$$

となる．これを**オイラーの公式**という．例えば，$e^{2\pi i}=1$, $e^{\pi i}=-1$, $e^{\frac{\pi}{2}i}=i$ である．

問 6.15 次の値を求めよ．答えは $x+yi\,(x,y\in\mathbb{R})$ の形で表せ．

(1) $e^{-\frac{\pi}{2}i}$ (2) $e^{\frac{\pi}{3}i}$ (3) $e^{\frac{\pi}{4}i}$ (4) $\left(\cos\dfrac{\pi}{12}+i\sin\dfrac{\pi}{12}\right)^6$ (5) $\left(\cos\dfrac{\pi}{12}-i\sin\dfrac{\pi}{12}\right)^4$

問 6.16 $\alpha=p+qi\in\mathbb{C},p,q,x\in\mathbb{R}$ に対して $|e^{\alpha x}|$ を求めよ．

問 6.17 x を方程式 $x+\frac{1}{x}=2\cos\theta\,(\theta\in\mathbb{R})$ の解とする．

(1) x を求めよ． (2) n を自然数とするとき，$x^n+\frac{1}{x^n}$ の値を求めよ．

例題 6.18 次の連立微分方程式を解け．

$$\begin{cases}x'(t)=x(t)\\y'(t)=-4x(t)+y(t)\end{cases}\qquad (x(0),y(0))=(2,1)$$

解答 $A=\begin{pmatrix}1&0\\-4&-1\end{pmatrix}$, $\boldsymbol{x}(t)=\begin{pmatrix}x(t)\\y(t)\end{pmatrix}$ とおくと，微分方程式は

$$\boldsymbol{x}'(t)=A\boldsymbol{x}(t),\quad \boldsymbol{x}(0)=\begin{pmatrix}2\\1\end{pmatrix}$$

と表せる．A は $Q^{-1}AQ=\begin{pmatrix}1&0\\0&-1\end{pmatrix}$, $Q=\begin{pmatrix}1&0\\-2&1\end{pmatrix}$ となる．ゆえに

$$\boldsymbol{x}(t) = e^{tA}\boldsymbol{x}(0) = Q\begin{pmatrix} e^t & 0 \\ 0 & e^{-t} \end{pmatrix} Q^{-1}\boldsymbol{x}(0) = \begin{pmatrix} 1 & 0 \\ -2 & 1 \end{pmatrix}\begin{pmatrix} e^t & 0 \\ 0 & e^{-t} \end{pmatrix}\begin{pmatrix} 1 & 0 \\ 2 & 1 \end{pmatrix}\begin{pmatrix} 2 \\ 1 \end{pmatrix}$$
$$= \begin{pmatrix} 2e^t \\ -4e^t + 5e^{-t} \end{pmatrix}.$$

■

例題 6.19　微分方程式 $x''(t) + 4x'(t) + 13x(t) = 0$, $(x(0), x'(0)) = (1, 1)$ を次の手順で解け．

(1) $\begin{pmatrix} x(t) \\ x'(t) \end{pmatrix}' = A\begin{pmatrix} x(t) \\ x'(t) \end{pmatrix}$ を満たす 2 次正方行列 A を求めよ．

(2) e^{tA} を求めよ．　(3) $x(t)$ を求めよ．

解答　(1) $\begin{pmatrix} x \\ x' \end{pmatrix}' = \begin{pmatrix} x' \\ x'' \end{pmatrix} = \begin{pmatrix} x' \\ -4x' - 13x \end{pmatrix} = \begin{pmatrix} 0 & 1 \\ -13 & -4 \end{pmatrix}\begin{pmatrix} x \\ x' \end{pmatrix}$ より $A = \begin{pmatrix} 0 & 1 \\ -13 & -4 \end{pmatrix}$ である．

(2) A の固有方程式は

$$|A - \lambda| = \begin{vmatrix} -\lambda & 1 \\ -13 & -4 - \lambda \end{vmatrix} = \lambda^2 + 4\lambda + 13 = 0$$

なので，固有値は $\lambda = -2 \pm 3i$ であり，複素数になる．例 6.15 の証明に従って，$Q^{-1}AQ = \begin{pmatrix} -2 & -3 \\ 3 & -2 \end{pmatrix}$ となる 2 次正則行列 Q を求める．はじめに $\lambda = -2 - 3i$ に対応する固有ベクトル $\boldsymbol{x} = \begin{pmatrix} x \\ y \end{pmatrix}$ を求める．$A - \lambda = \begin{pmatrix} 2 + 3i & 1 \\ -13 & -2 + 3i \end{pmatrix}$ より 2 つの式 $(2 + 3i)x + y = 0, -13x + (-2 + 3i)y = 0$ をえるが，$y = \frac{13x}{-2+3i} = \frac{13(-2-3i)x}{4+9} = -(2 + 3i)x$ なので同値な式である．よって $\boldsymbol{x} = \begin{pmatrix} 1 \\ -2 - 3i \end{pmatrix}$ となる．このとき

$$\boldsymbol{f} = \frac{1}{2}(\boldsymbol{x} + \overline{\boldsymbol{x}}) = \begin{pmatrix} 1 \\ -2 \end{pmatrix}, \quad \boldsymbol{g} = \frac{1}{2i}(\boldsymbol{x} - \overline{\boldsymbol{x}}) = \begin{pmatrix} 0 \\ -3 \end{pmatrix}, \quad Q = (\boldsymbol{f}, \boldsymbol{g}) = \begin{pmatrix} 1 & 0 \\ -2 & -3 \end{pmatrix}$$

とおけば,

$$Q^{-1}AQ = \frac{-1}{3}\begin{pmatrix} -3 & 0 \\ 2 & 1 \end{pmatrix}\begin{pmatrix} 0 & 1 \\ -13 & -4 \end{pmatrix}\begin{pmatrix} 1 & 0 \\ -2 & -3 \end{pmatrix} = \begin{pmatrix} -2 & -3 \\ 3 & -2 \end{pmatrix} = -2E + 3I$$

となる．よって

$$e^{tA} = Qe^{-2tE+3tI}Q^{-1} = Qe^{-2t}\begin{pmatrix} \cos(3t) & -\sin(3t) \\ \sin(3t) & \cos(3t) \end{pmatrix} Q^{-1}$$
$$= \frac{1}{3}e^{-2t}\begin{pmatrix} 3\cos(3t) + 2\sin(3t) & \sin(3t) \\ -13\sin(3t) & 3\cos(3t) - 2\sin(3t) \end{pmatrix}$$

である．

(3)

$$\begin{pmatrix} x(t) \\ x'(t) \end{pmatrix} = e^{tA}\begin{pmatrix} x(0) \\ x'(0) \end{pmatrix} = \frac{1}{3}e^{-2t}\begin{pmatrix} 3\cos(3t) + 2\sin(3t) & \sin(3t) \\ -13\sin(3t) & 3\cos(3t) - 2\sin(3t) \end{pmatrix}\begin{pmatrix} 1 \\ 1 \end{pmatrix}$$

より $x(t) = e^{-2t}\{\cos(3t) + \sin(3t)\}$ がわかる. ■

例題 6.20 $a_1, a_2, a_3 \in \mathbb{R}$, $(a_1, a_2) \neq (0,0)$ のとき実交代行列 $A = \begin{pmatrix} 0 & -a_3 & a_2 \\ a_3 & 0 & -a_1 \\ -a_2 & a_1 & 0 \end{pmatrix}$ に対して e^{tA} を求めよ.

解答 $\boldsymbol{a} = \begin{pmatrix} a_1 \\ a_2 \\ a_3 \end{pmatrix}$ とおくと, $A\boldsymbol{x} = \boldsymbol{a} \times \boldsymbol{x}$ と表される. $r = \sqrt{a_1^2 + a_2^2 + a_3^2} > 0$, $s = \sqrt{a_1^2 + a_2^2} > 0$ とおく. $\boldsymbol{a}_3 = \frac{1}{r}\boldsymbol{a}$ とおくと $|\boldsymbol{a}_3| = 1$ である. 次に $\boldsymbol{a}_2 = \frac{1}{s}\begin{pmatrix} a_2 \\ -a_1 \\ 0 \end{pmatrix}$ とおくと $|\boldsymbol{a}_2| = 1, (\boldsymbol{a}_2, \boldsymbol{a}_3) = 0$ である. そして $\boldsymbol{a}_1 = \boldsymbol{a}_2 \times \boldsymbol{a}_3 = \frac{1}{rs}\begin{pmatrix} -a_1a_3 \\ -a_2a_3 \\ s^2 \end{pmatrix}$ とおくと $\boldsymbol{a}_1, \boldsymbol{a}_2, \boldsymbol{a}_3$ はこの順に右手直交座標系を作る. 定理 A.31 より 外積の成分表示は右手直交座標系のとり方によらないから,

$$A\boldsymbol{a}_1 = r\boldsymbol{a}_3 \times \boldsymbol{a}_1 = r\boldsymbol{a}_2, \quad A\boldsymbol{a}_2 = r\boldsymbol{a}_3 \times \boldsymbol{a}_2 = -r\boldsymbol{a}_1, \quad A\boldsymbol{a}_3 = r\boldsymbol{a}_3 \times \boldsymbol{a}_3 = \boldsymbol{0}$$

がわかり,

$$A(\boldsymbol{a}_1, \boldsymbol{a}_2, \boldsymbol{a}_3) = (r\boldsymbol{a}_2, -r\boldsymbol{a}_1, \boldsymbol{0}) = (\boldsymbol{a}_1, \boldsymbol{a}_2, \boldsymbol{a}_3)\left(\begin{array}{cc|c} 0 & -r & 0 \\ r & 0 & 0 \\ \hline 0 & 0 & 0 \end{array}\right)$$

となる. よって直交行列 Q を $Q = (\boldsymbol{a}_1, \boldsymbol{a}_2, \boldsymbol{a}_3)$ とすれば, $Q^{-1}tAQ = \left(\begin{array}{c|c} rtI & \\ \hline & 0 \end{array}\right)$ であるから

$$e^{tA} = Q\left(\begin{array}{c|c} e^{rtI} & \\ \hline & 1 \end{array}\right)Q^{-1} = Q\left(\begin{array}{cc|c} \cos(rt) & -\sin(rt) & 0 \\ \sin(rt) & \cos(rt) & 0 \\ \hline 0 & 0 & 1 \end{array}\right)Q^T$$

となる. ■

上の例題について次のことを注意しておく. A の固有値は $0, \pm ir$ であり, A はユニタリ行列 (定義 C.35) で対角化できる. 実際, $U = (\frac{\boldsymbol{a}_1 - i\boldsymbol{a}_2}{\sqrt{2}}, \frac{\boldsymbol{a}_1 + i\boldsymbol{a}_2}{\sqrt{2}}, \boldsymbol{a}_3)$ とすれば,

$$U^{-1}AU = U^*AU = \begin{pmatrix} ir & 0 & 0 \\ 0 & -ir & 0 \\ 0 & 0 & 0 \end{pmatrix}$$

となる.

問 6.18 $A = \begin{pmatrix} 2 & 5 \\ 4 & 1 \end{pmatrix}$ について次の問いに答えよ.

(1) e^{tA} を求めよ. (2) $\frac{d}{dt}\begin{pmatrix} x(t) \\ y(t) \end{pmatrix} = A\begin{pmatrix} x(t) \\ y(t) \end{pmatrix}$, $\begin{pmatrix} x(0) \\ y(0) \end{pmatrix} = \begin{pmatrix} 1 \\ -1 \end{pmatrix}$ を解け.

問 6.19　$A=\begin{pmatrix}2 & 3\\ 0 & -1\end{pmatrix}$ について次の問いに答えよ．

(1) e^{tA} を求めよ．　(2) $\begin{pmatrix}x(t)\\ y(t)\end{pmatrix}'=A\begin{pmatrix}x(t)\\ y(t)\end{pmatrix}$, $\begin{pmatrix}x(0)\\ y(0)\end{pmatrix}=\begin{pmatrix}1\\ 1\end{pmatrix}$ を解け．

問 6.20　$A=\begin{pmatrix}2 & 2 & 3\\ 0 & 2 & 0\\ 0 & 0 & 3\end{pmatrix}$ について次の問いに答えよ．

(1) e^{tA} を求めよ．　(2) $\begin{pmatrix}x(t)\\ y(t)\\ z(t)\end{pmatrix}'=A\begin{pmatrix}x(t)\\ y(t)\\ z(t)\end{pmatrix}$, $\begin{pmatrix}x(0)\\ y(0)\\ z(0)\end{pmatrix}=\begin{pmatrix}0\\ 1\\ 2\end{pmatrix}$ を解け．

問 6.21　$A=\begin{pmatrix}1 & 1\\ -1 & 0\end{pmatrix}$ とする．このとき次の微分方程式を解け．

$$\begin{pmatrix}x(t)\\ y(t)\end{pmatrix}'=A\begin{pmatrix}x(t)\\ y(t)\end{pmatrix},\quad \begin{pmatrix}x(0)\\ y(0)\end{pmatrix}=\begin{pmatrix}1\\ 0\end{pmatrix}$$

付録 A 行列式の定義とその性質

A.1 行列式の公理と存在・一意性

本節では n 次正方行列の行列式を定義し，その存在と一意性を示す．自然数 n に対して 1 から n までの数の集合を $N_n = \{1, 2, \cdots, n\}$ とし，N_n の元の n 個のペア全体を

$$[N_n]^n = \{(i_1, i_2, \cdots, i_n); i_k \in N_n \, (k = 1, 2, \cdots, n)\}$$

と表す．まずは次を示そう．

定理 A.1 n を 2 以上の自然数とする．このとき $[N_n]^n$ 上の複素数値関数 ϵ_n で (1), (2) を満たすものが唯一つ存在する．

(1) （交代性）$\epsilon_n(\cdots, i, \cdots, j, \cdots) = -\epsilon_n(\cdots, j, \cdots, i, \cdots)$. つまり任意の 2 つの変数を入れ替えると (-1) 倍される．

(2) $\epsilon_n(1, 2, \cdots, n) = 1$.

交代性の式 $\epsilon_n(\cdots, i, \cdots, j, \cdots) = -\epsilon_n(\cdots, j, \cdots, i, \cdots)$ で $i = j$ にとれば，

$$\epsilon_n(\cdots, i, \cdots, i, \cdots) = -\epsilon_n(\cdots, i, \cdots, i, \cdots)$$

より $\epsilon_n(\cdots, i, \cdots, i, \cdots) = 0$ となることに注意しよう．これより ϵ_n のとる値は，実際は $\pm1, 0$ である．

証明 帰納法で示す．$n = 2$ のとき，$\epsilon_2(i, j)$ が存在するならば，

$$\epsilon_2(1, 1) = \epsilon_2(2, 2) = 0, \quad \epsilon_2(1, 2) = 1, \quad \epsilon_2(2, 1) = -1$$

でなければならない．よって存在するならば唯一つに定まる．逆に上の式で定義した関数 ϵ_2 は条件 (1), (2) を満たす．ゆえに $n = 2$ のときは正しいことがわかった．そこで n まで一意的に存在したとする．このとき $[N_{n+1}]^{n+1}$ 上の関数 ϵ_{n+1} を

$$\begin{aligned} &\epsilon_{n+1}(i_1, i_2, \cdots, i_{k-1}, n+1, i_k, \cdots, i_n) \\ &= \begin{cases} (-1)^{n+1-k}\epsilon_n(i_1, i_2, \cdots, i_n) & (\{i_1, i_2, \cdots, i_n\} = \{1, 2, \cdots, n\},\ k = 1, 2, \cdots, n, n+1) \\ 0 & \text{その他} \end{cases} \end{aligned}$$

で定義する．ただし $k = 1, n+1$ のときは

$$\epsilon_{n+1}(i_1, i_2, \cdots, i_{k-1}, n+1, i_k, \cdots, i_n) = \epsilon_{n+1}(n+1, i_1, \cdots, i_n) \quad (k = 1),$$

$$\epsilon_{n+1}(i_1, i_2, \cdots, i_{k-1}, n+1, i_k, \cdots, i_n) = \epsilon_{n+1}(i_1, \cdots, i_n, n+1) \quad (k = n+1)$$

と定める．まず ϵ_{n+1} が条件 (2) を満たすことを確認する．$k = n+1, i_p = p\,(p = 1, 2, \cdots, n)$ にとれば $\epsilon_{n+1}(1, 2, \cdots, n+1) = (-1)^0 \epsilon_n(1, 2, \cdots, n) = 1$ である．交代性の条件 (1) を示そう．ϵ_{n+1} は定義から $\epsilon_{n+1}(\cdots, i, \cdots, i, \cdots) = 0$ を満たしていることは明らかである．そこで

$$\{i_1, i_2, \cdots, i_{n+1}\} = \{1, 2, \cdots, n+1\}, \quad i_k = n+1, \quad i_p, i_q \neq n+1\,(p < q)$$

とする．$k < p < q$ のときは（$p < k < q, p < q < k$ の場合も同様），ϵ_n の交代性を用いると

$$\begin{aligned}\epsilon_{n+1}(\cdots, i_k, \cdots, i_p, \cdots, i_q, \cdots) &= (-1)^{n+1-k} \epsilon_n(\cdots, i_{k-1}, i_{k+1}, \cdots, i_p, \cdots, i_q, \cdots) \\ &= (-1)(-1)^{n+1-k} \epsilon_n(\cdots, i_{k-1}, i_{k+1}, \cdots, i_q, \cdots, i_p, \cdots) \\ &= (-1)\epsilon_{n+1}(\cdots, i_k, \cdots, i_q, \cdots, i_p, i_{p+1}, \cdots)\end{aligned}$$

より $i_p, i_q \neq n+1$ についての交代性がいえた．また，$i_k = n+1, i_p\,(k < p)$ についての交代性は，ϵ_n で変数 i_p を $i_{k+1}, \cdots, i_{p-1}$ の $p-k-1$ 個の変数と順次交換していくと $(-1)^{p-k-1}$ 倍されることに注意すれば，

$$\begin{aligned}&\epsilon_{n+1}(\cdots, i_{k-1}, n+1, i_{k+1}, \cdots, i_{p-1}, i_p, i_{p+1}, \cdots) \\ &= (-1)^{n+1-k} \epsilon_n(\cdots, i_{k-1}, i_{k+1}, \cdots, i_{p-1}, i_p, i_{p+1}, \cdots) \\ &= (-1)^{p-k-1}(-1)^{n+1-k} \epsilon_n(\cdots, i_{k-1}, i_p, i_{k+1}, \cdots, i_{p-1}, i_{p+1}, \cdots) \\ &= (-1)^{p-k-1}(-1)^{n+1-k}(-1)^{n+1-p} \epsilon_{n+1}(\cdots, i_{k-1}, i_p, i_{k+1}, \cdots, i_{p-1}, n+1, i_{p+1}, \cdots) \\ &= (-1)\epsilon_{n+1}(\cdots, i_{k-1}, i_p, i_{k+1}, \cdots, i_{p-1}, n+1, i_{p+1}, \cdots)\end{aligned}$$

となることからわかる．$p < k$ の場合も同様である．これで $n+1$ の場合の存在が示せた．$n+1$ の場合の一意性を示そう．$[N_{n+1}]^{n+1}$ 上の関数 g が条件 (1), (2) を満たすとする．$k = 1, 2, \cdots, n+1$ に対して $[N_n]^n$ 上の関数 h_k を

$$h_k(i_1, i_2, \cdots, i_n) = (-1)^{n+1-k} g(i_1, \cdots, i_{k-1}, n+1, i_k, \cdots, i_n)$$

と定義する．h_k が交代性の条件 (1) を満たすことは，g が満たしているから明らかである．また $n+1$ を $k, \cdots, n$ と順次交換して，

$$\begin{aligned}h_k(1, 2, \cdots, n) &= (-1)^{n+1-k} g(1, \cdots, k-1, n+1, k, \cdots, n) \\ &= (-1)^{n+1-k}(-1)^{n-k+1} g(1, \cdots, k-1, k, \cdots, n, n+1) = 1\end{aligned}$$

もわかる．よって n の場合の一意性から $h_k = \epsilon_n\,(k = 1, 2, \cdots, n+1)$ である．これより

$$\begin{aligned}g(i_1, \cdots, i_{k-1}, n+1, i_k, \cdots, i_n) &= (-1)^{n+1-k} h_k(i_1, i_2, \cdots, i_n) = (-1)^{n+1-k} \epsilon_n(i_1, i_2, \cdots, i_n) \\ &= \epsilon_{n+1}(i_1, \cdots, i_{k-1}, n+1, i_k, \cdots, i_n)\end{aligned}$$

となるから，$n+1$ の場合の一意性も示せた．以上から数学的帰納法により 2 以上の全ての自然数に対して 条件を満たす関数 ϵ_n が一意的に存在する．■

● **例 A.2**　$n=3$ のとき，定理 A.1 でえられた関数 $\epsilon_3(i,j,k)$ を，ϵ_{ijk} と表し，**レビ・チビタ記号**という．

$$\epsilon_{ijk}=\begin{cases}1 & (i,j,k)=(1,2,3),(3,1,2),(2,3,1)\\ -1 & (i,j,k)=(2,1,3),(3,2,1),(1,3,2)\\ 0 & \text{その他}\end{cases}$$

であるから $\boldsymbol{a}=\begin{pmatrix}a_1\\a_2\\a_3\end{pmatrix}$ と $\boldsymbol{b}=\begin{pmatrix}b_1\\b_2\\b_3\end{pmatrix}$ の外積は，

$$\begin{aligned}\boldsymbol{a}\times\boldsymbol{b}&=(a_2b_3-a_3b_2)\boldsymbol{e}_1+(a_3b_1-a_1b_3)\boldsymbol{e}_2+(a_1b_2-a_2b_1)\boldsymbol{e}_3\\&=(\epsilon_{123}a_2b_3+\epsilon_{132}a_3b_2)\boldsymbol{e}_1+(\epsilon_{231}a_3b_1+\epsilon_{213}a_1b_3)\boldsymbol{e}_2+(\epsilon_{312}a_1b_2+\epsilon_{321}a_2b_1)\boldsymbol{e}_3\\&=\sum_{1\leqq i,j,k\leqq 3}\epsilon_{ijk}a_jb_k\boldsymbol{e}_i\end{aligned}$$

と表すことができる．

> **例題 A.3**　$1\leqq i,j,l,m\leqq 3$ に対して $\sum_{k=1}^{3}\epsilon_{ijk}\epsilon_{klm}=\delta_{il}\delta_{jm}-\delta_{im}\delta_{jl}$ を示せ．

証明　上式の左辺を A，右辺を B とおく．場合分けをして $A=B$ を示す．

ケース 1: $i=j$ のとき，$\epsilon_{ijk}=0\,(k=1,2,3)$ より $A=0$．また $B=\delta_{il}\delta_{im}-\delta_{im}\delta_{il}=0$ なので，$A=B$ は成り立つ．

ケース 2: $m=l$ のとき，$\epsilon_{klm}=0\,(k=1,2,3)$ より $A=0$．また $B=\delta_{il}\delta_{jl}-\delta_{jl}\delta_{il}=0$ なので，$A=B$ は成り立つ．

ケース 3: $i\neq j$ かつ $l\neq m$ とする．このとき k_1 を $\{i,j,k_1\}=\{1,2,3\}$ となるようにとる．このとき $A=\epsilon_{ijk_1}\epsilon_{k_1lm}=\epsilon_{ijk_1}\epsilon_{lmk_1}$ である．さらに場合分けをする．

[1]　$k_1=l$ のとき，

$$A=0,\quad B=\delta_{ik_1}\delta_{jm}-\delta_{im}\delta_{jk_1}=0\delta_{jm}-\delta_{im}0=0$$

で $A=B$ となる．

[2]　$k_1=m$ のとき，

$$A=0,\quad B=\delta_{il}\delta_{jk_1}-\delta_{ik_1}\delta_{jl}=\delta_{il}0-0\delta_{jl}=0$$

で $A=B$ となる．

[3]　$k_1\neq l$ かつ $k_1\neq m$ のとき，$\{i,j,k_1\}=\{1,2,3\}=\{l,m,k_1\}$ なので，$i=l,j=m$ または $i=m,j=l$ の場合のみ起こる．

(a)　$i=l,j=m$ のとき，$A=\epsilon_{ijk_1}\epsilon_{ijk_1}=1$，$B=\delta_{ii}\delta_{jj}-\delta_{ij}\delta_{ji}=1$ で $A=B$．

(b)　$i=m,j=l$ のとき，$A=\epsilon_{ijk_1}\epsilon_{jik_1}=-1$，$B=\delta_{ij}\delta_{ji}-\delta_{ii}\delta_{jj}=-1$ で $A=B$．

以上より全ての場合に $A=B$ となっている．■

例題 A.4　次の等式を示せ.

(1) $\boldsymbol{a}\times(\boldsymbol{b}\times\boldsymbol{c})=(\boldsymbol{a},\boldsymbol{c})\boldsymbol{b}-(\boldsymbol{a},\boldsymbol{b})\boldsymbol{c}$　(2) $(\boldsymbol{a}\times\boldsymbol{b},\boldsymbol{c}\times\boldsymbol{d})=(\boldsymbol{a},\boldsymbol{c})(\boldsymbol{b},\boldsymbol{d})-(\boldsymbol{a},\boldsymbol{d})(\boldsymbol{b},\boldsymbol{c})$

証明　例 A.2 のレビ・チビタ記号を用いた外積の表示と，例題 A.3 の結果を用いる．また Σ 記号が沢山現れるので，Σ 記号を省略し，2 度出た添字は 1〜3 まで加えると約束しよう．これは**アインシュタインの縮約**とよばれる．例えば $a_jb_j=a_1b_1+a_2b_2+a_3b_3$ である．

(1)
$$\begin{aligned}\boldsymbol{a}\times(\boldsymbol{b}\times\boldsymbol{c})&=\epsilon_{ijk}a_j(\boldsymbol{b}\times\boldsymbol{c})_k\boldsymbol{e}_i=\epsilon_{ijk}a_j\epsilon_{klm}b_lc_m\boldsymbol{e}_i=\epsilon_{ijk}\epsilon_{klm}a_jb_lc_m\boldsymbol{e}_i\\&=\delta_{il}\delta_{jm}a_jb_lc_m\boldsymbol{e}_i-\delta_{im}\delta_{jl}a_jb_lc_m\boldsymbol{e}_i=a_jc_jb_i\boldsymbol{e}_i-a_jb_jc_i\boldsymbol{e}_i=(\boldsymbol{a},\boldsymbol{c})\boldsymbol{b}-(\boldsymbol{a},\boldsymbol{b})\boldsymbol{c}.\end{aligned}$$

(2)
$$\begin{aligned}(\boldsymbol{a}\times\boldsymbol{b},\boldsymbol{c}\times\boldsymbol{d})&=(\epsilon_{ijk}a_jb_k\boldsymbol{e}_i,\epsilon_{pqr}c_qd_r\boldsymbol{e}_p)=a_jb_kc_qd_r\epsilon_{ijk}\epsilon_{pqr}(\boldsymbol{e}_i,\boldsymbol{e}_p)\\&=a_jb_kc_qd_r\epsilon_{ijk}\epsilon_{pqr}\delta_{ip}=a_jb_kc_qd_r\epsilon_{jki}\epsilon_{iqr}=a_jb_kc_qd_r(\delta_{jq}\delta_{kr}-\delta_{jr}\delta_{kq})\\&=a_jc_jb_kd_k-a_jd_jb_kc_k=(\boldsymbol{a},\boldsymbol{c})(\boldsymbol{b},\boldsymbol{d})-(\boldsymbol{a},\boldsymbol{d})(\boldsymbol{b},\boldsymbol{c}).\end{aligned}$$
■

成分が複素数である n 項列ベクトル全体を $\mathbb{C}^n$ で表す．$\mathbb{C}^n$ の元 $\boldsymbol{a}=\begin{pmatrix}a_1\\\vdots\\a_n\end{pmatrix}$ は，一意的に $\boldsymbol{a}=\displaystyle\sum_{i=1}^n a_i\boldsymbol{e}_i$ と表される．

行列式の公理　$[\mathbb{C}^n]^n$ 上の $\mathbb{C}$ に値をとる関数 F が**行列式の公理**を満たすとは，次の (1), (2), (3) が満たされていることである．

(1)　（多重線形性）各変数について線形である．

$$F(\cdots,\alpha\boldsymbol{a}+\beta\boldsymbol{b},\cdots)=\alpha F(\cdots,\boldsymbol{a},\cdots)+\beta F(\cdots,\boldsymbol{b},\cdots)\quad(\alpha,\beta\in\mathbb{C}).$$

(2)　（交代性）2 つの変数を交換すると (-1) 倍される．

$$F(\cdots,\boldsymbol{b},\cdots,\boldsymbol{a},\cdots)=-F(\cdots,\boldsymbol{a},\cdots,\boldsymbol{b},\cdots).$$

(3)　$F(\boldsymbol{e}_1,\boldsymbol{e}_2,\cdots,\boldsymbol{e}_n)=1$.

● **例 A.5**　F が行列式の公理を満たしているとしよう．次がわかる．

[1] 多重線形性から $F(\cdots,\boldsymbol{0},\cdots)=F(\cdots,\boldsymbol{0}+\boldsymbol{0},\cdots)=F(\cdots,\boldsymbol{0},\cdots)+F(\cdots,\boldsymbol{0},\cdots)$．よって 1 つのベクトルが $\boldsymbol{0}$ ならば，F の値は 0 である．

$$F(\cdots,\boldsymbol{0},\cdots)=0.$$

[2] 交代性から，2 つのベクトルが等しいとき F の値は 0 となる．

$$F(\cdots,\boldsymbol{a},\cdots,\boldsymbol{a},\cdots)=0.$$

[3] 多重線形性から，2つのベクトルがあるベクトルのスカラー倍となっていれば，F の値は 0 となる．

$$F(\cdots, k\boldsymbol{a}, \cdots, s\boldsymbol{a}, \cdots) = ksF(\cdots, \boldsymbol{a}, \cdots, \boldsymbol{a}, \cdots) = 0.$$

[4] 1つのベクトルの何倍かを他のベクトルに加えても値は変わらない．

$$\begin{aligned} F(\cdots, \boldsymbol{a} + k\boldsymbol{b}, \cdots, \boldsymbol{b}, \cdots) &= F(\cdots, \boldsymbol{a}, \cdots, \boldsymbol{b}, \cdots) + kF(\cdots, \boldsymbol{b}, \cdots, \boldsymbol{b}, \cdots) \\ &= F(\cdots, \boldsymbol{a}, \cdots, \boldsymbol{b}, \cdots). \end{aligned}$$

定理 A.6 n を 2 以上の自然数とする．このとき行列式の公理を満たす関数 F が唯一つ定まる．さらに F は，$\boldsymbol{a}_j = \begin{pmatrix} a_{1j} \\ \vdots \\ a_{nj} \end{pmatrix}$ $(j = 1, 2, \cdots, n)$ に対して

$$F(\boldsymbol{a}_1, \boldsymbol{a}_2, \cdots, \boldsymbol{a}_n) = \sum_{1 \leqq i_1, i_2, \cdots, i_n \leqq n} \epsilon_n(i_1, i_2, \cdots, i_n) a_{i_1,1} a_{i_2,2} \cdots a_{i_n,n}$$

で与えられる．

証明 **一意性:** 公理を満たす F が存在したとする．$[N_n]^n$ 上の関数 f_n を

$$f_n(i_1, i_2, \cdots, i_n) = F(\boldsymbol{e}_{i_1}, \boldsymbol{e}_{i_2}, \cdots, \boldsymbol{e}_{i_n})$$

で定義する．公理 (3) から $f_n(1, 2, \cdots, n) = F(\boldsymbol{e}_1, \boldsymbol{e}_2, \cdots, \boldsymbol{e}_n) = 1$ であり，F の交代性から f_n の交代性もいえる．よって定理 A.1 から $f_n = \epsilon_n$．すなわち

$$F(\boldsymbol{e}_{i_1}, \boldsymbol{e}_{i_2}, \cdots, \boldsymbol{e}_{i_n}) = \epsilon_n(i_1, i_2, \cdots, i_n)$$

と，F に関係なく $F(\boldsymbol{e}_{i_1}, \boldsymbol{e}_{i_2}, \cdots, \boldsymbol{e}_{i_n})$ の値は定まる．そこで $\mathbb{C}^n$ の n 個の元を基本ベクトルを用いて $\boldsymbol{a}_j = \sum_{i=1}^n a_{ij} \boldsymbol{e}_i (j = 1, 2, \cdots, n)$ と表す．$\boldsymbol{a}_j$ から a_{ij} $(i = 1, 2, \cdots, n)$ は唯一つに定まる．このとき F の多重線形性より

$$\begin{aligned} F(\boldsymbol{a}_1, \boldsymbol{a}_2, \cdots, \boldsymbol{a}_n) &= F\left(\sum_{i_1=1}^n a_{i_1 1} \boldsymbol{e}_{i_1}, \sum_{i_2=1}^n a_{i_2 2} \boldsymbol{e}_{i_2}, \cdots, \sum_{i_n=1}^n a_{i_n n} \boldsymbol{e}_{i_n} \right) \\ &= \sum_{1 \leqq i_1, i_2, \cdots, i_n \leqq n} a_{i_1,1} a_{i_2,2} \cdots a_{i_n,n} F(\boldsymbol{e}_{i_1}, \boldsymbol{e}_{i_2}, \cdots, \boldsymbol{e}_{i_n}) \\ &= \sum_{1 \leqq i_1, i_2, \cdots, i_n \leqq n} \epsilon_n(i_1, i_2, \cdots, i_n) a_{i_1,1} a_{i_2,2} \cdots a_{i_n,n} \end{aligned}$$

となる．最後の式は F に関係なく定まるので，行列式の公理を満たすものは，もしあれば，唯一つに定まることがいえた．

存在: $\boldsymbol{a}_j = \sum_{i=1}^n a_{ij} \boldsymbol{e}_i$ $(j = 1, 2, \cdots, n)$ に対して

$$F(\boldsymbol{a}_1, \boldsymbol{a}_2, \cdots, \boldsymbol{a}_n) = \sum_{1 \leqq i_1, i_2, \cdots, i_n \leqq n} \epsilon_n(i_1, i_2, \cdots, i_n) a_{i_1,1} a_{i_2,2} \cdots a_{i_n,n}$$

と定義しよう．まず F は多重線形性の性質をもつことを示そう．$\boldsymbol{b}_j = \sum_{i=1}^{n} b_{ij}\boldsymbol{e}_i$ と複素数 α, β に対して $\alpha\boldsymbol{a}_j + \beta\boldsymbol{b}_j = \sum_{i=1}^{n}(\alpha a_{ij} + \beta b_{ij})\boldsymbol{e}_i$ であるから

$$\begin{aligned}
&F(\boldsymbol{a}_1, \cdots, \boldsymbol{a}_{j-1}, \alpha\boldsymbol{a}_j + \beta\boldsymbol{b}_j, \boldsymbol{a}_{j+1}, \cdots, \boldsymbol{a}_n) \\
&= \sum_{1 \leqq i_1, i_2, \cdots, i_n \leqq n} \epsilon_n(i_1, i_2, \cdots, i_n) a_{i_1,1} \cdots a_{i_{j-1},j-1}(\alpha a_{i_j,j} + \beta b_{i_j,j}) a_{i_{j+1},j+1} \cdots a_{i_n,n} \\
&= \alpha \sum_{1 \leqq i_1, i_2, \cdots, i_n \leqq n} \epsilon_n(i_1, i_2, \cdots, i_n) a_{i_1,1} \cdots a_{i_{j-1},j-1} \cdot a_{i_j,j} \cdot a_{i_{j+1},j+1} \cdots a_{i_n,n} \\
&\quad + \beta \sum_{1 \leqq i_1, i_2, \cdots, i_n \leqq n} \epsilon_n(i_1, i_2, \cdots, i_n) a_{i_1,1} \cdots a_{i_{j-1},j-1} \cdot b_{i_j,j} \cdot a_{i_{j+1},j+1} \cdots a_{i_n,n} \\
&= \alpha F(\boldsymbol{a}_1, \cdots, \boldsymbol{a}_{j-1}, \boldsymbol{a}_j, \boldsymbol{a}_{j+1}, \cdots, \boldsymbol{a}_n) + \beta F(\boldsymbol{a}_1, \cdots, \boldsymbol{a}_{j-1}, \boldsymbol{b}_j, \boldsymbol{a}_{j+1}, \cdots, \boldsymbol{a}_n)
\end{aligned}$$

がいえる．次に F の交代性を示そう．ϵ_n の交代性を用いる．$1 \leqq p < q \leqq n$ とする．

$$\begin{aligned}
&F(\boldsymbol{a}_1, \cdots, \boldsymbol{a}_p, \cdots, \boldsymbol{a}_q, \cdots, \boldsymbol{a}_n) \\
&= \sum_{1 \leqq i_1, \cdots, i_n \leqq n} \epsilon_n(i_1, \cdots, i_p, \cdots, i_q, \cdots, i_n) a_{i_1,1} \cdots a_{i_p,p} \cdots\cdots a_{i_q,q} \cdots a_{i_n,n} \\
&= -\sum_{1 \leqq i_1, \cdots, i_n \leqq n} \epsilon_n(i_1, \cdots, i_q, \cdots, i_p, \cdots, i_n) a_{i_1,1} \cdots a_{i_q,q} \cdots\cdots a_{i_p,p} \cdots a_{i_n,n} \\
&= -F(\boldsymbol{a}_1, \cdots, \boldsymbol{a}_q, \cdots, \boldsymbol{a}_p, \cdots, \boldsymbol{a}_n)
\end{aligned}$$

なので，F の交代性がいえた．最後に $F(\boldsymbol{e}_1, \boldsymbol{e}_2, \cdots, \boldsymbol{e}_n) = 1$ を示そう．$\boldsymbol{e}_j = \sum_{i=1}^{n} \delta_{i,j}\boldsymbol{e}_i$ と表されるから，

$$F(\boldsymbol{e}_1, \boldsymbol{e}_2, \cdots, \boldsymbol{e}_n) = \sum_{1 \leqq i_1, i_2, \cdots, i_n \leqq n} \epsilon_n(i_1, i_2, \cdots, i_n) \delta_{i_1,1}\delta_{i_2,2} \cdots \delta_{i_n,n} = \epsilon_n(1, 2, \cdots, n) = 1$$

となる．以上から行列式の公理を満たす関数が唯一つ存在することが示された．■

定義 A.7　n を 2 以上の自然数とする．n 次正方行列 $A = (\boldsymbol{a}_1\boldsymbol{a}_2 \cdots \boldsymbol{a}_n)$ に対して 定理 A.6 で決まる関数値 $F(\boldsymbol{a}_1, \boldsymbol{a}_2, \cdots, \boldsymbol{a}_n)$ を対応させる関数を A の行列式といい，$|A|$ または $\det A$ と表す．単位行列 E の行列式の値は $|E| = F(\boldsymbol{e}_1, \boldsymbol{e}_2, \cdots, \boldsymbol{e}_n) = 1$ である．

● **例 A.8**　定理 A.6 の表示を使って，2 次と 3 次の正方行列の行列式を書き下してみよう．

$$\begin{vmatrix} a_{11} & a_{12} \\ a_{21} & a_{22} \end{vmatrix} = \sum_{1 \leqq i_1, i_2 \leqq 2} \epsilon_2(i_1, i_2) a_{i_1,1} a_{i_2,2} = \epsilon_2(1,2) a_{11}a_{22} + \epsilon_2(2,1) a_{21}a_{12} = a_{11}a_{22} - a_{21}a_{12},$$

$$\begin{aligned}
\begin{vmatrix} a_{11} & a_{12} & a_{13} \\ a_{21} & a_{22} & a_{23} \\ a_{31} & a_{32} & a_{33} \end{vmatrix} &= \sum_{1 \leqq i_1, i_2, i_3 \leqq 3} \epsilon_3(i_1, i_2, i_3) a_{i_1,1} a_{i_2,2} a_{i_3,3} \\
&= \epsilon_3(1,2,3) a_{11}a_{22}a_{33} + \epsilon_3(2,3,1) a_{21}a_{32}a_{13} + \epsilon_3(3,1,2) a_{31}a_{12}a_{23} \\
&\quad + \epsilon_3(1,3,2) a_{11}a_{32}a_{23} + \epsilon_3(2,1,3) a_{21}a_{12}a_{33} + \epsilon_3(3,2,1) a_{31}a_{22}a_{13} \\
&= a_{11}a_{22}a_{33} + a_{21}a_{32}a_{13} + a_{31}a_{12}a_{23} - (a_{11}a_{32}a_{23} + a_{21}a_{12}a_{33} + a_{31}a_{22}a_{13})
\end{aligned}$$

これらはすでに平行 4 辺形，平行 6 面体の体積として求めていたものと一致している．

例題 A.9 次を示せ．

(1) $|\boldsymbol{e}_{j_1}, \boldsymbol{e}_{j_2}, \cdots, \boldsymbol{e}_{j_n}| = \epsilon_n(j_1, \cdots, j_n)$

(2) $|\boldsymbol{a}_{j_1}, \boldsymbol{a}_{j_2}, \cdots, \boldsymbol{a}_{j_n}| = \epsilon_n(j_1, \cdots, j_n)|\boldsymbol{a}_1, \boldsymbol{a}_2, \cdots, \boldsymbol{a}_n|$

証明 (1) 定理 A.6 の表示を使うと

$$|\boldsymbol{e}_{i_1}, \boldsymbol{e}_{i_2}, \cdots, \boldsymbol{e}_{i_n}| = \sum_{1 \leqq i_1, \cdots, i_n \leqq n} \epsilon_n(i_1, \cdots, i_n)\delta_{i_1, j_1} \cdots \delta_{i_n, j_n} = \epsilon_n(j_1, \cdots, j_n).$$

(2) $j_1, \cdots, j_n$ の中に等しいものがあれば，両辺ともに 0 で等しい．そこで $\{j_1, \cdots, j_n\} = \{1, \cdots, n\}$ の場合を考える．

$$G(\boldsymbol{a}_1, \boldsymbol{a}_2, \cdots, \boldsymbol{a}_n) = \epsilon_n(j_1, \cdots, j_n)|\boldsymbol{a}_{j_1}, \boldsymbol{a}_{j_2}, \cdots, \boldsymbol{a}_{j_n}|$$

とおく．G は多重線形で交代的である．例えば $j_p = l$ のとき

$$G(\cdots, \alpha\boldsymbol{a}_l + \beta\boldsymbol{b}_l, \cdots) = \epsilon_n(j_1, \cdots, j_n)|\cdots, \alpha\boldsymbol{a}_{j_p} + \beta\boldsymbol{b}_{j_p}, \cdots|$$

なので，行列式の多重線形性と交代性に帰着できるからである．また

$$G(\boldsymbol{e}_1, \boldsymbol{e}_2, \cdots, \boldsymbol{e}_n) = \epsilon_n(j_1, \cdots, j_n)|\boldsymbol{e}_{j_1}, \boldsymbol{e}_{j_2}, \cdots, \boldsymbol{e}_{j_n}| = \epsilon_n(j_1, \cdots, j_n)^2 = 1$$

であるから行列式の一意性から $G(\boldsymbol{a}_1, \boldsymbol{a}_2, \cdots, \boldsymbol{a}_n) = |\boldsymbol{a}_1, \boldsymbol{a}_2, \cdots, \boldsymbol{a}_n|$ である．すなわち

$$|\boldsymbol{a}_1, \boldsymbol{a}_2, \cdots, \boldsymbol{a}_n| = \epsilon_n(j_1, \cdots, j_n)|\boldsymbol{a}_{j_1}, \boldsymbol{a}_{j_2}, \cdots, \boldsymbol{a}_{j_n}|$$

がわかったから，両辺に $\epsilon_n(j_1, \cdots, j_n)$ をかけて，$\epsilon_n(j_1, \cdots, j_n)^2 = 1$ に注意すればよい． ■

例題 A.10 次の行列の行列式の値 $|A|$ を求めよ．ただし $|\boldsymbol{a}|^2 = a_1^2 + \cdots + a_n^2$ とする．

$$(1)\ A = \begin{pmatrix} 1 + a_1b_1 & a_1b_2 & \cdots & a_1b_n \\ a_2b_1 & 1 + a_2b_2 & \cdots & a_2b_n \\ \vdots & \vdots & \ddots & \vdots \\ a_nb_1 & a_nb_2 & \cdots & 1 + a_nb_n \end{pmatrix}$$

$$(2)\ B = \begin{pmatrix} |\boldsymbol{a}|^2 - 2a_1^2 & -2a_1a_2 & \cdots & -2a_1a_n \\ -2a_2a_1 & |\boldsymbol{a}|^2 - 2a_2^2 & \cdots & -2a_2a_n \\ \vdots & \vdots & \ddots & \vdots \\ -2a_na_1 & -2a_na_2 & \cdots & |\boldsymbol{a}|^2 - 2a_n^2 \end{pmatrix}$$

解答 (1) A は列ベクトルを用いて，$A = (\boldsymbol{e}_1 + b_1\boldsymbol{a}, \boldsymbol{e}_2 + b_2\boldsymbol{a}, \cdots, \boldsymbol{e}_n + b_n\boldsymbol{a})$ と表される．$|A|$ を多重線形性を用いて計算すると

$$|A| = |\boldsymbol{e}_1, \cdots, \boldsymbol{e}_n| + \sum_{j=1}^{n} b_j |\boldsymbol{e}_1, \cdots, \overset{j\text{ 列}}{\boldsymbol{a}}, \cdots, \boldsymbol{e}_n|$$

と表すことができる．さらに $\boldsymbol{a} = \sum_{k=1}^{n} a_k \boldsymbol{e}_k$ より多重線形性を用いると，

$$|\boldsymbol{e}_1, \cdots, \overset{j\,列}{\boldsymbol{a}}, \cdots, \boldsymbol{e}_n| = \sum_{k=1}^{n} a_k |\boldsymbol{e}_1, \cdots, \overset{j\,列}{\boldsymbol{e}_k}, \cdots, \boldsymbol{e}_n| = \sum_{k=1}^{n} a_k \delta_{jk} = a_j$$

となるから，$|A| = 1 + \sum_{j=1}^{n} b_j a_j = 1 + (\boldsymbol{a}, \boldsymbol{b})$ がえられる．

(2) $B = (|\boldsymbol{a}|^2 \boldsymbol{e}_1 - 2a_1 \boldsymbol{a}, |\boldsymbol{a}|^2 \boldsymbol{e}_2 - 2a_2 \boldsymbol{a}, \cdots, |\boldsymbol{a}|^2 \boldsymbol{e}_n - 2a_n \boldsymbol{a})$ と表される．多重線形性を用いて (1) と同様に展開すると，

$$|B| = |\boldsymbol{a}|^{2n} |\boldsymbol{e}_1, \cdots, \boldsymbol{e}_n| + \sum_{j=1}^{n} |\boldsymbol{a}|^{2(n-1)} (-2a_j) |\boldsymbol{e}_1, \cdots, \overset{j\,列}{\boldsymbol{a}}, \cdots, \boldsymbol{e}_n|$$

となる．さらに $|\boldsymbol{e}_1, \cdots, \boldsymbol{e}_{j-1}, \boldsymbol{a}, \boldsymbol{e}_{j+1}, \cdots, \boldsymbol{e}_n| = a_j$ から，$|B| = |\boldsymbol{a}|^{2n} + \sum_{j=1}^{n} |\boldsymbol{a}|^{2(n-1)} (-2a_j^2)$ $= |\boldsymbol{a}|^{2n} - 2|\boldsymbol{a}|^{2n} = -|\boldsymbol{a}|^{2n}$ となる． ■

A.2 行列式の性質

行列式の公理に基づいて定義した行列式が，計算方法で説明した性質を満たすことを示しておこう．また多重線形性と交代性から豊富な結果が出てくることに，少しは驚いておこう．

定理 A.11　n 次正方行列 A に対して $|A^T| = |A|$ が成り立つ．

証明　$\boldsymbol{a}_j = \begin{pmatrix} a_{1j} \\ a_{2j} \\ \vdots \\ a_{nj} \end{pmatrix}$ $(j = 1, 2, \cdots, n)$ に対して

$$G(\boldsymbol{a}_1, \boldsymbol{a}_2, \cdots, \boldsymbol{a}_n) = \sum_{1 \leqq j_1, j_2, \cdots, j_n \leqq n} \epsilon_n(j_1, \cdots, j_n) a_{1,j_1} a_{2,j_2} \cdots a_{n,j_n}$$

とおく．ϵ_n の交代性より $\{j_1, j_2, \cdots, j_n\} = \{1, 2, \cdots, n\}$ でない限り $\epsilon_n(j_1, \cdots, j_n) = 0$ である．これより G を

$$G(\boldsymbol{a}_1, \boldsymbol{a}_2, \cdots, \boldsymbol{a}_n) = \sum_{\{j_1, j_2, \cdots, j_n\} = \{1, 2, \cdots, n\}} \epsilon_n(j_1, \cdots, j_n) a_{1,j_1} a_{2,j_2} \cdots a_{n,j_n}$$

と表すことができる．$j_1, j_2, \cdots, j_n$ は全て相異なるから，$a_{1,j_1} a_{2,j_2} \cdots a_{n,j_n}$ は各 $\boldsymbol{a}_l$ $(l = 1, 2, \cdots, n)$ について線形である．よって G は多重線形である．また，

$$G(\cdots, \boldsymbol{a}_p, \cdots, \boldsymbol{a}_q, \cdots) = \sum_{\{j_1, j_2, \cdots, j_n\} = \{1, 2, \cdots, n\}} \epsilon_n(j_1, \cdots, j_n) a_{1,j_1} a_{2,j_2} \cdots a_{n,j_n},$$

$$G(\cdots, \boldsymbol{a}_q, \cdots, \boldsymbol{a}_p, \cdots) = \sum_{\{i_1, i_2, \cdots, i_n\} = \{1, 2, \cdots, n\}} \epsilon_n(i_1, \cdots, i_n) a_{1,i_1} a_{2,i_2} \cdots a_{n,i_n}.$$

ここで

$$i_k = \begin{cases} j_k & (k \neq p, q) \\ j_p & (k = q) \\ j_q & (k = p) \end{cases}.$$

このとき $\{j_1, j_2, \cdots, j_n\} = \{1, 2, \cdots, n\} = \{i_1, i_2, \cdots, i_n\}$ より $a_{1,j_1} a_{2,j_2} \cdots a_{n,j_n} = a_{1,i_1} a_{2,i_2} \cdots a_{n,i_n}$ であるが，ϵ_n の交代性から

$$\begin{aligned}\epsilon_n(\cdots, j_l, \cdots, j_m, \cdots) &= \epsilon_n(\cdots, p, \cdots, q, \cdots) = -\epsilon_n(\cdots, q, \cdots, p, \cdots) \\ &= -\epsilon_n(\cdots, i_l, \cdots, i_m, \cdots)\end{aligned}$$

となるので，$G(\cdots, \boldsymbol{a}_q, \cdots, \boldsymbol{a}_p, \cdots) = -G(\cdots, \boldsymbol{a}_p, \cdots, \boldsymbol{a}_q, \cdots)$ がわかる．よって G の交代性もいえた．さらに $\boldsymbol{e}_j$ に対して

$$G(\boldsymbol{e}_1, \boldsymbol{e}_2, \cdots, \boldsymbol{e}_n) = \sum_{1 \leqq j_1, j_2, \cdots, j_n \leqq n} \epsilon_n(j_1, \cdots, j_n) \delta_{1,j_1} \delta_{2,j_2} \cdots \delta_{n,j_n} = \epsilon_n(1, 2, \cdots, n) = 1$$

である．以上から G は行列式の公理を満たすから，$G(\boldsymbol{a}_1, \boldsymbol{a}_2, \cdots, \boldsymbol{a}_n) = |\boldsymbol{a}_1, \boldsymbol{a}_2, \cdots, \boldsymbol{a}_n|$ である．そこで，n 次正方行列 $A = (a_{ij})$ に対して $\boldsymbol{a}_j = \begin{pmatrix} a_{1j} \\ a_{2j} \\ \vdots \\ a_{nj} \end{pmatrix}$, $\boldsymbol{b}_i = (a_{i1}, a_{i2}, \cdots, a_{in})$ とおくと

$A = (\boldsymbol{a}_1\ \boldsymbol{a}_2\ \cdots\ \boldsymbol{a}_n) = \begin{pmatrix} \boldsymbol{b}_1 \\ \boldsymbol{b}_2 \\ \vdots \\ \boldsymbol{b}_n \end{pmatrix}$ と表される．このとき $A^T = (\boldsymbol{b}_1^T\ \boldsymbol{b}_2^T\ \cdots\ \boldsymbol{b}_n^T)$, $\boldsymbol{b}_i^T = \begin{pmatrix} a_{i1} \\ a_{i2} \\ \vdots \\ a_{in} \end{pmatrix}$ であるから

$$\begin{aligned}|A^T| &= \sum_{1 \leqq j_1, j_2, \cdots, j_n \leqq n} \epsilon_n(j_1, \cdots, j_n) a_{1,j_1} a_{2,j_2} \cdots a_{n,j_n} \\ &= G(\boldsymbol{a}_1, \boldsymbol{a}_2, \cdots, \boldsymbol{a}_n) = |\boldsymbol{a}_1, \boldsymbol{a}_2, \cdots, \boldsymbol{a}_n| = |A|\end{aligned}$$

がわかる． ■

例題 A.12　次の等式を示せ.

$$(1)\ \begin{vmatrix} a_{11} & \cdots & a_{1,q-1} & 0 & a_{1,q+1} & \cdots & a_{1,n} \\ \vdots & \ddots & \vdots & \vdots & \vdots & \ddots & \vdots \\ a_{p-1,1} & \cdots & a_{p-1,q-1} & 0 & a_{p-1,q+1} & \cdots & a_{p-1,n} \\ a_{p,1} & \cdots & a_{p,q-1} & 1 & a_{p,q+1} & \cdots & a_{p,n} \\ a_{p+1,1} & \cdots & a_{p+1,q-1} & 0 & a_{p+1,q+1} & \cdots & a_{p+1,n} \\ \vdots & \ddots & \vdots & \vdots & \vdots & \ddots & \vdots \\ a_{n,1} & \cdots & a_{n,q-1} & 0 & a_{n,q+1} & \cdots & a_{n,n} \end{vmatrix}$$

$$= (-1)^{p+q} \begin{vmatrix} a_{11} & \cdots & a_{1,q-1} & a_{1,q+1} & \cdots & a_{1,n} \\ \vdots & \ddots & \vdots & \vdots & \ddots & \vdots \\ a_{p-1,1} & \cdots & a_{p-1,q-1} & a_{p-1,q+1} & \cdots & a_{p-1,n} \\ a_{p+1,1} & \cdots & a_{p+1,q-1} & a_{p+1,q+1} & \cdots & a_{p+1,n} \\ \vdots & \ddots & \vdots & \vdots & \ddots & \vdots \\ a_{n,1} & \cdots & a_{n,q-1} & a_{n,q+1} & \cdots & a_{n,n} \end{vmatrix}.$$

$$(2)\ \begin{vmatrix} a_{11} & \cdots & a_{1,q-1} & a_{1,q} & a_{1,q+1} & \cdots & a_{1,n} \\ \vdots & \ddots & \vdots & \vdots & \vdots & \ddots & \vdots \\ a_{p-1,1} & \cdots & a_{p-1,q-1} & a_{p-1,q} & a_{p-1,q+1} & \cdots & a_{p-1,n} \\ 0 & \cdots & 0 & 1 & 0 & \cdots & 0 \\ a_{p+1,1} & \cdots & a_{p+1,q-1} & a_{p+1,q} & a_{p+1,q+1} & \cdots & a_{p+1,n} \\ \vdots & \ddots & \vdots & \vdots & \vdots & \ddots & \vdots \\ a_{n,1} & \cdots & a_{n,q-1} & a_{n,q} & a_{n,q+1} & \cdots & a_{n,n} \end{vmatrix}$$

$$= (-1)^{p+q} \begin{vmatrix} a_{11} & \cdots & a_{1,q-1} & a_{1,q+1} & \cdots & a_{1,n} \\ \vdots & \ddots & \vdots & \vdots & \ddots & \vdots \\ a_{p-1,1} & \cdots & a_{p-1,q-1} & a_{p-1,q+1} & \cdots & a_{p-1,n} \\ a_{p+1,1} & \cdots & a_{p+1,q-1} & a_{p+1,q+1} & \cdots & a_{p+1,n} \\ \vdots & \ddots & \vdots & \vdots & \ddots & \vdots \\ a_{n,1} & \cdots & a_{n,q-1} & a_{n,q+1} & \cdots & a_{n,n} \end{vmatrix}.$$

証明　(1) q 列と $q+1,\cdots,n$ 列を順次交換していくと交代性より $(-1)^{n-q}$ 倍され，さらに p 行と $p+1,\cdots,n$ 行を交換して $(-1)^{n-p}$ 倍される．その結果は

$$(-1)^{p+q}\begin{vmatrix} a_{11} & \cdots & a_{1,q-1} & a_{1,q+1} & \cdots & a_{1,n} & 0 \\ \vdots & \ddots & \vdots & \vdots & \ddots & \vdots & \vdots \\ a_{p-1,1} & \cdots & a_{p-1,q-1} & a_{p-1,q+1} & \cdots & a_{p-1,n} & 0 \\ a_{p+1,1} & \cdots & a_{p+1,q-1} & a_{p+1,q+1} & \cdots & a_{p+1,n} & 0 \\ \vdots & \ddots & \vdots & \vdots & \ddots & \vdots & \vdots \\ a_{n,1} & \cdots & a_{n,q-1} & a_{n,q+1} & \cdots & a_{n,n} & 0 \\ a_{p,1} & \cdots & a_{p,q-1} & a_{p,q+1} & \cdots & a_{p,n} & 1 \end{vmatrix}$$

となる．これを $(-1)^{p+q}|B|$, $B=(b_{ij})$ と表す．定理 A.6 から

$$|B| = \sum_{1 \leqq i_1, \cdots, i_n \leqq n} \epsilon_n(i_1, \cdots, i_n) b_{i_1,1} \cdots b_{i_n,n}$$

である．$b_{i_n,n}$ が 0 にならないのは，$i_n = n$ のときのみで，このとき $b_{i_n,n} = b_{nn} = 1$. さらに ϵ_n の定義から，$\epsilon_{n-1}(i_1, \cdots, i_{n-1}) = \epsilon_n(i_1, \cdots, i_{n-1}, n)$ となることに注意すれば，

$$|B| = \sum_{1 \leqq i_1, \cdots, i_{n-1} \leqq n-1} \epsilon_{n-1}(i_1, \cdots, i_{n-1}) b_{i_1,1} \cdots b_{i_n,n-1}$$

となる．これは示したい右辺の行列式である．

(2) $|A^T| = |A|$ より左辺の式は

$$\left|\begin{array}{ccc|c|ccc} a_{11} & \cdots & a_{p-1,1} & 0 & a_{p+1,1} & \cdots & a_{n,1} \\ \vdots & \ddots & \vdots & \vdots & \vdots & \ddots & \vdots \\ a_{1,q-1} & \cdots & a_{p-1,q-1} & 0 & a_{p+1,q-1} & \cdots & a_{n,q-1} \\ \hline a_{1,q} & \cdots & a_{p-1,q} & 1 & a_{p+1,q} & \cdots & a_{n,q} \\ \hline a_{1,q+1} & \cdots & a_{p-1,q+1} & 0 & a_{p+1,q+1} & \cdots & a_{n,q+1} \\ \vdots & \ddots & \vdots & \vdots & \vdots & \ddots & \vdots \\ a_{1,n} & \cdots & a_{p-1,n} & 0 & a_{p+1,n} & \cdots & a_{n,n} \end{array}\right|$$

と等しいから，(1) の結果を使うと

$$= (-1)^{q+p}\begin{vmatrix} a_{11} & \cdots & a_{p-1,1} & a_{p+1,1} & \cdots & a_{n,1} \\ \vdots & \ddots & \vdots & \vdots & \ddots & \vdots \\ a_{1,q-1} & \cdots & a_{p-1,q-1} & a_{p+1,q-1} & \cdots & a_{n,q-1} \\ a_{1,q+1} & \cdots & a_{p-1,q+1} & a_{p+1,q+1} & \cdots & a_{n,q+1} \\ \vdots & \ddots & \vdots & \vdots & \ddots & \vdots \\ a_{1,n} & \cdots & a_{p-1,n} & a_{p+1,n} & \cdots & a_{n,n} \end{vmatrix}$$

になる．再び $|A^T| = |A|$ を用いて，

$$= (-1)^{p+q} \begin{vmatrix} a_{11} & \cdots & a_{1,q-1} & a_{1,q+1} & \cdots & a_{1,n} \\ \vdots & \ddots & \vdots & \vdots & \ddots & \vdots \\ a_{p-1,1} & \cdots & a_{p-1,q-1} & a_{p-1,q+1} & \cdots & a_{p-1,n} \\ a_{p+1,1} & \cdots & a_{p+1,q-1} & a_{p+1,q+1} & \cdots & a_{p+1,n} \\ \vdots & \ddots & \vdots & \vdots & \ddots & \vdots \\ a_{n,1} & \cdots & a_{n,q-1} & a_{n,q+1} & \cdots & a_{n,n} \end{vmatrix}$$

がえられる. ■

例題 A.13　等式 $\begin{vmatrix} 1 & 1 & \cdots & 1 \\ x_1 & x_2 & \cdots & x_n \\ x_1^2 & x_2^2 & \cdots & x_n^2 \\ \vdots & \vdots & \ddots & \vdots \\ x_1^{n-1} & x_2^{n-1} & \cdots & x_n^{n-1} \end{vmatrix} = (-1)^{\frac{n(n-1)}{2}} \Pi_{1 \leqq i < j \leqq n}(x_i - x_j)$ を証明せよ[a]. ここで $\Pi_{1 \leqq i < j \leqq n}(x_i - x_j)$ は $\dfrac{n(n-1)}{2}$ 次多項式で**差積** とよばれている.

[a] この行列式は**ファンデルモントの行列式**（Vandermonde, 1735-1796）とよばれている. 命名はコーシーによるが, ファンデルモントがこのような行列式を導入したことは一度もないそうである（J. デュドネ編: 数学史 I （岩波書店, 1985, p.65））.

証明　n についての帰納法で示す. $n=2$ のとき

$$\begin{vmatrix} 1 & 1 \\ x_1 & x_2 \end{vmatrix} = x_2 - x_1 = (-1)(x_1 - x_2) = (-1)^{\frac{2\cdot 1}{2}} \Pi_{1 \leqq i < j \leqq 2}(x_i - x_j)$$

なので正しい. n まで正しいとする. $n+1$ の場合

$$\begin{vmatrix} 1 & 1 & \cdots & \cdots & 1 & 1 \\ x_1 & x_2 & \cdots & \cdots & x_n & x_{n+1} \\ x_1^2 & x_2^2 & \cdots & \cdots & x_n^2 & x_{n+1}^2 \\ \vdots & \vdots & \ddots & \ddots & \vdots & \vdots \\ x_1^{n-1} & x_2^{n-1} & \cdots & \cdots & x_n^{n-1} & x_{n+1}^{n-1} \\ x_1^n & x_2^n & \cdots & \cdots & x_n^n & x_{n+1}^n \end{vmatrix}$$

において, $(n+1)$ 列を各 $1, 2, \cdots, n$ 列から引くと

$$= \begin{vmatrix} 0 & 0 & \cdots & \cdots & 0 & 1 \\ x_1 - x_{n+1} & x_2 - x_{n+1} & \cdots & \cdots & x_n - x_{n+1} & x_{n+1} \\ x_1^2 - x_{n+1}^2 & x_2^2 - x_{n+1}^2 & \cdots & \cdots & x_n^2 - x_{n+1}^2 & x_{n+1}^2 \\ \vdots & \vdots & \ddots & \ddots & \vdots & \vdots \\ x_1^{n-1} - x_{n+1}^{n-1} & x_2^{n-1} - x_{n+1}^{n-1} & \cdots & \cdots & x_n^{n-1} - x_{n+1}^{n-1} & x_{n+1}^{n-1} \\ x_1^n - x_{n+1}^n & x_2^n - x_{n+1}^n & \cdots & \cdots & x_n^n - x_{n+1}^n & x_{n+1}^n \end{vmatrix}$$

となる. さらに

$$= (-1)^{n+2} \begin{vmatrix} x_1 - x_{n+1} & x_2 - x_{n+1} & \cdots & \cdots & x_n - x_{n+1} \\ x_1^2 - x_{n+1}^2 & x_2^2 - x_{n+1}^2 & \cdots & \cdots & x_n^2 - x_{n+1}^2 \\ \vdots & \vdots & \ddots & \ddots & \vdots \\ x_1^{n-1} - x_{n+1}^{n-1} & x_2^{n-1} - x_{n+1}^{n-1} & \cdots & \cdots & x_n^{n-1} - x_{n+1}^{n-1} \\ x_1^n - x_{n+1}^n & x_2^n - x_{n+1}^n & \cdots & \cdots & x_n^n - x_{n+1}^n \end{vmatrix}$$

となる．(i,j) 成分は $x_j^i - x_{n+1}^i$ である．そこでまず n 行から $(n-1)$ 行の x_{n+1} 倍を引く．次に $(n-1)$ 行から $(n-2)$ 行の x_{n+1} 倍を引く．これを続けて 2 行から 1 行の x_{n+1} 倍を引くところまで行う．その結果，第 (i,j) 成分は

$$x_j^i - x_{n+1}^i - x_{n+1}(x_j^{i-1} - x_{n+1}^{i-1}) = x_j^{i-1}(x_j - x_{n+1})$$

となる．各 j 列から共通因数 $(x_j - x_{n+1})$ をくくり出すと

$$= (-1)^n (x_1 - x_{n+1})(x_2 - x_{n+1}) \cdots (x_n - x_{n+1}) \begin{vmatrix} 1 & 1 & \cdots & 1 \\ x_1 & x_2 & \cdots & x_n \\ x_1^2 & x_2^2 & \cdots & x_n^2 \\ \vdots & & & \vdots \\ x_1^{n-1} & x_2^{n-1} & \cdots & x_n^{n-1} \end{vmatrix}$$

となって，n の場合の結果を使うと

$$\begin{aligned} &= (-1)^n (-1)^{\frac{n(n-1)}{2}} (x_1 - x_{n+1})(x_2 - x_{n+1}) \cdots (x_n - x_{n+1}) \Pi_{1 \leqq i < j \leqq n}(x_i - x_j) \\ &= (-1)^{\frac{n(n+1)}{2}} \Pi_{1 \leqq i < j \leqq n+1}(x_i - x_j) \end{aligned}$$

がえられる．よって $n+1$ の場合も正しいから，数学的帰納法により全ての n について成り立つ．■

例題 A.14 次の等式を示せ．

$$(1) \quad \begin{vmatrix} a_{11} & a_{12} & \cdots & a_{1n} \\ 0 & a_{22} & \cdots & a_{2n} \\ \vdots & \vdots & \ddots & \vdots \\ 0 & a_{n2} & \cdots & a_{nn} \end{vmatrix} = a_{11} \begin{vmatrix} a_{22} & \cdots & a_{2n} \\ \vdots & \ddots & \vdots \\ a_{n2} & \cdots & a_{nn} \end{vmatrix}.$$

$$(2) \quad \begin{vmatrix} a_{11} & 0 & \cdots & 0 \\ a_{21} & a_{22} & \cdots & a_{2n} \\ \vdots & \vdots & \ddots & \vdots \\ a_{n1} & a_{n2} & \cdots & a_{nn} \end{vmatrix} = a_{11} \begin{vmatrix} a_{22} & \cdots & a_{2n} \\ \vdots & \ddots & \vdots \\ a_{n2} & \cdots & a_{nn} \end{vmatrix}.$$

証明 (1) $\boldsymbol{b}_j = \begin{pmatrix} a_{1j} \\ a_{2j} \\ \vdots \\ a_{nj} \end{pmatrix}$ $(j = 2, 3, \cdots, n)$ とおくと左辺の式は，行列式の多重線形性より

$$|a_{11}\boldsymbol{e}_1, \boldsymbol{b}_2, \cdots, \boldsymbol{b}_n| = a_{11}|\boldsymbol{e}_1, \boldsymbol{b}_2, \cdots, \boldsymbol{b}_n|$$

となり，この式の右辺は求める式の右辺となる．(2) は (1) と $|A^T| = |A|$ からわかる．■

ここまでで，行列式の計算法で用いた性質は，行列式の公理から全て証明されたことに注意しておこう．

定義 A.15　n 次正方行列 A の p 行と q 列を除いてえられる $n-1$ 次正方行列の行列式を D_{pq} と表し，$\Delta_{pq} = (-1)^{p+q} D_{pq}$ を A の (p,q) **余因子**または簡単に**余因子**という．

例 A.16　(p,q) 余因子 Δ_{pq} は具体的に

$$\Delta_{pq} = (-1)^{p+q} \begin{vmatrix} a_{11} & \cdots & a_{1,q-1} & a_{1,q+1} & \cdots & a_{1,n} \\ \vdots & \ddots & \vdots & \vdots & \ddots & \vdots \\ a_{p-1,1} & \cdots & a_{p-1,q-1} & a_{p-1,q+1} & \cdots & a_{p-1,n} \\ a_{p+1,1} & \cdots & a_{p+1,q-1} & a_{p+1,q+1} & \cdots & a_{p+1,n} \\ \vdots & \ddots & \vdots & \vdots & \ddots & \vdots \\ a_{n,1} & \cdots & a_{n,q-1} & a_{n,q+1} & \cdots & a_{n,n} \end{vmatrix}$$

と表せる．

例 A.17　$A = \begin{pmatrix} 1 & 0 & 2 \\ 3 & 4 & 5 \\ 6 & -1 & 2 \end{pmatrix}$ とする．$D_{12} = \begin{vmatrix} 3 & 5 \\ 6 & 2 \end{vmatrix} = -24$ なので A の $(1,2)$ 余因子は $\Delta_{12} = (-1)^{1+2} D_{12} = 24$ となる．

次の定理で示すように余因子をもちいて行列式を展開できる．

定理 A.18　n 次正方行列 $A = (a_{ij})$ に対して 次の等式が成り立つ．

(1) $\sum_{p=1}^{n} a_{pk} \Delta_{pq} = |A| \delta_{kq}$　(2) $\sum_{q=1}^{n} a_{kq} \Delta_{pq} = |A| \delta_{kp}$．

証明　(1) $\boldsymbol{a}_j = \begin{pmatrix} a_{1j} \\ \vdots \\ a_{nj} \end{pmatrix}, \boldsymbol{b} = \begin{pmatrix} b_1 \\ \vdots \\ b_n \end{pmatrix}$ とする．行列式の多重線形性より

$$\begin{aligned} |\boldsymbol{a}_1, \cdots, \boldsymbol{a}_{q-1}, \boldsymbol{b}, \boldsymbol{a}_{q+1}, \cdots, \boldsymbol{a}_n| &= \left| \boldsymbol{a}_1, \cdots, \boldsymbol{a}_{q-1}, \sum_{p=1}^{n} b_p \boldsymbol{e}_p, \boldsymbol{a}_{q+1}, \cdots, \boldsymbol{a}_n \right| \\ &= \sum_{p=1}^{n} b_p |\boldsymbol{a}_1, \cdots, \boldsymbol{a}_{q-1}, \boldsymbol{e}_p, \boldsymbol{a}_{q+1}, \cdots, \boldsymbol{a}_n| = \sum_{p=1}^{n} b_p \Delta_{pq} \end{aligned}$$

となる．そこで $\boldsymbol{b} = \boldsymbol{a}_k$ にとり，$|\cdots \boldsymbol{a} \cdots \boldsymbol{a} \cdots| = 0$ に注意すれば，

$$\sum_{p=1}^{n} a_{pk} \Delta_{pq} = \begin{cases} |\boldsymbol{a}_1, \cdots, \boldsymbol{a}_{q-1}, \boldsymbol{a}_k, \boldsymbol{a}_{q+1}, \cdots, \boldsymbol{a}_n| = 0 & (k \neq q) \\ |\boldsymbol{a}_1, \cdots, \boldsymbol{a}_{q-1}, \boldsymbol{a}_q, \boldsymbol{a}_{q+1}, \cdots, \boldsymbol{a}_n| = |A| & (k = q) \end{cases}$$

をえる．

(2) $B = (b_{ij}) = A^T$ に対して (1) の結果を使う．$\Delta_{pq}(A)$ で行列 A の (p,q) 余因子を表せば，$|A^T| = |A|$ だから，$\Delta_{pq}(A) = \Delta_{qp}(B)$ がわかる．よって

$$\sum_{q=1}^{n} a_{kq}\Delta_{pq}(A) = \sum_{q=1}^{n} b_{qk}\Delta_{qp}(B) = |B|\delta_{kp} = |A|\delta_{kp}.$$

■

この定理で，$k = q$ の場合を q **列に関する** $|A|$ **の余因子展開**といい，$k = p$ の場合を p **行に関する** $|A|$ **の余因子展開**という．

$$\begin{aligned} |A| &= \sum_{p=1}^{n} a_{pq}\Delta_{pq} \quad (q\text{ 列に関する余因子展開}) \\ &= \sum_{q=1}^{n} a_{pq}\Delta_{pq} \quad (p\text{ 行に関する余因子展開}) \end{aligned}$$

定義 A.19　$A = (a_{ij})$ に対して n^2 個の余因子 Δ_{pq} を $\widetilde{A} = \begin{pmatrix} \Delta_{11} & \cdots & \Delta_{n1} \\ \vdots & \ddots & \vdots \\ \Delta_{1n} & \cdots & \Delta_{nn} \end{pmatrix}$ のように並べた行列を A の**余因子行列**という．

余因子行列 $\widetilde{A}$ の (i,j) 成分は Δ_{ji} であることに注意せよ．

例題 A.20　微分可能な関数を成分にもつ n 次正方行列 $A = (a_{ij}(x))$ に対して 各成分を微分した行列を $A' = (a'_{ij}(x))$ とする．このとき $|A|' = \mathrm{Tr}(\widetilde{A}A')$ を示せ．

証明　積の微分公式 $(fg)' = f'g + fg'$ と行列式の表示

$$|A| = \sum_{1 \leqq i_1, \cdots, i_n \leqq n} \epsilon_n(i_1, \cdots, i_n) a_{i_1 1}(x) \cdots a_{i_n n}(x)$$

を考慮すれば，$A = (\boldsymbol{a}_1 \cdots \boldsymbol{a}_n)$ に対して行列式の微分は各列ベクトルを微分したものの和をとればよいことがわかる．$|A|' = \sum_{j=1}^{n} |\cdots, \boldsymbol{a}'_j, \cdots|$ を j 列について余因子展開すれば $\sum_{j=1}^{n}\sum_{i=1}^{n} a'_{ij}(x)\Delta_{ij}$ となる．一方，$(\widetilde{A}A')_{jk} = \sum_{i=1}^{n} \Delta_{ij}a'_{ik}(x)$ である．よって

$$\mathrm{Tr}(\widetilde{A}A') = \sum_{j=1}^{n} (\widetilde{A}A')_{jj} = \sum_{j=1}^{n}\sum_{i=1}^{n} \Delta_{ij}a'_{ij}(x)$$

となるから，$|A|' = \mathrm{Tr}(\widetilde{A}A')$ が示された．■

例題 A.21　$[\mathbb{C}^n]^n$ 上の関数 G が，多重線形かつ交代的ならば，$G(\boldsymbol{a}_1 \cdots \boldsymbol{a}_n) = G(\boldsymbol{e}_1 \cdots \boldsymbol{e}_n)|\boldsymbol{a}_1 \cdots \boldsymbol{a}_n|$ であることを示せ．

証明　$G(\boldsymbol{e}_1 \cdots \boldsymbol{e}_n) = 0$ のときは，交代性より $1 \leqq i_1, \cdots, i_n \leqq n$ を満たす任意の自然数に対して $G(\boldsymbol{e}_{i_1} \cdots \boldsymbol{e}_{i_n}) = 0$ がわかるから，多重線形性より任意の $\boldsymbol{a}_j = \sum_{i=1}^{n} a_{ij}\boldsymbol{e}_i \, (j = 1, 2, \cdots, n)$ に対して

$$G(\boldsymbol{a}_1 \cdots \boldsymbol{a}_n) = \sum_{1 \leqq i_1, \cdots, i_n \leqq n} a_{i_1,1} a_{1_2,2} \cdots a_{i_n,n} G(\boldsymbol{e}_{i_1} \cdots \boldsymbol{e}_{i_n}) = 0$$

となり，両辺ともに零で等しい．$G(\boldsymbol{e}_1 \cdots \boldsymbol{e}_n) \neq 0$ のときは，

$$F(\boldsymbol{a}_1 \cdots \boldsymbol{a}_n) = G(\boldsymbol{e}_1 \cdots \boldsymbol{e}_n)^{-1} G(\boldsymbol{a}_1 \cdots \boldsymbol{a}_n)$$

は多重線形・交代的であり $F(\boldsymbol{e}_1 \cdots \boldsymbol{e}_n) = 1$ も満たしている．よって行列式の一意性から，$F(\boldsymbol{a}_1 \cdots \boldsymbol{a}_n) = |\boldsymbol{a}_1 \cdots \boldsymbol{a}_n|$ である．すなわち $G(\boldsymbol{a}_1 \cdots \boldsymbol{a}_n) = G(\boldsymbol{e}_1 \cdots \boldsymbol{e}_n)|\boldsymbol{a}_1 \cdots \boldsymbol{a}_n|$ が成り立つ．■

定理 A.22　n 次正方行列 A, B に対して $|AB| = |A||B|$ が成り立つ．

証明　A, B を列ベクトルで $A = (\boldsymbol{a}_1 \cdots \boldsymbol{a}_n)$, $B = (\boldsymbol{b}_1 \cdots \boldsymbol{b}_n)$ と表しておこう．そこで $[\mathbb{C}^n]^n$ 上の関数 G を $G(\boldsymbol{x}_1 \cdots \boldsymbol{x}_n) = |A\boldsymbol{x}_1 \cdots A\boldsymbol{x}_n|$ で定義する．G は多重線形・交代的である．さらに $G(\boldsymbol{e}_1 \cdots \boldsymbol{e}_n) = |A\boldsymbol{e}_1 \cdots A\boldsymbol{e}_n| = |\boldsymbol{a}_1 \cdots \boldsymbol{a}_n| = |A|$ であるから $|AB| = |A\boldsymbol{b}_1 \cdots A\boldsymbol{b}_n| = G(\boldsymbol{b}_1 \cdots \boldsymbol{b}_n) = G(\boldsymbol{e}_1 \cdots \boldsymbol{e}_n)|\boldsymbol{b}_1 \cdots \boldsymbol{b}_n| = |A||B|$. ■

例題 A.23　$n \times m$ 行列 $A = (a_{ij}) = (\boldsymbol{a}_1 \cdots \boldsymbol{a}_m)$, $m \times n$ 行列 $B = (b_{ij}) = \begin{pmatrix} \tilde{\boldsymbol{b}}_1 \\ \vdots \\ \tilde{\boldsymbol{b}}_m \end{pmatrix}$ に対して

$$|AB| = \begin{cases} 0 & (n > m) \\ |A||B| & (n = m) \\ \displaystyle\sum_{1 \leqq j_1 < \cdots < j_n \leqq m} |\boldsymbol{a}_{j_1}, \cdots, \boldsymbol{a}_{j_n}| \det \begin{pmatrix} \tilde{\boldsymbol{b}}_{j_1} \\ \vdots \\ \tilde{\boldsymbol{b}}_{j_n} \end{pmatrix} & (n < m) \end{cases}$$

が成り立つことを示せ．

証明　$\boldsymbol{b}_j = \begin{pmatrix} b_{1j} \\ \vdots \\ b_{mj} \end{pmatrix}$ とおく．$AB = (A\boldsymbol{b}_1 \cdots A\boldsymbol{b}_n)$, $A\boldsymbol{b}_j = \sum_{i=1}^{m} b_{ij}\boldsymbol{a}_i$ であるから行列式の多重線形性より

$$|AB| = \sum_{1 \leqq i_1, \cdots, i_n \leqq m} b_{i_1,1} \cdots b_{i_n,n} |\boldsymbol{a}_{i_1}, \cdots, \boldsymbol{a}_{i_n}| \qquad \cdots (*)$$

と表される．まず $n > m$ のときは，$i_1, \cdots, i_n$ は 1 から m までの数をとるから必ず同じ番号を含み，$|\boldsymbol{a}_{i_1}, \cdots, \boldsymbol{a}_{i_n}| = 0$ となる．よって $|AB| = 0$ である．$n = m$ の場合は，定理 A.22 である．そ

こで $n<m$ の場合を考えよう．$(*)$ の和は，$i_1,\cdots,i_n$ が全て異なる場合のみを加えればよいから，

$$|AB| = \sum_{1\leqq j_1<\cdots<j_n\leqq m}\ \sum_{\{i_1,\cdots,i_n\}=\{j_1,\cdots,j_n\}} b_{i_1,1}\cdots b_{i_n,n}|\boldsymbol{a}_{i_1},\cdots,\boldsymbol{a}_{i_n}|$$

と表すことができる．ここで $(k_1,\cdots,k_n)$ を $j_{k_l}=i_l(l=1,2,\cdots,n)$ で決めると，

$$|\boldsymbol{a}_{i_1},\cdots,\boldsymbol{a}_{i_n}| = |\boldsymbol{a}_{j_{k_1}},\cdots,\boldsymbol{a}_{j_{k_n}}| = \epsilon_n(k_1,\cdots,k_n)|\boldsymbol{a}_{j_1},\cdots,\boldsymbol{a}_{j_n}|$$

と表すことができる．よって

$$\begin{aligned}(*) &= \sum_{1\leqq j_1<\cdots<j_n\leqq m} |\boldsymbol{a}_{j_1},\cdots,\boldsymbol{a}_{j_n}| \times \sum_{\{k_1,\cdots,k_n\}=\{1,\cdots,n\}} \epsilon_n(k_1,\cdots,k_n) b_{j_{k_1},1}\cdots b_{j_{k_n},n} \\ &= \sum_{1\leqq j_1<\cdots<j_n\leqq m} |\boldsymbol{a}_{j_1},\cdots,\boldsymbol{a}_{j_n}| \begin{vmatrix} b_{j_1,1} & \cdots & b_{j_1,n} \\ \vdots & \vdots & \vdots \\ b_{j_n,1} & \cdots & b_{j_n,n} \end{vmatrix} \\ &= \sum_{1\leqq j_1<\cdots<j_n\leqq m} |\boldsymbol{a}_{j_1},\cdots,\boldsymbol{a}_{j_n}| \begin{vmatrix} \tilde{\boldsymbol{b}}_{j_1} \\ \vdots \\ \tilde{\boldsymbol{b}}_{j_n} \end{vmatrix}\end{aligned}$$

となる． ■

例題 A.24 n 次正方行列 A, m 次正方行列 B, $n\times m$ 行列 C に対して次を示せ．

(1) $\begin{vmatrix} A & C \\ O & E \end{vmatrix} = |A|$ (2) $\begin{vmatrix} A & C \\ O & B \end{vmatrix} = |A||B|$ (3) $\begin{vmatrix} A & O \\ C & B \end{vmatrix} = |A||B|$

証明 (1) $\begin{vmatrix} A & C \\ O & E \end{vmatrix} = (-1)^{mn}\begin{vmatrix} C & A \\ E & O \end{vmatrix} = \begin{vmatrix} E & O \\ C & A \end{vmatrix}$ のように行と列を順次交換していく．これより行列式のサイズを小さくできて $=|A|$ となる．

(2) ブロックに分けて行列の積を計算して，$|AB|=|A||B|$ と (1) の結果を使うと

$$\begin{vmatrix} A & C \\ O & B \end{vmatrix} = \det\left\{\begin{pmatrix} E & C \\ O & B \end{pmatrix}\begin{pmatrix} A & O \\ O & E \end{pmatrix}\right\} = \begin{vmatrix} E & C \\ O & B \end{vmatrix}\begin{vmatrix} A & O \\ O & E \end{vmatrix} = |B||A|$$

となる．

(3) $|A^T|=|A|$ と (2) の結果を使うと $\begin{vmatrix} A & O \\ C & B \end{vmatrix} = \begin{vmatrix} A^T & C^T \\ O & B^T \end{vmatrix} = |A^T||B^T| = |A||B|$ となる． ■

例 A.25 **[1]** n 次正方行列 A, m 次正方行列 B, $m\times n$ 行列 C に対して次が成り立つ．

$$\begin{vmatrix} O & A \\ B & C \end{vmatrix} = (-1)^{mn}\begin{vmatrix} A & O \\ C & B \end{vmatrix} = (-1)^{mn}|A||B|.$$

[2] n 次正方行列 A,B に対して次が成り立つ．

$$\begin{vmatrix} A & B \\ B & A \end{vmatrix} = \begin{vmatrix} A+B & B \\ A+B & A \end{vmatrix} = \begin{vmatrix} A+B & B \\ O & A-B \end{vmatrix} = |A+B||A-B|,$$

$$\begin{vmatrix} A & -A \\ B & B \end{vmatrix} = \begin{vmatrix} A & O \\ B & 2B \end{vmatrix} = |A||2B| = 2^n|A||B|.$$

例題 A.26　n 次交代行列 $A=(a_{ij})$ について次を示せ.

(1) n が奇数のとき，$|A|=0$ である.
(2) n が偶数のとき，$|A|$ は成分 $a_{ij}(1\leqq i,j\leqq n)$ の多項式の 2 乗の形である.

証明　(1) $A^T=-A$ と $|A^T|=|A|$ より $|A|=|A^T|=|-A|=(-1)^n|A|=-|A|$ がえられるから，$|A|=0$ である.

(2) $n=2m$ として，m についての帰納法で示す．$m=1$ のときは $A=\begin{pmatrix}0 & a_{12}\\ -a_{12} & 0\end{pmatrix}$ の形であるから $|A|=(a_{12})^2$ となり，成分の多項式の 2 乗である．よって $m=1$ のときは正しい．そこで m まで成り立つとする．$n=2(m+1)$ 次交代行列 $A=(a_{ij})$ に対してまず $a_{12}=-a_{21}\neq 0$ と仮定しておく．このとき $A=(\boldsymbol{a}_1,\boldsymbol{a}_2,\cdots,\boldsymbol{a}_n)$ と列ベクトルで表示した A に対して 各 $j(\geqq 3)$ 列から 1 列 $\times\frac{a_{2j}}{a_{21}}$, 2 列 $\times\frac{a_{1j}}{a_{12}}$ をそれぞれ引いた行列

$$B=\left(\boldsymbol{a}_1,\boldsymbol{a}_2,\boldsymbol{a}_3-\boldsymbol{a}_1\frac{a_{23}}{a_{21}}-\boldsymbol{a}_2\frac{a_{13}}{a_{12}},\cdots,\boldsymbol{a}_n-\boldsymbol{a}_1\frac{a_{2n}}{a_{21}}-\boldsymbol{a}_2\frac{a_{1n}}{a_{12}}\right)=(b_{ij})$$

を考える．$i=1,2,\cdots,n$ かつ $j\geqq 3$ のとき，$a_{21}=-a_{12}$ より

$$b_{ij}=a_{ij}-a_{i1}\frac{a_{2j}}{a_{21}}-a_{i2}\frac{a_{1j}}{a_{12}}=\frac{1}{a_{12}}(a_{12}a_{ij}-a_{1i}a_{2j}+a_{2i}a_{1j})\left(=\frac{1}{a_{12}}c_{ij}\text{とする}\right)$$

である．$a_{11}=a_{22}=0$ なので，$j=3,4,\cdots,n$ に対して

$$\begin{aligned}b_{1j}&=a_{1j}-a_{11}\frac{a_{2j}}{a_{21}}-a_{12}\frac{a_{1j}}{a_{12}}=a_{1j}-a_{1j}=0,\\ b_{2j}&=a_{2j}-a_{21}\frac{a_{2j}}{a_{21}}-a_{22}\frac{a_{1j}}{a_{12}}=a_{2j}-a_{2j}=0\end{aligned}$$

となっている．よって

$$\begin{aligned}|A|=|B|&=\begin{vmatrix}0 & a_{12}\\ -a_{12} & 0\end{vmatrix}\det\left((b_{ij})_{3\leqq i,j\leqq n}\right)=(a_{12})^2(a_{12})^{-2m}\det\left((c_{ij})_{3\leqq i,j\leqq n}\right)\\ &=(a_{12})^{2-2m}\det\left((c_{ij})_{3\leqq i,j\leqq n}\right)\end{aligned}$$

となる．また $3\leqq i,j\leqq n$ に対しては，$a_{pq}=-a_{qp}$ より

$$\begin{aligned}c_{ji}&=a_{12}a_{ji}-a_{1j}a_{2i}+a_{2j}a_{1i}=a_{12}(-a_{ij})+a_{1i}a_{2j}-a_{2i}a_{1j}\\ &=-(a_{12}a_{ij}-a_{1i}a_{2j}+a_{2i}a_{1j})=-c_{ij}\end{aligned}$$

となるから，$(c_{ij})_{3\leqq i,j\leqq n}$ は $2m$ 次交代行列である．そこで帰納法の仮定から c_{ij} の多項式 f があって，$|A|=(a_{12})^{2-2m}f(\cdots,c_{ij},\cdots)^2$ と表される.

$$f(\cdots,c_{ij},\cdots)^2=(a_{12})^{2(m-1)}|A|$$

と表すと，$f(\cdots,c_{ij},\cdots)^2$ は $(a_{12})^{2(m-1)}$ で割り切れることがわかる．よって a_{ij} の多項式

$$g(\cdots,a_{ij},\cdots)=\frac{f(\cdots,c_{ij},\cdots)}{(a_{12})^{m-1}}$$

を用いて，$|A| = g(\cdots, a_{ij}, \cdots)^2$ と表せることがわかった．上式は $a_{12} \neq 0$ の場合に成り立つことが示されたが，両辺とも a_{12} の多項式なので $a_{12} = 0$ の場合も成り立つ．以上から $m+1$ の場合も成り立つことが示されたので，数学的帰納法より任意の偶数次交代行列の行列式は成分の多項式の平方である． ■

A.3 逆行列の公式とクラメールの公式

A.3.1 逆行列の公式

2 次正方行列 A に対して

$$|A| \neq 0 \iff A \text{ は正則行列}$$

が成り立った．実は一般の n 次正方行列についても同様の性質があることが示せる．

定理 A.27 A を n 次正方行列とする．

(1) $|A| \neq 0 \iff A$ は正則行列．また，このとき A^{-1} と $|A^{-1}|$ は次のように表せる．

$$A^{-1} = \frac{1}{|A|}\widetilde{A}, \quad |A^{-1}| = \frac{1}{|A|}.$$

(2) $|A| = 0$ のときは，$A\boldsymbol{x} = \boldsymbol{0}, \boldsymbol{x} \neq \boldsymbol{0}$ を満たす n 項列ベクトルが存在する．

証明 (1) $|A| \neq 0$ とする．定理 A.18 は $A\frac{1}{|A|}\widetilde{A} = E$, $\frac{1}{|A|}\widetilde{A}A = E$ を示している．よって逆行列が存在して，それは $A^{-1} = \frac{1}{|A|}\widetilde{A}$ で与えられる．次に逆行列が存在するとすれば，$AA^{-1} = E$ より $1 = |E| = |AA^{-1}| = |A||A^{-1}|$ なので，$|A| \neq 0$ で $|A^{-1}| = |A|^{-1}$ が成り立つ．

(2) $|A| = 0$ とする．(1) より A は正則ではないので，$A = (\boldsymbol{a}_1, \boldsymbol{a}_2, \cdots, \boldsymbol{a}_n)$ と n 個の列ベクトルを並べて書くと，次章の例題 B.61 より $\boldsymbol{a}_1, \boldsymbol{a}_2, \cdots, \boldsymbol{a}_n$ は 1 次独立ではない．これは $\boldsymbol{x} = \begin{pmatrix} x_1 \\ x_2 \\ \vdots \\ x_n \end{pmatrix} \neq \boldsymbol{0}$ が存在して，$A\boldsymbol{x} = x_1\boldsymbol{a}_1 + x_2\boldsymbol{a}_2 + \cdots + x_n\boldsymbol{a}_n = \boldsymbol{0}$ となることを意味する． ■

A の逆行列 X とは，$AX = E, XA = E$ を満たすものであったが，実際はどちらか一方が成り立てばよいことに注意しておこう．実際，例えば $AX = E$ ならば，まず $|A||X| = |AX| = |E| = 1$ より $|A| \neq 0$ である．よってこの定理より A^{-1} が存在することがわかり，$AX = E$ から $X = A^{-1}$ となるからである．また第 2 章で学んだように正則行列 A の逆行列を求めるには行列 $(A|E)$ に $(A|E) \to \cdots \to (E|X)$ と行の基本変形を行ったとき X が A の逆行列だった．一方，定理 A.27 のように余因子を計算して逆行列を求めることもできる．どちらが易しいかは，問題による．

例題 A.28 $A = \begin{pmatrix} 1 & 2 & -4 \\ -1 & 3 & 2 \\ 0 & 1 & 1 \end{pmatrix}$ の逆行列が存在するかどうか調べ，存在すれば余因子行列をもちいて逆行列を求めよ．

解答　$|A| = \begin{vmatrix} 1 & 2 & -4 \\ -1 & 3 & 2 \\ 0 & 1 & 1 \end{vmatrix} = 7 \neq 0$ なので A は逆行列をもつ．余因子を計算すれば

$$\Delta_{11} = (-1)^{1+1}\begin{vmatrix} 3 & 2 \\ 1 & 1 \end{vmatrix} = 1, \quad \Delta_{21} = (-1)^{2+1}\begin{vmatrix} 2 & -4 \\ 1 & 1 \end{vmatrix} = -6, \quad \Delta_{31} = (-1)^{3+1}\begin{vmatrix} 2 & -4 \\ 3 & 2 \end{vmatrix} = 16,$$
$$\Delta_{12} = (-1)^{1+2}\begin{vmatrix} -1 & 2 \\ 0 & 1 \end{vmatrix} = 1, \quad \Delta_{22} = (-1)^{2+2}\begin{vmatrix} 1 & -4 \\ 0 & 1 \end{vmatrix} = 1, \quad \Delta_{32} = (-1)^{3+2}\begin{vmatrix} 1 & -4 \\ -1 & 2 \end{vmatrix} = 2,$$
$$\Delta_{13} = (-1)^{1+3}\begin{vmatrix} -1 & 3 \\ 0 & 1 \end{vmatrix} = -1, \quad \Delta_{23} = (-1)^{2+3}\begin{vmatrix} 1 & 2 \\ 0 & 1 \end{vmatrix} = -1, \quad \Delta_{33} = (-1)^{3+3}\begin{vmatrix} 1 & 2 \\ -1 & 3 \end{vmatrix} = 5$$

なので

$$A^{-1} = \frac{1}{|A|}\begin{pmatrix} \Delta_{11} & \Delta_{21} & \Delta_{31} \\ \Delta_{12} & \Delta_{22} & \Delta_{32} \\ \Delta_{13} & \Delta_{23} & \Delta_{33} \end{pmatrix} = \frac{1}{7}\begin{pmatrix} 1 & -6 & 16 \\ 1 & 1 & 2 \\ -1 & -1 & 5 \end{pmatrix}$$

となる．■

A.3.2　クラメールの公式

この節では連立 1 次方程式の解を求めるときに便利なクラメールの公式を紹介する．変数の数と式の数が等しい n 変数 n 連立 1 次方程式

$$(\#) \cdots \begin{cases} a_{11}x_1 + \cdots + a_{1n}x_n = b_1 \\ \quad\vdots \qquad\qquad \vdots \\ a_{n1}x_1 + \cdots + a_{nn}x_n = b_n \end{cases}$$

を考える．(#) を解くためには，例えば掃き出し法による方法があった．しかし (#) のような変数の数と式の数が等しい連立 1 次方程式を解くためには便利な公式がある．次の定理は **クラメールの公式** とよばれている．

定理 A.29　n 変数 n 連立 1 次方程式 $\begin{cases} a_{11}x_1 + \cdots + a_{1n}x_n = b_1 \\ \quad\vdots \qquad\qquad \vdots \\ a_{n1}x_1 + \cdots + a_{nn}x_n = b_n \end{cases}$ の係数行列 A の行列式が $|A| \neq 0$ を満たせばこの方程式は唯一つの解をもち，その解は次のように表される．

$$x_j = \frac{1}{|A|}\begin{vmatrix} a_{11} & \cdots & \overset{j\text{ 列}}{b_1} & \cdots & a_{1n} \\ \vdots & & \vdots & & \vdots \\ a_{n1} & \cdots & b_n & \cdots & a_{nn} \end{vmatrix} \quad (j = 1, 2, \ldots, n).$$

証明　$|A| \neq 0$ なので解は唯一つ存在する．それは $\begin{pmatrix} x_1 \\ \vdots \\ x_n \end{pmatrix} = A^{-1}\begin{pmatrix} b_1 \\ \vdots \\ b_n \end{pmatrix}$ である．この解が上記のように表されることを示そう．$A = (\boldsymbol{a}_1 \cdots \boldsymbol{a}_n)$, $\boldsymbol{x} = \begin{pmatrix} x_1 \\ \vdots \\ x_n \end{pmatrix}$, $\boldsymbol{b} = \begin{pmatrix} b_1 \\ \vdots \\ b_n \end{pmatrix}$ と表す．

$$A(\boldsymbol{e}_1 \cdots \boldsymbol{e}_{j-1}\, \boldsymbol{x}\, \boldsymbol{e}_{j+1} \cdots \boldsymbol{e}_n) = (A\boldsymbol{e}_1 \cdots A\boldsymbol{e}_{j-1}\, A\boldsymbol{x}\, A\boldsymbol{e}_{j+1} \cdots A\boldsymbol{e}_n) = (\boldsymbol{a}_1 \cdots \boldsymbol{a}_{j-1}\, \boldsymbol{b}\, \boldsymbol{a}_{j+1} \cdots \boldsymbol{a}_n)$$

となる．両辺の行列式をとれば，

$$|\boldsymbol{e}_1,\cdots,\boldsymbol{e}_{j-1},\boldsymbol{x},\boldsymbol{e}_{j+1},\cdots,\boldsymbol{e}_n| = |\boldsymbol{e}_1,\cdots,\boldsymbol{e}_{j-1},\sum_{k=1}^{n} x_k\boldsymbol{e}_k,\boldsymbol{e}_{j+1},\cdots,\boldsymbol{e}_n|$$
$$= \sum_{k=1}^{n} x_k|\boldsymbol{e}_1,\cdots,\boldsymbol{e}_{j-1},\boldsymbol{e}_k,\boldsymbol{e}_{j+1},\cdots,\boldsymbol{e}_n| = x_j$$

より $|A|x_j = |\boldsymbol{a}_1\cdots\boldsymbol{a}_{j-1}\,\boldsymbol{b}\,\boldsymbol{a}_{j+1}\cdots\boldsymbol{a}_n|$ がえられる．これは公式を与える． ■

例題 A.30 連立 1 次方程式 $\begin{cases} 2x+z &= 3 \\ x-y+2z &= -2 \\ x+y+z &= 4 \end{cases}$ をクラメールの公式を用いて解け．

証明 この連立 1 次方程式を $\begin{pmatrix} 2 & 0 & 1 \\ 1 & -1 & 2 \\ 1 & 1 & 1 \end{pmatrix}\begin{pmatrix} x \\ y \\ z \end{pmatrix} = \begin{pmatrix} 3 \\ -2 \\ 4 \end{pmatrix}$ と表示すれば $\begin{vmatrix} 2 & 0 & 1 \\ 1 & -1 & 2 \\ 1 & 1 & 1 \end{vmatrix} = -4 \neq 0$ であるからクラメールの公式を用いて

$$x = \frac{1}{-4}\begin{vmatrix} 3 & 0 & 1 \\ -2 & -1 & 2 \\ 4 & 1 & 1 \end{vmatrix} = \frac{7}{4} \quad y = \frac{1}{-4}\begin{vmatrix} 2 & 3 & 1 \\ 1 & -2 & 2 \\ 1 & 4 & 1 \end{vmatrix} = \frac{11}{4} \quad z = \frac{1}{-4}\begin{vmatrix} 2 & 0 & 3 \\ 1 & -1 & -2 \\ 1 & 1 & 4 \end{vmatrix} = -\frac{1}{2}$$

となる．ゆえに解は $x = \frac{7}{4}, y = \frac{11}{4}, z = -\frac{1}{2}$ である． ■

問 A.1 次の連立 1 次方程式をクラメールの公式を用いて解け．

(1) $\begin{cases} 4x - 3y - 4z = 1 \\ 7x - y + z = 2 \\ -x + 2y - 2z = -1 \end{cases}$ (2) $\begin{cases} 2x - 3y - 3z = -4 \\ x - 2y + z = -1 \\ -x + 3y - 2z = 3 \end{cases}$

A.4 外積の基底変換

外積 $\boldsymbol{a}\times\boldsymbol{b}$ は，$(\boldsymbol{a}, \boldsymbol{b}, \boldsymbol{a}\times\boldsymbol{b})$ で右手直交座標系を定め，基本ベクトル $\boldsymbol{e}_1,\boldsymbol{e}_2,\boldsymbol{e}_3$ に関する成分表示 $\boldsymbol{a} = \sum_{j=1}^{3} a_j\boldsymbol{e}_j$, $\boldsymbol{b} = \sum_{j=1}^{3} b_j\boldsymbol{e}_j$, を用いて，

$$\boldsymbol{a}\times\boldsymbol{b} = \sum_{1\leqq i,j,k\leqq 3} \epsilon_{ijk}a_jb_k\boldsymbol{e}_i$$

と定義された．空間の 1 次独立な 3 つのベクトル $\boldsymbol{f}_1,\boldsymbol{f}_2,\boldsymbol{f}_3$ は，空間の任意のベクトルをその 1 次結合で $\boldsymbol{a} = \sum_{j=1}^{3} A_j\boldsymbol{f}_j, \boldsymbol{b} = \sum_{j=1}^{3} B_j\boldsymbol{f}_j$ のように一意的に表すことができるので，**基底**とよばれる（定義 B.14 も参照）．$\boldsymbol{f}_1,\boldsymbol{f}_2,\boldsymbol{f}_3$ が右手正規直交座標系となる基底，すなわち

$$(\boldsymbol{f}_i,\boldsymbol{f}_j) = \delta_{ij}\,(i,j=1,2,3), \quad |\boldsymbol{f}_1\ \boldsymbol{f}_2\ \boldsymbol{f}_3| = 1$$

を満たすとき，$\boldsymbol{a}\times\boldsymbol{b}$ は $A_j, B_k, \boldsymbol{f}_i\,(i,j,k=1,2,3)$ を用いてどう表現されるかみてみよう．まず $\boldsymbol{f}_1,\boldsymbol{f}_2,\boldsymbol{f}_3$ は右手系を作り，互いに直交する長さ 1 のベクトルなので $(\boldsymbol{f}_1\times\boldsymbol{f}_2,\boldsymbol{f}_3) = 1$. もっと

一般に $(\boldsymbol{f}_p \times \boldsymbol{f}_q, \boldsymbol{f}_r) = \epsilon_{pqr}$ が成り立っていることに注意しよう．

定理 A.31　外積の成分表示は，右手正規直交座標系に関係なく定まる．

証明　$\boldsymbol{e}_i$ はアインシュタインの縮約を用いて $\boldsymbol{e}_i = (\boldsymbol{e}_i, \boldsymbol{f}_r)\boldsymbol{f}_r$ と表される．$a_i, b_i\ (i = 1, 2, 3)$ はそれぞれ $a_j = A_p(\boldsymbol{f}_p, \boldsymbol{e}_j)$, $b_k = B_q(\boldsymbol{f}_q, \boldsymbol{e}_k)$ と表される．以上の式を $\epsilon_{ijk} a_j b_k \boldsymbol{e}_i$ に代入すると，

$$\epsilon_{ijk} a_j b_k \boldsymbol{e}_i = \epsilon_{ijk} A_p(\boldsymbol{f}_p, \boldsymbol{e}_j) B_q(\boldsymbol{f}_q, \boldsymbol{e}_k)(\boldsymbol{e}_i, \boldsymbol{f}_r)\boldsymbol{f}_r = \epsilon_{ijk}(\boldsymbol{f}_p, \boldsymbol{e}_j)(\boldsymbol{f}_q, \boldsymbol{e}_k)(\boldsymbol{e}_i, \boldsymbol{f}_r) A_p B_q \boldsymbol{f}_r$$

がえられる．$(\boldsymbol{f}_p, \boldsymbol{e}_j)$ は $\boldsymbol{f}_p$ の第 j 成分，$(\boldsymbol{f}_q, \boldsymbol{e}_k)$ は $\boldsymbol{f}_q$ の第 k 成分なので，$\epsilon_{ijk}(\boldsymbol{f}_p, \boldsymbol{e}_j)(\boldsymbol{f}_q, \boldsymbol{e}_k)$ は $\boldsymbol{f}_p \times \boldsymbol{f}_q$ の第 i 成分である．これに $\boldsymbol{f}_r$ の第 i 成分をかけて和をとっているので，内積とみて

$$\epsilon_{ijk}(\boldsymbol{f}_p, \boldsymbol{e}_j)(\boldsymbol{f}_q, \boldsymbol{e}_k)(\boldsymbol{e}_i, \boldsymbol{f}_r) = (\boldsymbol{f}_p \times \boldsymbol{f}_q, \boldsymbol{f}_r) = \epsilon_{pqr} = \epsilon_{rpq}$$

となる．以上より $\epsilon_{ijk} a_j b_k \boldsymbol{e}_i = \epsilon_{rpq} A_p B_q \boldsymbol{f}_r$ がえられた．■

A.5　空間の回転行列

平面上の点 (x, y) を原点回りに θ 回転させて，点 (X, Y) に移ったとすれば，

$$\begin{pmatrix} X \\ Y \end{pmatrix} = \begin{pmatrix} \cos\theta & -\sin\theta \\ \sin\theta & \cos\theta \end{pmatrix} \begin{pmatrix} x \\ y \end{pmatrix}$$

の関係が成り立つ．これは空間の点の z 軸回りの回転に読み替えれば，次のようになる．

定理 A.32　空間内の点 (x, y, z) を z 軸回りに θ 回転させて，点 (X, Y, Z) に移ったとすれば，

$$\begin{pmatrix} X \\ Y \\ Z \end{pmatrix} = \begin{pmatrix} \cos\theta & -\sin\theta & 0 \\ \sin\theta & \cos\theta & 0 \\ 0 & 0 & 1 \end{pmatrix} \begin{pmatrix} x \\ y \\ z \end{pmatrix} = R_z(\theta) \begin{pmatrix} x \\ y \\ z \end{pmatrix}$$

の関係が成り立つ．

ここで回転の向きを確定させておこう．方向ベクトル $\boldsymbol{l}$ を正の向きとする軸 L の回りに $\theta(> 0)$ 回転するとは，回転させたときにネジが $\boldsymbol{l}$ 方向に進むこととする．z 軸以外の原点を通る軸に関する回転行列は，次で与えられる．

定理 A.33 方向ベクトルが $\boldsymbol{a}_3=\begin{pmatrix}\alpha\\ \beta\\ \gamma\end{pmatrix}$, $\alpha^2+\beta^2+\gamma^2=1$, $0\leqq\gamma<1$ である軸を L とする．このとき空間内の点 (x,y,z) を L 軸回りに θ 回転させて，点 (X,Y,Z) に移ったとすれば，$\begin{pmatrix}X\\ Y\\ Z\end{pmatrix}=T\begin{pmatrix}x\\ y\\ z\end{pmatrix}$ の関係が成り立つ．ここで，$T=AR_z(\theta)A^T$ で $A=(\boldsymbol{a}_1\,\boldsymbol{a}_2\,\boldsymbol{a}_3)$,

$$\boldsymbol{a}_1=\boldsymbol{a}_2\times\boldsymbol{a}_3=\frac{1}{\sqrt{\alpha^2+\beta^2}}\begin{pmatrix}-\alpha\gamma\\ -\beta\gamma\\ \alpha^2+\beta^2\end{pmatrix},\quad \boldsymbol{a}_2=\frac{1}{\sqrt{\alpha^2+\beta^2}}\begin{pmatrix}\beta\\ -\alpha\\ 0\end{pmatrix}$$

であり，$\boldsymbol{a}_1\,\boldsymbol{a}_2\,\boldsymbol{a}_3$ はこの順序で右手系の正規直交基底となっている．

証明 点と位置ベクトルを同一視する．$\boldsymbol{a}_1$, $\boldsymbol{a}_2$, $\boldsymbol{a}_3$ はこの順序で右手正規直交基底なので，

$$\begin{cases}T\boldsymbol{a}_1 &=\cos\theta\boldsymbol{a}_1+\sin\theta\boldsymbol{a}_2\\ T\boldsymbol{a}_2 &=-\sin\theta\boldsymbol{a}_1+\cos\theta\boldsymbol{a}_2\end{cases}$$

である．また回転軸上の点は，回転で不変なので，$T\boldsymbol{a}_3=\boldsymbol{a}_3$ である．よって

$$\begin{aligned}T(\boldsymbol{a}_1\,\boldsymbol{a}_2\,\boldsymbol{a}_3)&=(T\boldsymbol{a}_1\,T\boldsymbol{a}_2\,T\boldsymbol{a}_3)\\ &=(\cos\theta\boldsymbol{a}_1+\sin\theta\boldsymbol{a}_2,-\sin\theta\boldsymbol{a}_1+\cos\theta\boldsymbol{a}_2,\boldsymbol{a}_3)=(\boldsymbol{a}_1\,\boldsymbol{a}_2\,\boldsymbol{a}_3)\begin{pmatrix}\cos\theta&-\sin\theta&0\\ \sin\theta&\cos\theta&0\\ 0&0&1\end{pmatrix}\end{aligned}$$

である．後は $A^TA=E$ なので，$A^{-1}=A^T$ であることに注意すればよい． ■

例題 A.34 z 軸回りの 120° 回転行列を A, yz 平面内の軸 $L: z=y$ 回りの 180° 回転行列を B とする．次の問いに答えよ．

(1) A を求めよ． (2) B を求めよ． (3) AB を求めよ．
(4) 点 $\mathrm{P}(1,2,3)$ を軸 L 回りに 180° 回転した点を求めよ．
(5) 点 Q を軸 L 回りに 180° 回転し，z 軸回りに 120° 回転すると点 P に移った．点 Q の座標を求めよ．

解答 (1)$A=R_z(120^\circ)$ であるから $A=\begin{pmatrix}\cos 120^\circ&-\sin 120^\circ&0\\ \sin 120^\circ&\cos 120^\circ&0\\ 0&0&1\end{pmatrix}=\begin{pmatrix}-\frac{1}{2}&-\frac{\sqrt{3}}{2}&0\\ \frac{\sqrt{3}}{2}&-\frac{1}{2}&0\\ 0&0&1\end{pmatrix}$.

(2) 軸 L の方向ベクトルを $\boldsymbol{a}_3=\begin{pmatrix}0\\ \frac{1}{\sqrt{2}}\\ \frac{1}{\sqrt{2}}\end{pmatrix}=\begin{pmatrix}\alpha\\ \beta\\ \gamma\end{pmatrix}$, 回転角 $\theta=180^\circ$ にとる．

$$\boldsymbol{a}_2 = \frac{1}{\sqrt{\alpha^2+\beta^2}}\begin{pmatrix}\beta\\-\alpha\\0\end{pmatrix} = \frac{1}{\sqrt{\frac{1}{2}}}\begin{pmatrix}\frac{1}{\sqrt{2}}\\0\\0\end{pmatrix} = \begin{pmatrix}1\\0\\0\end{pmatrix}, \quad \boldsymbol{a}_1 = \boldsymbol{a}_2\times\boldsymbol{a}_3 = \begin{pmatrix}0\\\frac{-1}{\sqrt{2}}\\\frac{1}{\sqrt{2}}\end{pmatrix}$$

より $S = (\boldsymbol{a}_1\,\boldsymbol{a}_2\,\boldsymbol{a}_3) = \begin{pmatrix}0&1&0\\\frac{-1}{\sqrt{2}}&0&\frac{1}{\sqrt{2}}\\\frac{1}{\sqrt{2}}&0&\frac{1}{\sqrt{2}}\end{pmatrix}$ となるから $B = SR_z(180^\circ)S^T = \begin{pmatrix}-1&0&0\\0&0&1\\0&1&0\end{pmatrix}$.

(3) $AB = \begin{pmatrix}-\frac{1}{2}&-\frac{\sqrt{3}}{2}&0\\\frac{\sqrt{3}}{2}&-\frac{1}{2}&0\\0&0&1\end{pmatrix}\begin{pmatrix}-1&0&0\\0&0&1\\0&1&0\end{pmatrix} = \begin{pmatrix}\frac{1}{2}&0&-\frac{\sqrt{3}}{2}\\-\frac{\sqrt{3}}{2}&0&-\frac{1}{2}\\0&1&0\end{pmatrix}$.

(4) $B\begin{pmatrix}1\\2\\3\end{pmatrix} = \begin{pmatrix}-1&0&0\\0&0&1\\0&1&0\end{pmatrix}\begin{pmatrix}1\\2\\3\end{pmatrix} = \begin{pmatrix}-1\\3\\2\end{pmatrix}$.

(5) 点 P, Q の位置ベクトルをそれぞれ $\boldsymbol{x}, \boldsymbol{y}$ とおくと，$\boldsymbol{x} = AB\boldsymbol{y}$. よって AB も直交行列で $(AB)^{-1} = (AB)^T$ に注意すれば，$\boldsymbol{y} = (AB)^T\boldsymbol{x} = \begin{pmatrix}\frac{1}{2}&\frac{-\sqrt{3}}{2}&0\\0&0&1\\\frac{-\sqrt{3}}{2}&\frac{-1}{2}&0\end{pmatrix}\begin{pmatrix}1\\2\\3\end{pmatrix} = \begin{pmatrix}\frac{1}{2}-\sqrt{3}\\3\\-\frac{\sqrt{3}}{2}-1\end{pmatrix}$.

すなわち，$Q = \left(\frac{1}{2}-\sqrt{3}, 3, -\frac{\sqrt{3}}{2}-1\right)$ である． ■

問 A.2　x 軸回りの θ 回転行列を求めよ．

問 A.3　y 軸回りの θ 回転行列を求めよ．

問 A.4　方向ベクトルが $\boldsymbol{a}_3 = \frac{1}{\sqrt{2}}\begin{pmatrix}1\\0\\1\end{pmatrix}$ である軸 L に関して，180° 回転させる回転行列を求めよ．

付録 B 線形空間と線形写像

本章では幾何ベクトルや n 項列ベクトルの集合と共通な性質をもった線形空間（ベクトル空間）の概念を学ぶ．さらに線形写像と行列の関係を学ぶ．

B.1 線形空間

2つの演算 **和** $+$ と **スカラー倍（実数倍または複素数倍）** が定義されている集合 V を考える．

定義 B.1 和とスカラー倍が次の公理を満たすとき集合 V を**線形空間**または**ベクトル空間**という．

(1) （可換性） $\boldsymbol{a}+\boldsymbol{b}=\boldsymbol{b}+\boldsymbol{a}$

(2) （結合法則） $(\boldsymbol{a}+\boldsymbol{b})+\boldsymbol{c}=\boldsymbol{a}+(\boldsymbol{b}+\boldsymbol{c})$

(3) （零元の存在） $\boldsymbol{a}+\boldsymbol{0}=\boldsymbol{a}$ となる元 $\boldsymbol{0}$ が存在する．

(4) （逆元の存在） $\boldsymbol{a}+\boldsymbol{x}=\boldsymbol{0}$ となる元 $\boldsymbol{x}$ が存在する．

(5) （結合法則） $\lambda(\mu\boldsymbol{a})=(\lambda\mu)\boldsymbol{a}$

(6) （分配法則） $(\lambda+\mu)\boldsymbol{a}=\lambda\boldsymbol{a}+\mu\boldsymbol{a}$

(7) （分配法則） $\lambda(\boldsymbol{a}+\boldsymbol{b})=\lambda\boldsymbol{a}+\lambda\boldsymbol{b}$

(8) $1\boldsymbol{a}=\boldsymbol{a}$

公理 (8) は当たり前過ぎると思われるかも知れないが公理 (1)〜(7) からは導かれない．例えば数ベクトル空間を V とし，数ベクトルの集まりに加法はそのままで，スカラー倍を全ての λ と全ての $\boldsymbol{a}$ に対して $\lambda\boldsymbol{a}=\boldsymbol{0}$ と定義した空間を W とする．このとき空間 V と W のどちらでも公理 (1)〜(7) を満たす．しかし V は公理 (8) を満たし，W は満たさない．公理 (8) は空間 W のような無意味なものを排除する条件である．また公理 (2)(5) の結合法則が成り立つので，和とスカラー倍はどんな順序で計算しても結果は同じであることがわかる．

線形空間の元を**ベクトル**といい，ベクトルは $\boldsymbol{a},\boldsymbol{x}$ のように太文字で表すことにする．しかし零ベクトル $\boldsymbol{0}$ を 0 と書くこともある．$\boldsymbol{a}$ の逆元を $-\boldsymbol{a}$ と表す．線形空間（ベクトル空間）の例を挙げておく．

例 B.2 成分が実数の n 項列ベクトル $\begin{pmatrix} a_1 \\ \vdots \\ a_n \end{pmatrix}$ 全体を $\mathbb{R}^n$ と表し，**実数ベクトル空間**という．$\mathbb{R}^n$ は $n\times 1$ 行列全体なので，行列の和・実数倍が定義されておりこの演算で線形空間になる．また成分を複素数まで許し，スカラー倍を複素数倍で考えた n 項列ベクトル全体を $\mathbb{C}^n$ と表し，**複素数**

ベクトル空間という．$\mathbb{R}^2$ の元 $\boldsymbol{x} = \begin{pmatrix} x_1 \\ x_2 \end{pmatrix}$ は xy 座標平面の点 (x_1, x_2) と同一視し，さらに成分が (x_1, x_2) である平面内のベクトルとも同一視する．同様に $\mathbb{R}^3$ の元 $\boldsymbol{x} = \begin{pmatrix} x_1 \\ x_2 \\ x_3 \end{pmatrix}$ は xyz 座標空間の点 (x_1, x_2, x_3) と同一視し，さらに成分が (x_1, x_2, x_3) である空間内のベクトルとも同一視する．

● **例 B.3**　$m \times n$ 行列全体を $\mathbf{M}_{mn}$ とおけば $\mathbf{M}_{mn}$ は線形空間である．

● **例 B.4**　多項式 $a_n x^n + \cdots + a_1 x + a_0$ $(a_n, ..., a_0$は実数）全体を $\mathbf{P}$ とおけば $\mathbf{P}$ は線形空間である．

定理 B.5　零元（零ベクトル）は唯一つに定まる．

証明　$\mathbf{0}, \mathbf{0}'$ が零元であるとすると，公理 (3) より任意の $\boldsymbol{a}$ に対して $\boldsymbol{a} + \mathbf{0} = \boldsymbol{a}, \boldsymbol{a} + \mathbf{0}' = \boldsymbol{a}$ が成り立つ．上式の $\boldsymbol{a}$ にそれぞれ $\mathbf{0}', \mathbf{0}$ を代入し，可換性の公理 (1) を用いると

$$\mathbf{0}' = \mathbf{0}' + \mathbf{0} = \mathbf{0} + \mathbf{0}' = \mathbf{0}$$

がえられる． ■

定理 B.6　$0\boldsymbol{a} = \mathbf{0}$. すなわちベクトルを 0 倍すれば零ベクトルになる．

証明　$0\boldsymbol{a}$ の逆元を $\boldsymbol{b}$ とすると公理 (4) より $0\boldsymbol{a} + \boldsymbol{b} = \mathbf{0}$ である．よって

$$\begin{aligned} 0\boldsymbol{a} &\overset{\text{公理 (3)}}{=} 0\boldsymbol{a} + \mathbf{0} = 0\boldsymbol{a} + (0\boldsymbol{a} + \boldsymbol{b}) \overset{\text{公理 (2)}}{=} (0\boldsymbol{a} + 0\boldsymbol{a}) + \boldsymbol{b} \\ &\overset{\text{公理 (6)}}{=} (0 + 0)\boldsymbol{a} + \boldsymbol{b} \overset{\text{公理 (3)}}{=} 0\boldsymbol{a} + \boldsymbol{b} \overset{(*)}{=} \mathbf{0}. \end{aligned}$$ ■

定理 B.7　逆元は唯一つに定まる．

証明　$\boldsymbol{a}$ の逆元を $\boldsymbol{x}, \boldsymbol{y}$ とすると $\boldsymbol{a} + \boldsymbol{x} = \mathbf{0}$, $\boldsymbol{a} + \boldsymbol{y} = \mathbf{0}$ が成り立つ．このとき

$$\begin{aligned} \boldsymbol{x} &\overset{\text{公理 (3)}}{=} \boldsymbol{x} + \mathbf{0} = \boldsymbol{x} + (\boldsymbol{a} + \boldsymbol{y}) \overset{\text{公理 (2)}}{=} (\boldsymbol{x} + \boldsymbol{a}) + \boldsymbol{y} \\ &\overset{\text{公理 (1)}}{=} (\boldsymbol{a} + \boldsymbol{x}) + \boldsymbol{y} = \mathbf{0} + \boldsymbol{y} \overset{\text{公理 (1)}}{=} \boldsymbol{y} + \mathbf{0} \overset{\text{公理 (3)}}{=} \boldsymbol{y}. \end{aligned}$$ ■

定理 B.8　$-\boldsymbol{a} = (-1)\boldsymbol{a}$.

証明　$0\boldsymbol{a} = \mathbf{0}$ なので，

$$\boldsymbol{a} + (-1)\boldsymbol{a} \overset{\text{公理 (8)}}{=} 1\boldsymbol{a} + (-1)\boldsymbol{a} \overset{\text{公理 (6)}}{=} \{1 + (-1)\}\boldsymbol{a} = 0\boldsymbol{a} = \mathbf{0}.$$

よって逆元は唯一つに定まるので，$(-1)\boldsymbol{a} = -\boldsymbol{a}$. ■

B.2 基底と次元

定義 B.9 V を線形空間とする．V のベクトル $\boldsymbol{x}_1, ..., \boldsymbol{x}_r$ に実数 $a_1, ..., a_r$ をかけて加えた $a_1\boldsymbol{x}_1 + a_2\boldsymbol{x}_2 + \cdots + a_r\boldsymbol{x}_r$ を $\boldsymbol{x}_1, ..., \boldsymbol{x}_r$ の **1 次結合**という．ベクトル $\boldsymbol{x}_1, ..., \boldsymbol{x}_r$ の 1 次結合全体を $\mathrm{L.h.}[\boldsymbol{x}_1, ..., \boldsymbol{x}_r]$ と表す[a]．

[a] linear hull の略である．

定義 B.10 ベクトル $\boldsymbol{x}_1, ..., \boldsymbol{x}_r$ が

$$a_1\boldsymbol{x}_1 + \cdots + a_r\boldsymbol{x}_r = \boldsymbol{0} \Longrightarrow a_1 = \cdots = a_r = 0$$

を満たすとき，$\boldsymbol{x}_1, ..., \boldsymbol{x}_r$ は **1 次独立**であるという．$\boldsymbol{x}_1, ..., \boldsymbol{x}_r$ が 1 次独立ではないとき，**1 次従属**であるという．

つまり $\boldsymbol{x}_1, ..., \boldsymbol{x}_r$ が 1 次従属であるとは，$a_1\boldsymbol{x}_1 + \cdots + a_r\boldsymbol{x}_r = \boldsymbol{0}$ を満たすような，少なくとも一つが 0 ではない，スカラー $a_1, ..., a_r$ が存在することであり，n 個のベクトル $\boldsymbol{a}_1, \boldsymbol{a}_2, \cdots, \boldsymbol{a}_n$ が 1 次独立とは，どのベクトル $\boldsymbol{a}_j$ も他の $n-1$ 個のベクトル $\boldsymbol{a}_1, \cdots, \boldsymbol{a}_{j-1}, \boldsymbol{a}_{j+1}, \cdots, \boldsymbol{a}_n$ の 1 次結合で表せないことである．例えば，零ベクトルでない 2 つの幾何ベクトル $\boldsymbol{a}, \boldsymbol{b}$ が 1 次独立であるとは $\boldsymbol{a}, \boldsymbol{b}$ が平行でないことである．

定義 B.11 V を線形空間とする．V の 1 次独立なベクトルの最大個数が n であるとき，V の**次元**は n であるといい，$\dim V = n$ と書く．任意の自然数 n に対して n 個の 1 次独立なベクトルが存在するとき，V は無限次元であるといい，$\dim V = \infty$ と表す．無限次元でないときを有限次元という．

$\dim V = n$ であるとは，n 個の 1 次独立なベクトルが存在して，かつ任意の $n+1$ 個のベクトルは 1 次従属になることである．

定理 B.12 任意のベクトルが，$\boldsymbol{x}_1, ..., \boldsymbol{x}_n$ の 1 次結合で表される線形空間 V は有限次元で $\dim V \leqq n$ である．

証明 任意の $n+1$ 個のベクトル $\boldsymbol{y}_1, \cdots, \boldsymbol{y}_{n+1}$ をとる．仮定からこれらは $\boldsymbol{x}_1, ..., \boldsymbol{x}_n$ の 1 次結合で

$$\boldsymbol{y}_j = \sum_{i=1}^{n} a_{j,i}\boldsymbol{x}_i \quad (j = 1, 2, \cdots, n+1)$$

と表される．$c_1, c_2, \cdots, c_{n+1}$ についての連立 1 次方程式

$$\sum_{j=1}^{n+1} c_j a_{j,i} = 0 \quad (i = 1, 2, \cdots, n)$$

は変数 $n+1$ 個，式 n 個であるから少なくとも一つは零でない解 $c_1, c_2, \cdots, c_{n+1}$ をもつ．この解を用いて

$$\sum_{j=1}^{n+1} c_j \boldsymbol{y}_j = \sum_{j=1}^{n+1} c_j \left(\sum_{i=1}^{n} a_{j,i} \boldsymbol{x}_i \right) = \sum_{i=1}^{n} \left(\sum_{j=1}^{n+1} c_j a_{j,i} \right) \boldsymbol{x}_i = \sum_{i=1}^{n} 0 \boldsymbol{x}_i = \boldsymbol{0}$$

がえられる．これは 1 次独立な $n+1$ 個のベクトルは存在しないことを意味する．よって $\dim V \leqq n$ である．■

ここで上の証明で用いた事実を確認しておこう．

> **定理 B.13**　変数の個数が方程式の個数より多い連立同次 1 次方程式は非自明解をもつ．この非自明解は，連立方程式の係数が実数のときは，実数解にとれる．

証明　n 個の変数 $x_1, x_2, \cdots, x_n$ についての m 個の連立同次 1 次方程式を考える．

$$\begin{cases} a_{11}x_1 + a_{12}x_2 + a_{13}x_3 + \cdots + a_{1n}x_n = 0 \\ a_{21}x_1 + a_{22}x_2 + a_{23}x_3 + \cdots + a_{2n}x_n = 0 \\ \quad \vdots \qquad\quad \vdots \qquad\quad \vdots \qquad\qquad\quad \vdots \\ a_{m1}x_1 + a_{m2}x_2 + a_{m3}x_3 + \cdots + a_{mn}x_n = 0 \end{cases}.$$

方程式の個数 m についての帰納法で示す．$m=1$ のとき，$n>1$ とする．

(1)　$a_{11} = a_{12} = \cdots = a_{1n} = 0$ のときは，$x_1 = x_2 = \cdots = x_n = 1$ が非自明解である．

(2)　(1) でないときは $a_{1j} \neq 0$ である係数がある．必要なら変数の番号を付け替えて，$a_{11} \neq 0$ とする．このとき $n>1$ なので，

$$x_2 = 1, x_3 = x_4 = \cdots x_n = 0, x_1 = -a_{11}^{-1} a_{12}$$

は非自明解である．またこの構成から，係数が全て実数ならば，実数の非自明解がえられている．よって $m=1$ の場合は正しい．

そこで m 個の場合は正しいとする．$m+1$ 個の連立方程式を考える．

$$L_i = a_{i1}x_1 + a_{i2}x_2 + a_{i3}x_3 + \cdots + a_{in}x_n = 0 \quad (i = 1, 2, \cdots, m+1).$$

$n > m+1$ とする．

(1)　全ての係数 a_{ij} が 0 のときは，$x_1 = x_2 = \cdots = x_n = 1$ が非自明解である．

(2)　(1) でないときは，変数と係数の番号を付け替えて，$a_{11} \neq 0$ と仮定することができる．このとき $L_{l+1} = a_{l+1,1}x_1 + \cdots$ の形であるから

$$M_l = L_{l+1} - a_{l+1,1} \cdot a_{11}^{-1} L_1 \quad (l = 1, 2, \cdots, m)$$

とおくと，連立方程式 $M_l = 0\,(l = 1, 2, \cdots, m)$ は，$n-1$ 個の変数 $x_2, x_3, \cdots, x_n$ についての m 個の方程式からなる．$n-1 > m$ なので帰納法の仮定から，非自明解 $(x_2, x_3, \cdots, x_n)$ をもつ．このとき x_1 を

$$x_1 = -a_{11}^{-1}(a_{12}x_2 + a_{13}x_3 + \cdots + a_{1n}x_n)$$

で定めると，$(x_1, x_2, x_3, \cdots, x_n)$ は

$$L_1 = 0, \quad L_{l+1} = M_l + a_{l+1,1} \cdot a_{11}^{-1} L_1 = 0 \quad (l = 1, 2, \cdots, m)$$

の非自明解になっている．よって $m+1$ の場合も示された．

数学的帰納法により任意の m に対して 定理は成り立つ．なお解の構成から係数が実数の場合には実数の非自明解にとれることは明らか． ■

定義 B.14 V を有限次元線形空間とする．次の 2 条件を満たす V のベクトル $\boldsymbol{x}_1, ..., \boldsymbol{x}_n$ を V の**基底** という．

(1) $\boldsymbol{x}_1, ..., \boldsymbol{x}_n$ は 1 次独立である．
(2) V の任意のベクトル $\boldsymbol{x}$ は $\boldsymbol{x}_1, ..., \boldsymbol{x}_n$ の 1 次結合で表される．

無限次元線形空間に対しては，基底の定義は上とは異なる．以後，有限次元線形空間のみ考えることにする[1]．

定理 B.15 V を線形空間とする．このとき

(1) $\dim V = n$ ならば，n 個からなる 1 次独立なベクトルの組（次元の定義からこのような組は存在する）$\boldsymbol{x}_1, ..., \boldsymbol{x}_n$ は基底となる．
(2) n 個からなる基底 $\boldsymbol{x}_1, ..., \boldsymbol{x}_n$ があれば，$\dim V = n$ である．これより基底は何組存在しても，構成するベクトルの個数は一定で次元に等しいことがわかる．

証明 (1) 任意のベクトル $\boldsymbol{x}$ に対して $\dim V = n$ より $n+1$ 個のベクトル $\boldsymbol{x}, \boldsymbol{x}_1, ..., \boldsymbol{x}_n$ は 1 次従属であるから少なくとも一つは零でない数 $a_0, a_1, \cdots, a_n$ があって

$$a_0 \boldsymbol{x} + a_1 \boldsymbol{x}_1 + \cdots + a_n \boldsymbol{x}_n = \boldsymbol{0} \qquad \cdots (*)$$

が成り立つ．$a_0 = 0$ ならば，少なくとも一つは零でない数 $a_1, \cdots, a_n$ があって

$$a_1 \boldsymbol{x}_1 + \cdots + a_n \boldsymbol{x}_n = \boldsymbol{0}$$

が成り立つので，これは $\boldsymbol{x}_1, ..., \boldsymbol{x}_n$ が 1 次従属であることを示しており矛盾である．よって $a_0 \neq 0$ であり，このとき $(*)$ から

$$\boldsymbol{x} = -\frac{a_1}{a_0}\boldsymbol{x}_1 - \frac{a_2}{a_0}\boldsymbol{x}_2 - \cdots - \frac{a_n}{a_0}\boldsymbol{x}_n$$

となる．V の任意のベクトル $\boldsymbol{x}$ が $\boldsymbol{x}_1, ..., \boldsymbol{x}_n$ の 1 次結合で表されたので，$\boldsymbol{x}_1, ..., \boldsymbol{x}_n$ は基底である．

(2) n 個からなる基底 $\boldsymbol{x}_1, ..., \boldsymbol{x}_n$ が存在すると仮定する．$\boldsymbol{x}_1, ..., \boldsymbol{x}_n$ は n 個の 1 次独立なベクト

[1] 無限次元線形空間では，そもそも基底の存在が問題になる．このとき 基底の存在は選択公理とよばれる 1 つの公理と同値であることが知られている（田中尚夫: 選択公理と数学 [増訂版]，遊星社）．

ルであるから $\dim V \geqq n$ である．また V の任意のベクトルは $\boldsymbol{x}_1, ..., \boldsymbol{x}_n$ の 1 次結合で表せるから，定理 B.12 より $\dim V \leqq n$ である．以上から $\dim V = n$ が示せた． ■

例 B.16 複素線形空間 $\mathbb{C}$ は基底 1 をもつので，$\dim \mathbb{C} = 1$ である．しかしスカラー倍を実数に制限した実線形空間 $\mathbb{C}$（$= V$ とおく）は基底 $1, i$ をもつので，$\dim V = 2$ である．これは $a, b \in \mathbb{R}$ のとき，

$$a \cdot 1 + b \cdot i = 0 \Longrightarrow a = b = 0$$

が成り立つことからわかる．

定義 B.17 $\boldsymbol{e}_1 = \begin{pmatrix} 1 \\ 0 \\ \vdots \\ 0 \end{pmatrix}, \boldsymbol{e}_2 = \begin{pmatrix} 0 \\ 1 \\ \vdots \\ 0 \end{pmatrix}, ..., \boldsymbol{e}_n = \begin{pmatrix} 0 \\ 0 \\ \vdots \\ 1 \end{pmatrix}$ は $\mathbb{R}^n$ の基底である．この基底を $\mathbb{R}^n$ の**標準基底**という．$\mathbb{C}^n$ の標準基底でもある．

例 B.18 n 項の列ベクトル全体 $\mathbb{R}^n$ で $\boldsymbol{e}_1, \boldsymbol{e}_2, ..., \boldsymbol{e}_n$ が基底だったので $\dim \mathbb{R}^n = n$ である．

定理 B.19 V を線形空間とし $\boldsymbol{x}_1, ..., \boldsymbol{x}_n$ をその基底とする．このとき V のベクトルを $\boldsymbol{x}_1, ..., \boldsymbol{x}_n$ の 1 次結合で表す仕方は一意的である．

証明 V のベクトル $\boldsymbol{a}$ が $\boldsymbol{a} = a_1\boldsymbol{x}_1 + \cdots + a_n\boldsymbol{x}_n = a'_1\boldsymbol{x}_1 + \cdots + a'_n\boldsymbol{x}_n$ と表せたとすれば，

$$\boldsymbol{0} = \boldsymbol{a} - \boldsymbol{a} = (a_1\boldsymbol{x}_1 + \cdots + a_n\boldsymbol{x}_n) - (a'_1\boldsymbol{x}_1 + \cdots + a'_n\boldsymbol{x}_n) = (a_1 - a'_1)\boldsymbol{x}_1 + \cdots + (a_n - a'_n)\boldsymbol{x}_n$$

となる．$\boldsymbol{x}_1, ..., \boldsymbol{x}_n$ は 1 次独立だから $a_1 = a'_1, ..., a_n = a'_n$ とならねばならない． ■

定義 B.20 V を線形空間とし $\boldsymbol{x}_1, ..., \boldsymbol{x}_n$ をその基底とする．V のベクトル $\boldsymbol{a}$ が $\boldsymbol{a} = a_1\boldsymbol{x}_1 + \cdots + a_n\boldsymbol{x}_n$ と表せたとき $(a_1, ..., a_n)$ を基底 $\boldsymbol{x}_1, ..., \boldsymbol{x}_n$ に関する $\boldsymbol{a}$ の**成分**という．成分は座標ともいう．

$\boldsymbol{x}_1, ..., \boldsymbol{x}_n$ は基底というときには，$\boldsymbol{x}_1, ..., \boldsymbol{x}_n$ の順序も考慮されている．そこで基底を $<\boldsymbol{x}_1, ..., \boldsymbol{x}_n>$ と書く場合もある．例えば，基底 $\boldsymbol{x}_1, \boldsymbol{x}_2$ と基底 $\boldsymbol{x}_2, \boldsymbol{x}_1$ は違うと考える．それは $\boldsymbol{a} = a_1\boldsymbol{x}_1 + a_2\boldsymbol{x}_2$ と表されているとき，基底 $\boldsymbol{x}_1, \boldsymbol{x}_2$ に関する $\boldsymbol{a}$ の座標は (a_1, a_2) だが基底 $\boldsymbol{x}_2, \boldsymbol{x}_1$ に関する座標は (a_2, a_1) と区別するからである．基底を決めることは，座標系を設定することである．

B.3 部分空間

定義 B.21 V を線形空間とする．V の部分集合 W が次の 2 つの条件を満たすとき W を V の**部分空間**という．

(1) $\boldsymbol{a}, \boldsymbol{b} \in W \Longrightarrow \boldsymbol{a}+\boldsymbol{b} \in W$　(2) $\boldsymbol{a} \in W \Longrightarrow \lambda\boldsymbol{a} \in W$.

簡単にいえば，W は線形空間かつ V の部分集合のとき V の部分空間となる．

定理 B.22 線形空間 V の部分空間 W は V の和とスカラー倍で線形空間になり，$\dim W \leqq \dim V$ が成り立つ．

証明 部分空間の定義より V の和・スカラー倍が W に定義できる．このとき線形空間の公理は零元と逆元の存在以外は，V ですでに成り立っているから，W でも成り立っている．$\boldsymbol{a} \in W$ とする．このとき $-\boldsymbol{a} = (-1)\cdot\boldsymbol{a} \in W, \boldsymbol{0} = 0\cdot\boldsymbol{a} \in W$ なので，逆元・零元も W で存在する．以上から W は線形空間である．また W で 1 次独立なベクトルは V でも 1 次独立なので $\dim W \leqq \dim V$ が成り立つ．■

定理 B.23 $\mathrm{L.h.}[\boldsymbol{x}_1, ..., \boldsymbol{x}_n]$ は部分空間である．特に $\boldsymbol{x}_1, ..., \boldsymbol{x}_n$ が 1 次独立のときは，$\boldsymbol{x}_1, ..., \boldsymbol{x}_n$ は $\mathrm{L.h.}[\boldsymbol{x}_1, ..., \boldsymbol{x}_n]$ の基底となり，$\dim \mathrm{L.h.}[\boldsymbol{x}_1, ..., \boldsymbol{x}_n] = n$ である．

証明 $\boldsymbol{x}, \boldsymbol{y} \in \mathrm{L.h.}[\boldsymbol{x}_1, ..., \boldsymbol{x}_n]$ ならば $\boldsymbol{x} = \sum_{j=1}^{n} a_j\boldsymbol{x}_j, \boldsymbol{y} = \sum_{j=1}^{n} b_j\boldsymbol{x}_j$ と表せる．このとき $\boldsymbol{x}+\boldsymbol{y} = \sum_{j=1}^{n}(a_j+b_j)\boldsymbol{x}_j, \lambda\boldsymbol{x} = \sum_{j=1}^{n}(\lambda a_j)\cdot\boldsymbol{x}_j$ となる．よって $\mathrm{L.h.}[\boldsymbol{x}_1, ..., \boldsymbol{x}_n]$ は部分空間となる．後半部分は，部分空間は線形空間なのでわかる．■

定理 B.24 $\boldsymbol{x}_1, ..., \boldsymbol{x}_r$ は 1 次独立なベクトルとする．このとき $\boldsymbol{x} \notin \mathrm{L.h.}[\boldsymbol{x}_1, ..., \boldsymbol{x}_r]$ ならば，$\boldsymbol{x}, \boldsymbol{x}_1, ..., \boldsymbol{x}_r$ は 1 次独立である．

証明 $a\boldsymbol{x} + a_1\boldsymbol{x}_1 + \cdots + a_r\boldsymbol{x}_r = \boldsymbol{0}$ とする．$a \neq 0$ ならば

$$\boldsymbol{x} = -\frac{a_1}{a}\boldsymbol{x}_1 - \cdots - \frac{a_r}{a}\boldsymbol{x}_r \in \mathrm{L.h.}[\boldsymbol{x}_1, ..., \boldsymbol{x}_r]$$

となり，$\boldsymbol{x}$ の仮定に矛盾する．よって $a = 0$ である．$\boldsymbol{x}_1, ..., \boldsymbol{x}_r$ は 1 次独立より $a_1 = \cdots = a_r = 0$. 以上から $\boldsymbol{x}, \boldsymbol{x}_1, ..., \boldsymbol{x}_r$ は 1 次独立である．■

定理 B.25 V は n 次元線形空間であり，$\boldsymbol{x}_1, ..., \boldsymbol{x}_r\,(r < n)$ は 1 次独立なベクトルとする．このとき $\boldsymbol{x}_{r+1}, \boldsymbol{x}_{r+2}, \cdots, \boldsymbol{x}_n$ を付け加えて，$\boldsymbol{x}_1, ..., \boldsymbol{x}_n$ を V の基底とすることができる．

証明 $\mathrm{L.h.}[\boldsymbol{x}_1, ..., \boldsymbol{x}_r] = V$ ならば $\boldsymbol{x}_1, ..., \boldsymbol{x}_r$ は V の基底となるが，

$$r = \dim \mathrm{L.h.}[\boldsymbol{x}_1, ..., \boldsymbol{x}_r] = \dim V = n$$

となり矛盾する．よって $\mathrm{L.h.}[\boldsymbol{x}_1, ..., \boldsymbol{x}_r] \neq V$ であるから $\boldsymbol{x}_{r+1} \notin \mathrm{L.h.}[\boldsymbol{x}_1, ..., \boldsymbol{x}_r]$ を満たすベクトル $\boldsymbol{x}_{r+1}$ が存在する．このとき $\boldsymbol{x}_1, \cdots, \boldsymbol{x}_r, \boldsymbol{x}_{r+1}$ は 1 次独立で，

$$\dim \mathrm{L.h.}[\boldsymbol{x}_1, \cdots, \boldsymbol{x}_r, \boldsymbol{x}_{r+1}] = r + 1$$

となっている．これを繰り返していけば，$\boldsymbol{x}_1, \cdots, \boldsymbol{x}_r, \cdots, \boldsymbol{x}_m (r < m)$ が 1 次独立で，

$$\mathrm{L.h.}[\boldsymbol{x}_1, \cdots, \boldsymbol{x}_r, \cdots, \boldsymbol{x}_m] = V$$

となる．このとき $\boldsymbol{x}_1, \cdots, \boldsymbol{x}_r, \cdots, \boldsymbol{x}_m$ は V の基底となるから，$m = n$ である．■

定義 B.26　W_1 と W_2 を線形空間 V の 2 つの部分空間とする．このとき 2 つのベクトルの和 $\boldsymbol{x} + \boldsymbol{y}\ (\boldsymbol{x} \in W_1, \boldsymbol{y} \in W_2)$ の全体を W_1 と W_2 の**和空間**といい $W_1 + W_2$ と表す．

定理 B.27　W_1 と W_2 を 線形空間 V の 2 つの部分空間とする．このとき $W_1 + W_2$ と $W_1 \cap W_2$ は V の部分空間である．

証明　$\boldsymbol{z}, \boldsymbol{z}' \in W_1 + W_2$ とする．つまり $\boldsymbol{z} = \boldsymbol{x} + \boldsymbol{y}$, $\boldsymbol{z}' = \boldsymbol{x}' + \boldsymbol{y}'\ (\boldsymbol{x}, \boldsymbol{x}' \in W_1, \boldsymbol{y}, \boldsymbol{y}' \in W_2)$ と表せる．$\boldsymbol{z} + \boldsymbol{z}' = (\boldsymbol{x} + \boldsymbol{y}) + (\boldsymbol{x}' + \boldsymbol{y}') = (\boldsymbol{x} + \boldsymbol{x}') + (\boldsymbol{y} + \boldsymbol{y}')$ であり，$\boldsymbol{x} + \boldsymbol{x}' \in W_1$, $\boldsymbol{y} + \boldsymbol{y}' \in W_2$ であるから $\boldsymbol{z} + \boldsymbol{z}' \in W_1 + W_2$ である．さらに λ を定数とすれば $\lambda \boldsymbol{z} = \lambda(\boldsymbol{x} + \boldsymbol{y}) = \lambda \boldsymbol{x} + \lambda \boldsymbol{y}$ であり，$\lambda \boldsymbol{x} \in W_1$, $\lambda \boldsymbol{y} \in W_2$ なので $\lambda \boldsymbol{z} \in W_1 + W_2$ である．よって $W_1 + W_2$ は V の部分空間である．次に，$\boldsymbol{z}, \boldsymbol{z}' \in W_1 \cap W_2$ とする．このとき $\boldsymbol{z}, \boldsymbol{z}' \in W_1$ であるから部分空間の定義より $\boldsymbol{z} + \boldsymbol{z}' \in W_1$．同じく $\boldsymbol{z}, \boldsymbol{z}' \in W_2$ なので $\boldsymbol{z} + \boldsymbol{z}' \in W_2$．ゆえに $\boldsymbol{z} + \boldsymbol{z}' \in W_1 \cap W_2$ となる．さらに $\lambda \boldsymbol{z} \in W_1$ かつ $\lambda \boldsymbol{z} \in W_2$ なので $\lambda \boldsymbol{z} \in W_1 \cap W_2$ となる．ゆえに $W_1 \cap W_2$ は V の部分空間である．■

一般に $W_1 \cup W_2$ は部分空間にはならない．2 つの部分空間 $W_1 + W_2$ と $W_1 \cap W_2$ の次元に関しては次の定理が知られている．

定理 B.28　W_1, W_2 を V の部分空間とするとき次式が成り立つ．

$$\dim(W_1 + W_2) = \dim W_1 + \dim W_2 - \dim(W_1 \cap W_2)$$

証明　$W_1 \cap W_2$ の基底を $\boldsymbol{x}_1, ..., \boldsymbol{x}_r$ とする．$\boldsymbol{x}_1, ..., \boldsymbol{x}_r, \boldsymbol{y}_{r+1}, \cdots, \boldsymbol{y}_l$ と $\boldsymbol{x}_1, ..., \boldsymbol{x}_r, \boldsymbol{z}_{r+1}, \cdots, \boldsymbol{z}_m$ がそれぞれ W_1 と W_2 の基底になるようにすることができる．

$$\boldsymbol{x}_1, ..., \boldsymbol{x}_r, \boldsymbol{y}_{r+1}, \cdots, \boldsymbol{y}_l, \boldsymbol{z}_{r+1}, \cdots, \boldsymbol{z}_m$$

が $W_1 + W_2$ の基底になることを示す．$\boldsymbol{a} \in W_1 + W_2$ ならば，$\boldsymbol{b} \in W_1$ と $\boldsymbol{c} \in W_3$ が存在し $\boldsymbol{a} = \boldsymbol{b} + \boldsymbol{c}$ と表せ，$\boldsymbol{b}, \boldsymbol{c}$ は基底を用いて $\boldsymbol{b} = \sum_{j=1}^{r} b_j \boldsymbol{x}_j + \sum_{j=r+1}^{l} b_j \boldsymbol{y}_j$, $\boldsymbol{c} = \sum_{j=1}^{r} c_j \boldsymbol{x}_j + \sum_{j=r+1}^{m} c_j \boldsymbol{z}_j$

と表せる．よって

$$\boldsymbol{a}=\boldsymbol{b}+\boldsymbol{c}=\sum_{j=1}^{r}(b_j+c_j)\boldsymbol{x}_j+\sum_{j=r+1}^{l}b_j\boldsymbol{y}_j+\sum_{j=r+1}^{m}c_j\boldsymbol{z}_j$$

となるから，W_1+W_2 の任意のベクトルは $\boldsymbol{x}_1,...,\boldsymbol{x}_r,\boldsymbol{y}_{r+1},\cdots,\boldsymbol{y}_l,\boldsymbol{z}_{r+1},\cdots,\boldsymbol{z}_m$ の 1 次結合で表せる．さらにこれらは 1 次独立である．実際

$$\sum_{j=1}^{r}a_j\boldsymbol{x}_j+\sum_{j=r+1}^{l}b_j\boldsymbol{y}_j+\sum_{j=r+1}^{m}c_j\boldsymbol{z}_j=\mathbf{0} \qquad \cdots(*)$$

を仮定する．このとき $\sum_{j=1}^{r}a_j\boldsymbol{x}_j+\sum_{j=r+1}^{l}b_j\boldsymbol{y}_j=-\sum_{j=r+1}^{m}c_j\boldsymbol{z}_j$ と変形すると，左辺は W_1 で右辺は W_2 のベクトル，すなわち $W_1\cap W_2$ の元なので右辺は $\boldsymbol{x}_1,...,\boldsymbol{x}_r$ の 1 次結合で表せる．よって

$$\sum_{j=1}^{r}d_j\boldsymbol{x}_j+\sum_{j=r+1}^{m}c_j\boldsymbol{z}_j=\mathbf{0}$$

と表される．$\boldsymbol{x}_1,...,\boldsymbol{x}_r,\boldsymbol{z}_{r+1},\cdots,\boldsymbol{z}_m$ は W_2 の基底なので 1 次独立．よって $c_{r+1}=\cdots=c_m=0$ がえられる．これを $(*)$ に代入すると $\sum_{j=1}^{r}a_j\boldsymbol{x}_j+\sum_{j=r+1}^{l}b_j\boldsymbol{y}_j=\mathbf{0}$ となり，今度は $\boldsymbol{x}_1,...,\boldsymbol{x}_r,\boldsymbol{y}_{r+1},\cdots,\boldsymbol{y}_l$ が W_1 の基底 なので $a_1=\cdots=a_r=b_{r+1}=\cdots=b_l=0$ がえられる．これで $\boldsymbol{x}_1,...,\boldsymbol{x}_r,\boldsymbol{y}_{r+1},\cdots,\boldsymbol{y}_l$, $\boldsymbol{z}_{r+1},\cdots,\boldsymbol{z}_m$ の 1 次独立性が示されたので，これらは W_1+W_2 の基底である．以上より $\dim(W_1+W_2)=l+m-r$ が示せたので定理は証明された．■

定義 B.29 W_1, W_2 を V の部分空間とする．$W_1\cap W_2=\{\mathbf{0}\}$ のとき和空間 W_1+W_2 を W_1 と W_2 の**直和** といい，$W_1\oplus W_2$ と表す．

定理 B.28 より

$$\dim(W_1\oplus W_2)=\dim W_1+\dim W_2$$

が成り立つことがわかる．

定理 B.30 U を n 次元線形空間 V の部分空間とする．このとき部分空間 W をみつけて，$V=U\oplus W$ とできる．

証明 U の基底を $\boldsymbol{x}_1,...,\boldsymbol{x}_r$ とすると，$U=\mathrm{L.h.}[\boldsymbol{x}_1,...,\boldsymbol{x}_r]$ である．このとき $\boldsymbol{x}_{r+1},\cdots,\boldsymbol{x}_n$ を選んで $\boldsymbol{x}_1,...,\boldsymbol{x}_r,\boldsymbol{x}_{r+1},\cdots,\boldsymbol{x}_n$ が V の基底となるようにできる．そこで

$$W=\mathrm{L.h.}[\boldsymbol{x}_{r+1},\cdots,\boldsymbol{x}_n]$$

とおけば，W は V の部分空間である．$\boldsymbol{x}_1,...,\boldsymbol{x}_n$ が V の基底なので，任意の $\boldsymbol{x}\in V$ に対して

$$\boldsymbol{x}=\sum_{j=1}^{n}a_j\boldsymbol{x}_j=\sum_{j=1}^{r}a_j\boldsymbol{x}_j+\sum_{j=r+1}^{n}a_j\boldsymbol{x}_j\in U+W\subset V$$

がいえて，$V = U + W$ がわかる．また再び $\boldsymbol{x}_1, ..., \boldsymbol{x}_n$ が V の基底ということから，

$$\boldsymbol{x} \in U \cap W \Longrightarrow x = \sum_{j=1}^{r} a_j \boldsymbol{x}_j = \sum_{j=r+1}^{n} a_j \boldsymbol{x}_j \Longrightarrow \sum_{j=1}^{r} a_j \boldsymbol{x}_j + \sum_{j=r+1}^{n} (-a_j) \boldsymbol{x}_j = \boldsymbol{0}$$
$$\Longrightarrow a_1 = \cdots = a_n = 0 \Longrightarrow \boldsymbol{x} = \boldsymbol{0} \Longrightarrow U \cap W = \{\boldsymbol{0}\}$$

がいえる．以上から $V = U \oplus W$ が成り立つ．■

直和分解について注意する．実は直和分解は一意的ではない．例えば

$$\mathbb{R}^2 = \mathrm{L.h.}\left[\begin{pmatrix}1\\0\end{pmatrix}\right] \oplus \mathrm{L.h.}\left[\begin{pmatrix}0\\1\end{pmatrix}\right] = \mathrm{L.h.}\left[\begin{pmatrix}1\\0\end{pmatrix}\right] \oplus \mathrm{L.h.}\left[\begin{pmatrix}1\\1\end{pmatrix}\right].$$

定理 B.31　W_1, W_2 を V の部分空間とする．和空間 $W_1 + W_2$ が直和 $W_1 \oplus W_2$ であるための必要十分条件は，和空間の任意のベクトル $\boldsymbol{x}_1 + \boldsymbol{x}_2\,(\boldsymbol{x}_1 \in W_1, \boldsymbol{x}_2 \in W_2)$ の表し方が唯一つに定まることである．

証明　$W_1 \cap W_2 = \{\boldsymbol{0}\}$ が成り立つとする．$\boldsymbol{x}_1, \boldsymbol{y}_1 \in W_1, \boldsymbol{x}_2, \boldsymbol{y}_2 \in W_2$ に対して

$$\boldsymbol{x}_1 + \boldsymbol{x}_2 = \boldsymbol{y}_1 + \boldsymbol{y}_2 \Longrightarrow \boldsymbol{x}_1 - \boldsymbol{y}_1 = \boldsymbol{y}_2 - \boldsymbol{x}_2 \in W_1 \cap W_2 = \{\boldsymbol{0}\} \Longrightarrow \boldsymbol{x}_1 = \boldsymbol{y}_1,\ \boldsymbol{x}_2 = \boldsymbol{y}_2$$

より表現の一意性が成り立つ．逆に表し方が唯一つに定まるとする．$\boldsymbol{x} \in W_1 \cap W_2$ ならば，$\boldsymbol{x} + \boldsymbol{0} = \boldsymbol{0} + \boldsymbol{x}$ と表すと表現の一意性から $\boldsymbol{x} = \boldsymbol{0}$ がいえて，$W_1 \cap W_2 = \{\boldsymbol{0}\}$ が成り立つ．よって和空間は直和になる．■

和空間・直和を 3 個以上の部分空間に対して次のように定義する．

定義 B.32　$W_1, \cdots, W_l$ を V の部分空間とする．ベクトルの和 $\boldsymbol{x}_1 + \boldsymbol{x}_2 + \cdots + \boldsymbol{x}_l (\boldsymbol{x}_j \in W_j, j = 1, 2, \cdots, l)$ の全体を $W_1, \cdots, W_l$ の**和空間**といい $W_1 + \cdots + W_l$ と表す．さらに和空間の元 $\boldsymbol{x}_1 + \boldsymbol{x}_2 + \cdots + \boldsymbol{x}_l (\boldsymbol{x}_j \in W_j, j = 1, 2, \cdots, l)$ の表し方が唯一つに定まるとき，和空間を**直和**といい，$W_1 \oplus \cdots \oplus W_l$ と表す．

$l = 2$ の場合と同様に和空間は V の部分空間になる．表し方が唯一つに定まることをいうには，$\boldsymbol{x}_j \in W_j\,(j = 1, 2, \cdots, l)$ に対して

$$\boldsymbol{x}_1 + \boldsymbol{x}_2 + \cdots + \boldsymbol{x}_l = \boldsymbol{0} \Longrightarrow \boldsymbol{x}_1 = \cdots = \boldsymbol{x}_l = \boldsymbol{0}$$

を確かめればよい．実際，これが成り立つとすると

$$\boldsymbol{x}_1 + \boldsymbol{x}_2 + \cdots + \boldsymbol{x}_l = \boldsymbol{y}_1 + \boldsymbol{y}_2 + \cdots + \boldsymbol{y}_l \Longrightarrow (\boldsymbol{x}_1 - \boldsymbol{y}_1) + (\boldsymbol{x}_2 - \boldsymbol{y}_2) + \cdots + (\boldsymbol{x}_l - \boldsymbol{y}_l) = \boldsymbol{0}$$
$$\Longrightarrow \boldsymbol{x}_1 - \boldsymbol{y}_1 = \boldsymbol{0}, \cdots, \boldsymbol{x}_l - \boldsymbol{y}_l = \boldsymbol{0} \Longrightarrow \boldsymbol{x}_1 = \boldsymbol{y}_1, \cdots, \boldsymbol{x}_l = \boldsymbol{y}_l$$

がいえるからである．

定理 B.33 線形空間 V とその部分空間 $W_1, \cdots, W_l$ に対して $V = W_1 \oplus \cdots \oplus W_l$ であるとする．このとき

(1) $W_1, \cdots, W_l$ の基底を全部集めると V の基底になる．
(2) $\dim V = \dim W_1 + \cdots + \dim W_l$.

証明 $W_j\ (j = 1, 2, \cdots, l)$ の基底を $\boldsymbol{x}_{j,k}(k = 1, 2, \cdots, m_j)$ とする．$\dim W_j = m_j (j = 1, 2, \cdots, l)$ である．V の任意のベクトル $\boldsymbol{x}$ は，$W_1, \cdots, W_l$ のベクトル $\boldsymbol{x}_j\ (j = 1, 2, \cdots, l)$ の和で表され，各 $\boldsymbol{x}_j$ は基底 $\boldsymbol{x}_{j,k}(k = 1, 2, \cdots, m_j)$ の 1 次結合で表せる．よって $\boldsymbol{x}$ は基底 $\boldsymbol{x}_{j,k}(k = 1, 2, \cdots, m_j; j = 1, 2, \cdots, l)$ の 1 次結合で表せる．よって $\boldsymbol{x}_{j,k}(k = 1, 2, \cdots, m_j; j = 1, 2, \cdots, l)$ が 1 次独立であることを示せば定理がいえる．そこで $\sum_{j=1}^{l} \sum_{k=1}^{m_j} c_{j,k}\boldsymbol{x}_{j,k} = \mathbf{0}$ とする．$\sum_{k=1}^{m_j} c_{j,k}\boldsymbol{x}_{j,k}$ は W_j のベクトルで，V は $W_1, \cdots, W_l$ の直和だから表現の一意性より

$$\sum_{k=1}^{m_j} c_{j,k}\boldsymbol{x}_{j,k} = \mathbf{0} \quad (j = 1, 2, \cdots, l)$$

が成り立ち，$\boldsymbol{x}_{j,k}(k = 1, 2, \cdots, m_j)$ は W_j の基底であるから各 j について $c_{j,k} = 0 (k = 1, 2, \cdots, m_j)$ がいえる．以上から $\boldsymbol{x}_{j,k}(k = 1, 2, \cdots, m_j; j = 1, 2, \cdots, l)$ は 1 次独立であることが示された． ■

B.4 線形写像と表現行列

2 つの線形空間 V, W において V の 1 つのベクトルに W の 1 つのベクトルが対応しているとき，この対応 f を V から W への**写像**といい，$f : V \longrightarrow W$ と表す．また単に，f を V 上の写像ともいう．

定義 B.34 写像 $f : V \longrightarrow W$ が $\boldsymbol{a}, \boldsymbol{b} \in V$ と定数 λ に対して $f(\boldsymbol{a} + \boldsymbol{b}) = f(\boldsymbol{a}) + f(\boldsymbol{b})$ と $f(\lambda\boldsymbol{a}) = \lambda f(\boldsymbol{a})$ を満たすとき**線形写像**という．

線形写像は，**1 次変換**または**線形作用素**ともよばれる．また $f : V \longrightarrow W$ の V を**定義域**，W を**値域**という．f が線形写像ならば $f(\mathbf{0}) = f(\mathbf{0} + \mathbf{0}) = f(\mathbf{0}) + f(\mathbf{0})$ より $f(\mathbf{0}) = \mathbf{0}$ となる．また $f : V \longrightarrow W$ が線形写像のとき定義から $f(\alpha_1\boldsymbol{a}_1 + \cdots + \alpha_n\boldsymbol{a}_n) = \alpha_1 f(\boldsymbol{a}_1) + \cdots + \alpha_n f(\boldsymbol{a}_n)$ が成り立つことがわかる．

定理 B.35 線形写像 $f : V \to W$ は定義域の基底の行き先を決めれば唯一つに定まる．

証明 V の基底を $\boldsymbol{x}_1, \boldsymbol{x}_2, \cdots, \boldsymbol{x}_n$ とする．V の任意のベクトル $\boldsymbol{x}$ は $\boldsymbol{x} = c_1\boldsymbol{x}_1 + c_2\boldsymbol{x}_2 + \cdots + c_n\boldsymbol{x}_n$ と一意的に表せるから線形写像 f による像

$$f(\boldsymbol{x}) = c_1 f(\boldsymbol{x}_1) + c_2 f(\boldsymbol{x}_2) + \cdots + c_n f(\boldsymbol{x}_n)$$

となるので，$f(\boldsymbol{x}_1), f(\boldsymbol{x}_2), \cdots, f(\boldsymbol{x}_n)$ が決まれば 1 つに定まってしまう． ■

例題 B.36　$f\left(\begin{pmatrix} x \\ y \end{pmatrix}\right) = \begin{pmatrix} 2x+3y \\ x+y \end{pmatrix}$ で定義される写像 $f : \mathbb{R}^2 \longrightarrow \mathbb{R}^2$ は線形写像であることを証明せよ．

証明

$$f\left(\begin{pmatrix} x \\ y \end{pmatrix} + \begin{pmatrix} x' \\ y' \end{pmatrix}\right) = f\left(\begin{pmatrix} x+x' \\ y+y' \end{pmatrix}\right) = \begin{pmatrix} 2(x+x')+3(y+y') \\ (x+x')+(y+y') \end{pmatrix} = \begin{pmatrix} 2x+3y \\ x+y \end{pmatrix} + \begin{pmatrix} 2x'+3y' \\ x'+y' \end{pmatrix}$$
$$= f\left(\begin{pmatrix} x \\ y \end{pmatrix}\right) + f\left(\begin{pmatrix} x' \\ y' \end{pmatrix}\right).$$

さらに

$$f\left(\lambda \begin{pmatrix} x \\ y \end{pmatrix}\right) = f\left(\begin{pmatrix} \lambda x \\ \lambda y \end{pmatrix}\right) = \begin{pmatrix} 2\lambda x + 3\lambda y \\ \lambda x + \lambda y \end{pmatrix} = \lambda \begin{pmatrix} 2x+3y \\ x+y \end{pmatrix} = \lambda f\left(\begin{pmatrix} x \\ y \end{pmatrix}\right).$$

よって f は線形写像である． ■

線形空間 V の基底を $\boldsymbol{x}_1, ..., \boldsymbol{x}_n$, 線形空間 W の基底を $\boldsymbol{y}_1, ..., \boldsymbol{y}_m$ とする．$f : V \longrightarrow W$ を線形写像とすれば $f(\boldsymbol{x}_j)$ は次のように表される．

$$(\#) \cdots \begin{cases} f(\boldsymbol{x}_1) = a_{11}\boldsymbol{y}_1 + \cdots + a_{m1}\boldsymbol{y}_m \\ \quad\vdots \qquad\qquad \vdots \qquad\qquad\quad \vdots \\ f(\boldsymbol{x}_n) = a_{1n}\boldsymbol{y}_1 + \cdots + a_{mn}\boldsymbol{y}_m \end{cases}$$

定義 B.37　(#) で $\boldsymbol{y}_1, ..., \boldsymbol{y}_m$ の係数を $A = \begin{pmatrix} a_{11} & \ldots & a_{1n} \\ \vdots & & \vdots \\ a_{m1} & \ldots & a_{mn} \end{pmatrix}$ のように並べた行列 A を基底 $\boldsymbol{x}_1, ..., \boldsymbol{x}_n$, $\boldsymbol{y}_1, ..., \boldsymbol{y}_m$ に関する線形写像 f の**表現行列**という．表現行列は V と W の基底を定めると，唯一つに定まる．

(#) は $(f(\boldsymbol{x}_1), \cdots, f(\boldsymbol{x}_n)) = (\boldsymbol{y}_1, \cdots, \boldsymbol{y}_m)A$ のように行列表示しておくと後の計算に役立つ．

定理 B.38　ベクトル $\boldsymbol{x}$ の基底 $\boldsymbol{x}_1, ..., \boldsymbol{x}_n$ に関する成分を $\boldsymbol{c} = \begin{pmatrix} c_1 \\ \vdots \\ c_n \end{pmatrix}$ とするとき，$f(\boldsymbol{x}) = (\boldsymbol{y}_1, ..., \boldsymbol{y}_m)A\boldsymbol{c}$ が成り立つ．すなわち $f(\boldsymbol{x})$ の基底 $\boldsymbol{y}_1, ..., \boldsymbol{y}_m$ に関する成分は $A\boldsymbol{c}$ となる．

証明　$f(\boldsymbol{x}) = c_1 f(\boldsymbol{x}_1) + \cdots + c_n f(\boldsymbol{x}_n) = (f(\boldsymbol{x}_1), \cdots, f(\boldsymbol{x}_n))\,\boldsymbol{c} = (\boldsymbol{y}_1, \cdots, \boldsymbol{y}_m)A\boldsymbol{c}$. ■

$\boldsymbol{x}_1, \boldsymbol{x}_2, \cdots, \boldsymbol{x}_n$ を線形空間の基底とし n 次正方行列 A, B に対して

$$(\boldsymbol{x}_1, \boldsymbol{x}_2, \cdots, \boldsymbol{x}_n)A = (\boldsymbol{x}_1, \boldsymbol{x}_2, \cdots, \boldsymbol{x}_n)B$$

ならば $A = B$ である．特に $(\boldsymbol{x}_1, \boldsymbol{x}_2, \cdots, \boldsymbol{x}_n)A = (\boldsymbol{x}_1, \boldsymbol{x}_2, \cdots, \boldsymbol{x}_n)$ ならば $A = E$ である．

例題 B.39 f を $\mathbb{R}^n$ または $\mathbb{C}^n$ から自身への線形写像とする．このとき標準基底 $\boldsymbol{e}_1, \boldsymbol{e}_2, \cdots, \boldsymbol{e}_n$ による f の表現行列は $A = (f(\boldsymbol{e}_1), f(\boldsymbol{e}_2), \cdots, f(\boldsymbol{e}_n))$ で与えられることを示せ．

証明 表現行列を $A = (a_{ij})$ とすれば $f(\boldsymbol{e}_l) = \sum_{i=1}^n a_{il}\boldsymbol{e}_i = \begin{pmatrix} a_{1l} \\ \vdots \\ a_{nl} \end{pmatrix} =$ “A の l 列目のベクトル” となっているからである． ■

例題 B.40 有限次元線形空間上の恒等写像 I（すなわち $I(\boldsymbol{x}) = \boldsymbol{x}$）の任意の基底に対する表現行列は単位行列 E であることを示せ．

証明 $(I(\boldsymbol{x}_1), \cdots, I(\boldsymbol{x}_n)) = (\boldsymbol{x}_1, \cdots, \boldsymbol{x}_n) = (\boldsymbol{x}_1, \cdots, \boldsymbol{x}_n)E$ よりわかる． ■

例題 B.41 関数を微分する操作を D で表す: $Df(x) = f'(x)$. このとき

$$D(f+g) = (f+g)' = f' + g' = Df + Dg, \quad D(\lambda f) = (\lambda f)' = \lambda f' = \lambda Df$$

が成り立つから，D は線形写像である．2 次式以下の多項式の空間 V において基底 $1, x, x^2$ に関する D の表現行列 A を求めよ．

証明 $D(1) = 0 = 0 \cdot 1 + 0 \cdot x + 0 \cdot x^2$, $D(x) = 1 = 1 \cdot 1 + 0 \cdot x + 0 \cdot x^2$, $D(x^2) = 2x = 0 \cdot 1 + 2 \cdot x + 0 \cdot x^2$ より $A = \begin{pmatrix} 0 & 1 & 0 \\ 0 & 0 & 2 \\ 0 & 0 & 0 \end{pmatrix}$ これは，$D(a + bx + cx^2) = b + 2cx$ から $\begin{pmatrix} b \\ 2c \\ 0 \end{pmatrix} = \begin{pmatrix} 0 & 1 & 0 \\ 0 & 0 & 2 \\ 0 & 0 & 0 \end{pmatrix}\begin{pmatrix} a \\ b \\ c \end{pmatrix}$ と考えてもよい． ■

例題 B.42 2 つの線形写像 $f, g : V \to V$ の基底 $< \boldsymbol{x}_1, \boldsymbol{x}_2, \cdots, \boldsymbol{x}_n >$ に関する表現行列をそれぞれ A, B とする．このとき $f + g, \lambda f, g \circ f$ の同じ基底に関する表現行列はそれぞれ $A + B$, λA, BA であることを示せ．

証明 $(f(\boldsymbol{x}_1), \cdots, f(\boldsymbol{x}_n)) = (\boldsymbol{x}_1, \cdots, \boldsymbol{x}_n)A$, $(g(\boldsymbol{x}_1), \cdots, g(\boldsymbol{x}_n)) = (\boldsymbol{x}_1, \cdots, \boldsymbol{x}_n)B$ より

$$\begin{aligned} ((f+g)(\boldsymbol{x}_1), \cdots, (f+g)(\boldsymbol{x}_n)) &= (f(\boldsymbol{x}_1), \cdots, f(\boldsymbol{x}_n)) + (g(\boldsymbol{x}_1), \cdots, g(\boldsymbol{x}_n)) \\ &= (\boldsymbol{x}_1, \cdots, \boldsymbol{x}_n)(A+B) \\ ((\lambda f)(\boldsymbol{x}_1), \cdots, (\lambda f)(\boldsymbol{x}_n)) &= \lambda(f(\boldsymbol{x}_1), \cdots, f(\boldsymbol{x}_n)) = (\boldsymbol{x}_1, \cdots, \boldsymbol{x}_n)(\lambda A). \end{aligned}$$

$\boldsymbol{x}$ の基底 $<\boldsymbol{x}_1,\cdots,\boldsymbol{x}_n>$ に関する成分を $\boldsymbol{c}=(c_1,\cdots,c_n)$ とするとき，$f(\boldsymbol{x})=(\boldsymbol{x}_1,\cdots,\boldsymbol{x}_n)A\boldsymbol{c}$ である．よって $(g\circ f)(x)=g(f(x))=(\boldsymbol{x}_1,\cdots,\boldsymbol{x}_n)BA\boldsymbol{c}$ が成り立つから，$g\circ f$ の表現行列は BA である． ■

B.5　基底変換と表現行列

$f:V\to W$ を線形写像とすると，V,W の基底を定めるごとに f の表現行列が定まる．基底を変えれば表現行列はどのように変わるか調べてみよう．定義域 V は n 次元線形空間で

$$<\boldsymbol{x}_1,\boldsymbol{x}_2,\cdots,\boldsymbol{x}_n>,\quad <\boldsymbol{u}_1,\boldsymbol{u}_2,\cdots,\boldsymbol{u}_n>$$

を 2 つの基底とする．また値域 W は m 次元線形空間で

$$<\boldsymbol{y}_1,\boldsymbol{y}_2,\cdots,\boldsymbol{y}_m>,\quad <\boldsymbol{v}_1,\boldsymbol{v}_2,\cdots,\boldsymbol{v}_m>$$

を 2 つの基底とする．そして f の V,W の基底 $<\boldsymbol{x}_1,\boldsymbol{x}_2,\cdots,\boldsymbol{x}_n>,<\boldsymbol{y}_1,\boldsymbol{y}_2,\cdots,\boldsymbol{y}_m>$ に関する表現行列が A であるとする．

例題 B.43　上の設定で定義域・値域での 2 つの基底が行列 $P=(p_{kj})$ と $Q=(q_{kj})$ を用いて $(\boldsymbol{u}_1,\boldsymbol{u}_2,\cdots,\boldsymbol{u}_n)=(\boldsymbol{x}_1,\boldsymbol{x}_2,\cdots,\boldsymbol{x}_n)P$, $(\boldsymbol{v}_1,\boldsymbol{v}_2,\cdots,\boldsymbol{v}_n)=(\boldsymbol{y}_1,\boldsymbol{y}_2,\cdots,\boldsymbol{y}_n)Q$ と関係付けられているとする．次を示せ．

(1) P,Q は正則行列である．
(2) f の基底 $<\boldsymbol{u}_1,\boldsymbol{u}_2,\cdots,\boldsymbol{u}_n>,<\boldsymbol{v}_1,\boldsymbol{v}_2,\cdots,\boldsymbol{v}_m>$ に関する表現行列は $Q^{-1}AP$ で与えられる．
(3) $f:V\to V$ で定義域，値域の基底を同じ $<\boldsymbol{x}_1,\boldsymbol{x}_2,\cdots,\boldsymbol{x}_n>$ としたときの f の表現行列を B とし，$(\boldsymbol{u}_1,\boldsymbol{u}_2,\cdots,\boldsymbol{u}_n)=(\boldsymbol{x}_1,\boldsymbol{x}_2,\cdots,\boldsymbol{x}_n)P$ によって定義域，値域の基底を同じ $<\boldsymbol{u}_1,\boldsymbol{u}_2,\cdots,\boldsymbol{u}_n>$ に変換したときの f の表現行列は $P^{-1}BP$ で与えられる．

証明　各 $\boldsymbol{x}_j$ を基底 $<\boldsymbol{u}_1,\boldsymbol{u}_2,\cdots,\boldsymbol{u}_n>$ の 1 次結合で表現すれば，ある $n\times n$ 行列 R を用いて $(\boldsymbol{x}_1,\boldsymbol{x}_2,\cdots,\boldsymbol{x}_n)=(\boldsymbol{u}_1,\boldsymbol{u}_2,\cdots,\boldsymbol{u}_n)R$ となる．よって $(\boldsymbol{u}_1,\boldsymbol{u}_2,\cdots,\boldsymbol{u}_n)=(\boldsymbol{u}_1,\boldsymbol{u}_2,\cdots,\boldsymbol{u}_n)RP$ から $RP=E$. ゆえに P は正則である．同様にして Q も正則とわかる．次に $\boldsymbol{u}_j=\sum_{k=1}^{n}p_{kj}\boldsymbol{x}_k$ $(j=1,2,\cdots,n)$ から $f(\boldsymbol{u}_j)=\sum_{k=1}^{n}p_{kj}f(\boldsymbol{x}_k)$ $(j=1,2,\cdots,n)$. すなわち

$$(f(\boldsymbol{u}_1),f(\boldsymbol{u}_2),\cdots,f(\boldsymbol{u}_n))=(f(\boldsymbol{x}_1),f(\boldsymbol{x}_2),\cdots,f(\boldsymbol{x}_n))\,P.$$

一方

$$(f(\boldsymbol{x}_1),f(\boldsymbol{x}_2),\cdots,f(\boldsymbol{x}_n))=(\boldsymbol{y}_1,\boldsymbol{y}_2,\cdots,\boldsymbol{y}_m)A,(\boldsymbol{y}_1,\boldsymbol{y}_2,\cdots,\boldsymbol{y}_m)=(\boldsymbol{v}_1,\boldsymbol{v}_2,\cdots,\boldsymbol{v}_m)\,Q^{-1}$$

だったから，

$$(f(\boldsymbol{u}_1),f(\boldsymbol{u}_2),\cdots,f(\boldsymbol{u}_n))=(\boldsymbol{y}_1,\boldsymbol{y}_2,\cdots,\boldsymbol{y}_m)AP=(\boldsymbol{v}_1,\boldsymbol{v}_2,\cdots,\boldsymbol{v}_m)\,Q^{-1}AP.$$ ■

これらの結果は行列に左右から正則行列をかけることの1つの意味を与える．行列 A に正則行列 P, Q を両側からかけることは A を線形写像とみたとき，出発点と行き先の空間で基底変換を行った表現行列を求めていることである．つまり線形写像としての働きは何も変わっていない．

例題 B.44 $\mathbb{R}^2$ の線形写像が標準基底 $< \boldsymbol{e}_1, \boldsymbol{e}_2 >$ による行列表示 $A = \begin{pmatrix} 5 & 2 \\ 1 & 4 \end{pmatrix}$ をもつとき，別の基底 $\boldsymbol{f}_1 = \begin{pmatrix} 2 \\ 1 \end{pmatrix}, \boldsymbol{f}_2 = \begin{pmatrix} -1 \\ 1 \end{pmatrix}$ による行列表示を求めよ．

証明 $(\boldsymbol{f}_1, \boldsymbol{f}_2) = \begin{pmatrix} 2 & -1 \\ 1 & 1 \end{pmatrix} = \begin{pmatrix} 1 & 0 \\ 0 & 1 \end{pmatrix} \begin{pmatrix} 2 & -1 \\ 1 & 1 \end{pmatrix} = (\boldsymbol{e}_1, \boldsymbol{e}_2)P$ より $P = \begin{pmatrix} 2 & -1 \\ 1 & 1 \end{pmatrix}$ と求まる．よって $P^{-1}AP = \begin{pmatrix} 6 & 0 \\ 0 & 3 \end{pmatrix}$. ■

例題 B.45 V は n 次元線形空間とする．$\boldsymbol{x}_1, \boldsymbol{x}_2, \cdots, \boldsymbol{x}_n$ を V の1つの基底，P を $n \times n$ 正則行列とする．このとき $(\boldsymbol{y}_1, \boldsymbol{y}_2, \cdots, \boldsymbol{y}_n) = (\boldsymbol{x}_1, \boldsymbol{x}_2, \cdots, \boldsymbol{x}_n)P$ で定義されるベクトル $\boldsymbol{y}_1, \boldsymbol{y}_2, \cdots, \boldsymbol{y}_n$ は V の1つの基底になることを示せ．

証明 任意の $\boldsymbol{x} \in V$ に対して $\boldsymbol{x} = (\boldsymbol{x}_1, \cdots, \boldsymbol{x}_n) \begin{pmatrix} c_1 \\ \vdots \\ c_n \end{pmatrix}$ と表すと，$\boldsymbol{x} = (\boldsymbol{y}_1, \cdots, \boldsymbol{y}_n)P^{-1} \begin{pmatrix} c_1 \\ \vdots \\ c_n \end{pmatrix}$.
よって V の任意の元は $\boldsymbol{y}_1, \boldsymbol{y}_2, \cdots, \boldsymbol{y}_n$ の1次結合で表せる．また $(y_1, \cdots, y_n)$ が正則なので，$\boldsymbol{y}_1, \boldsymbol{y}_2, \cdots, \boldsymbol{y}_n$ は1次独立である．よって $\boldsymbol{y}_1, \boldsymbol{y}_2, \cdots, \boldsymbol{y}_n$ は基底である． ■

B.6 線形写像の像と核

定義 B.46 $f : V \longrightarrow W$ を線形写像とする．f の値全体 $f(V) = \{f(\boldsymbol{x}); \boldsymbol{x} \in V\}$ を f の**像**といい $\mathrm{Im} f$ と表す[a]．また $f(\boldsymbol{x}) = \boldsymbol{0}$ となる $\boldsymbol{x}$ 全体 $\{x; f(\boldsymbol{x}) = \boldsymbol{0}\}$ を f の **核** といい $\mathrm{Ker} f$ と表す[b].

[a] Image（イメージ） の略.
[b] Kernel（カーネル）の略.

定理 B.47 $f : V \longrightarrow W$ を線形写像とする．$\mathrm{Im} f$ と $\mathrm{Ker} f$ はそれぞれ W と V の部分空間である．

証明 $\boldsymbol{a}, \boldsymbol{b}$ を $\mathrm{Ker} f$ のベクトルとする．つまり $f(\boldsymbol{a}) = f(\boldsymbol{b}) = \boldsymbol{0}$. このとき $f(\boldsymbol{a} + \boldsymbol{b}) = f(\boldsymbol{a}) +$

$f(\boldsymbol{b}) = \boldsymbol{0} + \boldsymbol{0} = \boldsymbol{0}$. よって $\boldsymbol{a} + \boldsymbol{b}$ は $\mathrm{Ker} f$ のベクトルである．また $f(\lambda \boldsymbol{a}) = \lambda f(\boldsymbol{a}) = \lambda \boldsymbol{0} = \boldsymbol{0}$. よって $\lambda \boldsymbol{a}$ は $\mathrm{Ker} f$ のベクトルである．ゆえに $\mathrm{Ker} f$ は V の部分空間である．$\boldsymbol{a}, \boldsymbol{b}$ を $\mathrm{Im} f$ のベクトルとする．つまり $f(\boldsymbol{a}') = \boldsymbol{a}, f(\boldsymbol{b}') = \boldsymbol{b}$ となる V のベクトル $\boldsymbol{a}', \boldsymbol{b}'$ がある．このとき $\boldsymbol{a} + \boldsymbol{b} = f(\boldsymbol{a}') + f(\boldsymbol{b}') = f(\boldsymbol{a}' + \boldsymbol{b}')$ となり $\boldsymbol{a} + \boldsymbol{b}$ は $\boldsymbol{a}' + \boldsymbol{b}'$ の像であるから $\boldsymbol{a} + \boldsymbol{b}$ は $\mathrm{Im} f$ に含まれる．ゆえに $\lambda \boldsymbol{a} = \lambda f(\boldsymbol{a}') = f(\lambda \boldsymbol{a}')$ より $\lambda \boldsymbol{a}$ は $\lambda \boldsymbol{a}'$ の像であり $\lambda \boldsymbol{a}$ が $\mathrm{Im} f$ に含まれる．ゆえに $\mathrm{Im} f$ は V の部分空間である． ■

● **例 B.48**　$U \subset V$ を V の部分空間とすれば，$f(U) = \{f(\boldsymbol{x}); \boldsymbol{x} \in U\}$ は W の部分空間になることが定理 B.47 の証明と同じく，わかる．

> **例題 B.49**　$f : V \longrightarrow W$ は線形写像，U は $U \cap \mathrm{Ker} f = \{\boldsymbol{0}\}$ を満たす V の部分空間とする．このとき $\dim f(U) = \dim U$ を示せ．

証明　$\boldsymbol{x}_1, ..., \boldsymbol{x}_n$ を U の 1 次独立なベクトルとする．このとき

$$\sum_{j=1}^{n} c_j f(\boldsymbol{x}_j) = \boldsymbol{0} \Longrightarrow f\left(\sum_{j=1}^{n} c_j \boldsymbol{x}_j\right) = \boldsymbol{0} \Longrightarrow \sum_{j=1}^{n} c_j \boldsymbol{x}_j \in U \cap \mathrm{Ker} f$$
$$\Longrightarrow \sum_{j=1}^{n} c_j \boldsymbol{x}_j = \boldsymbol{0} \Longrightarrow c_1 = c_2 = \cdots = c_n = 0$$

がわかるから，U に n 個の 1 次独立なベクトルがあれば，$f(U)$ にも n 個の 1 次独立なベクトルがある．よって $\dim f(U) \geqq \dim U$ がいえる．次に $\boldsymbol{y}_1, ..., \boldsymbol{y}_n$ を $f(U)$ の 1 次独立なベクトルとする．$\boldsymbol{y}_j = f(\boldsymbol{x}_j)\,(j = 1, 2, \cdots, n)$ を満たす U のベクトル $\boldsymbol{x}_1, ..., \boldsymbol{x}_n$ がある．このとき

$$\sum_{j=1}^{n} c_j \boldsymbol{x}_j = \boldsymbol{0} \Longrightarrow \boldsymbol{0} = f\left(\sum_{j=1}^{n} c_j \boldsymbol{x}_j\right) = \sum_{j=1}^{n} c_j f(\boldsymbol{x}_j) = \sum_{j=1}^{n} c_j \boldsymbol{y}_j \Longrightarrow c_1 = c_2 = \cdots = c_n = 0$$

がわかるから，$\dim f(U) \leqq \dim U$ がいえる．ゆえに $\dim f(U) = \dim U$ である． ■

> **例題 B.50**　線形写像 $f : \mathbb{R}^3 \longrightarrow \mathbb{R}^3$ を $f\left(\begin{pmatrix} x \\ y \\ z \end{pmatrix}\right) = \begin{pmatrix} 2x + y + z \\ -y + z \\ -x - y \end{pmatrix}$ と定義する．このとき $\mathrm{Im} f$ と $\mathrm{Ker} f$ を求めよ．

解答　f の像は，$\begin{pmatrix} 2x + y + z \\ -y + z \\ -x - y \end{pmatrix} = x \begin{pmatrix} 2 \\ 0 \\ -1 \end{pmatrix} + y \begin{pmatrix} 1 \\ -1 \\ -1 \end{pmatrix} + z \begin{pmatrix} 1 \\ 1 \\ 0 \end{pmatrix}$ となる．これは 3 つのベクトル $\begin{pmatrix} 2 \\ 0 \\ -1 \end{pmatrix}, \begin{pmatrix} 1 \\ -1 \\ -1 \end{pmatrix}, \begin{pmatrix} 1 \\ 1 \\ 0 \end{pmatrix}$ の 1 次結合全体であるが，$\begin{pmatrix} 1 \\ 1 \\ 0 \end{pmatrix} = \begin{pmatrix} 2 \\ 0 \\ -1 \end{pmatrix} - \begin{pmatrix} 1 \\ -1 \\ -1 \end{pmatrix}$ なので，

$$\begin{pmatrix} 2x + y + z \\ -y + z \\ -x - y \end{pmatrix} = (x + z) \begin{pmatrix} 2 \\ 0 \\ -1 \end{pmatrix} + (y - z) \begin{pmatrix} 1 \\ -1 \\ -1 \end{pmatrix}$$

となる．$\begin{pmatrix} 2 \\ 0 \\ -1 \end{pmatrix}$ と $\begin{pmatrix} 1 \\ -1 \\ -1 \end{pmatrix}$ は 1 次独立であるから $\mathrm{Im}f = \mathrm{L.h.}\left[\begin{pmatrix} 2 \\ 0 \\ -1 \end{pmatrix}, \begin{pmatrix} 1 \\ -1 \\ -1 \end{pmatrix}\right]$.

核 $\mathrm{Ker}f$ に含まれるベクトル $\begin{pmatrix} x \\ y \\ z \end{pmatrix}$ は $\begin{cases} 2x+y+z &= 0 \\ -y+z &= 0 \\ -x-y &= 0 \end{cases}$ を満たす．この同次連立 1 次方程式を解けば $\begin{pmatrix} x \\ y \\ z \end{pmatrix} = t\begin{pmatrix} -1 \\ 1 \\ 1 \end{pmatrix}$ （t は任意実数）となる．よって $\mathrm{Ker}f = \mathrm{L.h.}\left[\begin{pmatrix} -1 \\ 1 \\ 1 \end{pmatrix}\right]$. ■

例題 B.50 の線形写像 $f : \mathbb{R}^3 \to \mathbb{R}^3$ に対しては次の等式が成り立つことがわかるだろう．

$$\dim \mathrm{Im}f + \dim \mathrm{Ker}f = 2 + 1 = 3 = \dim \mathbb{R}^3.$$

一般に次の等式が成り立つ．

定理 B.51 $f : V \longrightarrow W$ を線形写像とする．$U \subset V$ が部分空間のとき

$$\dim U = \dim(\mathrm{Ker}f \cap U) + \dim f(U)$$

が成り立つ．特に $U = V$ のときは $\dim V = \dim \mathrm{Ker}f + \dim \mathrm{Im}f$ となる．

証明 $f(U)$ は部分空間であり，また 2 つの部分空間の共通部分が再び部分空間になることに注意しておく．$\mathrm{Ker}f \cap U$ の基底を $\boldsymbol{x}_1, \boldsymbol{x}_2, \cdots, \boldsymbol{x}_l$ とし，これに $\boldsymbol{x}_{l+1}, \boldsymbol{x}_{l+2}, \cdots, \boldsymbol{x}_{l+m}$ の m 個のベクトルを加えて $\boldsymbol{x}_1, \boldsymbol{x}_2, \cdots, \boldsymbol{x}_{l+m}$ が U の基底となるようにする．このとき $\dim f(U) = m$ をいえばよい．実際，任意の $\boldsymbol{x} \in U$ に対して $\boldsymbol{x} = c_1\boldsymbol{x}_1 + \cdots + c_l\boldsymbol{x}_l + c_{l+1}\boldsymbol{x}_{l+1} + \cdots + c_{l+m}\boldsymbol{x}_{l+m}$ と表しておけば $\boldsymbol{x}_j \in \mathrm{Ker}f\ (j = 1, 2, \cdots, l)$ なので，

$$f(\boldsymbol{x}) = c_{l+1}f(\boldsymbol{x}_{l+1}) + \cdots + c_{l+m}f(\boldsymbol{x}_{l+m}).$$

よって $f(U)$ は $f(\boldsymbol{x}_{l+1}), \cdots, f(\boldsymbol{x}_{l+m})$ で張られる．後はこれらが 1 次独立であることをいえばよい．$c_{l+1}f(\boldsymbol{x}_{l+1}) + \cdots + c_{l+m}f(\boldsymbol{x}_{l+m}) = \mathbf{0}$ とする．$f(c_{l+1}\boldsymbol{x}_{l+1} + \cdots + c_{l+m}\boldsymbol{x}_{l+m}) = \mathbf{0}$ であるから

$$c_{l+1}\boldsymbol{x}_{l+1} + \cdots + c_{l+m}\boldsymbol{x}_{l+m} \in \mathrm{Ker}f \cap U.$$

よって $\mathrm{Ker}f \cap U$ の基底 $\boldsymbol{x}_1, \boldsymbol{x}_2, \cdots, \boldsymbol{x}_l$ を用いて，$c_{l+1}\boldsymbol{x}_{l+1} + \cdots + c_{l+m}\boldsymbol{x}_{l+m} = d_1\boldsymbol{x}_1 + \cdots + d_l\boldsymbol{x}_l$ と表せる．すなわち

$$-d_1\boldsymbol{x}_1 - \cdots - d_l\boldsymbol{x}_l + c_{l+1}\boldsymbol{x}_{l+1} + \cdots + c_{l+m}\boldsymbol{x}_{l+m} = \mathbf{0}.$$

$\boldsymbol{x}_1, \boldsymbol{x}_2, \cdots, \boldsymbol{x}_{l+m}$ は U の基底だったから，$c_{l+1} = \cdots = c_{l+m} = 0$. ゆえに $f(\boldsymbol{x}_{l+1}), \cdots, f(\boldsymbol{x}_{l+m})$ は 1 次独立であることがいえ，定理は証明された． ■

定義 B.52 線形写像 $f : V \to W$ に対して $\dim \mathrm{Im}f = \dim f(V)$ を f の**階数**（ランク）といい $\mathrm{rank}f$ と表す．

rank$f$ は $f: V \to W$ の定義域 V，値域 W の基底によらずに決まる量である．線形空間，線形写像，次元が基底のとり方に関係なく定義されるからである．rank$f = \dim W$ ならば，$f: V \to W$ は $f(V) = W$ である．このような写像を**全射**という．また行列 A のランクは，A を線形写像と考えたときのランクと定義する．

定理 B.53　A が $m \times n$ 実行列の場合は $\mathbb{R}^n$ 上の写像 $A: \mathbb{R}^n \to \mathbb{R}^m$ と考えても，$\mathbb{C}^n$ 上の写像 $A: \mathbb{C}^n \to \mathbb{C}^m$ と考えてもランクは変わらない．

証明　$A = (\boldsymbol{a}_1\boldsymbol{a}_2 \cdots \boldsymbol{a}_n), \boldsymbol{a}_j \in \mathbb{R}^m\ (j = 1, 2, \cdots, n)$ と表す．このとき標準基底 $\boldsymbol{e}_1, \boldsymbol{e}_2, \cdots, \boldsymbol{e}_n$ は $\mathbb{R}^n$ でも $\mathbb{C}^n$ でも基底になっており，$A\boldsymbol{e}_j = \boldsymbol{a}_j (j = 1, 2, \cdots, n)$ より

$$A(\lambda_1\boldsymbol{e}_1 + \lambda_2\boldsymbol{e}_2 + \cdots + \lambda_n\boldsymbol{e}_n) = \lambda_1\boldsymbol{a}_1 + \lambda_2\boldsymbol{a}_2 + \cdots + \lambda_n\boldsymbol{a}_n$$

となる．よって $\mathbb{R}^n$ 上の写像とみるか，$\mathbb{C}^n$ 上で考えるかの違いは $\lambda_j (j = 1, 2, \cdots, n)$ を $\mathbb{R}$ または $\mathbb{C}$ とするかの違いである．そこで $A: \mathbb{R}^n \to \mathbb{R}^m$ とみたとき rank$A$ は $\mathbb{R}$ 上で $\boldsymbol{a}_1, \boldsymbol{a}_2, \cdots, \boldsymbol{a}_n$ のうち 1 次独立なベクトルの最大個数であり，$A: \mathbb{C}^n \to \mathbb{C}^m$ とみたとき rank$A$ は $\mathbb{C}$ 上で $\boldsymbol{a}_1, \boldsymbol{a}_2, \cdots, \boldsymbol{a}_n$ のうち 1 次独立なベクトルの最大個数とわかる．そこで $1 \leqq j_1 < j_2 < \cdots < j_l \leqq n$ とするとき，

$$\mathbb{R}\text{ 上で }\boldsymbol{a}_{j_1}, \boldsymbol{a}_{j_2}, \cdots, \boldsymbol{a}_{j_l}\text{ は 1 次独立} \quad \Longleftrightarrow \quad \mathbb{C}\text{ 上で }\boldsymbol{a}_{j_1}, \boldsymbol{a}_{j_2}, \cdots, \boldsymbol{a}_{j_l}\text{ は 1 次独立}$$

がわかればよい．$(\Longleftarrow)$ は，$\mathbb{R} \subset \mathbb{C}$ より明らか．$(\Longrightarrow)$ を示そう．$\mathbb{R}$ 上で $\boldsymbol{a}_{j_1}, \boldsymbol{a}_{j_2}, \cdots, \boldsymbol{a}_{j_l}$ は 1 次独立とする．$\lambda_j = x_j + y_j i \quad (x_j, y_j \in \mathbb{R}; j = 1, 2, \cdots, l)$ に対して

$$\lambda_1\boldsymbol{a}_{j_1} + \lambda_2\boldsymbol{a}_{j_2} + \cdots + \lambda_l\boldsymbol{a}_{j_l} = \boldsymbol{0}$$

とする．各 $\boldsymbol{a}_{j_k}$ の成分は実数だから実部と虚部に分けると

$$x_1\boldsymbol{a}_{j_1} + x_2\boldsymbol{a}_{j_2} + \cdots + x_l\boldsymbol{a}_{j_l} = \boldsymbol{0}, \quad y_1\boldsymbol{a}_{j_1} + y_2\boldsymbol{a}_{j_2} + \cdots + y_l\boldsymbol{a}_{j_l} = \boldsymbol{0}$$

となる．$\mathbb{R}$ 上で $\boldsymbol{a}_{j_1}, \boldsymbol{a}_{j_2}, \cdots, \boldsymbol{a}_{j_l}$ は 1 次独立なので $x_1 = x_2 = \cdots = x_l = 0, y_1 = y_2 = \cdots = y_l = 0$. ゆえに $\lambda_1 = \lambda_2 = \cdots = \lambda_l = 0$. ■

これより次の定理も示された．

定理 B.54　$m \times n$ 行列 A のランクは，A の n 個の列ベクトルのなかで 1 次独立なベクトルの最大個数である．

列を行に変えても同じ結果が成り立つことを示そう．

定理 B.55　$m \times n$ 行列 $A = (a_{ij})$ の 1 次独立な行ベクトルと列ベクトルの最大個数は等しい．

証明　$A = O$ のときは明らかなので，$A \neq O$ とする．行列 A の行ベクトルと列ベクトルをそれぞれ $\boldsymbol{r}_i, \boldsymbol{c}_j$ で表す．

$$A = \begin{pmatrix} \boldsymbol{r}_1 \\ \vdots \\ \boldsymbol{r}_m \end{pmatrix} = (\boldsymbol{c}_1, \boldsymbol{c}_2, \cdots, \boldsymbol{c}_n), \quad \boldsymbol{r}_i = (a_{i1}, a_{i2}, \cdots, a_{in}), \quad \boldsymbol{c}_j = \begin{pmatrix} a_{1j} \\ \vdots \\ a_{mj} \end{pmatrix}.$$

このとき $\dim \mathrm{L.h.}[\boldsymbol{r}_1, \boldsymbol{r}_2, \cdots, \boldsymbol{r}_m] = \dim \mathrm{L.h.}[\boldsymbol{c}_1, \boldsymbol{c}_2, \cdots, \boldsymbol{c}_n]$ を示せばよい．まず行ベクトルについて，$\dim \mathrm{L.h.}[\boldsymbol{r}_1, \boldsymbol{r}_2, \cdots, \boldsymbol{r}_m] = l(1 \leqq l \leqq m)$ とする．さらに，必要なら番号を付け替えて，$\boldsymbol{r}_1, \boldsymbol{r}_2, \cdots, \boldsymbol{r}_l$ が 1 次独立になっているとしよう．このときある定数 γ_{kp} があって $\boldsymbol{r}_k = \sum_{p=1}^{l} \gamma_{kp} \boldsymbol{r}_p$ $(k = l+1, l+2, \cdots, m)$ と表せる．これは

$$a_{kj} = \sum_{p=1}^{l} \gamma_{kp} a_{pj} \quad (k = l+1, l+2, \cdots, m\,; j = 1, 2, \cdots, n) \qquad \cdots (*)$$

を意味する．さて，列ベクトルについて，$\dim \mathrm{L.h.}[\boldsymbol{c}_1, \boldsymbol{c}_2, \cdots, \boldsymbol{c}_n] = L(l < L \leqq n)$ かつ L 個のベクトル $\boldsymbol{c}_{j_1}, \boldsymbol{c}_{j_2}, \cdots, \boldsymbol{c}_{j_L} (1 \leqq j_1 < j_2 < \cdots < j_L \leqq n)$ が 1 次独立になっているとする．$L > l$ を仮定しているので，変数 L 個，式 l 個の連立同次 1 次方程式

$$\sum_{q=1}^{L} a_{kj_q} x_q = 0 \quad (k = 1, 2, \cdots, l) \qquad \cdots (**)$$

は非自明解 $(x_1, \cdots, x_L)$ をもつ．$k = l+1, \cdots, m$ に対して $(*), (**)$ より

$$\sum_{q=1}^{L} a_{kj_q} x_q = \sum_{q=1}^{L} \left(\sum_{p=1}^{l} \gamma_{kp} a_{pj_q} \right) x_q = \sum_{p=1}^{l} \gamma_{kp} \left(\sum_{q=1}^{L} a_{pj_q} x_q \right) = 0 \qquad \cdots (***)$$

$(**)$ と $(***)$ は $\sum_{q=1}^{L} x_q \boldsymbol{c}_{j_q} = \boldsymbol{0}$．すなわち，$\boldsymbol{c}_{j_1}, \boldsymbol{c}_{j_2}, \cdots, \boldsymbol{c}_{j_L}$ は 1 次独立ではないことを意味し矛盾する．よって $l \geqq L$．つまり $\dim \mathrm{L.h.}[\boldsymbol{r}_1, \cdots, \boldsymbol{r}_m] \geqq \dim \mathrm{L.h.}[\boldsymbol{c}_1, \cdots, \boldsymbol{c}_n]$ が示された．これを $A^T = \begin{pmatrix} \boldsymbol{c}_1^T \\ \vdots \\ \boldsymbol{c}_n^T \end{pmatrix} = \left(\boldsymbol{r}_1^T, \cdots, \boldsymbol{r}_m^T \right)$ に適用すれば，

$$\dim \mathrm{L.h.} \left[\boldsymbol{c}_1^T, \cdots, \boldsymbol{c}_n^T \right] \geqq \dim \mathrm{L.h.} \left[\boldsymbol{r}_1^T, \cdots, \boldsymbol{r}_m^T \right]$$

がえられる．当然 $\dim \mathrm{L.h.} \left[\boldsymbol{r}_1^T, \cdots, \boldsymbol{r}_m^T \right] = \dim \mathrm{L.h.} \left[\boldsymbol{r}_1, \cdots, \boldsymbol{r}_m \right]$ と $\dim \mathrm{L.h.} \left[\boldsymbol{c}_1^T, \cdots, \boldsymbol{c}_n^T \right] = \dim \mathrm{L.h.} \left[\boldsymbol{c}_1, \cdots, \boldsymbol{c}_n \right]$ は成り立つから，

$$\dim \mathrm{L.h.}[\boldsymbol{r}_1, \cdots, \boldsymbol{r}_m] = \dim \mathrm{L.h.}[\boldsymbol{c}_1, \cdots, \boldsymbol{c}_n]$$

が示された． ■

定理 B.54，B.55 をあわせると，次も示せたことになる．

定理 B.56 $m \times n$ 行列 A のランクは，A の m 個の行ベクトルのなかで 1 次独立なベクトルの最大個数である．

定理 B.57　$J_n(0)$ を $(i, i+1)$ 成分が 1 で他は 0 である $n \times n$ 行列とする．つまり $J_n(0) = \begin{pmatrix} 0 & 1 & & & \mathbf{0} \\ & 0 & 1 & & \\ & & \ddots & \ddots & \\ & \mathbf{0} & & \ddots & 1 \\ & & & & 0 \end{pmatrix}$．このとき $\operatorname{rank}(J_n(0)^l) = \begin{cases} n-l & (1 \leqq l \leqq n-1) \\ 0 & (l \geqq n) \end{cases}$．

証明　$J_n(0) = (\delta_{i,j-1})$ より $J_n(0)^2 = (\sum_{k=1}^{n} \delta_{i,k-1}\delta_{k,j-1}) = (\delta_{i,j-2})$ と計算できる．これを繰り返せば $J_n(0)^m = (\delta_{i,j-m})$ となり階数が計算できる．■

$A^k = O$ となる自然数 k の存在する行列を**べき零行列**という．$J_n^n(0) = O$ なので $J_n(0)$ はべき零行列である．

定理 B.58　$f : V \to W$ を線形写像とし，その 1 つの表現行列を A とする．このとき $\operatorname{rank} f = \operatorname{rank} A$ となる．

証明　定義域 V の基底を $< \boldsymbol{x}_1, \boldsymbol{x}_2, \cdots, \boldsymbol{x}_n >$，値域 W の基底を $< \boldsymbol{y}_1, \boldsymbol{y}_2, \cdots, \boldsymbol{y}_m >$ とし，これらの基底に関する表現行列を $A = (\boldsymbol{a}_1, \boldsymbol{a}_2, \cdots, \boldsymbol{a}_n)$, $\boldsymbol{a}_j = \begin{pmatrix} a_{1j} \\ a_{2j} \\ \vdots \\ a_{mj} \end{pmatrix}$ とすれば $f(\boldsymbol{x}_j) = \sum_{k=1}^{m} a_{kj}\boldsymbol{y}_k$ $(j = 1, 2, \cdots, n)$ であった．このとき $1 \leqq j_1 < j_2 < \cdots < j_l \leqq n$ として

$$f(\boldsymbol{x}_{j_1}), f(\boldsymbol{x}_{j_2}), \cdots, f(\boldsymbol{x}_{j_l}) \text{ が 1 次独立} \iff \boldsymbol{a}_{j_1}, \boldsymbol{a}_{j_2}, \cdots, \boldsymbol{a}_{j_l} \text{ が 1 次独立} \qquad \cdots (*)$$

をいえばよい．実際，

$$\sum_{r=1}^{l} c_r f(\boldsymbol{x}_{j_r}) = \sum_{r=1}^{l} c_r \left(\sum_{k=1}^{m} a_{kj_r}\boldsymbol{y}_k \right) = \sum_{k=1}^{m} \left(\sum_{r=1}^{l} c_r a_{kj_r} \right) \boldsymbol{y}_k$$

で $< \boldsymbol{y}_1, \boldsymbol{y}_2, \cdots, \boldsymbol{y}_m >$ は 1 次独立だから

$$\sum_{r=1}^{l} c_r f(\boldsymbol{x}_{j_r}) = \mathbf{0} \iff \sum_{r=1}^{l} c_r a_{kj_r} = 0\,(k = 1, 2, \cdots, m) \iff \sum_{r=1}^{l} c_r \boldsymbol{a}_{j_r} = \mathbf{0}$$

がわかり，これより $(*)$ がいえる．■

この定理は基底の変換で表現行列がどう変わろうとも表現行列のランクは不変であるといっている．

定理 B.59　$m \times n$ 行列 A，$n \times n$ 正則行列 P，$m \times m$ 正則行列 Q に対して $\operatorname{rank} A = \operatorname{rank}(QAP)$ が成り立つ．

証明 線形写像 $A : V \to W$ に対し，QAP は定義域 V，値域 W の基底を取り換えた A の表現行列であるから，もとの線形写像のランクに等しい． ■

例題 B.60 線形空間 V, W は $\dim V = n, \dim W = m$, 線形写像 $f : V \to W$ は，$\mathrm{rank} f = r$ とする．このとき V, W の基底で，その表現行列が $\begin{pmatrix} E_r & O \\ O & O \end{pmatrix}$ であるようなものが存在することを示せ．ここで E_r は $r \times r$ 単位行列を表す．

証明 $\mathrm{rank} f = r = \dim \mathrm{Im} f$ より 定理 B.51 から，$\dim \mathrm{Ker} f = n - r$ である．そこで 1 次独立なベクトル $\boldsymbol{u}_{r+1}, \boldsymbol{u}_{r+2}, \cdots, \boldsymbol{u}_n$ をみつけて $\mathrm{Ker} f = \mathrm{L.h.}[\boldsymbol{u}_{r+1}, \boldsymbol{u}_{r+2}, \cdots, \boldsymbol{u}_n]$ と表すことができる．さらにベクトル $\boldsymbol{u}_1, \boldsymbol{u}_2, \cdots, \boldsymbol{u}_r$ を付け加えて $\boldsymbol{u}_1, \boldsymbol{u}_2, \cdots, \boldsymbol{u}_n$ が V の基底となるようにする．$\boldsymbol{v}_j = f(\boldsymbol{u}_j)\,(j = 1, 2, \cdots, r)$ とおく．これらは 1 次独立である．実際，$\sum_{j=1}^{r} c_j \boldsymbol{v}_j = \boldsymbol{0}$ とすると，$\boldsymbol{0} = \sum_{j=1}^{r} c_j f(\boldsymbol{u}_j) = f\left(\sum_{j=1}^{r} c_j \boldsymbol{u}_j\right)$ より

$$\sum_{j=1}^{r} c_j \boldsymbol{u}_j \in \mathrm{Ker} f = \mathrm{L.h.}[\boldsymbol{u}_{r+1}, \boldsymbol{u}_{r+2}, \cdots, \boldsymbol{u}_n]$$

である．よって定数 $c_j\,(j = r+1, r+2, \cdots, n)$ があって $\sum_{j=1}^{r} c_j \boldsymbol{u}_j = -\sum_{j=r+1}^{n} c_j \boldsymbol{u}_j$．ゆえに

$$\sum_{j=1}^{n} c_j \boldsymbol{u}_j = \boldsymbol{0}$$

となる．$\boldsymbol{u}_1, \boldsymbol{u}_2, \cdots, \boldsymbol{u}_n$ は V の基底であったから，$c_1 = \cdots = c_n = 0$ となり $\boldsymbol{v}_j\,(j = 1, 2, \cdots, r)$ の 1 次独立性がわかった．そこでベクトル $\boldsymbol{v}_{r+1}, \boldsymbol{v}_{r+2}, \cdots, \boldsymbol{v}_m$ を付け加えて $\boldsymbol{v}_1, \boldsymbol{v}_2, \cdots, \boldsymbol{v}_m$ が W の基底となるようにする．これらの基底に関して，f は

$$(f(\boldsymbol{u}_1), \cdots, f(\boldsymbol{u}_r), f(\boldsymbol{u}_{r+1}), \cdots, f(\boldsymbol{u}_n)) = (\boldsymbol{v}_1, \cdots, \boldsymbol{v}_r, \boldsymbol{0}, \cdots, \boldsymbol{0}) = (\boldsymbol{v}_1, \cdots, \boldsymbol{v}_m) \begin{pmatrix} E_r & O \\ O & O \end{pmatrix}$$

と表される． ■

例題 B.61 n 次正方行列 $A = (\boldsymbol{a}_1, \cdots, \boldsymbol{a}_n)$ が正則であるための必要十分条件は，n 個の列ベクトル $\boldsymbol{a}_1, \cdots, \boldsymbol{a}_n$ が 1 次独立であることを示せ．

証明 A は正則であるとする．A^{-1} が存在するから，

$$c_1 \boldsymbol{a}_1 + \cdots + c_n \boldsymbol{a}_n = \boldsymbol{0} \Longrightarrow A \begin{pmatrix} c_1 \\ \vdots \\ c_n \end{pmatrix} = \boldsymbol{0} \Longrightarrow \begin{pmatrix} c_1 \\ \vdots \\ c_n \end{pmatrix} = A^{-1}\boldsymbol{0} = \boldsymbol{0}$$

がいえる．よって $\boldsymbol{a}_1, \cdots, \boldsymbol{a}_n$ は 1 次独立である．逆に 1 次独立性が成り立つと仮定する．このとき A のランクは n で，A は全射であることがわかる．よって標準基底 $\boldsymbol{e}_1, \cdots, \boldsymbol{e}_n$ に対して

$A\boldsymbol{b}_1 = \boldsymbol{e}_1, \cdots, A\boldsymbol{b}_n = \boldsymbol{e}_n$ を満たすベクトル $\boldsymbol{b}_1, \cdots, \boldsymbol{b}_n$ が存在する．行列 $B = (\boldsymbol{b}_1, \cdots, \boldsymbol{b}_n)$ は $AB = E$ を満たすから，A は正則である． ■

例題 B.62　n 次正方行列 $A = (\boldsymbol{a}_1, \cdots, \boldsymbol{a}_n)$ が正則であることは，次の条件が成り立つことと同値であることを示せ．

$$A\begin{pmatrix} c_1 \\ \vdots \\ c_n \end{pmatrix} = \boldsymbol{0} \Longrightarrow c_1 = c_2 = \cdots = c_n = 0.$$

証明　$A\begin{pmatrix} c_1 \\ \vdots \\ c_n \end{pmatrix} = c_1\boldsymbol{a}_1 + \cdots + c_n\boldsymbol{a}_n$ であるから条件は n 個の列ベクトル $\boldsymbol{a}_1, \cdots, \boldsymbol{a}_n$ が 1 次独立であることと同値で，例題 B.61 より A が正則であることと同値である． ■

例題 B.63　$m \times n$ 行列 $A = (a_{ij}) = (\boldsymbol{a}_1, \cdots, \boldsymbol{a}_n) = \begin{pmatrix} \boldsymbol{b}_1 \\ \vdots \\ \boldsymbol{b}_m \end{pmatrix}$ は $\mathrm{rank}\, A = p$ とすると，1 次独立なベクトルの組

$$\boldsymbol{b}_{i_1}, \boldsymbol{b}_{i_2}, \cdots, \boldsymbol{b}_{i_p} \ (1 \leqq i_1 < i_2 < \cdots < i_p \leqq m),$$
$$\boldsymbol{a}_{j_1}, \boldsymbol{a}_{j_2}, \cdots, \boldsymbol{a}_{j_p} \ (1 \leqq j_1 < j_2 < \cdots < j_p \leqq n)$$

が存在して，他のベクトルはこれらの 1 次結合で表せる．このとき次を示せ．

(1) p 次正方行列 $(a_{i_k j_l})_{1 \leqq k, l \leqq p}$ は正則である．つまり $\det(a_{i_k j_l})_{1 \leqq k, l \leqq p} \neq 0$.

(2) $q > p$ とし，q 個の行と列 $1 \leqq i_1 < i_2 < \cdots < i_q \leqq m, 1 \leqq j_1 < j_2 < \cdots < j_q \leqq n$ を抜き出し，q 次小行列式を作ると常に零である．つまり $\det(a_{i_k j_l})_{1 \leqq k, l \leqq q} = 0$.

証明　(1)

$$\sum_{l=1}^{p} a_{i_k j_l} x_{j_l} = 0 \quad (k = 1, 2, \cdots, p) \qquad \cdots (*)$$

とする．$\boldsymbol{b}_\alpha$ を $\boldsymbol{b}_{i_1}, \boldsymbol{b}_{i_2}, \cdots, \boldsymbol{b}_{i_p}$ と異なる A の行ベクトルとすると，ある定数 $c_{\alpha r}$ $(r = 1, 2, \cdots, p)$ を用いて $\boldsymbol{b}_\alpha = \sum_{r=1}^{p} c_{\alpha r} \boldsymbol{b}_{i_r}$ と表される．この行ベクトルの第 j_l 成分を取り出すと $a_{\alpha j_l} = \sum_{r=1}^{p} c_{\alpha r} a_{i_r j_l}$ となる．これより $(*)$ から，

$$\sum_{l=1}^{p} a_{\alpha j_l} x_{j_l} = \sum_{l=1}^{p} \left(\sum_{r=1}^{p} c_{\alpha r} a_{i_r j_l} \right) x_{j_l} = \sum_{r=1}^{p} c_{\alpha r} \left(\sum_{l=1}^{p} a_{i_r j_l} x_{j_l} \right) = 0 \qquad \cdots (**)$$

もわかる．(*) と (**) は $\sum_{l=1}^{p} \boldsymbol{a}_{j_l} x_{j_l} = \boldsymbol{0}$ を意味するので，ベクトル $\boldsymbol{a}_{j_1}, \boldsymbol{a}_{j_2}, \cdots, \boldsymbol{a}_{j_p}$ の 1 次独立性から，$x_{j_1} = x_{j_2} = \cdots = x_{j_p} = 0$ がえられる．よって $(a_{i_k j_l})_{1 \leqq k, l \leqq p}$ は正則である．

(2) $q > p$ とする．任意の q 個のベクトル $\boldsymbol{a}_{j_1}, \boldsymbol{a}_{j_2}, \cdots, \boldsymbol{a}_{j_q}$ $(1 \leqq j_1 < j_2 < \cdots < j_q \leqq n)$ は 1 次独立ではないので，定数 $(x_{j_1}, x_{j_2}, \cdots, x_{j_q}) \neq (0, 0, \cdots, 0)$ があって $\sum_{l=1}^{q} \boldsymbol{a}_{j_l} x_{j_l} = \boldsymbol{0}$ と表せる．これから任意の q 個 $(1 \leqq 1_1 < i_2 < \cdots < i_q \leqq m)$ の成分を取り出すと $\sum_{l=1}^{q} a_{i_k j_l} x_{j_l} = 0 (k = 1, 2, \cdots, q)$ がえられる．よって $\det(a_{i_k j_l})_{1 \leqq k, l \leqq q} = 0$ となる． ■

付録C 行列の標準化

本章では，V は n 次元複素線形空間とする．また表現行列は V の定義域と値域の基底を同じものにとった場合のみを考える．線形写像 $f:V\to V$ に対して V の基底を上手くとって，f の表現行列 A をどれだけ簡単な形にできるかを考える．A を対角化できればベストなので，対角化できるかどうかの判定法，できるときはそのやり方を学ぶ．対角化できないときは，ジョルダン標準形という形に変形するやり方を理解する．

C.1 対角化

本節では，「行列が対角化できる」ための必要十分条件が，

[1] 「固有ベクトルによる基底がとれる」

または

[2] 「固有空間の直和が全空間と一致する」

であることを示す．

定義 C.1 V は n 次元複素線形空間，$f:V\to V$ は線形写像とする．複素数 α と $\mathbf{0}$ でないベクトル $\boldsymbol{x}\in V$ があって，$f(\boldsymbol{x})=\alpha\boldsymbol{x}$ が成り立つとき，α を f の固有値，$\boldsymbol{x}$ を f の α に対応する固有ベクトルという．

ここでは線形写像 f の固有ベクトルからなる V の基底をみつけることと，その表現行列 A を対角化することは同値であることを理解する．対角行列を $\mathrm{diag}(\alpha_1,\alpha_2,\cdots,\alpha_n)=\begin{pmatrix}\alpha_1 & & 0\\ & \ddots & \\ 0 & & \alpha_n\end{pmatrix}$ と表すことにしよう[1)]．

定理 C.2 V の基底 $<\boldsymbol{x}_1,\boldsymbol{x}_2,\cdots,\boldsymbol{x}_n>$ に関する線形写像 $f:V\to V$ の表現行列を A とする．

(1) A が正則行列 P で $P^{-1}AP=\mathrm{diag}(\alpha_1,\alpha_2,\cdots,\alpha_n)\cdots(*)$ と対角化できたとする．このとき $(\boldsymbol{y}_1,\boldsymbol{y}_2,\cdots,\boldsymbol{y}_n)=(\boldsymbol{x}_1,\boldsymbol{x}_2,\cdots,\boldsymbol{x}_n)P\cdots(**)$ とおくと $<\boldsymbol{y}_1,\boldsymbol{y}_2,\cdots,\boldsymbol{y}_n>$ は f の固有ベクトルからなる V の基底で $f(\boldsymbol{y}_j)=\alpha_j\boldsymbol{y}_j\ (j=1,2,\cdots,n)\cdots(***)$ となる．

(2) 逆に $(***)$ を満たす f の固有ベクトルからなる V の基底 $<\boldsymbol{y}_1,\boldsymbol{y}_2,\cdots,\boldsymbol{y}_n>$ があれば，$(**)$ で行列 P を定めれば A は P によって対角化される．すなわち $(*)$ が成り立つ．

証明 (1) $\boldsymbol{y}_1, \boldsymbol{y}_2, \cdots, \boldsymbol{y}_n$ が 1 次独立であることを示す．$(\boldsymbol{y}_1, \boldsymbol{y}_2, \cdots, \boldsymbol{y}_n)\begin{pmatrix} c_1 \\ \vdots \\ c_n \end{pmatrix} = \boldsymbol{0}$ とする．このとき $(\boldsymbol{x}_1, \boldsymbol{x}_2, \cdots, \boldsymbol{x}_n)P\begin{pmatrix} c_1 \\ \vdots \\ c_n \end{pmatrix} = \boldsymbol{0}$ で $< \boldsymbol{x}_1, \boldsymbol{x}_2, \cdots, \boldsymbol{x}_n >$ は基底だから，$P\begin{pmatrix} c_1 \\ \vdots \\ c_n \end{pmatrix} = \boldsymbol{0}$ となる．P は正則なので $\begin{pmatrix} c_1 \\ \vdots \\ c_n \end{pmatrix} = \boldsymbol{0}$ である．次に $(***)$ を示す．$(f(\boldsymbol{x}_1), f(\boldsymbol{x}_2), \cdots, f(\boldsymbol{x}_n)) = (\boldsymbol{x}_1, \boldsymbol{x}_2, \cdots, \boldsymbol{x}_n)A$ と $(\boldsymbol{x}_1, \boldsymbol{x}_2, \cdots, \boldsymbol{x}_n) = (\boldsymbol{y}_1, \boldsymbol{y}_2, \cdots, \boldsymbol{y}_n)P^{-1}$ から

$$\begin{aligned}(f(\boldsymbol{y}_1), f(\boldsymbol{y}_2), \cdots, f(\boldsymbol{y}_n)) &= (f(\boldsymbol{x}_1), f(\boldsymbol{x}_2), \cdots, f(\boldsymbol{x}_n))P = (\boldsymbol{x}_1, \boldsymbol{x}_2, \cdots, \boldsymbol{x}_n)AP \\ &= (\boldsymbol{y}_1, \boldsymbol{y}_2, \cdots, \boldsymbol{y}_n)P^{-1}AP = (\boldsymbol{y}_1, \boldsymbol{y}_2, \cdots, \boldsymbol{y}_n)\mathrm{diag}(\alpha_1, \alpha_2, \cdots, \alpha_n) \\ &= (\alpha_1\boldsymbol{y}_1, \alpha_2\boldsymbol{y}_2, \cdots, \alpha_n\boldsymbol{y}_n).\end{aligned}$$

よって，$f(\boldsymbol{y}_j) = \alpha_j\boldsymbol{y}_j (j = 1, 2, \cdots, n)$.

(2) $(f(\boldsymbol{y}_1), f(\boldsymbol{y}_2), \cdots, f(\boldsymbol{y}_n)) = (\boldsymbol{y}_1, \boldsymbol{y}_2, \cdots, \boldsymbol{y}_n)\mathrm{diag}(\alpha_1, \alpha_2, \cdots, \alpha_n)$ が成り立つとする．基底変換 $(\boldsymbol{y}_1, \boldsymbol{y}_2, \cdots, \boldsymbol{y}_n) = (\boldsymbol{x}_1, \boldsymbol{x}_2, \cdots, \boldsymbol{x}_n)P$ の行列 P は正則であり，

$$\begin{aligned}(\boldsymbol{y}_1, \boldsymbol{y}_2, \cdots, \boldsymbol{y}_n)P^{-1}AP &= (\boldsymbol{x}_1, \boldsymbol{x}_2, \cdots, \boldsymbol{x}_n)AP = (f(\boldsymbol{x}_1), f(\boldsymbol{x}_2), \cdots, f(\boldsymbol{x}_n))P \\ &= (f(\boldsymbol{y}_1), f(\boldsymbol{y}_2), \cdots, f(\boldsymbol{y}_n)) = (\boldsymbol{y}_1, \boldsymbol{y}_2, \cdots, \boldsymbol{y}_n)\mathrm{diag}(\alpha_1, \alpha_2, \cdots, \alpha_n)\end{aligned}$$

となる．$< \boldsymbol{y}_1, \boldsymbol{y}_2, \cdots, \boldsymbol{y}_n >$ は基底だったから，$P^{-1}AP = \mathrm{diag}(\alpha_1, \alpha_2, \cdots, \alpha_n)$. よって A は P により対角化できた． ■

$n \times n$ 行列 A を線形写像 $A : \mathbb{C}^n \to \mathbb{C}^n$ とみるときは，基底 $< \boldsymbol{x}_1, \boldsymbol{x}_2, \cdots, \boldsymbol{x}_n >$ は標準基底 $< \boldsymbol{e}_1, \boldsymbol{e}_2, \cdots, \boldsymbol{e}_n >$ にとられている．このとき

$$(\boldsymbol{y}_1, \boldsymbol{y}_2, \cdots, \boldsymbol{y}_n) = (\boldsymbol{x}_1, \boldsymbol{x}_2, \cdots, \boldsymbol{x}_n)P = (\boldsymbol{e}_1, \boldsymbol{e}_2, \cdots, \boldsymbol{e}_n)P = EP = P$$

となり，A を対角化する P は A の固有ベクトルを縦に n 個並べて作った行列となっている．

定義 C.3 線形写像 $f : V \to V$ の表現行列を A とするとき，λ についての n 次多項式 $|A - \lambda E|$ を**固有多項式**，n 次方程式 $|A - \lambda E| = 0$ を f の**固有方程式**という．

定理 C.4 固有方程式は表現行列のとり方によらずに定まる．

証明 線形写像 $f : V \to V$ の表現行列を A とする．別の基底による表現行列 B はある正則行列 P を用いて $B = P^{-1}AP$ と表せるから，$|B - \lambda E| = |P^{-1}AP - \lambda E| = |P^{-1}(A - \lambda E)P| = |A - \lambda E|$ となる． ■

1) diagonal matrix（対角行列）

$|\lambda E - A| = 0$ を固有方程式ということもある．また固有方程式は**特性方程式**ともいわれる．$A - \lambda E$ を $A - \lambda$ と表すこともある．

> **定理 C.5**　線形写像 $f : V \to V$ の基底 $< \boldsymbol{x}_1, \cdots, \boldsymbol{x}_n >$ に関する表現行列を A とする．$\alpha \in \mathbb{C}$ が f の固有値であるための必要十分条件は α が固有方程式の根であることである．このとき α は A の固有値でもあり，f の固有ベクトル $\boldsymbol{x} = c_1\boldsymbol{x}_1 + \cdots + c_n\boldsymbol{x}_n$ は，A の固有ベクトル $\begin{pmatrix} c_1 \\ \vdots \\ c_n \end{pmatrix}$ に対応する．

証明　α が f の固有値とする．固有ベクトル $\boldsymbol{x} \neq \boldsymbol{0}$ を基底 $< \boldsymbol{x}_1, \boldsymbol{x}_2, \cdots, \boldsymbol{x}_n >$ を用いて $\boldsymbol{x} = c_1\boldsymbol{x}_1 + c_2\boldsymbol{x}_2 + \cdots + c_n\boldsymbol{x}_n$ と表す．このとき

$$\boldsymbol{0} = f(\boldsymbol{x}) - \alpha\boldsymbol{x} = (f - \alpha)(\boldsymbol{x}) = (\boldsymbol{x}_1, \boldsymbol{x}_2, \cdots, \boldsymbol{x}_n)(A - \alpha E)\boldsymbol{c}$$

となり，$(A - \alpha E)\boldsymbol{c} = \boldsymbol{0}$．そこで $|A - \alpha E| \neq 0$ とすると $(A - \alpha E)^{-1}$ が存在して $\boldsymbol{c} = \boldsymbol{0}$ となり矛盾する．よって $|A - \alpha E| = 0$ が成り立ち，$\boldsymbol{c}$ は A の固有値 α に対応する固有ベクトルである．すなわち α は A の固有方程式の根である．逆に $|A - \alpha E| = 0$ とする．このとき $\boldsymbol{c} = \begin{pmatrix} c_1 \\ \vdots \\ c_n \end{pmatrix} \neq \boldsymbol{0}$ があり，$(A - \alpha E)\boldsymbol{c} = \boldsymbol{0}$ を満たす．すなわち A の固有ベクトルである．そこで $\boldsymbol{x} = c_1\boldsymbol{x}_1 + c_2\boldsymbol{x}_2 + \cdots + c_n\boldsymbol{x}_n$ とおくと，$\boldsymbol{x} \neq \boldsymbol{0}$ で

$$f(\boldsymbol{x}) - \alpha\boldsymbol{x} = (f - \alpha)(\boldsymbol{x}) = (\boldsymbol{x}_1, \boldsymbol{x}_2, \cdots, \boldsymbol{x}_n)(A - \alpha E)\boldsymbol{c} = \boldsymbol{0}.$$

よって α は f の固有値で，$\boldsymbol{x}$ は固有ベクトルになっている．■

行列 A が対角化できたとすると $P^{-1}AP = \mathrm{diag}(\alpha_1, \alpha_2, \cdots, \alpha_n)$ より

$$\begin{aligned} |A - \lambda E| &= |P^{-1}AP - \lambda E| = |\mathrm{diag}(\alpha_1 - \lambda, \alpha_2 - \lambda, \cdots, \alpha_n - \lambda)| \\ &= (\alpha_1 - \lambda)(\alpha_2 - \lambda)\cdots(\alpha_n - \lambda). \end{aligned}$$

すなわち対角化するためには全ての固有値を求めなければならない．

> **定義 C.6**　$\alpha \in \mathbb{C}$ を $f : V \to V$ の固有値とするとき，$\mathrm{Ker}(f - \alpha)$ を f の固有値 α に対応する**固有空間**という．

固有空間は V の部分空間であり，α に対応する固有ベクトルと零ベクトルを集めたものである．

> **定理 C.7**　f の異なる固有値に対応する固有ベクトルは 1 次独立である．特に $\alpha_1, \cdots, \alpha_l$ を f の相異なる固有値とするとき，各固有値に対応する固有空間の和空間は直和 $\mathrm{Ker}(f - \alpha_1) \oplus \cdots \oplus \mathrm{Ker}(f - \alpha_l)$ である．

証明 $\alpha_1, \cdots, \alpha_l$ を f の相異なる固有値とし，$\boldsymbol{x}_1, \cdots, \boldsymbol{x}_l$ をそれぞれに対応する固有ベクトルとする．

$$f(\boldsymbol{x}_j) = \alpha_j \boldsymbol{x}_j, \quad \alpha_k \neq \alpha_j \quad (k \neq j).$$

いま $\boldsymbol{x}_1, \boldsymbol{x}_2, \cdots, \boldsymbol{x}_k$ が 1 次独立で $\boldsymbol{x}_1, \boldsymbol{x}_2, \cdots, \boldsymbol{x}_k, \boldsymbol{x}_{k+1}$ が 1 次従属であるとする $(1 \leqq k \leqq l)$. ただし $\boldsymbol{x}_{l+1} = 0$ と考える．$k = l$ となっていればよい．$k < l$ とする．$\boldsymbol{x}_{k+1}$ は $\boldsymbol{x}_1, \boldsymbol{x}_2, \cdots \boldsymbol{x}_k$ の 1 次結合で

$$\boldsymbol{x}_{k+1} = c_1 \boldsymbol{x}_1 + c_2 \boldsymbol{x}_2 + \cdots + c_k \boldsymbol{x}_k \qquad \cdots (*)$$

と表せる．$(*)$ の両辺に f を作用させて

$$\alpha_{k+1} \boldsymbol{x}_{k+1} = \alpha_1 c_1 \boldsymbol{x}_1 + \alpha_2 c_2 \boldsymbol{x}_2 + \cdots + \alpha_k c_k \boldsymbol{x}_k. \qquad \cdots (**)$$

$(**) - (*) \times \alpha_{k+1}$ で

$$(\alpha_1 - \alpha_{k+1}) c_1 \boldsymbol{x}_1 + (\alpha_2 - \alpha_{k+1}) c_2 \boldsymbol{x}_2 + \cdots + (\alpha_k - \alpha_{k+1}) c_k \boldsymbol{x}_k = \mathbf{0}.$$

$\boldsymbol{x}_1, \boldsymbol{x}_2, \cdots \boldsymbol{x}_k$ は 1 次独立なので，$(\alpha_j - \alpha_{k+1}) c_j = 0\,(j = 1, 2, \cdots, k)$ となる．さらに $\alpha_j \neq \alpha_{k+1}\,(j = 1, 2, \cdots, k)$ だったから，$c_j = 0\,(j = 1, 2, \cdots, k)$ がいえる．よって $(*)$ から $\boldsymbol{x}_{k+1} = \mathbf{0}$ となり矛盾する．すなわち $k = l$ である．これで異なる固有値に対応する固有ベクトルの 1 次独立性がいえた．次に和空間 $\mathrm{Ker}(f - \alpha_1) + \mathrm{Ker}(f - \alpha_2) + \cdots + \mathrm{Ker}(f - \alpha_l)$ の元が 2 通りに $\boldsymbol{x}_1 + \boldsymbol{x}_2 + \cdots + \boldsymbol{x}_l = \boldsymbol{y}_1 + \boldsymbol{y}_2 + \cdots + \boldsymbol{y}_l$, $\boldsymbol{x}_j, \boldsymbol{y}_j \in \mathrm{Ker}(f - \alpha_j)$ と表されたとする．

$$\boldsymbol{x}_1 - \boldsymbol{y}_1 = (\boldsymbol{y}_2 - \boldsymbol{x}_2) + (\boldsymbol{y}_3 - \boldsymbol{x}_3) + \cdots + (\boldsymbol{y}_l - \boldsymbol{x}_l)$$

と変形する．$\boldsymbol{x}_1 - \boldsymbol{y}_1 \neq 0$ とすると，固有値 α_1 に対応する固有ベクトル $\boldsymbol{x}_1 - \boldsymbol{y}_1$ が，固有値 α_1 とは異なる固有値に対応する固有ベクトルの 1 次結合で表されることになる．これは前半の結果に矛盾する．よって $\boldsymbol{x}_1 = \boldsymbol{y}_1$. 以下同様にして，順次 $\boldsymbol{x}_j = \boldsymbol{y}_j$, $j = 2, 3, \cdots, l$ がわかる．以上から和空間の元の表示の一意性がいえたので，直和になっている． ■

定理 C.8 $f : V \to V$ の固有値が全て異なっていれば，その表現行列は対角化可能である．

証明 $\dim V = n$ とする．固有方程式 $|A - \lambda E| = 0$ の根が全て異なるから，それらを $\alpha_1, \alpha_2, \cdots, \alpha_n$ とする．各固有値に対応する固有ベクトル $\boldsymbol{x}_j$ $(j = 1, 2, \cdots, n)$ は 1 次独立で，$\dim V = n$ だから V の基底をなす．よって表現行列 A は対角化可能である． ■

定理 C.9 $f : V \to V$ の表現行列が対角化可能であるための必要十分条件は f の異なる固有値に対応する固有空間全部の直和が V に一致することである．

証明 f の異なる固有値を $\alpha_1, \alpha_2, \cdots, \alpha_l\,(l \leqq n = \dim V)$ とする．表現行列が対角化可能とすると固有ベクトルからなる V の基底がとれる．それを α_1 に対応する固有ベクトル $\boldsymbol{x}_1, \cdots, \boldsymbol{x}_{s_1}$, α_2 に対応する固有ベクトル $\boldsymbol{x}_{s_1+1}, \cdots, \boldsymbol{x}_{s_2}$, そして α_l に対応する固有ベクトルを $\boldsymbol{x}_{s_{l-1}+1}, \cdots, \boldsymbol{x}_{s_l}\,(s_l = n)$

とする．各 $\boldsymbol{x}_{s_{j-1}+1},\cdots,\boldsymbol{x}_{s_j}$，は α_j に対応する固有空間 $\mathrm{Ker}(f-\alpha_j)$ に属する 1 次独立なベクトルなので $\dim\mathrm{Ker}(f-\alpha_j)\geqq s_j-s_{j-1}$．ただし $s_0=0$ とする．よって

$$\begin{aligned}&\dim[\mathrm{Ker}(f-\alpha_1)\oplus\mathrm{Ker}(f-\alpha_2)\oplus\cdots\oplus\mathrm{Ker}(f-\alpha_l)]\\&=\dim\mathrm{Ker}(f-\alpha_1)+\dim\mathrm{Ker}(f-\alpha_2)+\cdots+\dim\mathrm{Ker}(f-\alpha_l)\\&\geqq s_1+(s_2-s_1)+(s_3-s_2)\cdots+(s_l-s_{l-1})=s_l=n\end{aligned}$$

となって固有空間全部の直和の次元は $n(=\dim V)$ 以上なので V と一致しなければならない．

逆に固有空間全部の直和が V と一致しているとすると，各固有空間から固有ベクトルの基底をとり，全て集めると V の基底になるから表現行列は対角化可能である． ■

定理 C.10　n 次正方行列 A,B は対角化可能で可換とする．このとき正則行列 Q が存在し，$Q^{-1}AQ$ と $Q^{-1}BQ$ をともに対角行列にすることができる．これを**同時対角化可能**という．

証明　$\alpha_1,\cdots,\alpha_l$ を A の相異なる固有値とする．$E_j=\mathrm{Ker}(A-\alpha_j)$ とおく．A は対角化可能なので，

$$\mathbb{C}^n=E_1\oplus\cdots\oplus E_l \qquad \cdots(*)$$

となっている．このとき B は各 E_j を E_j の中に写す．実際 $\boldsymbol{x}\in E_j$ とは $A\boldsymbol{x}=\alpha_j\boldsymbol{x}$ を満たすことであるが，可換性 $AB=BA$ を用いると，$A(B\boldsymbol{x})=B(A\boldsymbol{x})=B(\alpha_j\boldsymbol{x})=\alpha_j(B\boldsymbol{x})$ となり，$B\boldsymbol{x}\in E_j$ がわかるからである．さて B も対角化可能なので，B の固有ベクトルからなる $\mathbb{C}^n$ の基底 $\boldsymbol{y}_1,\cdots,\boldsymbol{y}_n$ がとれる．$B\boldsymbol{y}_i=\beta_i\boldsymbol{y}_i\,(i=1,2,\cdots,n)$ とする．そこで $\boldsymbol{y}_1,\cdots,\boldsymbol{y}_n$ を $(*)$ に関して直和分解する．

$$\boldsymbol{y}_i=\boldsymbol{y}_{i1}+\cdots+\boldsymbol{y}_{il},\quad \boldsymbol{y}_{ij}\in E_j\quad(1\leqq i\leqq n,1\leqq j\leqq l).$$

$\{\boldsymbol{y}_i\}$ 全体は $\mathbb{C}^n$ を張り，$\boldsymbol{y}_i$ は $\{\boldsymbol{y}_{ij}\}$ の 1 次結合で表せるから，

$$\mathbb{C}^n=\mathrm{L.h.}[\boldsymbol{y}_{ij};1\leqq i\leqq n,1\leqq j\leqq l] \qquad \cdots(**)$$

となっている．また $B\boldsymbol{y}_i=\beta_i\boldsymbol{y}_i$ から $B\boldsymbol{y}_{i1}+\cdots+B\boldsymbol{y}_{il}=\beta_i\boldsymbol{y}_{i1}+\cdots+\beta_i\boldsymbol{y}_{il}$ であり，$B\boldsymbol{y}_{ij}\in E_j$ なので直和分解の一意性から，$B\boldsymbol{y}_{ij}=\beta_i\boldsymbol{y}_{ij}\ (1\leqq j\leqq l)$ となる．すなわち $\boldsymbol{y}_{ij}\neq\boldsymbol{0}$ ならば，$\boldsymbol{y}_{ij}$ は B の固有ベクトルになっている．$\boldsymbol{y}_{ij}\,(1\leqq i\leqq n,1\leqq j\leqq l)$ の中から，実際に n 個の固有ベクトルがとれることを示そう．

$$F_j=\mathrm{L.h.}[\boldsymbol{y}_{ij};1\leqq i\leqq n],\quad m_j=\dim E_j\quad(1\leqq j\leqq l)$$

とおく．$F_j\subset E_j$ なので，直和 $F_1\oplus\cdots\oplus F_l$ がえられる．$\boldsymbol{y}_{ij}\in F_1\oplus\cdots\oplus F_l$ と $(*),(**)$ をあわせると

$$\mathbb{C}^n=\mathrm{L.h.}[\boldsymbol{y}_{ij};1\leqq i\leqq n,1\leqq j\leqq l]\subset F_1\oplus\cdots\oplus F_l\subset E_1\oplus\cdots\oplus E_l=\mathbb{C}^n$$

となり，全て等号が成り立つから，結局 $F_j=E_j\,(j=1,2,\cdots,l)$ となる．よって各 F_j ごとに m_j 個からなる基底 $\boldsymbol{y}_{i(1,j),j},\boldsymbol{y}_{i(2,j),j},\cdots,\boldsymbol{y}_{i(m_j,j),j}$ を選び出すことができ，全部集めれば $\mathbb{C}^n$ の基

底となっている．$B\boldsymbol{y}_{i(k,j),j} = \beta_{i(k,j)}\boldsymbol{y}_{i(k,j),j}$, $A\boldsymbol{y}_{i(k,j),j} = \alpha_j \boldsymbol{y}_{i(k,j),j}$ $(1 \leqq k \leqq m_j, 1 \leqq j \leqq l)$ であるから

$$Q = (\boldsymbol{y}_{i(1,1),1}, \cdots, \boldsymbol{y}_{i(m_1,1),1}, \cdots, \boldsymbol{y}_{i(1,l),l}, \cdots, \boldsymbol{y}_{i(m_l,l),l})$$

とおくと，Q は正則で

$$Q^{-1}AQ = \mathrm{diag}(\alpha_1, \cdots, \alpha_1, \cdots, \alpha_l, \cdots, \alpha_l),$$
$$Q^{-1}BQ = \mathrm{diag}(\beta_{i(1,1)}, \cdots, \beta_{i(m_1,1)}, \cdots, \beta_{i(1,l)}, \cdots, \beta_{i(m_l,l)})$$

となる． ■

例題 1.30 で実 2 次正方行列 A で $A^2 = -E$ となるものは，

$$A = \begin{pmatrix} a & b \\ -\frac{a^2+1}{b} & -a \end{pmatrix} \quad (b \neq 0)$$

であることを示した．そこで可換性を加えれば，どの程度限定されるか調べてみよう．

例題 C.11 実 2 次正方行列 A, B は $A^2 = B^2 = -E$, $AB = BA$ を満たすとする．このとき $A = B$ または $A = -B$ であることを示せ．

証明 $A = \begin{pmatrix} a & b \\ c & d \end{pmatrix}$ の固有方程式は $|A - \lambda| = \lambda^2 - (a+d)\lambda + (ad - bc) = 0$ であるが，さらに例題 1.30 で $a + d = 0, ad - bc = 1$ を示しているから，$\lambda^2 + 1 = 0$ となり，$\lambda = \pm i$ となる．相異なる固有値をもつから，A, B ともに対角化可能である．そして可換性を仮定しているから，同時対角化可能となる．よってある正則行列 Q があって $Q^{-1}AQ$ と $Q^{-1}BQ$ は $C = \begin{pmatrix} i & 0 \\ 0 & -i \end{pmatrix}$, $D = \begin{pmatrix} -i & 0 \\ 0 & i \end{pmatrix}$ のいずれかの対角行列になる．$D = -C$ であるから $A = B$ または $A = -B$ の場合しか起こらない． ■

可換でなければ，上の例題のようなことはいえない．例えば $A = \begin{pmatrix} 0 & 1 \\ -1 & 0 \end{pmatrix}$, $B = \begin{pmatrix} 1 & 1 \\ -2 & -1 \end{pmatrix}$ は $A^2 = B^2 = -E$ となっているが，$A = B$ でも $A = -B$ でもない．それは $AB \neq BA$ となっているためである．また $\begin{pmatrix} 1 & 0 \\ 0 & 1 \end{pmatrix}$, $\begin{pmatrix} a & 1 \\ 0 & a \end{pmatrix}$ の例からわかるように，可換で一方が対角化可能ということがわかっていても，他方が対角化可能とは限らない．

C.2 ジョルダン標準形

本節では全ての $n \times n$ 複素行列は，適当な基底変換でジョルダン標準形といわれる形に変形できることを示す．ジョルダン標準形は対角行列を含んでいる．

定義 C.12 線形写像 $f : V \to V$ に対して V の部分空間 W が $f(W) \subset W$ を満たすとき，W を f に関する**不変部分空間**（$f-$ 不変）という．

このとき f を W に制限したもの（$f|_W$ と表す）は W を W の中に写すから $f|_W : W \to W$ と考えられる．

次の定理は線形空間が不変部分空間の直和に分解されているときは，各不変部分空間で表現行列がえられれば直ちに全体の表現行列がえられることをいっている．つまり基底変換の問題は各不変部分空間上での問題に帰着されるということをいっている．次の例をみよう．

例題 C.13　線形空間 V は直和 $V = W_1 \oplus W_2$ に分解し，W_1 は基底 $\mathcal{E}_1 =< \boldsymbol{x}_1, \boldsymbol{x}_2 >$, W_2 は基底 $\mathcal{E}_2 =< \boldsymbol{x}_3, \boldsymbol{x}_4, \boldsymbol{x}_5 >$ をもつとする．線形写像 $f : V \to V$ は，a, b を定数として

$$f(\boldsymbol{x}_1) = a\boldsymbol{x}_1, \quad f(\boldsymbol{x}_2) = \boldsymbol{x}_1 + a\boldsymbol{x}_2, \quad f(\boldsymbol{x}_3) = b\boldsymbol{x}_3,$$
$$f(\boldsymbol{x}_4) = \boldsymbol{x}_3 + b\boldsymbol{x}_4, \quad f(\boldsymbol{x}_5) = \boldsymbol{x}_4 + b\boldsymbol{x}_5$$

のように作用するとする．このとき次を示せ

(1) W_1, W_2 は $f-$ 不変である．

(2) $f|_{W_1}$ の基底 $\mathcal{E}_1$ に関する表現行列は，$A_1 = \begin{pmatrix} a & 1 \\ 0 & a \end{pmatrix}$ である．

(3) $f|_{W_2}$ の基底 $\mathcal{E}_2$ に関する表現行列は，$A_2 = \begin{pmatrix} b & 1 & 0 \\ 0 & b & 1 \\ 0 & 0 & b \end{pmatrix}$ である．

(4) $\mathcal{E} =< \mathcal{E}_1, \mathcal{E}_2 >=< \boldsymbol{x}_1, \boldsymbol{x}_2, \boldsymbol{x}_3, \boldsymbol{x}_4, \boldsymbol{x}_5 >$ に関する f の表現行列は，$A = \begin{pmatrix} A_1 & O \\ O & A_2 \end{pmatrix}$ となる．

証明　(1) $W_1 = \mathrm{L.h.}[\boldsymbol{x}_1, \boldsymbol{x}_2]$ であり，W_1 の任意の元は $\boldsymbol{x} = c_1\boldsymbol{x}_1 + c_2\boldsymbol{x}_2$ と表せるから，

$$f(\boldsymbol{x}) = c_1 f(\boldsymbol{x}_1) + c_2 f(\boldsymbol{x}_2) = c_1 a\boldsymbol{x}_1 + c_2(\boldsymbol{x}_1 + a\boldsymbol{x}_2) = (c_1 a + c_2)\boldsymbol{x}_1 + c_2 a\boldsymbol{x}_2 \in W_1.$$

よって W_1 は $f-$ 不変であることがわかる．同様にして W_2 も $f-$ 不変である．

(2) $((f|_{W_1})(\boldsymbol{x}_1), (f|_{W_1})(\boldsymbol{x}_2)) = (a\boldsymbol{x}_1, \boldsymbol{x}_1 + a\boldsymbol{x}_2) = (\boldsymbol{x}_1, \boldsymbol{x}_2)\begin{pmatrix} a & 1 \\ 0 & a \end{pmatrix}$ からわかる．

(3) $((f|_{W_2})(\boldsymbol{x}_3), (f|_{W_2})(\boldsymbol{x}_4), (f|_{W_2})(\boldsymbol{x}_5)) = (b\boldsymbol{x}_3, \boldsymbol{x}_3 + b\boldsymbol{x}_4, \boldsymbol{x}_4 + b\boldsymbol{x}_5)$

$$= (\boldsymbol{x}_3, \boldsymbol{x}_4, \boldsymbol{x}_5)\begin{pmatrix} b & 1 & 0 \\ 0 & b & 1 \\ 0 & 0 & b \end{pmatrix}$$ からわかる．

(4)

$$f(\boldsymbol{x}_1) = a\boldsymbol{x}_1 + 0\boldsymbol{x}_2 + 0\boldsymbol{x}_3 + 0\boldsymbol{x}_4 + 0\boldsymbol{x}_5, \qquad f(\boldsymbol{x}_2) = 1\boldsymbol{x}_1 + a\boldsymbol{x}_2 + 0\boldsymbol{x}_3 + 0\boldsymbol{x}_4 + 0\boldsymbol{x}_5,$$
$$f(\boldsymbol{x}_3) = 0\boldsymbol{x}_1 + 0\boldsymbol{x}_2 + b\boldsymbol{x}_3 + 0\boldsymbol{x}_4 + 0\boldsymbol{x}_5, \qquad f(\boldsymbol{x}_4) = 0\boldsymbol{x}_1 + 0\boldsymbol{x}_2 + 1\boldsymbol{x}_3 + b\boldsymbol{x}_4 + 0\boldsymbol{x}_5,$$
$$f(\boldsymbol{x}_5) = 0\boldsymbol{x}_1 + 0\boldsymbol{x}_2 + 0\boldsymbol{x}_3 + 1\boldsymbol{x}_4 + b\boldsymbol{x}_5$$

から，$(f(\boldsymbol{x}_1), f(\boldsymbol{x}_2), f(\boldsymbol{x}_3), f(\boldsymbol{x}_4), f(\boldsymbol{x}_5)) = (\boldsymbol{x}_1, \boldsymbol{x}_2, \boldsymbol{x}_3, \boldsymbol{x}_4, \boldsymbol{x}_5)\left(\begin{array}{cc|ccc} a & 1 & 0 & 0 & 0 \\ 0 & a & 0 & 0 & 0 \\ \hline 0 & 0 & b & 1 & 0 \\ 0 & 0 & 0 & b & 1 \\ 0 & 0 & 0 & 0 & b \end{array}\right)$ となるのでわかる． ■

これを一般化すれば次の定理になる．証明もこの例題と同様である．

定理 C.14 線形写像 $f : V \to V$ に対して V が $f-$ 不変部分空間 $W_1, W_2, \cdots, W_l$ の直和であるとする．つまり $f(W_j) \subset W_j \ (j = 1, 2, \cdots, l)$, $V = W_1 \oplus W_2 \oplus \cdots \oplus W_l$．このとき $f|_{W_j} : W_j \to W_j \ (j = 1, 2, \cdots, l)$ の基底 $\mathcal{E}_j$ に関する表現行列を A_j とすれば，V の基底 $< \mathcal{E}_1, \mathcal{E}_2, \cdots, \mathcal{E}_l >$ に関する f の表現行列 A は，$A = A_1 \oplus A_2 \oplus \cdots \oplus A_l$ で与えられる．

定義 C.15 n 次元線形空間 V 上の線形写像 $f : V \to V$ の固有値 α に対して

$$W(\alpha) = \{\boldsymbol{x} \in V \, ; \, (f - \alpha)^n(\boldsymbol{x}) = \boldsymbol{0}\} = \mathrm{Ker}\,((f - \alpha)^n)$$

を α に対応する**広義固有空間**という．ここで，線形写像の積は合成を表す．つまり $f^l(\boldsymbol{x}) = (\underbrace{f \circ \cdots \circ f}_{l\ 個})(\boldsymbol{x})$ である．

広義固有空間 $W(\alpha)$ は固有空間 $\mathrm{Ker}(f - \alpha)$ を含む V の部分空間である．部分空間であることは $W(\alpha)$ は線形写像 $(f - \alpha)^n$ の核であることに注意すればわかる．また，広義固有空間の通常の定義は，$\displaystyle\bigcup_{k=1}^{\infty} \mathrm{Ker}\left((f - \alpha)^k\right)$ で与えられる．すなわち，ある k に対して $(f - \alpha)^k(\boldsymbol{x}) = \boldsymbol{0}$ となる $\boldsymbol{x}$ 全体である．しかし後で示すように，ある l に対して $f^l(\boldsymbol{x}) = \boldsymbol{0}$ ならば，$f^n(\boldsymbol{x}) = \boldsymbol{0}$ となる．

広義固有空間の性質を調べるために，任意の正方行列は 3 角化ができることを示す．

定理 C.16 $f : V \to V$ を n 次元複素線形空間上の線形写像とする．n 次正方行列 A を V の基底 $< \boldsymbol{x}_1, \boldsymbol{x}_2, \cdots, \boldsymbol{x}_n >$ に関する f の表現行列とする．このとき V の基底をとり直して，A が上 3 角行列となるようにできる．すなわち $P^{-1}AP = A = \begin{pmatrix} \alpha_1 & & * \\ & \ddots & \\ \text{\Large 0} & & \alpha_n \end{pmatrix}$ となるような正則行列 P が存在する．このとき対角成分には，f の固有値が重複度も込めて並ぶ．さらに P は対角成分に現れる固有値を任意の順序に並べるようにとることができる．

証明 V の次元 n についての帰納法で示す．$n = 1$ のときは明らか．余分だが，証明のアイデアがわかると思われるので，$n = 2$ のときも示す．このとき $V = \mathrm{L.h.}[\boldsymbol{x}_1, \boldsymbol{x}_2], \dim V = 2$ となっている．最初に並べたい f の固有値 α_1 を 1 つとり，固有ベクトルを $\boldsymbol{y}_1(\neq 0)$ とする．$\boldsymbol{y}_2 \notin \mathrm{L.h.}[\boldsymbol{y}_1]$ なるベクトル $\boldsymbol{y}_2$ をとる．$\boldsymbol{y}_1, \boldsymbol{y}_2$ は 1 次独立で $\dim V = 2$ だから $< \boldsymbol{y}_1, \boldsymbol{y}_2 >$ が V の新たな基底

となる．$f(\boldsymbol{y}_1) = \alpha_1 \boldsymbol{y}_1$, $f(\boldsymbol{y}_2) = c\boldsymbol{y}_1 + \alpha_2 \boldsymbol{y}_2$ の形（c, α_2 は定数）なので

$$(f(\boldsymbol{y}_1), f(\boldsymbol{y}_2)) = (\boldsymbol{y}_1, \boldsymbol{y}_2) \begin{pmatrix} \alpha_1 & c \\ 0 & \alpha_2 \end{pmatrix}.$$

よって基底 $< \boldsymbol{x}_1, \boldsymbol{x}_2 >$ から基底 $< \boldsymbol{y}_1, \boldsymbol{y}_2 >$ への変換行列を P とすると，$(\boldsymbol{y}_1, \boldsymbol{y}_2) = (\boldsymbol{x}_1, \boldsymbol{x}_2)P$ であり，$P^{-1}AP = \begin{pmatrix} \alpha_1 & c \\ 0 & \alpha_2 \end{pmatrix}$ となる．α_1, α_2 は固有値で並べたい順に現れている．さて $n-1$ まで正しいとする．このとき $\dim V = n$ の場合に正しいことを示す．f の最初に並べたい固有値 α_1 を 1 つ取り，固有ベクトルを $\boldsymbol{y}_1 (\neq 0)$ とする．$f(\boldsymbol{y}_1) = \alpha_1 \boldsymbol{y}_1$ となっている．新たにベクトル $\boldsymbol{y}_2, \boldsymbol{y}_3, \cdots, \boldsymbol{y}_n$ を付け加えて $< \boldsymbol{y}_1, \boldsymbol{y}_2, \cdots, \boldsymbol{y}_n >$ が V の基底となるようにする．この基底変換の行列を Q とすると，$(\boldsymbol{y}_1, \boldsymbol{y}_2, \cdots, \boldsymbol{y}_n) = (\boldsymbol{x}_1, \boldsymbol{x}_2, \cdots, \boldsymbol{x}_n)Q$ で Q は正則である．このとき

$$(f(\boldsymbol{y}_1), f(\boldsymbol{y}_2), \cdots, f(\boldsymbol{y}_n)) = (\boldsymbol{y}_1, \boldsymbol{y}_2, \cdots, \boldsymbol{y}_n) Q^{-1}AQ$$

となっている．$f(\boldsymbol{y}_1) = \alpha_1 \boldsymbol{y}_1$ だから，$Q^{-1}AQ = \left(\begin{array}{c|ccc} \alpha_1 & c_2 & \cdots & c_n \\ \hline 0 & & & \\ \vdots & & A_1 & \\ 0 & & & \end{array}\right)$ の形になる．また

$$|A - \lambda| = |Q^{-1}AQ - \lambda| = \left|\begin{array}{c|ccc} \alpha_1 - \lambda & c_2 & \cdots & c_n \\ \hline 0 & & & \\ \vdots & & A_1 - \lambda & \\ 0 & & & \end{array}\right| = (\alpha_1 - \lambda)|A_1 - \lambda|$$

だから，A_1 の固有値は A の固有値から，重複も込めて α_1 を 1 つ減らしたものになっている．

$(n-1)$ 次正方行列 A_1 を $A_1 = (a_{kj})_{2 \leqq k, j \leqq n}$ とする．$V_0 = \mathrm{L.h.}[\boldsymbol{y}_1], V_1 = \mathrm{L.h.}[\boldsymbol{y}_2, \boldsymbol{y}_3, \cdots, \boldsymbol{y}_n]$ とおくと，$V = V_0 \oplus V_1, \dim V_1 = n-1$ となる．V_1 上の線形写像 $g : V_1 \to V_1$ を，基底 $< \boldsymbol{y}_2, \boldsymbol{y}_3, \cdots, \boldsymbol{y}_n >$ に関する表現行列が A_1 となるように定義する．

$$(g(\boldsymbol{y}_2), \cdots, g(\boldsymbol{y}_n)) = (\boldsymbol{y}_2, \boldsymbol{y}_3, \cdots, \boldsymbol{y}_n)A_2.$$

g の固有値は，A の固有値から α_1 を 1 個除いたものである．このとき $\dim V_1 = n-1$ だから帰納法の仮定から g は V_1 のある基底 $< \boldsymbol{z}_2, \boldsymbol{z}_3, \cdots, \boldsymbol{z}_n >$ を選ぶとこの基底に関する表現行列が上 3 角行列となる．$\alpha_2, \alpha_3, \cdots, \alpha_n$ の順に A の固有値から α_1 を除いた $(n-1)$ 個の固有値を並べるとする．すなわち $(n-1) \times (n-1)$ 正則行列 T_1 があって次のようにできる．

$$(\boldsymbol{z}_2, \boldsymbol{z}_3, \cdots, \boldsymbol{z}_n) = (\boldsymbol{y}_2, \boldsymbol{y}_3, \cdots, \boldsymbol{y}_n)T_1, \quad T_1^{-1}A_1T_1 = B_1 = \begin{pmatrix} \alpha_2 & * & * & * & * \\ & \alpha_3 & * & * & * \\ & & \ddots & \cdots & \vdots \\ & \text{\huge 0} & & \ddots & * \\ & & & & \alpha_n \end{pmatrix}.$$

さて V において基底を $< \boldsymbol{x}_1, \boldsymbol{x}_2, \cdots, \boldsymbol{x}_n >$ から $< \boldsymbol{y}_1, \boldsymbol{z}_2, \boldsymbol{z}_3, \cdots, \boldsymbol{z}_n >$ に取り換えれば A を上3角化することができることを示す．この変換行列 P は，

$$
\begin{aligned}
(\boldsymbol{y}_1, \boldsymbol{z}_2, \boldsymbol{z}_3, \cdots, \boldsymbol{z}_n) = (\boldsymbol{y}_1, (\boldsymbol{y}_2, \boldsymbol{y}_3, \cdots, \boldsymbol{y}_n)T_1) &= (\boldsymbol{y}_1, \boldsymbol{y}_2, \boldsymbol{y}_3, \cdots, \boldsymbol{y}_n) \left(\begin{array}{c|ccc} 1 & 0 & \cdots & 0 \\ \hline 0 & & & \\ \vdots & & T_1 & \\ 0 & & & \end{array}\right) \\
&= (\boldsymbol{x}_1, \boldsymbol{x}_2, \boldsymbol{x}_3, \cdots, \boldsymbol{x}_n) Q \left(\begin{array}{c|ccc} 1 & 0 & \cdots & 0 \\ \hline 0 & & & \\ \vdots & & T_1 & \\ 0 & & & \end{array}\right)
\end{aligned}
$$

であるから $P = Q \left(\begin{array}{c|ccc} 1 & 0 & \cdots & 0 \\ \hline 0 & & & \\ \vdots & & T_1 & \\ 0 & & & \end{array}\right)$ ととる．このとき

$$
\begin{aligned}
P^{-1}AP &= \left(\begin{array}{c|ccc} 1 & 0 & \cdots & 0 \\ \hline 0 & & & \\ \vdots & & T_1 & \\ 0 & & & \end{array}\right)^{-1} Q^{-1}AQ \left(\begin{array}{c|ccc} 1 & 0 & \cdots & 0 \\ \hline 0 & & & \\ \vdots & & T_1 & \\ 0 & & & \end{array}\right) \\
&= \left(\begin{array}{c|ccc} 1 & 0 & \cdots & 0 \\ \hline 0 & & & \\ \vdots & & T_1^{-1} & \\ 0 & & & \end{array}\right) \left(\begin{array}{c|ccc} \alpha_1 & c_2 & \cdots & c_n \\ \hline 0 & & & \\ \vdots & & A_1 & \\ 0 & & & \end{array}\right) \left(\begin{array}{c|ccc} 1 & 0 & \cdots & 0 \\ \hline 0 & & & \\ \vdots & & T_1 & \\ 0 & & & \end{array}\right) \\
&= \left(\begin{array}{c|ccc} \alpha_1 & c_2 & \cdots & c_n \\ \hline 0 & & & \\ \vdots & & T_1^{-1}A_1T_1 & \\ 0 & & & \end{array}\right) = \left(\begin{array}{c|ccc} \alpha_1 & c_2 & \cdots & c_n \\ \hline 0 & & & \\ \vdots & & B_1 & \\ 0 & & & \end{array}\right) = \left(\begin{array}{c|cccc} \alpha_1 & c_2 & \cdots & \cdots & c_n \\ \hline 0 & \alpha_2 & * & \cdots & * \\ \vdots & 0 & \ddots & \ddots & \vdots \\ \vdots & & & \ddots & * \\ 0 & 0 & \cdots & 0 & \alpha_n \end{array}\right)
\end{aligned}
$$

となる．よって n の場合が示されたから，帰納法により全ての n について正しい．■

次に広義固有空間の性質を述べる．

定理 C.17　n 次元複素線形空間上の線形写像 $f : V \to V$ の相異なる固有値を $\alpha_1, \alpha_2, \cdots, \alpha_l\,(l \leqq n)$ とする．このとき広義固有空間 $W(\alpha_j)\,(j = 1, 2, \cdots, l)$ は次を満たす．

(1) $W(\alpha_j)\,(j = 1, 2, \cdots, l)$ は $f-$ 不変部分空間である．

(2) $j \neq k$ ならば $W(\alpha_j) \cap W(\alpha_k) = \{\mathbf{0}\}$.

(3) 固有方程式の根として α_j の重複度が m_j ならば $\dim W(\alpha_j) = m_j$.

(4) $V = W(\alpha_1) \oplus W(\alpha_2) \oplus \cdots \oplus W(\alpha_l)$.

証明　(1) $\boldsymbol{x} \in W(\alpha_j)$ ならば，$(f - \alpha_j)^n(\boldsymbol{x}) = \mathbf{0}$ であるから $(f - \alpha_j)^n(f(\boldsymbol{x})) = f((f - \alpha_j)^n(\boldsymbol{x})) = f(\mathbf{0}) = \mathbf{0}$. ゆえに $f(\boldsymbol{x}) \in W(\alpha_j)$.

(2) $\boldsymbol{x} \neq \mathbf{0}$ で $\boldsymbol{x} \in W(\alpha_j) \cap W(\alpha_k)$ となるものが存在するとして矛盾を導く．$(f - \alpha_j)^p(\boldsymbol{x}) \neq \mathbf{0}, (f - \alpha_j)^{p+1}(\boldsymbol{x}) = \mathbf{0}$ となる $0 \leqq p \leqq n-1$ がある（$(f - \alpha_j)^0(\boldsymbol{x}) = I(\boldsymbol{x}) = \boldsymbol{x}$ である）．$\boldsymbol{y} = (f - \alpha_j)^p(\boldsymbol{x}) \neq \mathbf{0}$ とおくと $W(\alpha_k)$ は $f-$ 不変であり，$\boldsymbol{x} \in W(\alpha_k)$ から $\boldsymbol{y} = \sum_{r=0}^{p} {}_pC_r(-\alpha_j)^{p-r} f^r(\boldsymbol{x}) \in W(\alpha_k)$. ゆえに $\boldsymbol{y} \in W(\alpha_k)$. また $(f - \alpha_j)(\boldsymbol{y}) = (f - \alpha_j)^{p+1}(\boldsymbol{x}) = \mathbf{0}$ より $f(\boldsymbol{y}) = \alpha_j \boldsymbol{y}$. よって $\alpha_j \neq \alpha_k$ から，$\mathbf{0} = (f - \alpha_k)^n(\boldsymbol{y}) = (\alpha_j - \alpha_k)^n \boldsymbol{y} \neq \mathbf{0}$ となって矛盾する．

(3) $\alpha = \alpha_j, s = m_j\ (1 \leqq s \leqq n)$ とおく．ある基底 $< \boldsymbol{y}_1, \boldsymbol{y}_2, \cdots, \boldsymbol{y}_n >$ をとれば f の表現行列は対角線の始めの s 個に α が並ぶ上 3 角行列になる．これは

$$
\begin{aligned}
f(\boldsymbol{y}_1) &= \alpha \boldsymbol{y}_1, \\
f(\boldsymbol{y}_2) &= a_{12}\boldsymbol{y}_1 + \alpha \boldsymbol{y}_2, \\
\vdots\ &= \qquad \vdots \\
f(\boldsymbol{y}_s) &= a_{1s}\boldsymbol{y}_1 + a_{2s}\boldsymbol{y}_2 + \cdots + a_{s-1,s}\boldsymbol{y}_{s-1} + \alpha \boldsymbol{y}_s, \\
f(\boldsymbol{y}_k) &= a_{1k}\boldsymbol{y}_1 + a_{2k}\boldsymbol{y}_2 + \cdots + a_{k-1,k}\boldsymbol{y}_{k-1} + \beta_k \boldsymbol{y}_k\,(k = s+1, s+2, \cdots, n)
\end{aligned}
$$

の形になっていることを意味する．ここで β_k は $\alpha = \alpha_j$ と異なる A の固有値である．よって

$$
\begin{aligned}
&(f - \alpha)(\boldsymbol{y}_k) = a_{1k}\boldsymbol{y}_1 + a_{2k}\boldsymbol{y}_2 + \cdots + a_{k-1,k}\boldsymbol{y}_{k-1}\,(k = 1, 2, \cdots, s), \\
&(f - \alpha)(\boldsymbol{y}_k) = a_{1k}\boldsymbol{y}_1 + a_{2k}\boldsymbol{y}_2 + \cdots + a_{k-1,k}\boldsymbol{y}_{k-1} + \gamma_k \boldsymbol{y}_k\,(k = s+1, s+2, \cdots, n), \\
&\gamma_k = \beta_k - \alpha \neq 0
\end{aligned}
$$

となる．これから例えば

$$
\begin{aligned}
(f - \alpha)^2(\boldsymbol{y}_2) &= a_{12}(f - \alpha)(\boldsymbol{y}_1) = \mathbf{0}, \\
(f - \alpha)^3(\boldsymbol{y}_3) &= a_{13}(f - \alpha)^2(\boldsymbol{y}_1) + a_{23}(f - \alpha)^2(\boldsymbol{y}_2) = \mathbf{0}
\end{aligned}
$$

などから $(f - \alpha)^s(\boldsymbol{y}_k) = \mathbf{0}\,(k = 1, 2, \cdots, s)$. 特に $(f - \alpha)^n(\boldsymbol{y}_k) = \mathbf{0}\,(k = 1, 2, \cdots, s)$ がわかる．同様の計算で

$$
(f - \alpha)^n(\boldsymbol{y}_k) = b_{1k}\boldsymbol{y}_1 + b_{2k}\boldsymbol{y}_2 + \cdots + b_{k-1,k}\boldsymbol{y}_{k-1} + {\gamma_k}^n \boldsymbol{y}_k\,(k = s+1, s+2, \cdots, n)
$$

の形であることがわかる．これは $(f-\alpha)^n$ の基底 $<\boldsymbol{y}_1, \boldsymbol{y}_2, \cdots, \boldsymbol{y}_n>$ による表現行列が

$$B = \left(\begin{array}{ccc|cccc} 0 & \cdots & 0 & * & \cdots & * & \\ \vdots & \ddots & \vdots & * & \cdots & * & \\ 0 & \cdots & 0 & * & \cdots & * & \\ \hline 0 & \cdots & 0 & \gamma_{s+1}^n & * & \cdots & * \\ \vdots & & \vdots & 0 & \ddots & \ddots & \vdots \\ \vdots & & \vdots & \vdots & \ddots & \ddots & * \\ 0 & \cdots & 0 & 0 & \cdots & 0 & \gamma_n^n \end{array}\right)$$

であることを意味する．$\gamma_k \neq 0 \quad (k = s+1, s+2, \cdots, n)$ だったから $\mathrm{rank}B = n - s$ である．よって定理 B.51 から

$$\dim W(\alpha) = \dim \mathrm{Ker}(f-\alpha)^n = n - \mathrm{rank}(f-\alpha)^n = n - \mathrm{rank}B = s.$$

(4) $V_k = W(\alpha_1) + \cdots + W(\alpha_k)\,(k = 2, 3, \cdots, l)$ が直和であることを帰納法で示す．$k=2$ のときは (2) から明らか．$k-1$ まで正しいと仮定する．

$$\boldsymbol{z}_1 + \boldsymbol{z}_2 + \boldsymbol{z}_3 + \cdots + \boldsymbol{z}_k = \boldsymbol{0}, \boldsymbol{z}_j \in W(\alpha_j) \Longrightarrow \boldsymbol{z}_1 = \boldsymbol{z}_2 = \cdots = \boldsymbol{z}_k = \boldsymbol{0}$$

を示す．両辺に $(f-\alpha_k)^n$ を作用させると，$(f-\alpha_k)^n(\boldsymbol{z}_k) = \boldsymbol{0}$ だから，

$$(f-\alpha_k)^n(\boldsymbol{z}_1) + (f-\alpha_k)^n(\boldsymbol{z}_2) + \cdots + (f-\alpha_k)^n(\boldsymbol{z}_{k-1}) = \boldsymbol{0}.$$

ここで，(1) より各 $W(\alpha_j)$ が $f-$ 不変部分空間であることに注意すれば，$(f-\alpha_k)(\boldsymbol{z}_j) = f(\boldsymbol{z}_j) - \alpha_k \boldsymbol{z}_j \in W(\alpha_j)$, $(f-\alpha_k)^2(\boldsymbol{z}_j) = (f-\alpha_k)\left((f-\alpha_k)(\boldsymbol{z}_j)\right) \in W(\alpha_j)$. これを繰り返せば，

$$(f-\alpha_k)^n(\boldsymbol{z}_j) \in W(\alpha_j)\,(j = 1, 2, \cdots, k-1)$$

がわかる．よって帰納法の仮定「V_{k-1} は $W(\alpha_j)\,(j = 1, 2, \cdots, k-1)$ の直和である」を用いると，$(f-\alpha_k)^n(\boldsymbol{z}_j) = \boldsymbol{0}\,(j = 1, 2, \cdots, k-1)$ より $\boldsymbol{z}_j \in W(\alpha_k)\,(j = 1, 2, \cdots, k-1)$ がえられる．よって (2) の結果から $\boldsymbol{z}_j \in W(\alpha_k) \cap W(\alpha_j) = \{\boldsymbol{0}\}\,(j = 1, 2, \cdots, k-1)$ がわかり，$\boldsymbol{z}_1 + \boldsymbol{z}_2 + \boldsymbol{z}_3 + \cdots + \boldsymbol{z}_k = \boldsymbol{0}$ より $\boldsymbol{z}_k = \boldsymbol{0}$ となり，V_k が $W(\alpha_j)\,(j = 1, 2, \cdots, k)$ の直和であることがわかった．よって帰納法から $V_l = W(\alpha_1) + \cdots + W(\alpha_l)$ は直和になっている．最後に $V = W(\alpha_1) \oplus W(\alpha_2) \oplus \cdots \oplus W(\alpha_l)$ を示す．これは (3) の結果から

$$\begin{aligned} \dim[W(\alpha_1) \oplus W(\alpha_2) \oplus \cdots \oplus W(\alpha_l)] &= \dim W(\alpha_1) + \dim W(\alpha_2) + \cdots + \dim W(\alpha_l) \\ &= m_1 + m_2 + \cdots + m_l = n = \dim V \end{aligned}$$

となるので成り立つ． ■

例題 C.18 線形写像 $f : V \to V$ に対してあるベクトル $\boldsymbol{x}(\neq \boldsymbol{0})$ と自然数 l があって，$f^{l-1}(\boldsymbol{x}) \neq \boldsymbol{0}, f^l(\boldsymbol{x}) = \boldsymbol{0}$ が成り立つとする．このとき l 個のベクトル $\boldsymbol{x}, f(\boldsymbol{x}), \cdots, f^{l-1}(\boldsymbol{x})$ は 1 次独立であることを示せ．

証明　$c_0\boldsymbol{x}+c_1f(\boldsymbol{x})+\cdots+c_{l-1}f^{l-1}(\boldsymbol{x})=\boldsymbol{0}$ の両辺に f^{l-1} を作用させると，$f^k(\boldsymbol{x})=\boldsymbol{0}\,(k\geqq l)$ だから，$c_0f^{l-1}(\boldsymbol{x})=\boldsymbol{0}$ となる．$f^{l-1}(\boldsymbol{x})\neq\boldsymbol{0}$ なので $c_0=0$. 後は，順次 $f^{l-2},f^{l-3},\cdots$ を作用させて，$c_2=c_3=\cdots=c_{l-1}=0$ がわかる．■

例題 C.19　線形写像 $f:V\to V$ がある自然数 l に対して $\mathrm{Ker}f^l=\mathrm{Ker}f^{l+1}$ となるならば，$\mathrm{Ker}f^l=\mathrm{Ker}f^{l+1}=\mathrm{Ker}f^{l+2}=\mathrm{Ker}f^{l+3}=\cdots$ が成り立つことを示せ．

証明　$\mathrm{Ker}f^{l+1}=\mathrm{Ker}f^{l+2}$ を示しておけばよい．また $\mathrm{Ker}f^{l+1}\subset\mathrm{Ker}f^{l+2}$ は明らかだから，逆向きの包含関係を示す．$\boldsymbol{x}\in\mathrm{Ker}f^{l+2}$ とする．$f^{l+1}(f(\boldsymbol{x}))=f^{l+2}(\boldsymbol{x})=\boldsymbol{0}$ から $f(\boldsymbol{x})\in\mathrm{Ker}f^{l+1}=\mathrm{Ker}f^l$. よって，$f^{l+1}(\boldsymbol{x})=f^l(f(\boldsymbol{x}))=\boldsymbol{0}$.　ゆえに $\boldsymbol{x}\in\mathrm{Ker}f^{l+1}$. ■

定理 C.20　$\dim V=n$ のとき，線形写像 $f:V\to V$ が，ある自然数 l に対して $f^l=0$ ならば，$f^n=0$ である．特に $\dim W(\alpha_j)=\dim\{\boldsymbol{x};(f-\alpha_j)^n\boldsymbol{x}=\boldsymbol{0}\}=m_j$ ならば，$\left((f-\alpha_j)|_{W(\alpha_j)}\right)^{m_j}=0$ が成り立つ．

証明　$f^n\neq0$ ならば $n+1\leqq k$ である k があり $f^{k-1}\neq0,f^k=0$. よって あるベクトル $\boldsymbol{x}$ があって，$f^{k-1}(\boldsymbol{x})\neq\boldsymbol{0},f^k(\boldsymbol{x})=\boldsymbol{0}$ が成り立つ．このとき例題 C.18 によれば $k(\geqq n+1)$ 個の 1 次独立なベクトルがあることになるが，これは $\dim V=n$ に矛盾する．■

線形写像 $f:V\to V$ が $f^l=0$ となる l が存在するとき**べき零線形写像**という．べき零線形写像の表現行列が，適当な基底を選ぶとジョルダン標準形に変換できることを示す．$J_n(a)$ によって，n 次正方行列で対角成分が全て a，その 1 つ上の斜めの並び $(j,j+1)$ 成分 $(j=1,2,\cdots,n-1)$ が全て 1，その他の成分が 0 であるものを表し，**ジョルダン細胞**とよぶ．

$$J_n(a)=\begin{pmatrix} a & 1 & & \text{\huge 0} \\ & a & 1 & \\ & & \ddots & \ddots & \\ & \text{\huge 0} & & \ddots & 1 \\ & & & & a \end{pmatrix}.$$

定義 C.21　ジョルダン細胞 $J_{n_1}(a_1),\cdots,J_{n_l}(a_l)$ を対角部分に並べた $(n_1+\cdots+n_l)$ 次正方行列を**ジョルダン行列**といい，ジョルダン細胞をこの順に並べるとき $J_{n_1}(a_1)\oplus\cdots\oplus J_{n_l}(a_l)$ と表す．

例 C.22　ジョルダン行列の例を示す．

$$(1)\quad J_2(a)\oplus J_4(b)\oplus J_1(c)=\begin{pmatrix} J_2(a) & & \\ & J_4(b) & \\ & & J_1(c) \end{pmatrix}.$$

$$(2)\quad J_1(a_1)\oplus J_1(a_2)\oplus\cdots\oplus J_1(a_n)=\begin{pmatrix} a_1 & & & \mathbf{0} \\ & a_2 & & \\ & & \ddots & \\ \mathbf{0} & & & \ddots \\ & & & a_n \end{pmatrix}.$$

定理 C.23 V を n 次元複素線形空間とし，線形写像 $f: V\to V$ が $f^n=0$ を満たすならば，V の適当な基底を選ぶと，f の表現行列は $J_{n_1}(0)\oplus\cdots\oplus J_{n_l}(0)\,(n_1+n_2+\cdots+n_l=n)$ となる．

証明 V の次元 m についての帰納法で示す．$m=1$ のとき $f=0$ なので明らか．余分だが $n=2$ のときも証明してみよう．$f=0$ のとき，任意の基底に対して表現行列は，$\begin{pmatrix}0&0\\0&0\end{pmatrix}=J_1(0)\oplus J_1(0)$ となるので成り立つ．$f\neq 0$ のとき，$f(\boldsymbol{x})\neq\mathbf{0}$ となる $\boldsymbol{x}$ をとれば，$\boldsymbol{x}, f(\boldsymbol{x})$ は 1 次独立である．$\dim V=2$ だからこれは基底になっている．$\boldsymbol{y}_1=f(\boldsymbol{x}),\ \boldsymbol{y}_2=\boldsymbol{x}$ とおくと

$$(f(\boldsymbol{y}_1), f(\boldsymbol{y}_2))=(f^2(\boldsymbol{x}), f(\boldsymbol{x}))=(\mathbf{0},\boldsymbol{y}_1)=(\boldsymbol{y}_1,\boldsymbol{y}_2)\begin{pmatrix}0&1\\0&0\end{pmatrix}$$

から，基底 $<\boldsymbol{y}_1,\boldsymbol{y}_2>$ に関する表現行列がジョルダン行列 $J_2(0)$ になる．

さて $m=n-1$ まで正しいと仮定し，$\dim V=n$ の場合を示す．$f=0$ のとき表現行列は零行列なので正しい．$f\neq 0$ とする．$f^{k-1}\neq 0,\ f^k=0\,(2\leqq k\leqq n)$ となる k がある．$f^{k-1}(\boldsymbol{x})\neq\mathbf{0}$ となる $\boldsymbol{x}$ をとると，$\boldsymbol{x}, f(\boldsymbol{x}),\cdots, f^{k-1}(\boldsymbol{x})$ は 1 次独立である．$k=n$ のときは，$\boldsymbol{y}_j=f^{n-j}(\boldsymbol{x})\,(j=1,2,\cdots,n)$ とおくと基底 $<\boldsymbol{y}_1,\boldsymbol{y}_2,\cdots,\boldsymbol{y}_n>$ に対して

$$\begin{aligned}(f(\boldsymbol{y}_1), f(\boldsymbol{y}_2),\cdots, f(\boldsymbol{y}_n))&=(f^n(\boldsymbol{x}), f^{n-1}(\boldsymbol{x}),\cdots, f(\boldsymbol{x}))=(\mathbf{0},\boldsymbol{y}_1,\cdots,\boldsymbol{y}_{n-1})\\&=(\boldsymbol{y}_1,\boldsymbol{y}_2,\cdots,\boldsymbol{y}_n)J_n(0)\end{aligned}$$

となるから，表現行列はジョルダン行列 $J_n(0)$ となる．次に $k<n$ のときを考える．

$$W=\mathrm{L.h.}[\boldsymbol{y}_1,\boldsymbol{y}_2,\cdots,\boldsymbol{y}_k],\quad \boldsymbol{y}_j=f^{k-j}(\boldsymbol{x})\,(j=1,2,\cdots,k),\quad \mathcal{E}_0=<\boldsymbol{y}_1,\boldsymbol{y}_2,\cdots,\boldsymbol{y}_k>$$

とする．W は $f-$ 不変部分空間で $\dim W=k$ である．実際，$\boldsymbol{y}_j=f^{k-j}(\boldsymbol{x})\,(j=1,2,\cdots,k)$ から，$f(\boldsymbol{y}_1)=f^k(\boldsymbol{x})=\mathbf{0}, f(\boldsymbol{y}_2)=f^{k-1}(\boldsymbol{x})=\boldsymbol{y}_1, f(\boldsymbol{y}_3)=f^{k-2}(\boldsymbol{x})=\boldsymbol{y}_2,\cdots$ となっているからである．V の部分空間 U を次のように決める．

(1) U は $f-$ 不変部分空間である．
(2) $U\cap W=\{\mathbf{0}\}$.
(3) U は (1)(2) を満たすものの中で次元が最大である．

上の条件 (1), (2) を満たすものは，例えば $\{\mathbf{0}\}$ がある．よって条件を満たす U は必ず存在する（一意的ではない）．U の作り方から $U+W$ は直和になっている．この U について，$V=$

$W \oplus U$ と $V \neq W \oplus U$ の場合がある．まず $V = W \oplus U$ のときを考える．U, W は $f-$ 不変で，$f|_W : W \to W$ の基底 $\mathcal{E}_0$ に関する表現行列は，$k = n$ の場合と同様にして，$J_k(0)$ である．また $f|_U : U \to U\,(\dim U = n-k)$ は，$f^n = 0$ より $(f|_U)^{n-k} = 0$ となっている．帰納法の仮定から U の適当な基底 $\mathcal{E}_1$ を選べば，この基底に関する $f|_U$ の表現行列はジョルダン行列

$$A_1 = J_{n_1}(0) \oplus \cdots \oplus J_{n_s}(0) \quad (n_1 + n_2 + \cdots + n_s = n-k)$$

の形となる．よって V の基底 $< \mathcal{E}_0, \mathcal{E}_1 >$ に関する f の表現行列は，$J_k(0) \oplus A_1$ となって $\dim V = n$ の場合が示されたことになる．次に，$V \neq W \oplus U$ は起こりえないことを示す．そこで $V \neq W \oplus U$ と仮定する．このとき $\boldsymbol{a} \in V, \boldsymbol{a} \notin W \oplus U$ となる $\boldsymbol{a}$ がある．$f^k = 0$ より $f^k(\boldsymbol{a}) = \boldsymbol{0}$ である．$\boldsymbol{a} \notin W \oplus U, f^k(\boldsymbol{a}) = \boldsymbol{0} \in W \oplus U$ となっているから，ある番号 $p(1 \leqq p \leqq k)$ をみつけて $f^{p-1}(\boldsymbol{a}) \notin W \oplus U, f^p(\boldsymbol{a}) \in W \oplus U$ とできる．そこで

$$f^p(\boldsymbol{a}) = c_1\boldsymbol{y}_1 + c_2\boldsymbol{y}_2 + \cdots + c_k\boldsymbol{y}_k + \boldsymbol{u}, \quad \boldsymbol{u} \in U$$

と表す．両辺に f^{k-1} を作用させる．$p+k-1 \geqq k, f^k = 0$ より $f^{p+k-1}(\boldsymbol{a}) = \boldsymbol{0}$．一方，$\boldsymbol{y}_j = f^{k-j}(\boldsymbol{x})$ だったから $f^{k-1}(\boldsymbol{y}_j) = f^{2k-1-j}(\boldsymbol{x})$ で，$2k-1-j \geqq k \Longleftrightarrow j \leqq k-1$ から，$f^{k-1}(\boldsymbol{y}_j) = \boldsymbol{0}\,(j = 1, 2, \cdots, k-1), f^{k-1}(\boldsymbol{y}_k) = f^{k-1}(\boldsymbol{x}) = \boldsymbol{y}_1$．これより $\boldsymbol{0} = c_k\boldsymbol{y}_1 + f^{k-1}(\boldsymbol{u})$ がえられる．$c_k\boldsymbol{y}_1 \in W, f^{k-1}(\boldsymbol{u}) \in U$ だから，直和空間 $W \oplus U$ の表現の一意性より $c_k\boldsymbol{y}_1 = \boldsymbol{0}$. ゆえに $c_k = 0$．よって

$$f^p(\boldsymbol{a}) = c_1\boldsymbol{y}_1 + c_2\boldsymbol{y}_2 + \cdots + c_{k-1}\boldsymbol{y}_{k-1} + \boldsymbol{u} \qquad \cdots (*)$$

の形である．そこで $\boldsymbol{b} = f^{p-1}(\boldsymbol{a}) - c_1\boldsymbol{y}_2 - c_2\boldsymbol{y}_3 - \cdots - c_{k-1}\boldsymbol{y}_k$ とおくと，

$$\boldsymbol{b} \notin W \oplus U \qquad \cdots (**)$$

である．実際，$\boldsymbol{b} \in W \oplus U$ とすると

$$W \oplus U \not\ni f^{p-1}(\boldsymbol{a}) = \boldsymbol{b} + c_1\boldsymbol{y}_2 + c_2\boldsymbol{y}_3 + \cdots + c_{k-1}\boldsymbol{y}_k \in W \oplus U$$

となり矛盾する．また $f(\boldsymbol{y}_j) = f^{k+1-j}(\boldsymbol{x}) = \boldsymbol{y}_{j-1}\,(j = 2, 3, \cdots, k)$ と $(*)$ から，

$$f(\boldsymbol{b}) = \boldsymbol{u} \in U \qquad \cdots (***)$$

となる．そこで $U_1 = U \oplus \mathrm{L.h.}[\boldsymbol{b}]$ とおく．直和になることは $(**)$ からわかる．よって $\dim U_1 = \dim U + 1$ である．U_1 は $(***)$ から $f-$ 不変でもある．さらに $U_1 \cap W = \{\boldsymbol{0}\}$ でもある．実際，$\boldsymbol{v} \in U_1 \cap W$ とする．$\boldsymbol{v} = \boldsymbol{u}_1 + c\boldsymbol{b}\,(\boldsymbol{u}_1 \in U, c \in \mathbb{C})$ と表すと，$c\boldsymbol{b} = \boldsymbol{v} - \boldsymbol{u}_1 \in W + U = W \oplus U$ となるが $(**)$ から $c = 0$ でなければならない．これより $\boldsymbol{v} = \boldsymbol{u}_1 \in U$ がわかり，$W \oplus U$ が直和になっていることから $\boldsymbol{v} \in W \cap U = \{\boldsymbol{0}\}$. ゆえに $\boldsymbol{v} = \boldsymbol{0}$ となる．以上より U_1 は U を決めた条件 (1), (2) を満たし，U より次元が大きいから U の決め方に矛盾する．これで $V \neq W \oplus U$ の場合は起こらないことが示された．よって $\dim V = n$ の場合が示されたことになるので，帰納法から定理は証明された． ■

定理 C.24　べき零線形写像 f の固有値は 0 のみである．

証明 $f(\boldsymbol{x}) = a\boldsymbol{x}, \boldsymbol{x} \neq \boldsymbol{0} \Longrightarrow \boldsymbol{0} = f^n(\boldsymbol{x}) = a^n\boldsymbol{x}$. ゆえに $a = 0$. ■

定理 C.25 べき零線形写像 f のジョルダン表現行列 A には $J_k(a)\,(a \neq 0)$ の形のジョルダン細胞は現れない.

証明 $A = J_{n_1}(a_1) \oplus \cdots \oplus J_{n_l}(a_l)$ の形ならば, $|A - \lambda| = (a_1 - \lambda)^{n_1} \cdots (a_l - \lambda)^{n_l}$ より f の固有値が $a_1, \cdots, a_l$ となるから $J_k(a)\,(a \neq 0)$ の形のジョルダン 細胞は現れない. ■

定理 C.26 n 次元複素線形空間 V 上の線形写像 $f : V \to V$ が $f^n = 0$ を満たすとする. f の表現行列をジョルダン行列に変換したとき, ジョルダン行列はジョルダン細胞の並べ方を除けば一意的に定まる.

証明 $f \neq 0$ の場合に示せばよい. このとき $f^{k-1} \neq 0, f^k = 0\,(2 \leqq k \leqq n)$ となる k が唯一つ定まる. f を表現するジョルダン行列を $A = J_{n_1}(0) \oplus \cdots \oplus J_{n_l}(0)$ とする. まず A のジョルダン細胞は k 次以下であることに注意する.

$$n_j \leqq k, \quad (j = 1, 2, \cdots, l). \qquad \cdots(*)$$

実際, $0 = A^k = J_{n_1}(0)^k \oplus \cdots \oplus J_{n_l}(0)^k$ であり,

$$\mathrm{rank} J_n(0)^l = \begin{cases} n - l & (1 \leqq l \leqq n-1) \\ 0 & (l \geqq n) \end{cases} \qquad \cdots(**)$$

から $(*)$ がわかる. そこで A の j 次ジョルダン細胞の個数を $m_j\,(1 \leqq j \leqq k)$ とし, $r_p = \mathrm{rank} A^p = \mathrm{rank} f^p$ とおく. $r_0 = n, r_p = 0\,(p \geqq k)$ である. $m_j (1 \leqq j \leqq k)$ が n と, f から決まる $r_p (1 \leqq p \leqq k-1)$ で表されることをいえばよい. まず A は $n \times n$ 行列で, j 次ジョルダン細胞が各 m_j 個あるから $r_0 = n = m_1 + 2m_2 + \cdots + km_k$ が成り立つ. 次に

$$A^p = J_{n_1}(0)^p \oplus \cdots \oplus J_{n_l}(0)^p$$

なので, $(**)$ よりランクが $j - p$ となった j 次ジョルダン細胞を p 乗したものが各 m_j 個あるから

$$r_p = m_{p+1} + 2m_{p+2} + \cdots + (k-p)m_k \qquad \cdots(***)$$

がえられる. 同様にして

$$r_{p-1} = m_p + 2m_{p+1} + \cdots + (k-p+1)m_k \qquad \cdots(****)$$

であるから $(***)$ と $(****)$ より $m_p + m_{p+1} + \cdots + m_k = r_{p-1} - r_p$ となる. よって
$m_p = r_{p-1} - 2r_p + r_{p+1}$ がえられ, ジョルダン細胞の個数は f のべき乗のランクから決まることがわかった. ■

定理 C.27　V を n 次元複素線形空間，$f : V \to V$ をただ一つの固有値 α（n 重根）をもつ線形写像とする．このとき V の適当な基底を選ぶと f の表現行列はジョルダン行列 $J_{n_1}(\alpha) \oplus \cdots \oplus J_{n_l}(\alpha)$ となり，これはジョルダン細胞の並べ方を除いて一意的である．

証明　f のある基底による表現行列を A とすると $f - \alpha$ の表現行列は，$A - \alpha E$ である．また f の固有値は α だけなので $V = W(\alpha) = \mathrm{Ker}(f - \alpha)^n$．すなわち $f - \alpha$ はべき零線形写像である．よって適当な正則行列 P をとれば

$$P^{-1}(A - \alpha E)P = J_{n_1}(0) \oplus \cdots \oplus J_{n_l}(0)$$

と変形できる．右辺のジョルダン細胞は並べ方を除いて一意的に定まる．よって

$$J_{n_1}(0) \oplus \cdots \oplus J_{n_l}(0) + \alpha E = J_{n_1}(\alpha) \oplus \cdots \oplus J_{n_l}(\alpha)$$

となることに注意すれば，$P^{-1}AP = J_{n_1}(\alpha) \oplus \cdots \oplus J_{n_l}(\alpha)$ とジョルダン標準形に変形できた．また右辺のジョルダン細胞は，並べ方を除いて一意である．　■

定理 C.28　n 次元線形空間 V 上の任意の線形写像 f に対し，V の適当な基底 $\mathcal{E}$ を選べば f の表現行列はジョルダン行列になる．これはジョルダン細胞の並べ方を除いて一意的である．

証明　$f : V \to V$ の相異なる固有値を $\alpha_1, \alpha_2, \cdots, \alpha_l \ (1 \leqq l \leqq n)$ とする．V は f− 不変な一般固有空間 $W(\alpha_j)(j = 1, 2, \cdots, l)$ の直和に分解される．

$$V = W(\alpha_1) \oplus W(\alpha_2) \oplus \cdots \oplus W(\alpha_l),\ W(\alpha_j) = \mathrm{Ker}(f - \alpha_j)^n.$$

f を各 $W(\alpha_j)\ (j = 1, 2, \cdots, l)$ に制限した写像 $f|_{W(\alpha_j)} : W(\alpha_j) \to W(\alpha_j)$ を考える．$f|_{W(\alpha_j)}$ は固有値 α_j のみをもつ．実際，$f(\boldsymbol{x}) = a\boldsymbol{x}, \boldsymbol{x}(\neq \boldsymbol{0})$ ならば $(f - \alpha_j)(\boldsymbol{x}) = (a - \alpha_j)\boldsymbol{x}$ から，$\boldsymbol{0} = (f - \alpha_j)^n(\boldsymbol{x}) = (a - \alpha_j)^n\boldsymbol{x}$．ゆえに $a = \alpha_j$ となる．よって $f|_{W(\alpha_j)}$ は $W(\alpha_j)$ の基底 $\mathcal{E}_j$ をうまく選ぶとその表現行列 A_j はジョルダン行列 $A_j = J_{n_1}(\alpha_j) \oplus \cdots \oplus J_{n_j}(\alpha_j)$ の形となりそのジョルダン細胞は一意的に定まる．そこで各 $W(\alpha_j)$ から選んだ基底 $\mathcal{E}_j$ を並べて V の基底 $< \mathcal{E}_1, \mathcal{E}_2, \cdots, \mathcal{E}_l >$ を作れば，この基底に関する表現行列 A は

$$A = A_1 \oplus A_2 \oplus \cdots \oplus A_l$$

となりジョルダン行列である．また

$$f = f|_{W(\alpha_1)} \oplus f|_{W(\alpha_2)} \oplus \cdots \oplus f|_{W(\alpha_l)}$$

だから各 $f|_{W(\alpha_j)}$ のジョルダン細胞は一意的に定まっているから f のジョルダン表現行列はジョルダン細胞の並べ方を除けば一意的である．　■

これまでのジョルダン標準形に関する議論では複素線形空間で議論した．よって実行列 A に対しても $\mathbb{C}^n$ 上の線形写像と考えている．しかし A の固有値が全て実数の場合は実正則行列 P をと

ることができ，$P^{-1}AP$ が実ジョルダン 行列になるように変形できる．例えば A を 3×3 実行列とし，$P^{-1}AP=\begin{pmatrix} a & 1 & 0\\ 0 & a & 1\\ 0 & 0 & a\end{pmatrix}$ $(a\in\mathbb{R})$ とジョルダン行列に変形できたとする．このとき P は，$P=(\boldsymbol{p}_1,\boldsymbol{p}_2,\boldsymbol{p}_3)$ とおくと，

$$(A\boldsymbol{p}_1,A\boldsymbol{p}_2,A\boldsymbol{p}_3)=AP=P\begin{pmatrix} a & 1 & 0\\ 0 & a & 1\\ 0 & 0 & a\end{pmatrix}=(a\boldsymbol{p}_1,\boldsymbol{p}_1+a\boldsymbol{p}_2,\boldsymbol{p}_2+a\boldsymbol{p}_3).$$

よって $\boldsymbol{p}_1,\boldsymbol{p}_2,\boldsymbol{p}_3$ は連立方程式 $\begin{cases}(A-a)\boldsymbol{p}_1=\boldsymbol{0}\\ (A-a)\boldsymbol{p}_2=\boldsymbol{p}_1\\ (A-a)\boldsymbol{p}_3=\boldsymbol{p}_2\end{cases}$ を解いてえられるが，係数が全て実数なので実数の範囲で解が求まるからである．

C.3　小さなサイズの行列の標準形

行列のサイズが小さいときに，標準形に直す手続きを考えよう．特に変換行列 P を作る手順をマニュアル化したい．定理 C.17 より行列は各広義固有空間に制限したものの直和であるから，次元が低い広義固有空間上で分類しておけばよい．

C.3.1　2 次元

定理 C.29　V を 2 次元複素線形空間，線形写像 $N:V\to V$ は $N^2=0$ を満たすとする．このとき部分空間 W_1,W_2 が存在し，

(1) $V=W_2\oplus\mathrm{Ker}N$,　(2) $\mathrm{Ker}N=NW_2\oplus W_1$

とできる．ここで $NW_2=\{N\boldsymbol{x};\boldsymbol{x}\in W_2\}$ である．

証明　定理 B.30 より $V=W_2\oplus\mathrm{Ker}N$ となる部分空間 W_2 がある．$N^2=0$ より $NW_2\subset\mathrm{Ker}N$ である．よって再び定理 B.30 より $\mathrm{Ker}N=NW_2\oplus W_1$ となる部分空間 W_1 がある．■

V が 2 次元の場合の線形写像 $N:V\to V$ のジョルダン標準形を以下の手順で求めてみよう．

[1]　定理 C.29 の仮定のもとで，$V=\mathbb{C}^2, a=\dim W_2, b=\dim W_1$ とおく．$a=\dim NW_2$ であるから $2a+b=2, \dim\mathrm{Ker}N=a+b$ である．$a,b\geqq 0$ のもとでは，$(a,b)=(1,0),(0,2)$ の場合しか起こらない．$N=A-\alpha$ とする．

[2]　$(a,b)=(1,0)$ の場合

$$V=W_2\oplus\mathrm{Ker}(A-\alpha),\quad \mathrm{Ker}(A-\alpha)=NW_2,\quad \dim\mathrm{Ker}(A-\alpha)=1$$

となっている．そこで $\mathrm{Ker}(A-\alpha)=\mathrm{L.h.}[\boldsymbol{f}]$ とする．このとき $(A-\alpha)\boldsymbol{g}=\boldsymbol{f},\boldsymbol{g}\in W_2$ を満たす $\boldsymbol{g}$ がとれる．$\boldsymbol{f},\boldsymbol{g}$ は 1 次独立になっている．$A(\boldsymbol{f},\boldsymbol{g})=(\alpha\boldsymbol{f},\alpha\boldsymbol{g}+\boldsymbol{f})=(\boldsymbol{f},\boldsymbol{g})\begin{pmatrix}\alpha & 1\\ 0 & \alpha\end{pmatrix}$

であるから $P=(\boldsymbol{f},\boldsymbol{g})$ は正則で，$P^{-1}AP=J_2(\alpha)$ となる．

[3] $(a,b)=(0,2)$ の場合は，$V=\mathrm{Ker}(A-\alpha)$ となっているので，固有値 α の固有ベクトル $\boldsymbol{f},\boldsymbol{g}$ で V の基底を作ることができる．そして $P=(\boldsymbol{f},\boldsymbol{g})$ は正則で，

$$P^{-1}AP=P^{-1}(A\boldsymbol{f},A\boldsymbol{g})=P^{-1}(\alpha\boldsymbol{f},\alpha\boldsymbol{g})=\alpha P^{-1}P=\alpha E$$

となる．よって，$A=\alpha E$ である．

C.3.2　3 次元

定理 C.30　V を 3 次元複素線形空間，線形写像 $N:V\to V$ は $N^3=0$ を満たすとする．このとき部分空間 W_1,W_2,W_3 が存在し，

(1) $V=W_3\oplus\mathrm{Ker}N^2$　(2) $\mathrm{Ker}N^2=NW_3\oplus W_2\oplus\mathrm{Ker}N$
(3) $\mathrm{Ker}N=N^2W_3\oplus NW_2\oplus W_1$

とできる．

証明　定理 B.30 より $V=W_3\oplus\mathrm{Ker}N^2$ となる部分空間 W_3 がある．$N^3=0$ より $NW_3\subset\mathrm{Ker}N^2$ である．また $\mathrm{Ker}N\subset\mathrm{Ker}N^2$ であり，$NW_3\cap\mathrm{Ker}N=\{\boldsymbol{0}\}$ である．実際 $\boldsymbol{x}\in NW_3\cap\mathrm{Ker}N$ とすると，$\boldsymbol{x}=N\boldsymbol{y}\,(\boldsymbol{y}\in W_3)$ と表せるが，$\boldsymbol{0}=N\boldsymbol{x}=N^2\boldsymbol{y}$ より $\boldsymbol{y}\in W_3\cap\mathrm{Ker}N^2=\{\boldsymbol{0}\}$. ゆえに $\boldsymbol{x}=N\boldsymbol{y}=N\boldsymbol{0}=\boldsymbol{0}$ がえられるからである．よって直和になっており，$NW_3\oplus\mathrm{Ker}N\subset\mathrm{Ker}N^2$ が成り立つ．そこで再び定理 B.30 より $\mathrm{Ker}N^2=NW_3\oplus W_2\oplus\mathrm{Ker}N$ となる部分空間 W_2 がある．

$$N^2W_3\oplus NW_2\subset\mathrm{Ker}N \qquad\cdots(*)$$

を示そう．$NW_3,W_2\subset\mathrm{Ker}N^2$ より $N^2W_3+NW_2\subset\mathrm{Ker}N$ は明らか．$\boldsymbol{x}\in N^2W_3\cap NW_2$ とすると，$\boldsymbol{x}=N^2\boldsymbol{y}=N\boldsymbol{z}$ となる $\boldsymbol{y}\in W_3,\boldsymbol{z}\in W_2$ がある．これより $N(N\boldsymbol{y}-\boldsymbol{z})=\boldsymbol{0}$. ゆえに $N\boldsymbol{y}-\boldsymbol{z}=\boldsymbol{w}\in\mathrm{Ker}N$. よって $N(-\boldsymbol{y})+\boldsymbol{z}+\boldsymbol{w}=\boldsymbol{0}$ となるから，$\mathrm{Ker}N^2$ での直和分解の一意性より $N(-\boldsymbol{y})=\boldsymbol{z}=\boldsymbol{w}=\boldsymbol{0}$ がえられる．これより $\boldsymbol{x}=N\boldsymbol{z}=N\boldsymbol{0}=\boldsymbol{0}$ である．以上から $(*)$ が示されたから，定理 B.30 より $\mathrm{Ker}N=N^2W_3\oplus NW_2\oplus W_1$ を満たす W_1 をみつけることができる．■

V が 3 次元の場合の線形写像 $N:V\to V$ のジョルダン標準形を以下の手順で求めてみよう．

[1] 定理 C.30 の仮定のもとで，$V=\mathbb{C}^3, a=\dim W_3, b=\dim W_2, c=\dim W_1$ とおく．$a=\dim NW_3=\dim N^2W_3, b=\dim NW_2$ であるから $3a+2b+c=3$, $\dim\mathrm{Ker}N=a+b+c$ が成り立つ．$a,b,c\geqq 0$ のもとでは，

$$(a,b,c)=(1,0,0),(0,1,1),(0,0,3)$$

の場合が起こる．$N=A-\alpha$ とする．

[2] $(a,b,c)=(1,0,0)$ の場合

$$V=W_3\oplus(A-\alpha)W_3\oplus(A-\alpha)^2W_3,\quad \mathrm{Ker}(A-\alpha)=(A-\alpha)^2W_3,\quad \dim\mathrm{Ker}(A-\alpha)=1$$

となっている．そこで $\mathrm{Ker}(A-\alpha)=\mathrm{L.h.}[\boldsymbol{f}]$ とする．このとき

$$(A-\alpha)\boldsymbol{g}=\boldsymbol{f}\ (\boldsymbol{g}\in(A-\alpha)W_3),\quad (A-\alpha)\boldsymbol{h}=\boldsymbol{g}\ (\boldsymbol{h}\in W_3)$$

を満たす $\boldsymbol{g},\boldsymbol{h}$ が順次定まる．V の直和分解から $\boldsymbol{f},\boldsymbol{g},\boldsymbol{h}$ は 1 次独立である．$A\boldsymbol{f}=\alpha\boldsymbol{f}, A\boldsymbol{g}=\boldsymbol{f}+\alpha\boldsymbol{g}, A\boldsymbol{h}=\boldsymbol{g}+\alpha\boldsymbol{h}$ であるから

$$A(\boldsymbol{f},\boldsymbol{g},\boldsymbol{h})=(\alpha\boldsymbol{f},\boldsymbol{f}+\alpha\boldsymbol{g},\boldsymbol{g}+\alpha\boldsymbol{h})=(\boldsymbol{f},\boldsymbol{g},\boldsymbol{h})\begin{pmatrix}\alpha&1&0\\0&\alpha&1\\0&0&\alpha\end{pmatrix}$$

となり，正則行列 $P=(\boldsymbol{f},\boldsymbol{g},\boldsymbol{h})$ を用いて，$P^{-1}AP=J_3(\alpha)$ がえられる．

[3] $(a,b,c)=(0,1,1)$ の場合

$$V=W_2\oplus[(A-\alpha)W_2]\oplus W_1,\quad \mathrm{Ker}(A-\alpha)=[(A-\alpha)W_2]\oplus W_1,\quad \dim\mathrm{Ker}(A-\alpha)=2$$

となっている．そこで $\mathrm{Ker}(A-\alpha)=\mathrm{L.h.}[\boldsymbol{f},\boldsymbol{g}]$ とする．まず $(c_1,c_2)\neq(0,0)$ を，方程式 $(A-\alpha)\boldsymbol{h}=c_1\boldsymbol{f}+c_2\boldsymbol{g}$ の解 $\boldsymbol{h}$ が存在するように決める．そして解 $\boldsymbol{h}$ を 1 つ定め，$\boldsymbol{f}_1=c_1\boldsymbol{f}+c_2\boldsymbol{g}$ とおく．次に解 $\boldsymbol{f}_1,\boldsymbol{g}_1$ が $\mathrm{Ker}(A-\alpha)$ の基底となるように $\boldsymbol{g}_1$ を定める．このとき $\boldsymbol{h},\boldsymbol{f}_1,\boldsymbol{g}_1$ は 1 次独立である．実際

$$a\boldsymbol{h}+b\boldsymbol{f}_1+c\boldsymbol{g}_1=\boldsymbol{0}\qquad\cdots(*)$$

とする．$(*)$ の両辺に $(A-\alpha)$ をかける．

$$(A-\alpha)\boldsymbol{h}=\boldsymbol{f}_1,\quad (A-\alpha)\boldsymbol{f}_1=\boldsymbol{0},\quad (A-\alpha)\boldsymbol{g}_1=\boldsymbol{0}$$

より $a\boldsymbol{f}_1=\boldsymbol{0}$ となり，$a=0$ がわかる．これを $(*)$ に代入すると $b\boldsymbol{f}_1+c\boldsymbol{g}_1=\boldsymbol{0}$ となり $\boldsymbol{f}_1,\boldsymbol{g}_1$ は 1 次独立なので，$b=c=0$ がえられる．以上から $A\boldsymbol{f}_1=\alpha\boldsymbol{f}_1, A\boldsymbol{h}=\alpha\boldsymbol{h}+\boldsymbol{f}_1, A\boldsymbol{g}_1=\alpha\boldsymbol{g}_1$ であるから

$$A(\boldsymbol{f}_1,\boldsymbol{h},\boldsymbol{g}_1)=(\alpha\boldsymbol{f}_1,\boldsymbol{f}_1+\alpha\boldsymbol{h},\alpha\boldsymbol{g}_1)=(\boldsymbol{f}_1,\boldsymbol{h},\boldsymbol{g}_1)\left(\begin{array}{cc|c}\alpha&1&0\\0&\alpha&0\\\hline 0&0&\alpha\end{array}\right)$$

がえられる．よって正則行列 $P=(\boldsymbol{f}_1,\boldsymbol{h},\boldsymbol{g}_1)$ を用いて，$P^{-1}AP=J_2(\alpha)\oplus J_1(\alpha)$ となる．$\boldsymbol{f}_1\in(A-\alpha)W_2, \boldsymbol{h}\in W_2, \boldsymbol{g}_1\notin(A-\alpha)W_2$ となるようにすればよいから，以上のことは可能である．

[4] $(a,b,c)=(0,0,3)$ の場合は，$V=\mathrm{Ker}(A-\alpha)$ となっている．よって固有値 α の固有ベクトル $\boldsymbol{f},\boldsymbol{g},\boldsymbol{h}$ で V の基底を作ることができる．そして $P=(\boldsymbol{f},\boldsymbol{g},\boldsymbol{f})$ は正則で，$P^{-1}AP=\alpha E$ となるから $A=\alpha E$ である．

C.3.3　4 次元

> **定理 C.31**　V を 4 次元複素線形空間，線形写像 $N : V \to V$ は $N^4 = 0$ を満たすとする．このとき部分空間 W_1, W_2, W_3, W_4 が存在し，
>
> (1) $V = W_4 \oplus \mathrm{Ker}N^3$　(2) $\mathrm{Ker}N^3 = NW_4 \oplus W_3 \oplus \mathrm{Ker}N^2$
> (3) $\mathrm{Ker}N^2 = N^2W_4 \oplus NW_3 \oplus W_2 \oplus \mathrm{Ker}N$　(4) $\mathrm{Ker}N = N^3W_4 \oplus N^2W_3 \oplus NW_2 \oplus W_1$
>
> とできる．

証明　定理 B.30 より $V = W_4 \oplus \mathrm{Ker}N^3$ となる部分空間 W_4 がある．$N^4 = 0$ より $NW_4 \subset \mathrm{Ker}N^3$ である．また $\mathrm{Ker}N^2 \subset \mathrm{Ker}N^3$ なので，これらの和空間 U も $\mathrm{Ker}N^3$ の部分空間である．定理 B.30 より $\mathrm{Ker}N^2 = U \oplus W_3$ となる部分空間 W_3 がある．右辺は直和 $NW_4 \oplus W_3 \oplus \mathrm{Ker}N^2$ である．実際，

$$\boldsymbol{x} + N\boldsymbol{y} + \boldsymbol{z} = \boldsymbol{0} \quad (\boldsymbol{x} \in \mathrm{Ker}N^2, \boldsymbol{y} \in W_4, \boldsymbol{z} \in W_3)$$

とする．このとき $\boldsymbol{x} + N\boldsymbol{y} = -\boldsymbol{z} \in U \cap W_3 = \{\boldsymbol{0}\}$ より $\boldsymbol{x} + N\boldsymbol{y} = -\boldsymbol{z} = \boldsymbol{0}$ である．これより $\boldsymbol{x} \in \mathrm{Ker}N^2$ なので

$$N^3\boldsymbol{y} = -N^2\boldsymbol{x} = \boldsymbol{0} \Longrightarrow \boldsymbol{y} \in W_4 \cap \mathrm{Ker}N^3 = \{\boldsymbol{0}\} \Longrightarrow \boldsymbol{y} = \boldsymbol{0}$$

がいえて，$\boldsymbol{x} = -N\boldsymbol{y} = \boldsymbol{0}$ がえられる．よって $\mathrm{Ker}N^3 = NW_4 \oplus W_3 \oplus \mathrm{Ker}N^2$ がわかった．以後同様に進める．和空間 $U_1 = N^2W_4 + NW_3 + \mathrm{Ker}N$ は $U_1 \subset \mathrm{Ker}N^2$ を満たすから，$\mathrm{Ker}N^2 = U_1 \oplus W_2$ が成り立つような部分空間 W_2 がある．U_1 が直和であることを示す．

$$N^2\boldsymbol{y} + N\boldsymbol{z} + \boldsymbol{x} = \boldsymbol{0} \quad (\boldsymbol{y} \in W_4, \boldsymbol{z} \in W_3, \boldsymbol{x} \in \mathrm{Ker}N)$$

とする．$\boldsymbol{x} \in \mathrm{Ker}N$ より $N^2(N\boldsymbol{y} + \boldsymbol{z}) = -N\boldsymbol{x} = \boldsymbol{0}$ がいえるから，$N\boldsymbol{y} + \boldsymbol{z} \in (NW_4 \oplus W_3) \cap \mathrm{Ker}N^2 = \{\boldsymbol{0}\}$. よって $N\boldsymbol{y} + \boldsymbol{z} = \boldsymbol{0}$ となり，$NW_4 \oplus W_3$ は直和なので，$N\boldsymbol{y} = \boldsymbol{z} = \boldsymbol{0}$. ゆえに $N^2\boldsymbol{y} = N\boldsymbol{z} = \boldsymbol{0}$, $\boldsymbol{x} = -(N^2\boldsymbol{y} + N\boldsymbol{z}) = \boldsymbol{0}$ となる．これより $\mathrm{Ker}N^2 = N^2W_4 \oplus NW_3 \oplus W_2 \oplus \mathrm{Ker}N$ が示された．

和空間 $U_2 = N^3W_4 + N^2W_3 + NW_2$ は，$U_2 \subset \mathrm{Ker}N$ を満たすから，$\mathrm{Ker}N = U_2 \oplus W_1$ が成り立つような部分空間 W_1 がある．U_2 が直和であることを示す．

$$N^3\boldsymbol{y} + N^2\boldsymbol{z} + N\boldsymbol{x} = \boldsymbol{0} \quad (\boldsymbol{y} \in W_4, \boldsymbol{z} \in W_3, \boldsymbol{x} \in W_2)$$

とする．$N(N^2\boldsymbol{y} + N\boldsymbol{z} + \boldsymbol{x}) = \boldsymbol{0}$ であるから $N^2\boldsymbol{y} + N\boldsymbol{z} + \boldsymbol{x} = \boldsymbol{w} \in \mathrm{Ker}N$. よって $N^2\boldsymbol{y} + N\boldsymbol{z} + \boldsymbol{x} + (-\boldsymbol{w}) = \boldsymbol{0}$. これより 直和分解 $\mathrm{Ker}N^2 = N^2W_4 \oplus NW_3 \oplus W_2 \oplus \mathrm{Ker}N$ はわかっているから，$N^2\boldsymbol{y} = N\boldsymbol{z} = \boldsymbol{x} = \boldsymbol{w} = \boldsymbol{0}$ となる．ゆえに $N^3\boldsymbol{y} = N^2\boldsymbol{z} = N\boldsymbol{x} = \boldsymbol{0}$. 以上から $\mathrm{Ker}N = N^3W_4 \oplus N^2W_3 \oplus NW_2 \oplus W_1$ がえられた．■

V が 4 次元の場合の線形写像 $N : V \to V$ のジョルダン標準形を以下の手順で求めてみよう．

[1]　定理 C.31 の仮定のもとで，$V = \mathbb{C}^4, a = \dim W_4, b = \dim W_3, c = \dim W_2, d = \dim W_1$ とおく．$a = \dim NW_4 = \dim N^2W_4 = \dim N^3W_4$, $b = \dim NW_3 = \dim N^2W_3$, $c = \dim NW_2$

であるから $4a+3b+2c+d=4$, $\dim \mathrm{Ker} N = a+b+c+d$ が成り立つ．$a,b,c,d \geqq 0$ のもとでは，

$$(a,b,c,d)=(1,0,0,0),(0,1,0,1),(0,0,2,0),(0,0,1,2),(0,0,0,4)$$

の場合が起こる．$N=A-\alpha$ とする．

[2] $(a,b,c,d)=(1,0,0,0)$ の場合

$$V=W_4 \oplus (A-\alpha)W_4 \oplus (A-\alpha)^2 W_4 \oplus (A-\alpha)^3 W_4,\ \mathrm{Ker}(A-\alpha)=(A-\alpha)^3 W_4,$$
$$\dim \mathrm{Ker}(A-\alpha)=1$$

となっている．そこで $\mathrm{Ker}(A-\alpha)=\mathrm{L.h.}[\boldsymbol{f}]$ とする．$A\boldsymbol{f}=\alpha\boldsymbol{f}$ である．このとき

$$(A-\alpha)\boldsymbol{g}=\boldsymbol{f}, \quad \boldsymbol{g}\in (A-\alpha)^2 W_4,$$
$$(A-\alpha)\boldsymbol{h}=\boldsymbol{g}, \quad \boldsymbol{h}\in (A-\alpha) W_4,$$
$$(A-\alpha)\boldsymbol{w}=\boldsymbol{h}, \quad \boldsymbol{w}\in W_4$$

を満たす $\boldsymbol{g},\boldsymbol{h},\boldsymbol{w}$ が順次定まる．V の直和分解から $\boldsymbol{f},\boldsymbol{g},\boldsymbol{h},\boldsymbol{w}$ は 1 次独立である．

$$A\boldsymbol{f}=\alpha\boldsymbol{f}, \quad A\boldsymbol{g}=\boldsymbol{f}+\alpha\boldsymbol{g}, \quad A\boldsymbol{h}=\boldsymbol{g}+\alpha\boldsymbol{h}, \quad A\boldsymbol{w}=\boldsymbol{h}+\alpha\boldsymbol{w}$$

であるから

$$A(\boldsymbol{f},\boldsymbol{g},\boldsymbol{h},\boldsymbol{w})=(\alpha\boldsymbol{f},\boldsymbol{f}+\alpha\boldsymbol{g},\boldsymbol{g}+\alpha\boldsymbol{h},\boldsymbol{h}+\alpha\boldsymbol{w})=(\boldsymbol{f},\boldsymbol{g},\boldsymbol{h},\boldsymbol{w})\begin{pmatrix}\alpha & 1 & 0 & 0\\ 0 & \alpha & 1 & 0\\ 0 & 0 & \alpha & 1\\ 0 & 0 & 0 & \alpha\end{pmatrix}.$$

よって正則行列 $P=(\boldsymbol{f},\boldsymbol{g},\boldsymbol{h},\boldsymbol{w})$ を用いて，$P^{-1}AP=J_4(\alpha)$ となる．

[3] $(a,b,c,d)=(0,1,0,1)$ の場合

$$V=\mathrm{Ker}(A-\alpha)^3=W_3\oplus \mathrm{Ker}(A-\alpha)^2, \quad \mathrm{Ker}(A-\alpha)^2=[(A-\alpha)W_3]\oplus \mathrm{Ker}(A-\alpha),$$

$$\mathrm{Ker}(A-\alpha)=[(A-\alpha)^2 W_3]\oplus W_1, \quad \dim W_3=\dim W_1=1, \quad \dim \mathrm{Ker}(A-\alpha)=2$$

となっている．そこで $\mathrm{Ker}(A-\alpha)=\mathrm{L.h.}[\boldsymbol{f},\boldsymbol{g}]$ とする．まず $(c_1,c_2)\neq(0,0)$ を，方程式

$$(A-\alpha)\boldsymbol{h}=c_1\boldsymbol{f}+c_2\boldsymbol{g}$$

の解 $\boldsymbol{h}$ が存在するように決める．そして解 $\boldsymbol{h}$ を 1 つ定め，$\boldsymbol{f}_1=c_1\boldsymbol{f}+c_2\boldsymbol{g}$ とおく．

$$(A-\alpha)\boldsymbol{w}=\boldsymbol{h}$$

を解き，$\boldsymbol{w}$ を求める．最後に $\boldsymbol{f}_1,\boldsymbol{g}_1$ が $\mathrm{Ker}(A-\alpha)$ の基底となるように $\boldsymbol{g}_1$ を定める．このとき $\boldsymbol{w},\boldsymbol{h},\boldsymbol{f}_1,\boldsymbol{g}_1$ は 1 次独立である．実際

$$a\boldsymbol{w}+b\boldsymbol{h}+c\boldsymbol{f}_1+d\boldsymbol{g}_1=\boldsymbol{0} \qquad \cdots(*)$$

とする．$(*)$ の両辺に $(A-\alpha)^2$ をかける．

$$(A-\alpha)^2\boldsymbol{w}=(A-\alpha)\boldsymbol{h}=\boldsymbol{f}_1,\quad (A-\alpha)^2\boldsymbol{h}=(A-\alpha)^2\boldsymbol{f}_1=(A-\alpha)^2\boldsymbol{g}_1=\boldsymbol{0}$$

より $a\boldsymbol{f}_1=\boldsymbol{0}$ となり，$a=0$ がわかる．これを $(*)$ に代入すると

$$b\boldsymbol{h}+c\boldsymbol{f}_1+d\boldsymbol{g}_1=\boldsymbol{0} \qquad \cdots(**)$$

となり，$(**)$ の両辺に $(A-\alpha)$ をかける．

$$(A-\alpha)\boldsymbol{h}=\boldsymbol{f}_1,\quad (A-\alpha)\boldsymbol{f}_1=(A-\alpha)\boldsymbol{g}_1=\boldsymbol{0}$$

より $b\boldsymbol{f}_1=\boldsymbol{0}$ となり，$b=0$ がわかる．これを $(**)$ に代入すると $c\boldsymbol{f}_1+d\boldsymbol{g}_1=\boldsymbol{0}$ となり $\boldsymbol{f}_1,\boldsymbol{g}_1$ は 1 次独立なので，$c=d=0$ がえられる．
以上から

$$A\boldsymbol{f}_1=\alpha\boldsymbol{f}_1,\quad A\boldsymbol{h}=\alpha\boldsymbol{h}+\boldsymbol{f}_1,\quad A\boldsymbol{w}=\alpha\boldsymbol{w}+\boldsymbol{h},\quad A\boldsymbol{g}_1=\alpha\boldsymbol{g}_1$$

であるから

$$A(\boldsymbol{f}_1,\boldsymbol{h},\boldsymbol{w},\boldsymbol{g}_1)=(\alpha\boldsymbol{f}_1,\boldsymbol{f}_1+\alpha\boldsymbol{h},\boldsymbol{h}+\alpha\boldsymbol{w},\alpha\boldsymbol{g}_1)=(\boldsymbol{f}_1,\boldsymbol{h},\boldsymbol{w},\boldsymbol{g}_1)\left(\begin{array}{ccc|c}\alpha&1&0&0\\0&\alpha&1&0\\0&0&\alpha&0\\\hline 0&0&0&\alpha\end{array}\right)$$

となる．よって 正則行列 $P=(\boldsymbol{f}_1,\boldsymbol{h},\boldsymbol{w},\boldsymbol{g}_1)$ を用いて，$P^{-1}AP=J_3(\alpha)\oplus J_1(\alpha)$ がえられる．

$$\boldsymbol{f}_1\in(A-\alpha)^2W_3,\quad \boldsymbol{g}_1\notin(A-\alpha)^2W_3, \boldsymbol{h}\in(A-\alpha)W_3,\quad \boldsymbol{w}\in W_3$$

となるようにとればよいから，上のことは可能である．

[4] $(a,b,c,d)=(0,0,2,0)$ の場合

$$V=\mathrm{Ker}(A-\alpha)^2=W_2\oplus\mathrm{Ker}(A-\alpha),\mathrm{Ker}(A-\alpha)=(A-\alpha)W_2,\dim W_2=\dim\mathrm{Ker}(A-\alpha)=2$$

となっている．そこで $\mathrm{Ker}(A-\alpha)=\mathrm{L.h.}[\boldsymbol{f},\boldsymbol{g}]$ とする．方程式

$$(A-\alpha)\boldsymbol{h}=\boldsymbol{f},\quad (A-\alpha)\boldsymbol{w}=\boldsymbol{g}$$

は解くことができるので，解 $\boldsymbol{h},\boldsymbol{w}$ を決める．このとき $\boldsymbol{w},\boldsymbol{h},\boldsymbol{f},\boldsymbol{g}$ は 1 次独立である．実際

$$a\boldsymbol{w}+b\boldsymbol{h}+c\boldsymbol{f}+d\boldsymbol{g}=\boldsymbol{0} \qquad \cdots(*)$$

とする．$(*)$ の両辺に $(A-\alpha)$ をかける．$b\boldsymbol{f}+a\boldsymbol{g}=\boldsymbol{0}$ となり $\boldsymbol{f},\boldsymbol{g}$ は 1 次独立なので $a=b=0$ がわかる．これを $(*)$ に代入すると $c\boldsymbol{f}+d\boldsymbol{g}=\boldsymbol{0}$ となり，$c=d=0$ がえられる．以上から，

$$A\boldsymbol{f}=\alpha\boldsymbol{f},\quad A\boldsymbol{h}=\alpha\boldsymbol{h}+\boldsymbol{f},\quad A\boldsymbol{g}=\alpha\boldsymbol{g},\quad A\boldsymbol{w}=\alpha\boldsymbol{w}+\boldsymbol{g}$$

であるから

$$A(\boldsymbol{f},\boldsymbol{h},\boldsymbol{g},\boldsymbol{w})=(\alpha\boldsymbol{f},\boldsymbol{f}+\alpha\boldsymbol{h},\alpha\boldsymbol{g},\boldsymbol{g}+\alpha\boldsymbol{w})=(\boldsymbol{f},\boldsymbol{h},\boldsymbol{g},\boldsymbol{w})\left(\begin{array}{cc|cc}\alpha & 1 & 0 & 0\\ 0 & \alpha & 0 & 0\\ \hline 0 & 0 & \alpha & 1\\ 0 & 0 & 0 & \alpha\end{array}\right)$$

となる．よって正則行列 $P=(\boldsymbol{f},\boldsymbol{h},\boldsymbol{g},\boldsymbol{w})$ を用いて，$P^{-1}AP=J_2(\alpha)\oplus J_2(\alpha)$ がえられる．

[5]　$(a,b,c,d)=(0,0,1,2)$ の場合

$$V=\mathrm{Ker}(A-\alpha)^2=W_2\oplus\mathrm{Ker}(A-\alpha),\quad \mathrm{Ker}(A-\alpha)=[(A-\alpha)W_2]\oplus W_1$$

$$\dim W_2=1,\quad \dim W_1=2,\quad \dim\mathrm{Ker}(A-\alpha)=3$$

となっている．そこで $\mathrm{Ker}(A-\alpha)=\mathrm{L.h.}[\boldsymbol{f},\boldsymbol{g},\boldsymbol{h}]$ とする．まず $(c_1,c_2,c_3)\neq(0,0,0)$ を，方程式

$$(A-\alpha)\boldsymbol{w}=c_1\boldsymbol{f}+c_2\boldsymbol{g}+c_3\boldsymbol{h}$$

の解 $\boldsymbol{w}$ が存在するように決める．そして解 $\boldsymbol{w}$ を 1 つ定め，$\boldsymbol{f}_1=c_1\boldsymbol{f}+c_2\boldsymbol{g}+c_3\boldsymbol{h}$ とおく．次に $\boldsymbol{f}_1,\boldsymbol{g}_1,\boldsymbol{h}_1$ が $\mathrm{Ker}(A-\alpha)$ の基底となるように $\boldsymbol{g}_1,\boldsymbol{h}_1$ を定める．このとき $\boldsymbol{w},\boldsymbol{f}_1,\boldsymbol{g}_1,\boldsymbol{h}_1$ は 1 次独立である．実際

$$a\boldsymbol{w}+b\boldsymbol{f}_1+c\boldsymbol{g}_1+d\boldsymbol{h}_1=\boldsymbol{0}\qquad\cdots(*)$$

とする．$(*)$ の両辺に $(A-\alpha)$ をかけると，$a\boldsymbol{f}_1=\boldsymbol{0}$ となり $a=0$ がわかる．これを $(*)$ に代入すると $b\boldsymbol{f}_1+c\boldsymbol{g}_1+d\boldsymbol{h}_1=\boldsymbol{0}$ となり，$\boldsymbol{f}_1,\boldsymbol{g}_1,\boldsymbol{h}_1$ は 1 次独立なので，$b=c=d=0$ がえられる．以上から，

$$A\boldsymbol{w}=\alpha\boldsymbol{w}+\boldsymbol{f}_1,\quad A\boldsymbol{f}_1=\alpha\boldsymbol{f}_1,\quad A\boldsymbol{g}_1=\alpha\boldsymbol{g}_1,\quad A\boldsymbol{h}_1=\alpha\boldsymbol{h}_1$$

であるから

$$A(\boldsymbol{f}_1,\boldsymbol{w},\boldsymbol{g}_1,\boldsymbol{h}_1)=(\alpha\boldsymbol{f}_1,\boldsymbol{f}_1+\alpha\boldsymbol{w},\alpha\boldsymbol{g}_1,\alpha\boldsymbol{h}_1)=(\boldsymbol{f}_1,\boldsymbol{w},\boldsymbol{g}_1,\boldsymbol{h}_1)\left(\begin{array}{cc|cc}\alpha & 1 & 0 & 0\\ 0 & \alpha & 0 & 0\\ \hline 0 & 0 & \alpha & 0\\ 0 & 0 & 0 & \alpha\end{array}\right)$$

となる．よって正則行列 $P=(\boldsymbol{f}_1,\boldsymbol{w},\boldsymbol{g}_1,\boldsymbol{h}_1)$ を用いて，$P^{-1}AP=J_2(\alpha)\oplus J_1(\alpha)\oplus J_1(\alpha)$ がえられる．$\boldsymbol{f}_1\in(A-\alpha)W_2$ とすれば解 $\boldsymbol{w}$ は存在し，$\dim\mathrm{Ker}(A-\alpha)=3$ より $\boldsymbol{g}_1,\boldsymbol{h}_1$ もみつけることができる．

[6]　$(a,b,c,d)=(0,0,0,4)$ の場合は，$V=\mathrm{Ker}(A-\alpha)$ となっている．よって固有値 α の固有ベクトル $\boldsymbol{f},\boldsymbol{g},\boldsymbol{h},\boldsymbol{w}$ で V の基底を作ることができる．そして $P=(\boldsymbol{f},\boldsymbol{g},\boldsymbol{f},\boldsymbol{w})$ は正則で，$P^{-1}AP=\alpha E$ となるから $A=\alpha E$ である．

C.4　正規行列と実対称行列の対角化

本節では，正規行列がユニタリ行列で対角化可能であることを学び，その特別な場合として，実対称行列が直交行列で対角化可能であることを示す．そのために複素数ベクトル空間 $\mathbb{C}^n$ に内積を入れて考える必要が起こる．これは実数ベクトル空間 $\mathbb{R}^n$ での内積の拡張になっている．これが正規行列の結果を実対称行列の結果に翻訳できる理由である．

C.4.1　複素数ベクトル空間の内積・シュミットの直交化法

定義 C.32

(1) $\mathbb{C}^n$ の元 $\boldsymbol{x} = \begin{pmatrix} x_1 \\ \vdots \\ x_n \end{pmatrix}, \boldsymbol{y} = \begin{pmatrix} y_1 \\ \vdots \\ y_n \end{pmatrix}$ の**内積**を $(\boldsymbol{x}, \boldsymbol{y}) = x_1\bar{y}_1 + \cdots + x_n\bar{y}_n$ で定める．ここで x_j, y_j は複素数で，複素数 $z = a + ib$（a, b は実数）に対して $\bar{z} = a - ib$ を z の**複素共役**とよぶ．

(2) $\boldsymbol{x}$ の大きさ $|\boldsymbol{x}|$ を $|\boldsymbol{x}| = \sqrt{(\boldsymbol{x}, \boldsymbol{x})} = \sqrt{|x_1|^2 + \cdots + |x_n|^2}$ で定める．ここで $|z| = \sqrt{a^2 + b^2}$ である．

2 つの複素数 λ, ν に対して $\overline{\lambda\nu} = \bar{\lambda}\bar{\nu}$ が成り立つので，$(\lambda\boldsymbol{x}, \boldsymbol{y}) = \lambda(\boldsymbol{x}, \boldsymbol{y}), (\boldsymbol{x}, \lambda\boldsymbol{y}) = \bar{\lambda}(\boldsymbol{x}, \boldsymbol{y})$ が成り立つことがすぐにわかる．また $|\boldsymbol{x}| = 0$ ならば $\boldsymbol{x} = \boldsymbol{0}$ である．λ が実数のときは，$\bar{\lambda} = \lambda$ なので，実数ベクトル空間 $\mathbb{R}^n$ の内積は，複素数ベクトル空間 $\mathbb{C}^n$ の内積の特別な場合とみなすことができる．成分が複素数の n 次正方行列 $A = \begin{pmatrix} a_{11} & \dots & a_{1n} \\ \vdots & \ddots & \vdots \\ a_{m1} & \dots & a_{mn} \end{pmatrix}$ に対して $A^* = \begin{pmatrix} \overline{a_{11}} & \cdots & \overline{a_{m1}} \\ \vdots & \ddots & \vdots \\ \overline{a_{1n}} & \cdots & \overline{a_{mn}} \end{pmatrix}$ を A の**共役**（**随伴行列**）という．つまり A の共役とは A の転置行列の各成分を複素共役にしたものである．$A^{**} = A$，　$(AB)^* = B^*A^*$ が容易に確かめられる．A の共役を考える理由は次の等式が成り立つからである．

定理 C.33　$\boldsymbol{x}, \boldsymbol{y}$ を $\mathbb{C}^n$ の元とし，$A = (a_{ij})$ を n 次正方行列とすれば，$(\boldsymbol{y}, A\boldsymbol{x}) = (A^*\boldsymbol{y}, \boldsymbol{x})$ が成り立つ．

証明　$(A^*)_{kj} = \overline{a_{jk}}$ に注意し，$\overline{zw} = \bar{z}\bar{w}$，　$\overline{z + w} = \bar{z} + \bar{w}$ を用いると，

$$
\begin{aligned}
(\boldsymbol{y}, A\boldsymbol{x}) &= \sum_{j=1}^{n} y_j\overline{(Ax)_j} = \sum_{j=1}^{n} y_j\overline{\sum_{k=1}^{n} a_{jk}x_k} = \sum_{j=1}^{n}\sum_{k=1}^{n} y_j\overline{a_{jk}x_k} \\
&= \sum_{j=1}^{n}\sum_{k=1}^{n} \overline{a_{jk}}y_j\overline{x_k} = \sum_{k=1}^{n}\sum_{j=1}^{n} (A^*)_{kj}y_j\overline{x_k} = \sum_{k=1}^{n} (A^*y)_k\overline{x_k} = (A^*\boldsymbol{y}, \boldsymbol{x})
\end{aligned}
$$

が成り立つので定理が示された．■

$\mathbb{C}^n$ の 2 つのベクトル $\boldsymbol{x}, \boldsymbol{y}$ の内積が 0 であるとき，$\boldsymbol{x}, \boldsymbol{y}$ は直交するという．1 次独立な直交しないベクトルの組から直交する長さ 1 のベクトルの組を作りたいときは，次の**シュミットの直交化**

法というやり方がある．

1 次独立な k 個のベクトルの組 $\boldsymbol{x}_1, \ldots, \boldsymbol{x}_k$ があるとしよう．このとき

$$\begin{aligned}
\boldsymbol{y}_1 &= \frac{1}{|\boldsymbol{x}_1|}\boldsymbol{x}_1, \\
\boldsymbol{y}_2 &= \frac{1}{|\boldsymbol{x}_2 - (\boldsymbol{x}_2, \boldsymbol{y}_1)\boldsymbol{y}_1|}\left\{\boldsymbol{x}_2 - (\boldsymbol{x}_2, \boldsymbol{y}_1)\boldsymbol{y}_1\right\}, \\
\boldsymbol{y}_3 &= \frac{1}{|\boldsymbol{x}_3 - (\boldsymbol{x}_3, \boldsymbol{y}_1)\boldsymbol{y}_1 - (\boldsymbol{x}_3, \boldsymbol{y}_2)\boldsymbol{y}_2|}\left\{\boldsymbol{x}_3 - (\boldsymbol{x}_3, \boldsymbol{y}_1)\boldsymbol{y}_1 - (\boldsymbol{x}_3, \boldsymbol{y}_2)\boldsymbol{y}_2\right\}, \\
&\vdots \\
\boldsymbol{y}_k &= \frac{1}{|\boldsymbol{x}_k - \sum_{j=1}^{k-1}(\boldsymbol{x}_k, \boldsymbol{y}_j)\boldsymbol{y}_j|}\left\{\boldsymbol{x}_k - \sum_{j=1}^{k-1}(\boldsymbol{x}_k, \boldsymbol{y}_j)\boldsymbol{y}_j\right\}
\end{aligned}$$

とすれば $\boldsymbol{y}_1, \ldots, \boldsymbol{y}_k$ は $\boldsymbol{x}_1, \ldots, \boldsymbol{x}_k$ の 1 次結合で書き表せ，$(\boldsymbol{y}_i, \boldsymbol{y}_j) = \delta_{ij} (i, j = 1, 2, \cdots, k)$ を満たす．ここで実際 $\boldsymbol{y}_1$ は $\boldsymbol{x}_1$ のスカラー倍で長さ 1 であることを注意しておこう．さて，$\boldsymbol{x}_2 - (\boldsymbol{x}_2, \boldsymbol{y}_1)\boldsymbol{y}_1 = \boldsymbol{0}$ ならば，上のことから，$\boldsymbol{x}_2$ が $\boldsymbol{x}_1$ で表されることになり，1 次独立性に矛盾する．よって $\boldsymbol{y}_2$ は定義され，長さ 1 である．また，

$$\begin{aligned}
(\boldsymbol{y}_2, \boldsymbol{y}_1) &= \left(\frac{1}{|\boldsymbol{x}_2 - (\boldsymbol{x}_2, \boldsymbol{y}_1)\boldsymbol{y}_1|}\left\{\boldsymbol{x}_2 - (\boldsymbol{x}_2, \boldsymbol{y}_1)\boldsymbol{y}_1\right\}, \boldsymbol{y}_1\right) \\
&= \frac{1}{|\boldsymbol{x}_2 - (\boldsymbol{x}_2, \boldsymbol{y}_1)\boldsymbol{y}_1|}\left\{(\boldsymbol{x}_2, \boldsymbol{y}_1) - (\boldsymbol{x}_2, \boldsymbol{y}_1)(\boldsymbol{y}_1, \boldsymbol{y}_1)\right\} \\
&= \frac{1}{|\boldsymbol{x}_2 - (\boldsymbol{x}_2, \boldsymbol{y}_1)\boldsymbol{y}_1|}\left\{(\boldsymbol{x}_2, \boldsymbol{y}_1) - (\boldsymbol{x}_2, \boldsymbol{y}_1)\right\} = 0
\end{aligned}$$

がわかる．ここで $(\boldsymbol{y}_1, \boldsymbol{y}_1) = |\boldsymbol{y}_1|^2 = 1$ を用いた．以下同様に，$\boldsymbol{y}_1, \ldots, \boldsymbol{y}_{l-1}$ が $\boldsymbol{x}_1, \ldots, \boldsymbol{x}_{l-1}$ の 1 次結合で書き表せ，$(\boldsymbol{y}_i, \boldsymbol{y}_j) = \delta_{ij} (i, j = 1, 2, \cdots, l-1)$ がいえると仮定する．このとき $\boldsymbol{x}_l - \sum_{j=1}^{l-1}(\boldsymbol{x}_l, \boldsymbol{y}_j)\boldsymbol{y}_j = \boldsymbol{0}$ ならば，$\boldsymbol{x}_l$ が $\boldsymbol{x}_1, \ldots, \boldsymbol{x}_{l-1}$ の 1 次結合で表せることになり矛盾する．よって $\boldsymbol{y}_l$ は定義でき，長さ 1 である．また，$m = 1, 2, \cdots, l-1$ に対して

$$\left(\boldsymbol{x}_l - \sum_{j=1}^{l-1}(\boldsymbol{x}_l, \boldsymbol{y}_j)\boldsymbol{y}_j, \boldsymbol{y}_m\right) = (\boldsymbol{x}_l, \boldsymbol{y}_m) - \sum_{j=1}^{l-1}(\boldsymbol{x}_l, \boldsymbol{y}_j)(\boldsymbol{y}_j, \boldsymbol{y}_m) = (\boldsymbol{x}_l, \boldsymbol{y}_m) - (\boldsymbol{x}_l, \boldsymbol{y}_m) = 0$$

より $(\boldsymbol{y}_l, \boldsymbol{y}_j) = 0 \, (j = 1, 2, \cdots, l-1)$ もいえるからである．

● **例 C.34**　2 つの 1 次独立なベクトル $\boldsymbol{x}_1 = \begin{pmatrix} 2 \\ i \end{pmatrix}$，$\boldsymbol{x}_2 = \begin{pmatrix} 5+i \\ 2 \end{pmatrix}$ にシュミットの直交化法を施すと，$|\boldsymbol{x}_1|^2 = 4 + 1 = 5$．ゆえに $\boldsymbol{y}_1 = \frac{1}{|\boldsymbol{x}_1|}\boldsymbol{x}_1 = \frac{1}{\sqrt{5}}\begin{pmatrix} 2 \\ i \end{pmatrix}$．次に $\boldsymbol{z}_2 = \boldsymbol{x}_2 - (\boldsymbol{x}_2, \boldsymbol{y}_1)\boldsymbol{y}_1 = \begin{pmatrix} 1+i \\ 2-2i \end{pmatrix}$，$|\boldsymbol{z}_2|^2 = 10$ なので

$$\boldsymbol{y}_2 = \frac{1}{|\boldsymbol{z}_2|}\boldsymbol{z}_2 = \frac{1}{\sqrt{10}}\begin{pmatrix} 1+i \\ 2-2i \end{pmatrix}$$

となる．このとき $(\boldsymbol{y}_i, \boldsymbol{y}_j) = \delta_{ij}$，$(i, j = 1, 2)$ となっている．

C.4.2　ユニタリ行列・直交行列

定義 C.35

(1) 正方行列 $A=(a_{ij})$ の各成分 a_{ij} が複素数で，$A^*\ A=A\ A^*=E$ を満たすとき，A を**ユニタリ行列**という．

(2) 正方行列 $A=(a_{ij})$ の各成分 a_{ij} が実数で，$A^T\ A=A\ A^T=E$ を満たすとき，A を**直交行列**という．

定義から直交行列はユニタリ行列である．ただし直交行列は専ら実ベクトルに作用する．またユニタリ行列や直交行列は非常にありがたい行列である．例えば，掃き出し法や余因子を用いた方法によって逆行列を求めることはやっかいだった．しかしユニタリ行列 U の逆行列は定義より $U^{-1}=U^*$, 直交行列 Q の逆行列は $Q^{-1}=Q^T$ であるから逆行列を求めることは容易である．

定理 C.36　$\boldsymbol{x}_1,...,\boldsymbol{x}_n$ を n 項列ベクトルとし $A=(\boldsymbol{x}_1\cdots\boldsymbol{x}_n)$ とすれば次が成り立つ．

(1) A がユニタリ行列 $\Longleftrightarrow (\boldsymbol{x}_i,\boldsymbol{x}_j)=\delta_{ij}(i,j=1,2,\cdots,n)$.

(2) A が直交行列 $\Longleftrightarrow (\boldsymbol{x}_i,\boldsymbol{x}_j)=\delta_{ij}(i,j=1,2,\cdots,n)$，かつ $\boldsymbol{x}_i(i=1,2,\cdots,n)$ は実ベクトル．

証明　(1) を示せば十分である．$\boldsymbol{x}_j=\begin{pmatrix}x_{1j}\\ \vdots\\ x_{nj}\end{pmatrix}$ に対して $\boldsymbol{x}_j^*=(\overline{x_{1j}}\cdots\overline{x_{nj}})$ としよう．このとき $A^*=\begin{pmatrix}\boldsymbol{x}_1^*\\ \vdots\\ \boldsymbol{x}_n^*\end{pmatrix}$ であるから $A^*A=\begin{pmatrix}\boldsymbol{x}_1^*\\ \vdots\\ \boldsymbol{x}_n^*\end{pmatrix}(\boldsymbol{x}_1\cdots\boldsymbol{x}_n)=\left(\overline{(\boldsymbol{x}_i,\boldsymbol{x}_j)}\right)$ が成り立つ．ここで $\sum_{k=1}^n\overline{x_{ki}}x_{kj}=\overline{\sum_{k=1}^n x_{ki}\overline{x_{kj}}}=\overline{(\boldsymbol{x}_i,\boldsymbol{x}_j)}$ に注意しよう．よって $A^*A=E\Longleftrightarrow(\boldsymbol{x}_i,\boldsymbol{x}_j)=\delta_{ij}(i,j=1,2,\cdots,n)$ であるが，定理 A.27 の後で注意したように，「$A^*A=E$ かつ $AA^*=E$」は「$A^*A=E$」と同値なので，定理は証明された．■

$\boldsymbol{x}_1,...,\boldsymbol{x}_n$ が $(\boldsymbol{x}_i,\boldsymbol{x}_j)=\delta_{ij}\ (i,j=1,2,\cdots,n)$ を満たすとき，**正規直交系**をなすという．

● **例 C.37**　次の行列はユニタリ行列である．

$$A=\begin{pmatrix}\dfrac{2}{\sqrt{5}} & \dfrac{1+i}{\sqrt{10}}\\ \dfrac{i}{\sqrt{5}} & \dfrac{2-2i}{\sqrt{10}}\end{pmatrix},\quad B=\begin{pmatrix}\cos\theta & -\sin\theta\\ \sin\theta & \cos\theta\end{pmatrix},$$

$$C=\begin{pmatrix}\sin\theta\cos\phi & \cos\theta\cos\phi & -\sin\phi\\ \sin\theta\sin\phi & \cos\theta\sin\phi & \cos\phi\\ \cos\theta & -\sin\theta & 0\end{pmatrix}.$$

特に，B,C は直交行列である．これらのことは，各列ベクトルが $(\boldsymbol{x}_i,\boldsymbol{x}_j)=\delta_{ij}$ を満たし，さらに B,C は，実行列であることからわかる．

C.4.3 正規行列・実対称行列・実交代行列

定義 C.38

(1) $A^*A = AA^*$ を満たす正方行列 A を**正規行列**という．

(2) 各成分が実数で，$A^T = A$ を満たす正方行列 A を**実対称行列**という．

(3) 各成分が実数で，$A^T = -A$ を満たす正方行列 A を**実交代行列**という．

実対称行列や実交代行列 A は正規行列である．実際，A の各成分は実数なので，$A^* = A^T$ が成り立つ．よって A が実対称行列のときは $A^*A = A^TA = AA = AA^T = AA^*$, A が実交代行列のときは $A^*A = A^TA = (-A)A = A(-A) = AA^T = AA^*$ となるからである．

定理 C.39 A を正規行列，z を複素数とするとき $|(A-z)\boldsymbol{x}| = |(A^*-\bar{z})\boldsymbol{x}|$ が $\mathbb{C}^n$ の任意のベクトル $\boldsymbol{x}$ に対して成り立つ．

証明 $A^*A = AA^*$ から $(A^*-\bar{z})(A-z) = A^*A - zA^* - \bar{z}A + \bar{z}z = (A-z)(A^*-\bar{z})$ が成り立つ．よって

$$
\begin{aligned}
|(A-z)\boldsymbol{x}|^2 &= ((A-z)\boldsymbol{x}, (A-z)\boldsymbol{x}) = (\boldsymbol{x}, (A^*-\bar{z})(A-z)\boldsymbol{x}) \\
&= (\boldsymbol{x}, (A-z)(A^*-\bar{z})\boldsymbol{x}) = ((A^*-\bar{z})\boldsymbol{x}, (A^*-\bar{z})\boldsymbol{x}) = |(A^*-\bar{z})\boldsymbol{x}|^2.
\end{aligned}
$$
■

定理 C.40 正規行列の異なる固有値に対応する固有ベクトルは直交する．

証明 $\mathbb{C}^n$ の内積を用いていることに注意しよう．$A\boldsymbol{x} = \lambda\boldsymbol{x}, A\boldsymbol{y} = \mu\boldsymbol{y} (\lambda \neq \mu)$ とする．定理 C.39 より $A^*\boldsymbol{y} = \bar{\mu}\boldsymbol{y}$ であるから $\lambda(\boldsymbol{x}, \boldsymbol{y}) = (\lambda\boldsymbol{x}, \boldsymbol{y}) = (A\boldsymbol{x}, \boldsymbol{y}) = (\boldsymbol{x}, A^*\boldsymbol{y}) = (\boldsymbol{x}, \bar{\mu}\boldsymbol{y}) = \mu(\boldsymbol{x}, \boldsymbol{y})$ となる．$\lambda \neq \mu$ であるから $(\boldsymbol{x}, \boldsymbol{y}) = 0$ である． ■

定理 C.41 実対称行列の固有値は実数で，対応する固有ベクトルは実ベクトルにとれる．

証明 λ を実対称行列の固有値，$\boldsymbol{x} \neq \boldsymbol{0}$ を対応する固有ベクトルとする．$A = A^T = A^*$ であるから

$$
\begin{aligned}
\lambda|\boldsymbol{x}|^2 &= \lambda(\boldsymbol{x}, \boldsymbol{x}) = (\lambda\boldsymbol{x}, \boldsymbol{x}) = (A\boldsymbol{x}, \boldsymbol{x}) = (\boldsymbol{x}, A^*\boldsymbol{x}) \\
&= (\boldsymbol{x}, A\boldsymbol{x}) = (\boldsymbol{x}, \lambda\boldsymbol{x}) = \bar{\lambda}(\boldsymbol{x}, \boldsymbol{x}) = \bar{\lambda}|\boldsymbol{x}|^2
\end{aligned}
$$

となる．$|\boldsymbol{x}|^2 \neq 0$ なので，$\lambda = \bar{\lambda}$．これは λ が実数であることを示す．また実固有値 λ に対応する固有ベクトル $\boldsymbol{x}$ は，連立 1 次方程式 $(A-\lambda)\boldsymbol{x} = \boldsymbol{0}$ を解いてえられる．この連立 1 次方程式の係数は全て実数なので，解も実数にとれる． ■

さて，ここで記号を 1 つ用意する．$\mathbb{C}^n$ の部分集合 V の元に直交するベクトル全体を $V^\perp$ で表す．つまり

$$V^{\perp} = \{\boldsymbol{x} \in \mathbb{C}^n; (\boldsymbol{x}, \boldsymbol{y}) = 0\,(\boldsymbol{y} \in V)\}.$$

定理 C.42

(1) 正方行列 A と複素数 z に対して $[\mathrm{Im}(A-z)]^{\perp} = \mathrm{Ker}(A^*-\bar{z})$ が成り立つ．
(2) 正規行列 A と複素数 z に対して $[\mathrm{Im}(A-z)]^{\perp} = \mathrm{Ker}(A-z)$ が成り立つ．

証明　(1) 次の同値関係からわかる．

$$\begin{aligned}\boldsymbol{x} \in [\mathrm{Im}(A-z)]^{\perp} &\Longleftrightarrow (\boldsymbol{x}, (A-z)\boldsymbol{y}) = 0 \quad (\text{全ての}\boldsymbol{y} \in \mathbb{C}^n\text{に対して})\\ &\Longleftrightarrow ((A^*-\bar{z})\boldsymbol{x}, \boldsymbol{y}) = 0 \quad (\text{全ての}\boldsymbol{y} \in \mathbb{C}^n\text{に対して})\\ &\Longleftrightarrow (A^*-\bar{z})\boldsymbol{x} = \boldsymbol{0} \Longleftrightarrow \boldsymbol{x} \in \mathrm{Ker}(A^*-\bar{z}).\end{aligned}$$

ここで，全ての $\boldsymbol{y} \in \mathbb{C}^n$ に対して $((A^*-\bar{z})\boldsymbol{x}, \boldsymbol{y}) = 0$ が成り立つならば，$y = (A^*-\bar{z})\boldsymbol{x}$ にとると，$|(A^*-\bar{z})\boldsymbol{x}|^2 = 0$ が成り立ち，$(A^*-\bar{z})\boldsymbol{x} = \boldsymbol{0}$ が導かれることに注意しておこう．

(2) は (1) からわかる．■

正規行列と実対称行列の対角化に関して次の定理がえられる．

定理 C.43

(1) A を複素正方行列とする．このとき A がユニタリ行列で対角化されるための必要十分条件は，A が正規行列であることである．
(2) 実対称行列は，直交行列で対角化できる．

証明　(1) n 次正方行列 A がユニタリ行列 U で $U^*AU = \begin{pmatrix}\lambda_1 & & \\ & \ddots & \\ & & \lambda_n\end{pmatrix}$ のように対角化されたとする．このとき $U^{**} = U, (AB)^* = B^*A^*$ だから

$$A = U\begin{pmatrix}\lambda_1 & & \\ & \ddots & \\ & & \lambda_n\end{pmatrix}U^*, \quad A^* = U\begin{pmatrix}\bar{\lambda}_1 & & \\ & \ddots & \\ & & \bar{\lambda}_n\end{pmatrix}U^*$$

がえられる．よって

$$A^*A = U\begin{pmatrix}\bar{\lambda}_1 & & \\ & \ddots & \\ & & \bar{\lambda}_n\end{pmatrix}U^*U\begin{pmatrix}\lambda_1 & & \\ & \ddots & \\ & & \lambda_n\end{pmatrix}U^* = U\begin{pmatrix}|\lambda_1|^2 & & \\ & \ddots & \\ & & |\lambda_n|^2\end{pmatrix}U^*,$$

$$AA^* = U\begin{pmatrix}\lambda_1 & & \\ & \ddots & \\ & & \lambda_n\end{pmatrix}U^*U\begin{pmatrix}\bar{\lambda}_1 & & \\ & \ddots & \\ & & \bar{\lambda}_n\end{pmatrix}U^* = U\begin{pmatrix}|\lambda_1|^2 & & \\ & \ddots & \\ & & |\lambda_n|^2\end{pmatrix}U^*$$

となるから，$A^*A = AA^*$ が成り立つ．すなわち，A は正規行列である．

次に A を正規行列とし，z を A の固有値とする．このとき z に対応する広義固有空間が，固有空間より真に広くなれば，2 以上の整数 l とベクトル $\boldsymbol{x} \in \mathbb{C}^n$ が存在して，$\boldsymbol{y} = (A-z)^{l-1}\boldsymbol{x} \neq \boldsymbol{0}$，$(A-z)^l\boldsymbol{x} = \boldsymbol{0}$ となっている．$l \geqq 2$ なので，$\boldsymbol{y} = (A-z)[(A-z)^{l-2}\boldsymbol{x}] \in \mathrm{Im}(A-z)$ であり，$(A-z)\boldsymbol{y} = (A-z)^l\boldsymbol{x} = \boldsymbol{0}$ から，$\boldsymbol{y} \in \mathrm{Ker}(A-z) = [\mathrm{Im}(A-z)]^\perp$ でもある．すなわち $\boldsymbol{y}$ は $\mathrm{Im}(A-z)$ とそれに直交する空間の両方に入っているので，零ベクトルでなければならない．しかしこれは $\boldsymbol{y} \neq \boldsymbol{0}$ に矛盾する．よって各固有値に対応する広義固有空間は，固有空間である．異なる固有値に対応する広義固有空間の直和は $\mathbb{C}^n$ を張るから，固有空間の直和が $\mathbb{C}^n$ 全体を張り，A は対角化可能とわかる．さらに，異なる固有値に対応する固有ベクトルは直交するので，1 つの固有空間に複数個の 1 次独立なベクトルがあってもシュミットの直交化法を用いれば，$(\boldsymbol{y}_i, \boldsymbol{y}_j) = \delta_{ij}\,(i,j=1,2,\cdots,n)$ を満たす n 個の固有ベクトルを作ることができる．よって $U = (\boldsymbol{y}_1, \cdots, \boldsymbol{y}_n)$ はユニタリ行列で，U^*AU は対角行列になる．

(2) 実対称行列は正規行列なので，(1) の推論を辿ることができる．さらに実対称行列ということから，(1) で構成した $\boldsymbol{y}_i\,(i=1,2,\cdots,n)$ は全て実ベクトルにとることができる．よって $U = (\boldsymbol{y}_1, \cdots, \boldsymbol{y}_n)$ は直交行列であり，$U^T = U^* = U^{-1}$ から U^TAU は対角行列になる． ■

実対称行列の場合と比較して，実交代行列の結果を補っておこう．

定理 C.44 A を実交代行列とする．このとき A の零でない固有値は純虚数である．

証明 $A\boldsymbol{x} = \lambda\boldsymbol{x}, \boldsymbol{x} \neq \boldsymbol{0}$ とすると，$A = -A^T = -A^*$ であるから $\lambda|\boldsymbol{x}|^2 = \lambda(\boldsymbol{x},\boldsymbol{x}) = (\lambda\boldsymbol{x},\boldsymbol{x}) = (A\boldsymbol{x},\boldsymbol{x}) = (\boldsymbol{x},A^*\boldsymbol{x}) = (\boldsymbol{x},-A\boldsymbol{x}) = (\boldsymbol{x},-\lambda\boldsymbol{x}) = -\bar{\lambda}(\boldsymbol{x},\boldsymbol{x}) = -\bar{\lambda}|\boldsymbol{x}|^2$ となる．よって $\lambda = -\bar{\lambda}$. ■

定理 C.45 A を n 次実交代行列とする．A の零でない固有値を $\pm i\lambda_1, \cdots, \pm i\lambda_s\,(\lambda_j > 0, 0 \leqq 2s \leqq n)$ とする．このとき $\dim\mathrm{Ker}(A-i\lambda_j) = \dim\mathrm{Ker}(A+i\lambda_j)$ となる．

証明 $\lambda \in \mathbb{R}$ とするとき，複素共役をとって $A\boldsymbol{x} = i\lambda\boldsymbol{x} \Longleftrightarrow A\overline{\boldsymbol{x}} = -i\lambda\overline{\boldsymbol{x}}$ となることからわかる． ■

A を実交代行列とすると，零固有値に対応する固有空間の基底 $\boldsymbol{x}_{k,0}\,(1 \leqq k \leqq m_0)$ を実ベクトルで構成できる．そこで固有値 $i\lambda_j$ に対応する固有空間の基底を $\boldsymbol{x}_{l,j}\,(1 \leqq l \leqq m_j, 1 \leqq j \leqq s)$ とすると $\overline{\boldsymbol{x}_{l,j}}\,(1 \leqq l \leqq m_j, 1 \leqq j \leqq s)$ は固有値 $-i\lambda_j$ に対応する固有空間の基底であり，正規行列は対角化可能であったから，

$$\boldsymbol{x}_{k,0}, \quad \boldsymbol{x}_{l,j}, \quad \overline{\boldsymbol{x}_{l,j}} \quad (1 \leqq k \leqq m_0,\ 1 \leqq l \leqq m_j,\ 1 \leqq j \leqq s)$$

が $\mathbb{C}^n$ の基底となる．さらに正規行列の異なる固有値に対応する固有ベクトルは直交しているから，同じ固有値に対応する固有ベクトルはシュミットの直交化法を適用して，これらは $\mathbb{C}^n$ の正規直交基底を構成しているとしてよい．また，$n = m_0 + 2m_1 + \cdots + 2m_s$ であり，A のランクは偶数 $2(m_1 + \cdots + m_s)$ である．

さて，$1 \leqq j \leqq s$ に対して

$$\boldsymbol{f}_{l,j} = \frac{1}{\sqrt{2}}(\boldsymbol{x}_{l,j} + \overline{\boldsymbol{x}_{l,j}}), \quad \boldsymbol{g}_{l,j} = \frac{1}{\sqrt{2}i}(\boldsymbol{x}_{l,j} - \overline{\boldsymbol{x}_{l,j}}), \quad 1 \leqq l \leqq m_j$$

は実ベクトルで，固有値 $\pm i\lambda_j$ に対応する空間の正規直交基底を作っている．実際，

$$
\begin{aligned}
|\boldsymbol{f}_{l,j}|^2 &= \frac{1}{2}(\boldsymbol{x}_{l,j}+\overline{\boldsymbol{x}_{l,j}}, \boldsymbol{x}_{l,j}+\overline{\boldsymbol{x}_{l,j}}) = \frac{1}{2}(1+0+0+1) = 1,\\
|\boldsymbol{g}_{l,j}|^2 &= \frac{1}{2}(\boldsymbol{x}_{l,j}-\overline{\boldsymbol{x}_{l,j}}, \boldsymbol{x}_{l,j}-\overline{\boldsymbol{x}_{l,j}}) = \frac{1}{2}(1-0-0+1) = 1,\\
(\boldsymbol{f}_{l,j}, \boldsymbol{g}_{k,j}) &= \frac{-1}{2i}(\boldsymbol{x}_{l,j}+\overline{\boldsymbol{x}_{l,j}}, \boldsymbol{x}_{k,j}-\overline{\boldsymbol{x}_{k,j}}) = \frac{-1}{2i}(\delta_{l,k}+0-0-\delta_{l,k}) = 0.
\end{aligned}
$$

$\boldsymbol{f}_{l,j}, \boldsymbol{g}_{l,j}$ に対する，A の作用は次のようになる．

$$
\begin{aligned}
A\boldsymbol{f}_{l,j} &= \frac{1}{\sqrt{2}}(A\boldsymbol{x}_{l,j}+A\overline{\boldsymbol{x}_{l,j}}) = \frac{i\lambda_j}{\sqrt{2}}(\boldsymbol{x}_{l,j}-\overline{\boldsymbol{x}_{l,j}}) = -\lambda_j\boldsymbol{g}_{l,j},\\
A\boldsymbol{g}_{l,j} &= \frac{1}{\sqrt{2}i}(A\boldsymbol{x}_{l,j}-A\overline{\boldsymbol{x}_{l,j}}) = \frac{i\lambda_j}{\sqrt{2}i}(\boldsymbol{x}_{l,j}+\overline{\boldsymbol{x}_{l,j}}) = \lambda_j\boldsymbol{f}_{l,j}.
\end{aligned}
$$

定理 C.46　直交行列 Q を $Q = (\boldsymbol{f}_{1,1}, \cdots, \boldsymbol{f}_{m_s,s}, \boldsymbol{g}_{1,1}, \cdots, \boldsymbol{g}_{m_s,s}, \boldsymbol{x}_{1,0}, \cdots, \boldsymbol{x}_{m_0,0})$ と定義する．添字は $1, \cdots, m_1, 1, \cdots, m_2, 1, \cdots\cdots, m_{s-1}, 1, \cdots, m_s$, のように並べている．このとき

$$
Q^TAQ = \left(\begin{array}{c|c|c} O & X & O \\ \hline -X & O & O \\ \hline O & O & O \end{array}\right), \quad X = \begin{pmatrix} \lambda_1 & & \\ & \ddots & \\ & & \lambda_s \end{pmatrix}
$$

となる．ここで X は $(m_1+\cdots+m_s)$ 次対角行列で，O は零行列である．

証明

$$
\begin{aligned}
AQ &= (A\boldsymbol{f}_{1,1}, \cdots, A\boldsymbol{f}_{m_s,s}, A\boldsymbol{g}_{1,1}, \cdots, A\boldsymbol{g}_{m_s,s}, A\boldsymbol{x}_{1,0}, \cdots, A\boldsymbol{x}_{m_0,0})\\
&= (-\lambda_1\boldsymbol{g}_{1,1}, \cdots, -\lambda_s\boldsymbol{g}_{m_s,s}, \lambda_1\boldsymbol{f}_{1,1}, \cdots, \lambda_s\boldsymbol{f}_{m_s,s}, \boldsymbol{0}, \cdots, \boldsymbol{0})
\end{aligned}
$$

からわかる．■

$R = \left(\begin{array}{c|c|c} E & O & O \\ \hline O & Y & O \\ \hline O & O & E \end{array}\right)$ とする．ここで，$Y = \left(\frac{1}{\lambda_i}\delta_{i+j,m}\right)_{l \leqq i,j \leqq m}$, $m = m_1 + \cdots + m_s$ である．

$Y^2 = \left(\frac{1}{\lambda_i\lambda_{m-j}}\delta_{ij}\right)$ となるので Y は正則で，R も正則とわかる．

定理 C.47　$(QR)^TA(QR) = \left(\begin{array}{c|c|c} O & Z & O \\ \hline -Z & O & O \\ \hline O & O & O \end{array}\right)$, $\quad Z = (\delta_{i+j,m})$ となる．

証明

$$R^T(Q^TAQ)R = \left(\begin{array}{c|c|c} E & O & O \\ \hline O & Y^T & O \\ \hline O & O & E \end{array}\right)\left(\begin{array}{c|c|c} O & X & O \\ \hline -X & O & O \\ \hline O & O & O \end{array}\right)\left(\begin{array}{c|c|c} E & O & O \\ \hline O & Y & O \\ \hline O & O & E \end{array}\right) = \left(\begin{array}{c|c|c} O & XY & O \\ \hline -Y^TX & O & O \\ \hline O & O & O \end{array}\right)$$

となり，$XY = Y^TX = Z$ を容易に確かめることができる．例えば，アインシュタインの縮約を用いて，

$$\begin{aligned}
(Y^2)_{ij} &= \frac{1}{\lambda_i}\delta_{i+k,m}\frac{1}{\lambda_k}\delta_{k+j,m} = \frac{1}{\lambda_i\lambda_{m-j}}\delta_{i+m-j,m} = \frac{1}{\lambda_i\lambda_{m-j}}\delta_{i,j}, \\
(XY)_{ij} &= \lambda_i\delta_{i,k}\frac{1}{\lambda_k}\delta_{k+j,m} = \frac{\lambda_i}{\lambda_i}\delta_{i+j,m} = \delta_{i+j,m}, \\
(Y^TX)_{ij} &= \frac{1}{\lambda_k}\delta_{k+i,m}\lambda_k\delta_{k,j} = \delta_{j+i,m}
\end{aligned}$$

とすればよい． ■

問題の解答

第1章

問 1.1

(1) $\begin{pmatrix}0&1&0&0\\1&0&0&0\\0&0&0&0\\0&0&0&0\end{pmatrix}$ (2) $\begin{pmatrix}0&0&0&0\\0&0&0&1\\0&0&1&0\\0&1&0&0\end{pmatrix}$ (3) $\begin{pmatrix}0&0&0&0\\0&0&1&0\\0&0&0&0\\0&0&0&0\end{pmatrix}$ (4) $\begin{pmatrix}0&0&1&0\\0&0&1&0\\0&0&0&0\\0&0&0&0\end{pmatrix}$

(5) $\begin{pmatrix}0&0&1&0\\0&0&0&1\\0&0&0&0\\0&0&0&0\end{pmatrix}$ (6) $\begin{pmatrix}0&0&0&0\\0&0&0&0\\1&0&0&0\\0&1&0&0\end{pmatrix}$

問 1.2 (1) $\begin{pmatrix}1&2\\-1&3\end{pmatrix}\begin{pmatrix}4&0\\1&3\end{pmatrix}=\begin{pmatrix}6&6\\-1&9\end{pmatrix}$, $\begin{pmatrix}4&0\\1&3\end{pmatrix}\begin{pmatrix}1&2\\-1&3\end{pmatrix}=\begin{pmatrix}4&8\\-2&11\end{pmatrix}$

(2) $\begin{pmatrix}0&2&3\\1&0&2\end{pmatrix}\begin{pmatrix}0&3&1\\2&3&1\\0&1&1\end{pmatrix}=\begin{pmatrix}4&9&5\\0&5&3\end{pmatrix}$

(3) $\begin{pmatrix}0&0&2\\1&1&-2\\2&5&1\end{pmatrix}\begin{pmatrix}3&1&1\\-2&0&0\\0&-1&0\end{pmatrix}=\begin{pmatrix}0&-2&0\\1&3&1\\-4&1&2\end{pmatrix}$,

$\begin{pmatrix}3&1&1\\-2&0&0\\0&-1&0\end{pmatrix}\begin{pmatrix}0&0&2\\1&1&-2\\2&5&1\end{pmatrix}=\begin{pmatrix}3&6&5\\0&0&-4\\-1&-1&2\end{pmatrix}$

問 1.3 (1) $\begin{pmatrix}1&0\\0&3^2\end{pmatrix}$ (2) $\begin{pmatrix}1&0\\0&3^3\end{pmatrix}$ (3) $\begin{pmatrix}1&0\\0&3^{100}\end{pmatrix}$ (4) $\begin{pmatrix}1&0\\0&3^n\end{pmatrix}$ (5) $\begin{pmatrix}2&1\\0&6\end{pmatrix}$

(6) $\begin{pmatrix}2&3\\0&6\end{pmatrix}$ (7) $\begin{pmatrix}2^2&2^2\\0&2^2\end{pmatrix}$ (8) $\begin{pmatrix}2^3&3\cdot 2^2\\0&2^3\end{pmatrix}$ (9) $\begin{pmatrix}2^{100}&100\cdot 2^{99}\\0&2^{100}\end{pmatrix}$ (10) $\begin{pmatrix}2^n&n\cdot 2^{n-1}\\0&2^n\end{pmatrix}$

(11) $\begin{pmatrix}2^n&n\cdot 2^{n-1}\\0&6^n\end{pmatrix}$ (12) $\begin{pmatrix}2^n&n\cdot 2^{n-1}\cdot 3^n\\0&6^n\end{pmatrix}$ (13) $\begin{pmatrix}2^n&\frac{1}{4}(6^n-2^n)\\0&6^n\end{pmatrix}$ (14) $\begin{pmatrix}2^n&\frac{3}{4}(6^n-2^n)\\0&6^n\end{pmatrix}$

問 1.4 (1) $\begin{pmatrix}a^n&0\\na^{n-1}&a^n\end{pmatrix}$ (2) $\begin{pmatrix}a^n&\frac{(a^n-c^n)b}{a-c}\\0&c^n\end{pmatrix}$ $(a\neq c)$, $\begin{pmatrix}a^n&na^{n-1}b\\0&a^n\end{pmatrix}$ $(a=c)$

(3) $\begin{pmatrix}1&&\\&1&\\&&1\end{pmatrix}(n=2m)$, $\begin{pmatrix}-1&-1&-1\\0&1&0\\0&0&1\end{pmatrix}(n=2m-1)$

(4) $\begin{pmatrix}0&0&0\\3&3&9\\-1&-1&-3\end{pmatrix}(n=2)$, $O(n\geq 3)$

問 1.5 (1) $\pm\sqrt{2}E$ (2) -8

問 1.6 $a=0,\quad b=1$

問 1.7　(1) $3A-5E$　(2) $4A-15E$　(3) $-3A-20E$　(4) $-4E$

問 1.8　(1) $\begin{pmatrix} -2 & -8 \\ 7 & 13 \end{pmatrix}$　(2) $\begin{pmatrix} 2 & -1 \\ -2 & 4 \end{pmatrix}$　(3) $\begin{pmatrix} -2 & 7 \\ -8 & 13 \end{pmatrix}$　(4) $\begin{pmatrix} 12 & -6 \\ -20 & 6 \end{pmatrix}$

問 1.9　(1) $\frac{1}{2}\begin{pmatrix} 4 & -2 \\ 3 & -2 \end{pmatrix}$　(2) $\frac{1}{2}\begin{pmatrix} 4 & 3 \\ -2 & -2 \end{pmatrix}$　(3) $\frac{1}{33}\begin{pmatrix} 8 & 1 \\ 1 & -4 \end{pmatrix}$　(4) $\frac{1}{5}\begin{pmatrix} 0 & 1 \\ -1 & 0 \end{pmatrix}$

問 1.10　(1) $-\frac{1}{2}\begin{pmatrix} 4 & -3 \\ -2 & 1 \end{pmatrix}$　(2) なし　(3) $\begin{pmatrix} 3 & -5 \\ -4 & 7 \end{pmatrix}$ (4) $\begin{pmatrix} \cos\theta & \sin\theta \\ -\sin\theta & \cos\theta \end{pmatrix}$
(5) $\frac{1}{47}\begin{pmatrix} 7 & -3 \\ 4 & 5 \end{pmatrix}$　(6) なし　(7) $\begin{pmatrix} 0 & 1 \\ 1 & 0 \end{pmatrix}$　(8) $\frac{1}{\tan^2\theta+1}\begin{pmatrix} 1 & \tan\theta \\ -\tan\theta & 1 \end{pmatrix}$

問 1.11　(1) 3　(2) $\frac{1}{3}\begin{pmatrix} 1 & -2 \\ 1 & 1 \end{pmatrix}$　(3) $\frac{1}{3}\begin{pmatrix} 1 & 1 \\ -2 & 1 \end{pmatrix}$　(4) $\begin{pmatrix} -1 & 4 \\ -2 & -1 \end{pmatrix}$　(5) $\begin{pmatrix} 2 & -1 \\ -5 & 3 \end{pmatrix}$
(6) 3　(7) 2　(8) 5

問 1.12　$A^{-1} = E - A$

問 1.13　$(2, -4\sqrt{3})$

問 1.14　(1) $z^2 - (ct)^2$　(2) $(z_2 - z_1)\sqrt{1-(\frac{u}{c})^2}$　(3) $(z'_2 - z'_1)\sqrt{1-(\frac{u}{c})^2}$
(4) $(t_2 - t_1)\sqrt{1-(\frac{u}{c})^2}$　(5) $(t'_2 - t'_1)\sqrt{1-(\frac{u}{c})^2}$　(6) $z_2 > z_1, t_2 > t_1$

問 1.15　$\begin{pmatrix} -\frac{1}{2} & \frac{\sqrt{3}}{2} \\ \frac{\sqrt{3}}{2} & \frac{1}{2} \end{pmatrix}$

問 1.16　$(2, -4)$

問 1.17　$\frac{1}{3}\begin{pmatrix} 3 & -3 \\ 5 & -4 \end{pmatrix}$

問 1.18　$n = 26$

問 1.19　(1) $(a^2+b^2)E$　(2) $\frac{1}{2}E - \frac{1}{2}I$　(3) $a = b = \frac{\pm 1}{\sqrt{2}}$

問 1.20　(1) I　(2) $(a, b) = (2, 3), (-2, -3)$

問 1.21　(1) ① $-E$　② $-E$　③ $-E$　④ $\mathbb{K}$　⑤ $-\mathbb{K}$　⑥ $\mathbb{I}$　⑦ $-\mathbb{I}$　⑧ $\mathbb{J}$　⑨ $-\mathbb{J}$
(2) 1 行の成分をみて $a+bi=0, c+di=0$ がわかり，a, b, c, d は実数なので $a=b=c=d=0$ である．
(3) $(a^2+b^2+c^2+d^2)E$　(4) $\frac{1}{30}(E - 2\mathbb{I} - 3\mathbb{J} - 4\mathbb{K})$

問 1.22　(1) ① $-E$　② $-E$　③ $-E$　④ $\mathbb{K}$　⑤ $-\mathbb{K}$　⑥ $\mathbb{I}$　⑦ $-\mathbb{I}$　⑧ $\mathbb{J}$　⑨ $-\mathbb{J}$
(2) 1 行の成分をみれば $a=b=c=d=0$ がわかる．　(3) $(a^2+b^2+c^2+d^2)E$
(4) $\frac{1}{15}(2E + \mathbb{I} - \mathbb{J} - 3\mathbb{K})$

問 1.23　(1) $[5; 4, 3, 2]$　(2) $[1; 1, 2, 1, 2, \cdots]$　(3) $[2; 4, 4, \cdots]$　(4) $[3; 6, 6, \cdots]$　(5) $[3; 3, 3, \cdots]$

第2章

問 2.1　(1) $\begin{pmatrix}-3\\3\\-1\end{pmatrix}$　(2) $\begin{pmatrix}1\\0\\1\end{pmatrix}$　(3) なし　(4) $\dfrac{1000}{3}\begin{pmatrix}1\\1\\4\end{pmatrix}$

問 2.2　(1) $a \neq -7$ のとき解なし，$a = -7$ のとき $z\begin{pmatrix}0\\-1\\1\end{pmatrix} + \begin{pmatrix}-1\\2\\0\end{pmatrix}$

(2) $a \neq -2$ のとき $x = 3, y = -1, z = 0$,

$a = -2$ のとき $z\begin{pmatrix}-1\\0\\1\end{pmatrix} + \begin{pmatrix}3\\-1\\0\end{pmatrix}$

(3) $a = -2$ のとき解なし，$a \neq -2$ のとき $x = \dfrac{2a+1}{a+2}, y = 1, z = \dfrac{-3}{a+2}$

(4) $a \neq 1$ のとき $x = a+1, y = 2, z = -1$,

$a = 1$ のとき $z\begin{pmatrix}-1\\0\\1\end{pmatrix} + \begin{pmatrix}1\\2\\0\end{pmatrix}$

(5) $a \neq 18$ のとき解なし，$a = 18$ のとき $z\begin{pmatrix}1\\-1\\1\end{pmatrix} + \begin{pmatrix}-6\\0\\0\end{pmatrix}$

(6) $a \neq -2, 1$ のとき $x = -a-2, y = 2, z = 1$,

$a = -2$ のとき $z\begin{pmatrix}1\\1\\1\end{pmatrix} + \begin{pmatrix}-1\\1\\0\end{pmatrix}$

$a = 1$ のとき $y\begin{pmatrix}-1\\1\\0\end{pmatrix} + z\begin{pmatrix}-1\\0\\1\end{pmatrix}$

問 2.3　$y\begin{pmatrix}1\\1\\0\end{pmatrix}$

問 2.4　$y\begin{pmatrix}-2\\1\\0\end{pmatrix} + z\begin{pmatrix}3\\0\\1\end{pmatrix}$

問 2.5　(1) $\dfrac{1}{2}\begin{pmatrix}-2 & -1 & 3\\-2 & 0 & 2\\2 & 1 & -1\end{pmatrix}$　(2) $\begin{pmatrix}27 & 16 & -5\\16 & 10 & -3\\-5 & -3 & 1\end{pmatrix}$　(3) $\dfrac{1}{7}\begin{pmatrix}-4 & -5 & 3\\7 & 7 & 0\\1 & 3 & 1\end{pmatrix}$

問 2.6　(1) $\dfrac{1}{10}\begin{pmatrix}11 & -2 & -5\\-2 & 4 & 0\\-5 & 0 & 5\end{pmatrix}$　(2) $\dfrac{1}{3}\begin{pmatrix}0 & -3 & -6\\-1 & -5 & -8\\2 & 7 & 13\end{pmatrix}$　(3) なし　(4) $\dfrac{1}{2}\begin{pmatrix}1 & 1 & -1\\1 & -1 & 1\\-1 & 1 & 1\end{pmatrix}$

(5) なし　(6) $\dfrac{1}{4}\begin{pmatrix}-1 & 1 & 1 & 1\\1 & -1 & 1 & 1\\1 & 1 & -1 & 1\\1 & 1 & 1 & -1\end{pmatrix}$　(7) $\dfrac{1}{3}\begin{pmatrix}1 & -2 & 1 & 1\\1 & 1 & 1 & -2\\-2 & 1 & 1 & 1\\1 & 1 & -2 & 1\end{pmatrix}$　(8) $\begin{pmatrix}0 & 0 & 0 & 1\\0 & 0 & 1 & -k\\0 & 1 & -k & k^2\\1 & -k & k^2 & -k^3\end{pmatrix}$

問 2.7　(1) 4　(2) 4　(3) 3

問 2.8　(1) $\begin{cases}1 & x = 1\text{ のとき}\\2 & x = -1/2\text{ のとき}\\3 & \text{その他}\end{cases}$　(2) $\begin{cases}3 & a \neq 4\text{ のとき}\\2 & a = 4\text{ のとき}\end{cases}$

問 2.9　(1) $\begin{cases} 4 & a \neq b,\ b \neq -3a \text{ のとき} \\ 3 & a \neq b,\ b = -3a \text{ のとき} \\ 1 & a = b \neq 0 \text{ のとき} \\ 0 & a = b = 0 \text{ のとき} \end{cases}$　(2) $\begin{cases} 3 & x \neq 0 \text{ のとき} \\ 1 & x = 1 \text{ のとき} \end{cases}$

(3) $\begin{cases} 2 & \begin{pmatrix} a \\ b \\ c \\ d \end{pmatrix} = t\begin{pmatrix} 3 \\ 2 \\ 1 \\ 0 \end{pmatrix} + s\begin{pmatrix} -2 \\ -1 \\ 0 \\ 1 \end{pmatrix} \text{ のとき} \\ 3 & \text{その他} \end{cases}$

第3章

問 3.1　(1) $-\boldsymbol{a}-\boldsymbol{b}$　(2) $-8\boldsymbol{a}+2\boldsymbol{b}$　(3) $2\boldsymbol{a}-4\boldsymbol{b}$　(4) $2\boldsymbol{a}$　(5) $4\sqrt{3}$　(6) 4

問 3.2　(1) 35 秒　(2) 28 秒

問 3.3　(1) $\dfrac{2Lv}{v^2-u^2}$ 秒　(2) $\dfrac{2L}{\sqrt{v^2-u^2}}$ 秒

問 3.4　(1) $\begin{pmatrix} -11 \\ -14 \\ -16 \end{pmatrix}$　(2) $\begin{pmatrix} 2 \\ 34 \\ -5 \end{pmatrix}$　(3) $\begin{pmatrix} 3 \\ -87 \\ 21 \end{pmatrix}$

問 3.5　(1) $\dfrac{1}{\sqrt{14}}\begin{pmatrix} 1 \\ 2 \\ -3 \end{pmatrix}$　(2) $\dfrac{1}{\sqrt{14}}\begin{pmatrix} -2 \\ 1 \\ 3 \end{pmatrix}$　(3) $\dfrac{1}{\sqrt{82}}\begin{pmatrix} 0 \\ 9 \\ 1 \end{pmatrix}$　(4) $\dfrac{1}{\sqrt{50}}\begin{pmatrix} 3 \\ 4 \\ -5 \end{pmatrix}$

問 3.6　(1) 西から北へ 60° の方向に 2 ノットの速さ　(2) 東から南へ 30° の方向に $2\sqrt{3}$ ノットの速さ

問 3.7　(1) 南へ $6-2\sqrt{3}$ ノットの速さ　(2) 東から南へ 60° の方向に 6 ノットの速さ

問 3.8　(1) 5　(2) $2\sqrt{3}$　(3) $\dfrac{5}{2\sqrt{7}}$　(4) $x = \dfrac{5}{4}$ のとき最小値 $\dfrac{\sqrt{3}}{2}$

問 3.9　(1) b^2　(2) $\dfrac{2a}{b}$

問 3.10　(1) $\dfrac{1}{\sqrt{6}}\begin{pmatrix} 1 \\ 2 \\ -1 \end{pmatrix}$ (2) -5 (3) $\begin{pmatrix} 4 \\ -5 \\ -6 \end{pmatrix}$ (4) $\dfrac{1}{2}\sqrt{77}$

問 3.11　$m = \dfrac{1}{6}M$

問 3.12　$\dfrac{5}{7}mg\cos\theta$

問 3.13　(1) 2　(2) $\dfrac{1}{3}$

問 3.14　$4x+y-z=8$

問 3.15　(1) $x+2y-z=4$　(2) $\dfrac{1}{\sqrt{6}}$　(3) $x+2y-z=1\pm 3\sqrt{6}$

問 3.16　$\dfrac{x-1}{-3} = \dfrac{y-2}{2} = \dfrac{z-3}{-2}$

問 3.17 平面の方程式は $x/a + y/b + z/c = 1$，直線の方程式は $x/(bc) = y/(ac) = z/(ab)$

問 3.18 (1) $\dfrac{x-3}{3} = \dfrac{y-2}{1} = \dfrac{z+1}{2}$ (2) $\left(2, \dfrac{7}{3}, \dfrac{2}{3}\right)$ (3) $\dfrac{20}{\sqrt{6}}$

問 3.19 (1) $\sqrt{14}$ (2) $\dfrac{7}{2}$

問 3.20 $\begin{pmatrix} -7 \\ -8 \\ -13 \end{pmatrix}$

問 3.21 $(\boldsymbol{l}_1, \boldsymbol{l}_2)/|\boldsymbol{l}_1||\boldsymbol{l}_2|$

問 3.22 $\dfrac{11}{\sqrt{17}}$

問 3.23 (1) $(2, -1, 2)$ (2) $x = 3, y = -1, z = -1$

問 3.24 $x = 2, y = 5$ のとき最小値 6 をとる

問 3.25 $\boldsymbol{b} + \dfrac{2\{d - (\boldsymbol{a}, \boldsymbol{b})\}}{|\boldsymbol{a}|^2}$

問 3.26 $\dfrac{\sqrt{6}}{2}$

問 3.27 $\dfrac{1}{\sqrt{6}}$

問 3.28 $2\sqrt{2}$

第4章

問 4.1 (1) 0 (2) -2 (3) -115 (4) 42 (5) -78 (6) 0

問 4.2 (1) -2 (2) -21 (3) 43 (4) 1

問 4.3 (1) 16 (2) 80 (3) 2 (4) 0 (5) 16 (6) 29 (7) 84 (8) -103 (9) 152

問 4.4 (1) 1 (2) 256 (3) -1 (4) -55 (5) -12 (6) -22

問 4.5 (1) 4 (2) 112

問 4.6 (1) $(a-b)(b-c)(c-a)(ab+bc+ca)$ (2) $2(a+b+c)^3$

問 4.7 $x = -1, -1 \pm \sqrt{2}$

問 4.8 (1) $\dfrac{65}{163}$ (2) $0, -(a+b+c)$

第5章

問 5.1　(1) $\lambda = 1$ (重解) $t\begin{pmatrix}1\\0\end{pmatrix}$　(2) $\lambda = 6$ のとき $t\begin{pmatrix}5\\4\end{pmatrix}$, $\lambda = -3$ のとき $t\begin{pmatrix}1\\-1\end{pmatrix}$
(3) $\lambda = -2$ のとき $t\begin{pmatrix}1\\-1\end{pmatrix}$, $\lambda = -1$ のとき $t\begin{pmatrix}-3\\2\end{pmatrix}$

問 5.2　(1) $\lambda = 0$ のとき $t\begin{pmatrix}1\\0\\-1\end{pmatrix}$, $\lambda = 1$ のとき $t\begin{pmatrix}0\\1\\0\end{pmatrix}$, $\lambda = 6$ のとき $t\begin{pmatrix}1\\0\\1\end{pmatrix}$
(2) $\lambda = 2$ のとき $t\begin{pmatrix}1\\1\\1\end{pmatrix}$, $\lambda = -1$ のとき $s\begin{pmatrix}1\\0\\-1\end{pmatrix} + t\begin{pmatrix}0\\1\\-1\end{pmatrix}$
(3) $\lambda = 0$ のとき $t\begin{pmatrix}1\\0\\0\end{pmatrix}$
(4) $\lambda = 4,\ t\begin{pmatrix}2\\-1\\1\end{pmatrix}$, $\lambda = 0$ のとき $t\begin{pmatrix}-2\\-1\\1\end{pmatrix}$, $\lambda = -1$ のとき $t\begin{pmatrix}2\\-6\\1\end{pmatrix}$
(5) $\lambda = 1$ のとき $t\begin{pmatrix}2\\1\\1\end{pmatrix}$, $\lambda = 2$ のとき $t\begin{pmatrix}1\\-1\\1\end{pmatrix}$, $\lambda = -1$ のとき $t\begin{pmatrix}1\\0\\1\end{pmatrix}$
(6) $\lambda = -2$ のとき $t\begin{pmatrix}-2\\8\\3\end{pmatrix}$, $\lambda = 1$ のとき $t\begin{pmatrix}1\\-1\\0\end{pmatrix}$, $\lambda = 4$ のとき $t\begin{pmatrix}-2\\2\\3\end{pmatrix}$

問 5.3　$\lambda = 0$ のとき $t\begin{pmatrix}1\\0\\-1\\0\end{pmatrix}$, $\lambda = 1$ のとき $s\begin{pmatrix}0\\-1\\1\\0\end{pmatrix} + t\begin{pmatrix}1\\-1\\0\\2\end{pmatrix}$, $\lambda = 2$ のとき $t\begin{pmatrix}1\\-2\\0\\1\end{pmatrix}$

問 5.4　(1) $\lambda = 7, 4$　(2) $\begin{pmatrix}4 & -1\\2 & 6\end{pmatrix}$　(3) $A^{-1} = -A + 4E$

問 5.5　(1) $\lambda = -3, 11, -105$　(2) $-11A^2 + 29A - 3E$

第6章

問 6.1　(1) $Q = \begin{pmatrix}2 & -1\\1 & 1\end{pmatrix}$,　$Q^{-1}AQ = \begin{pmatrix}6 & 0\\0 & 3\end{pmatrix}$　(2) $Q = \begin{pmatrix}1 & 0\\-2 & 1/2\end{pmatrix}$,　$Q^{-1}AQ = \begin{pmatrix}1 & 1\\0 & 1\end{pmatrix}$
(3) $Q = \begin{pmatrix}1 & 1\\i & -i\end{pmatrix}$,　$Q^{-1}AQ = \begin{pmatrix}2i & 0\\0 & -2i\end{pmatrix}$　(4) $Q = \begin{pmatrix}1 & 1\\-i & i\end{pmatrix}$,　$Q^{-1}AQ = \begin{pmatrix}1+\sqrt{3}i & 0\\0 & 1-\sqrt{3}i\end{pmatrix}$
(5) $Q = \begin{pmatrix}1 & 0\\0 & -i\end{pmatrix}$,　$Q^{-1}AQ = \begin{pmatrix}2 & 1\\0 & 2\end{pmatrix}$　(6) $Q = \begin{pmatrix}1 & 1\\-i & i\end{pmatrix}$,　$Q^{-1}AQ = \begin{pmatrix}3 & 0\\0 & 1\end{pmatrix}$

問 6.2　(1) $Q = \begin{pmatrix}1 & 2 & 1\\-1 & 1 & 1\\0 & 1 & 1\end{pmatrix}$, $\begin{pmatrix}5 & & \text{\Large 0}\\ & 2 & \\ \text{\Large 0} & & -1\end{pmatrix}$　(2) $Q = \begin{pmatrix}3 & 1 & 0\\-3 & -2 & 3\\0 & 0 & 1\end{pmatrix}$, $\left(\begin{array}{cc|c}4 & 1 & 0\\0 & 4 & 0\\\hline 0 & 0 & 4\end{array}\right)$
(3) $Q = \begin{pmatrix}1 & 0 & 1\\0 & 1 & 2\\2 & 3 & 3\end{pmatrix}$, $\begin{pmatrix}1 & & \text{\Large 0}\\ & 1 & \\ \text{\Large 0} & & 6\end{pmatrix}$

問 6.3　(1) $Q = \begin{pmatrix}a & a\\\sqrt{ab} & -\sqrt{ab}\end{pmatrix}$, $\begin{pmatrix}\sqrt{ab} & 0\\0 & -\sqrt{ab}\end{pmatrix}$　(2) $Q = \begin{pmatrix}0 & 1/b\\1 & 0\end{pmatrix}$, $\begin{pmatrix}0 & 1\\0 & 0\end{pmatrix}$

(3) $Q = \begin{pmatrix} a & 0 & a \\ 0 & b & 0 \\ \sqrt{ac} & 0 & -\sqrt{ac} \end{pmatrix}$, $\begin{pmatrix} \sqrt{ac} & 0 & 0 \\ 0 & b & 0 \\ 0 & 0 & -\sqrt{ac} \end{pmatrix}$　(4) $Q = \begin{pmatrix} 0 & 1/c & 0 \\ 0 & 0 & 1 \\ 1 & 0 & 0 \end{pmatrix}$, $\left(\begin{array}{cc|c} 0 & 1 & 0 \\ 0 & 0 & 0 \\ \hline 0 & 0 & b \end{array}\right)$

問 6.4　(1) $a \neq \pm 2$

(2) $a = 2$ のとき，$Q = \begin{pmatrix} 1 & 1 \\ 1 & 0 \end{pmatrix}$, $Q^{-1}AQ = \begin{pmatrix} 1 & 1 \\ 0 & 1 \end{pmatrix}$.　$a = -2$ のとき，$Q = \begin{pmatrix} 1 & 0 \\ -1 & -1 \end{pmatrix}$, $Q^{-1}AQ = \begin{pmatrix} -1 & 1 \\ 0 & -1 \end{pmatrix}$.

問 6.5　(1) 1（重根), 3　(2) $a = 0$

問 6.6　$c = 0$

問 6.7　A のジョルダン標準形が $\begin{pmatrix} 0 & 1 \\ 0 & 0 \end{pmatrix}$ である．または $A \neq O, A^2 = O$ といってもよい.

問 6.8　(1) $Q = \begin{pmatrix} 1/\sqrt{3} & 1/\sqrt{2} & -1/\sqrt{6} \\ 1/\sqrt{3} & -1/\sqrt{2} & -1/\sqrt{6} \\ 1/\sqrt{3} & 0 & 2/\sqrt{6} \end{pmatrix}$, $\begin{pmatrix} 2 & & \text{\Large 0} \\ & 3 & \\ \text{\Large 0} & & -1 \end{pmatrix}$

(2) $Q = \begin{pmatrix} 1/\sqrt{6} & 1/\sqrt{3} & 1/\sqrt{2} \\ 2/\sqrt{6} & -1/\sqrt{3} & 0 \\ 1/\sqrt{6} & 1/\sqrt{3} & -1/\sqrt{2} \end{pmatrix}$, $\begin{pmatrix} 6 & & \text{\Large 0} \\ & 3 & \\ \text{\Large 0} & & -2 \end{pmatrix}$

(3) $Q = \begin{pmatrix} 1/\sqrt{3} & 1/\sqrt{2} & 1/\sqrt{6} \\ 1/\sqrt{3} & -1/\sqrt{2} & 1/\sqrt{6} \\ -1/\sqrt{3} & 0 & 2/\sqrt{6} \end{pmatrix}$, $\begin{pmatrix} 2 & & \text{\Large 0} \\ & 1 & \\ \text{\Large 0} & & -1 \end{pmatrix}$

問 6.9　$Q = \dfrac{1}{2}\begin{pmatrix} 1 & -1 & -1 & 1 \\ 1 & -1 & 1 & -1 \\ 1 & 1 & -1 & -1 \\ 1 & 1 & 1 & 1 \end{pmatrix}$, $\begin{pmatrix} 6 & & & \\ & 4 & & \\ & & 2 & \\ & & & 0 \end{pmatrix}$

問 6.10　(1) $Q = \begin{pmatrix} 5 & -1 \\ 4 & 1 \end{pmatrix}$, $A^n = Q\begin{pmatrix} 6^n & 0 \\ 0 & (-3)^n \end{pmatrix}Q^{-1}$　(2) $\begin{pmatrix} x_n \\ y_n \end{pmatrix} = \begin{pmatrix} (-3)^n \\ -(-3)^n \end{pmatrix}$

問 6.11　(1) $A^n = \begin{pmatrix} 2^n & 2^n - (-1)^n \\ 0 & (-1)^n \end{pmatrix}$　(2) $\begin{pmatrix} x_n \\ y_n \end{pmatrix} = \begin{pmatrix} 2^{n+1} - (-1)^n \\ (-1)^n \end{pmatrix}$

問 6.12　(1) $Q = \begin{pmatrix} 1 & 0 & 3 \\ 0 & 1/2 & 0 \\ 0 & 0 & 1 \end{pmatrix}$, $Q^{-1} = \begin{pmatrix} 1 & 0 & -3 \\ 0 & 2 & 0 \\ 0 & 0 & 1 \end{pmatrix}$, $A^n = Q\begin{pmatrix} 2^n & n \cdot 2^{n-1} & 0 \\ 0 & 2^n & 0 \\ 0 & 0 & 3^n \end{pmatrix}Q^{-1}$

(2) $\begin{pmatrix} x_n \\ y_n \\ z_n \end{pmatrix} = \begin{pmatrix} -3 \cdot 2^{n+1} + n \cdot 2^n + 2 \cdot 3^{n+1} \\ 2^n \\ 2 \cdot 3^n \end{pmatrix}$

問 6.13　(1) $Q = \begin{pmatrix} 1 & 1-p \\ 1 & -1+q \end{pmatrix}$, $A^n = Q\begin{pmatrix} 1 & 0 \\ 0 & (p+q-1)^n \end{pmatrix}Q^{-1}$　(2) $\dfrac{1}{2-p-q}\begin{pmatrix} 1-q & 1-p \\ 1-q & 1-p \end{pmatrix}$

問 6.14　(1) $e^{tA} = \begin{pmatrix} e^t & 0 \\ 0 & 1 \end{pmatrix}$, $e^{tB} = \begin{pmatrix} 1 & 0 \\ 0 & e^{-t} \end{pmatrix}$　(2) $e^{t(A+B)} = \begin{pmatrix} e^t & 0 \\ 0 & e^{-t} \end{pmatrix}$

(3) $x(t) = -e^t,\ y(t) = 2e^{-t}$

問 6.15　(1) $-i$　(2) $\dfrac{1}{2} + \dfrac{\sqrt{3}}{2}i$　(3) $\dfrac{1}{\sqrt{2}} + \dfrac{i}{\sqrt{2}}$　(4) i　(5) $\dfrac{1}{2} - \dfrac{\sqrt{3}}{2}i$

問 6.16　e^{px}

問 6.17 (1) $e^{\pm i\theta}$ (2) $2\cos(n\theta)$

問 6.18 (1) $Q=\begin{pmatrix}5 & -1\\ 4 & 1\end{pmatrix}$, $e^{tA}=Q\begin{pmatrix}e^{6t} & 0\\ 0 & e^{-3t}\end{pmatrix}Q^{-1}$ (2) $\begin{pmatrix}x(t)\\ y(t)\end{pmatrix}=\begin{pmatrix}e^{-3t}\\ -e^{-3t}\end{pmatrix}$

問 6.29 (1) $e^{tA}=\begin{pmatrix}e^{2t} & e^{2t}-e^{-t}\\ 0 & e^{-t}\end{pmatrix}$ (2) $\begin{pmatrix}2e^{2t}-e^{-t}\\ e^{-t}\end{pmatrix}$

問 6.20 (1) $e^{tA}=Q\begin{pmatrix}e^{2t} & te^{2t} & 0\\ 0 & e^{2t} & 0\\ 0 & 0 & e^{3t}\end{pmatrix}Q^{-1}$, $Q=\begin{pmatrix}1 & 0 & 3\\ 0 & 1/2 & 0\\ 0 & 0 & 1\end{pmatrix}$, $Q^{-1}=\begin{pmatrix}1 & 0 & -3\\ 0 & 2 & 0\\ 0 & 0 & 1\end{pmatrix}$
(2) $\begin{pmatrix}-6e^{2t}+2te^{2t}+6e^{3t}\\ e^{2t}\\ 2e^{3t}\end{pmatrix}$

問 6.21 $e^{\frac{1}{2}t}\begin{pmatrix}\dfrac{1}{\sqrt{3}}\sin\left(\dfrac{\sqrt{3}}{2}t\right)+\cos\left(\dfrac{\sqrt{3}}{2}t\right)\\ -\dfrac{2}{\sqrt{3}}\sin\left(\dfrac{\sqrt{3}}{2}t\right)\end{pmatrix}$

付録

問 A.1 (1) $\dfrac{1}{91}\begin{pmatrix}21\\ -21\\ 14\end{pmatrix}$ (2) $\begin{pmatrix}4\\ 3\\ 1\end{pmatrix}$

問 A.2 $\begin{pmatrix}1 & 0 & 0\\ 0 & \cos\theta & -\sin\theta\\ 0 & \sin\theta & \cos\theta\end{pmatrix}$

問 A.3 $\begin{pmatrix}\cos\theta & 0 & \sin\theta\\ 0 & 1 & 0\\ -\sin\theta & 0 & \cos\theta\end{pmatrix}$

問 A.4 $\begin{pmatrix}0 & 0 & 1\\ 0 & -1 & 0\\ 1 & 0 & 0\end{pmatrix}$

索　引

著者紹介

島田　伸一（しまだ　しんいち）

1983年　京都大学理学部卒業
現　在　摂南大学理工学部 教授 博士（理学）
専　門　数学的散乱理論

廣島　文生（ひろしま　ふみお）

1996年　北海道大学大学院理学研究科博士課程修了
現　在　九州大学大学院数理学研究院 教授 博士（理学）
専　門　スペクトル理論，無限次元解析
著　書　Feynman-Kac-Type Theorems and Gibbs Measures on Path Space, Studies in Mathematics 34, (Walter de Gruyter, 2011).

線形代数の基礎講義
Introduction to Linear Algebra

2017 年 4 月 10 日
初版 1 刷発行

検印廃止
NDC 411.3
ISBN 978-4-320-11312-1

著　者　島田伸一・廣島文生　© 2017

発　行　**共立出版株式会社** / 南條光章
東京都文京区小日向 4-6-19
電話　03-3947-2511（代表）
〒112-0006 / 振替口座 00110-2-57035
http://www.kyoritsu-pub.co.jp/

印　刷
製　本　錦明印刷

一般社団法人
自然科学書協会
会員

Printed in Japan